大气评价辅助软件 EIAProA2018 从入门到精通

吴文军　丁　峰　于华通　编著

华中科技大学出版社
中国·武汉

内 容 简 介

本书主要介绍了 EIAProA2018 软件中各模块的主要功能、基本操作方法、操作过程中可能会遇到的问题及解决办法，并加入了软件中包含的 AERMOD、AFTOX 和 SLAB 三大模型的技术说明，以方便读者深入了解模型机理。此外，本书还精心设计了浅显易懂的应用案例，以说明不同评价内容使用到的模块、资料，以及模型参数设置需要注意的问题等，方便读者快速了解软件各功能模块的使用方法。

本书可作为大气环境影响评价工作者学习利用 EIAProA2018 软件，按照《环境影响评价技术导则——大气环境》(HJ 2.2—2018)、《建设项目环境风险评价技术导则》(HJ 169—2018)的要求，完成规划及建设项目环境影响评价工作的工具书。

图书在版编目(CIP)数据

大气评价辅助软件 EIAProA2018 从入门到精通/吴文军，丁峰，于华通编著. —武汉：华中科技大学出版社，2021.6

ISBN 978-7-5680-7025-6

Ⅰ.①大…　Ⅱ.①吴…　②丁…　③于…　Ⅲ.①大气评价-应用软件　Ⅳ.①X823-39

中国版本图书馆 CIP 数据核字(2021)第 122735 号

大气评价辅助软件 EIAProA2018 从入门到精通　　吴文军　丁　峰　于华通　编著

Daqi Pingjia Fuzhu Ruanjian EIAProA2018 cong Rumen dao Jingtong

策划编辑：范　莹
责任编辑：刘艳花
封面设计：原色设计
责任校对：李　弋
责任监印：周治超
出版发行：华中科技大学出版社(中国·武汉)　　电话：(027)81321913
武汉市东湖新技术开发区华工科技园　　邮编：430223
录　　排：武汉市洪山区佳年华文印部
印　　刷：武汉科源印刷设计有限公司
开　　本：710mm×1000mm　1/16
印　　张：19.75
字　　数：395 千字
版　　次：2021 年 6 月第 1 版第 1 次印刷
定　　价：68.00 元

前　　言

随着《环境影响评价技术导则——大气环境》(HJ 2.2—2018)和《建设项目环境风险评价技术导则》(HJ 169—2018)的发布实施,大气环境影响评价及环境风险评价的内容和要求都发生了较大的变化。为适配上述导则所提出的新要求,EIAProA2018 软件进行了全面升级,集成了导则所推荐的 AERSCREEN、AERMOD、AFTOX、SLAB 等常用预测模型,可满足大部分规划及建设项目环境影响评价过程中大气和风险模拟预测的需求。为了让读者更好地学习和使用软件,按照导则要求完成大气环境影响评价及环境风险评价工作,我们撰写了本书。

本书介绍了 EIAProA2018 软件中各模块的基本功能、操作步骤,以及操作过程中可能会遇到的问题及解决办法,并针对导则的有关要求,详细说明了软件相应功能模块的位置及使用方法。

本书精心设计了典型应用案例,重点介绍了建设项目大气环境影响评价和环境风险评价的主要评价内容和软件使用的相应操作步骤,尽量做到内容全面、重点突出。在编写应用案例时,按照工作开展的先后顺序分别介绍了项目的基础数据、评价等级和评价范围计算、进一步的模拟预测等内容。

本书的特色主要有以下几点。

(1) 本书第 1 章详细说明了导则条款要求与软件功能模块的对应位置关系,方便读者快速学习使用软件。

(2) 本书第 2 章借助应用案例,按照项目开展的先后顺序详细说明了大气和风险环境影响评价工作的过程及软件的操作步骤,极大地方便初学者逐步掌握开展相关评价工作的工作步骤和软件的使用方法。

(3) 本书第 3 章和第 4 章适度引入了导则推荐的 AERSCREEN、AERMOD、AFTOX、SLAB 模型的技术说明,为学有余力的同学更深入学习模型提供帮助。

(4) 在各章节的最后精选了一些常见问题,方便读者在学习过程中快捷地自主排错。

本书由吴文军、丁峰、于华通主编。其中,第 1 章和附录 A 由吴文军、牛晓静编写,第 2 章由于华通、牛晓静编写,第 3 章由丁峰、丁琼、赵亚丽编写,第 4 章由赵乐、陈陆霞编写,附录 B 和附录 C 由陈陆霞、赵亚丽、吴文军编写。全书由吴文军技术审稿,丁峰、于华通统稿,参与审稿的还有王拴宝、马根慧、刘晶轩、刘菲等。在此一并表示诚挚的感谢。

本书的宗旨是为环境影响评价工作者学习使用导则中推荐的 AERSCREEN、AERMOD、AFTOX、SLAB 等模型提供帮助。本书内容安排科学、合理，理论与实践并重，读者可以配合案例学习利用软件完成大气环境影响及风险评价的主要方法。

感谢华中科技大学出版社为本书出版付出努力的所有编辑们。

由于编者水平有限，书中难免存在疏漏与不妥之处，恳请广大读者批评指正。

更多模型学习资料及环保资讯可通过扫描下方二维码下载“环评云助手”App查阅。

编　者

2021 年 4 月

目　　录

第1章　EIAProA2018使用说明

1.1　系统综述

1.1.1　关于EIAProA2018软件

EIAProA为EIA Professional Assistant System Special for Air(大气环境影响评价专业辅助系统)的简称。EIAProA2018软件以《环境影响评价技术导则——大气环境(HJ2.2—2018)》(以下简称“2018大气导则”)、《建设项目环境风险评价技术导则(HJ169—2018)》(以下简称“2018风险导则”)的要求为编制依据,以AERSCREEN、AERMOD、AFTOX、SLAB为模型内核,提供符合我国用户习惯的输入/输出界面,力求为国内环境影响评价从业者提供一款方便、实用、功能全面、符合“2018大气导则”和“2018风险导则”(两者简称导则)要求的大气环境影响评价辅助软件系统。

EIAProA2018软件内建版本为Ver 2.6,在基本保持Ver 1.1界面的基础上,增加了新的模型和新的算法,原EIAProA用户可立即上手使用。EIAProA2018由六五软件工作室(www.nb65.com)开发、制作,并拥有全部版权;由北京尚云环境有限公司(www.eiacloud.com)负责独家销售,并负责售后答疑、用户培训和技术服务。本软件引用了AERMOD、AERMET、BPIP、AERMAP、AERSCREEN、AERSURFACE、AFTOX、SLAB等程序,由US EPA开发,版权由US EPA所有,地形数据srtm文件来自CGIAR-CSI。本软件同时提供试用版供用户下载。试用版软件的功能与正式版的功能基本一致,仅对软件功能的使用容量进行了限制。

若你是原EIAProA 1.1用户,则只需了解本书中的“AERSCREEN模型”和“风险扩散模型”这两部分;若你想快速了解“2018大气导则”“2018风险导则”相关条款在软件中的相应位置及操作简介,则可查看导则条款与软件位置对照表,也可参见表1-1。

1.1.2　主要功能

1. 模块简介

EIAProA2018软件分成基础数据模块、AERSCREEN模型、AERMOD模型、

风险模型、其他模型和工具程序六个大的功能模块。

1）基础数据模块

基础数据模块对项目污染物、污染源、项目特征和气象数据进行输入、保存和必要的预处理。项目特征包括背景图与坐标系、地形高程、现状监测、敏感点、厂界线和一类评价区的定义等。

2）AERSCREEN 模型

AERSCREEN 模型基于 AERMOD 计算内核，对多个污染源、多个污染物一次筛选出最大浓度占标率 P_{max}、污染物的地面空气质量浓度达到标准值的 10%时所对应的最远距离 $D_{10\%}$ 等，直接给出评价等级和评价范围建议。

3）AERMOD 模型

AERMOD 模型包括建筑物下洗、化学反应、城市热效应、颗粒物沉降与气体干沉等全部功能和应用。AERMET、AERMAP、BPIP 等均可以单独运行、查看或输出中间结果。该模型可对多个污染源、多个污染物计算大气环境防护距离，并给出大气环境防护区域图。

4）风险模型

风险模型包括化学品数据库、风险源强估算、AFTOX 烟团扩散模型和 SLAB 重气体扩散模型四个子模块。

5）其他模型

Ver 1.1 版本中的一些模型包括 SCREEN3 模型、93 导则模型、旧版风险预测模型三个子模块。93 导则模型这一模块包含 93 导则中的全部模型、交通部规范相关模型，以及面源积分、不规则面源划分、逐时保证率计算等算法，另设有烟囱设计分析、单个小时气象计算和特殊点位污染分析三个专题。旧版风险预测模型包括泄漏与蒸发估算、浓度与剂量计算、重气云扩散估算和热辐射与冲击波计算四部分内容。由于在目前的工作过程中上述模型已经很少使用，该部分内容本书不进行详细介绍，如有需要可结合软件功能自行学习。

6）工具程序

工具程序包括绘图、公式计算器、坐标转换器、DEM 文件生成器、高空气象数据下载程序、地面特征参数生成器（AERSURFACE）、风险模型一些参数查找与计算程序等。

EIAProA2018（Ver 2.6）主要功能模块如表 1-1 所示。

2. 运行限制

EIAProA2018 软件（Ver 2.6）运行限制如表 1-2 所示。

表 1-1　EIAProA2018(Ver 2.6)主要功能模块

主模块	次模块	细分模块	功能说明
基础数据模块	污染物		项目全部污染物定义。污染物属性包括质量标准、衰减、干湿沉降参数、粒径分布表、毒性阈值以及 RTF 格式的备注文件
	项目特征	背景图与坐标系	定义多个背景图及其在项目坐标中的位置,可用两点坐标法或两点距离法。需进行项目坐标在全球坐标中的定位
		地形高程	定义评价范围所用的 DEM 文件,或者本地坐标下的 XYZ 文件或表格数据。可图示 DEM 文件与背景图的相对位置
		现状监测	输入现状监测点名称、位置及现状监测浓度,包括长期监测数据、补充监测数据、保证率日平均值和年平均值。可图形显示
		敏感点	输入敏感点(关心点)名称、位置及控制标准。可图形显示
		厂界线	如有,输入厂界线位置。可从背景图上描出
		一类评价区	如有,输入一类评价区范围。可从背景图上描出
	污染源(可选 12 种源强变化因子)	工业源	支持 11 种不同的工业源,包括点源、面源、体源、线源和浮力线源五种子类型。点源可分为普通点源、加盖源、水平出气源和火炬源 4 个细类。面源有矩形面源、多边形面源、圆形面源和露天坑 4 个细类。支持表格批量处理
		公路源	有配套的汽车尾气排污率估算程式,排污染因子可引用我国交通部数据或英国道桥设计手册。支持表格批量处理
		网格源	对于区域评价,一般可划分成一系列面积为 1 km^2 左右的网格进行污染源调查,每个网格单元可具有不同的有效源高和源强
		污染源组	将某些污染源定义成源组,以便后续引用
	气象数据	地面气象数据	输入多个地面气象数据表格,对应不同气象站或同一站不同时段的几个小时到几年的数据。可设定输入内容选项,可直接表格输入或从多种格式的文件中读入,亦可输出
		探空气象数据	输入多个探空气象数据表格,对应不同气象站或同一站不同时段的几个小时到几年的数据。可设定输入内容选项,可直接表格输入或从 OQA/FSL 格式文件中读入,亦可输出
		现场气象数据	输入多套现场气象测量结果,可自由设定高度、层数及测量内容,可直接表格输入或从 OQA/FSL 格式文件中读入,亦可输出到 OQA 格式文件

续表

主模块	次模块	细分模块	功能说明
基础数据模块	气象数据	气象统计分析	生成基于地面气象数据的统计分析结果：风频、风速、稳定度的统计，混合层、逆温的统计和气象出现概率的搜索。生成基于高空气象的统计结果：指定时段（全年或某季）的某个小时或全天的风速廓线和温度廓线
AERSCREEN（Ver 16216）	筛选气象（MAKEMET Ver 16216）		输入项目位置的气象和地表特征，以定义运行 AERSCREEN 所需的虚拟气象。可以单独运行 MAKEMET，生成 AERMOD 预测气象
	筛选计算与评价等级		基于 AERMOD 内核的评价等级筛选计算。可用于多个源、多个污染物的情况，支持地形数据、NO_2 化学反应、建筑物下洗等要求，可考虑熏烟气象条件
AERMOD 模型（Ver 18081）	AERMOD 预测气象（AERMET：18081）		按设定的本地地面特征参数，选择一套地面气象数据及相应的探空气象数据或现场气象数据，运行 AERMET 以生成适于 AERMOD 的 SFC 和 PFL 气象数据，可输出，亦可直接从 SFC 和 PFL 文件读入。可支持生成多套预测气象
	AERMOD 预测点（AERMAP：18081）		设定预测点方案，一个方案可包括多个网格（直角或极坐标）、多条曲线（可引用源廓线或厂界线）、直角坐标（包括监测点和敏感点）和极坐标的任意点。采用运行 AERMAP 来生成地形高程和山体控制高度，也可直接输入
	AERMOD 建筑物下洗（Dated：04274）		定义建筑物下洗方案。可选择多个点源，输入多个建筑物，每个建筑物可输入多层，建筑物可在背景图上描出。采用 BPIPprm 生成下洗参数和 GEP 烟囱高度，可以直接查看哪个建筑物的哪一层影响到哪一个源
	AERMOD 预测方案（Ver 18081）		定义污染预测方案，选择一个预测气象、一个预测点方案、一个预测因子和参与预测的污染源。可选择 AERMOD 运行方式和平均时间、输出内容。可考虑建筑物下洗方案、NO_2 化学反应、城市效应、衰减与沉积等。支持运行多个预测方案，用户中断运行、冷启动和热启动
	AERMOD 预测结果		预测结果查看，包括预测方案的中文描述和 AERMOD INPUT 文件。可选择显示地面高程、控制高度、离地高度、背景浓度，以及每小时、每日和全时段平均值；可选择显示浓度及浓度分担率、浓度占标率、沉积量。对逐步值文件可查看超标率、最大超标持续时间、时间序列值，可进行滚动平均处理。每小时和每日等短期平均可显示第 N 大结果。短期平均可以用数据和出现时间显示。网格可以用图形方式显示。还可查看超标率文件、季节小时值文件、弧线最大值归一化评估文件。对多个源、多个污染物计算大气环境防护距离，并给出大气环境防护区域图

续表

主模块	次模块	细分模块	功能说明
AERMOD 模型（Ver 18081）	AERMOD 方案合并		对于 AERMOD 预测结果，可以采用 AERMOD 方案合并功能，将已计算的多个方案的计算结果，合并成一个新的计算结果。按照合并的目的不同，分成两种合并方法：预测结果的环境影响叠加和 $PM_{2.5}$ 二次污染的计算和叠加。合并结果的表述，与 AERMOD 预测结果的完全相同
风险模型	化学品数据库		内置化学品数据库属性，包括危险物质临界量、大气毒性终点浓度值。参数主要来源于 AFTOX(130 种物质)、SLAB、工业气体手册、网络
	风险源强估算		内置 AFTOX 多种源强估算模型和"2018 风险导则"推荐的各种源强估算模型。预设了不同事故情景，结合涉事的化学品参数和环境气象参数，自动推荐首选源强估算模型(并列出可选替代模型)，同时计算出理查德森数，用以判断并推荐后续的扩散模型
	AFTOX 模型（Ver 4.1）		基于多烟团高斯扩散模式，用于模拟中性气体和轻质气体及液池蒸发气体的排放。可模拟连续排放或瞬时排放液体(或气体)、地面源(或高架源)、点源(或面源)。该模型内置了 Vossler、Shell 和 Clewell 蒸发模型以估算液体泄漏的气体源强
	SLAB 模型（SLAB，1991）（SLAB2，2016）		用于模拟重质气体或中性气体的扩散模型，基于稳定烟羽、瞬时烟团，或者两者联合的方式处理不同情况。模型处理的排放类型包括地面蒸发池、离地水平喷射、烟囱(或离地垂直喷射)、瞬时体源，其中，地面蒸发池为纯气体源，其他可以是纯气体或气体和液滴的两相混合物
其他模型（Ver 1.1 版本中的一些模型）	SCREEN3 模型（DATED 96043）		包括筛选与计算评价等级和环境防护距离
	93 导则模型		包括本地参数、预测气象、综合计算方案、综合计算结果、烟囱设计分析计算、单个小时气象计算、特殊点位污染分析
	风险预测		旧版风险计算包括泄漏和蒸发估算、浓度与剂量计算、重气云扩散估算、热辐射与冲击波计算
工具	电子表格		一个类似于 Excel 的电子表格，有两个作用：一是给绘图员提供数据接口；二是进行数据处理(如插值，叠加等)
	绘图员		绘图工具，可以绘制等值线分布图、网格浓度分布图、玫瑰图、X-Y 表图。可以调节图形的各种属性，可以单独保存图形文件

续表

主模块	次模块	细分模块	功能说明
工具	小计算器		用于简单四则运算的计算器
	公式计算		可以简单编程的工具，能够输入常用的公式，认识变量和数组。已输入一些源强估算的公式，可以打开查看
	坐标转换器		用于全球坐标与本地坐标之间、全球坐标的 UTM 与 LL 之间、本地坐标的直角坐标与下风向坐标之间的相互转换
	DEM 文件生成器		采用 CGIAR-CSI 提供的免费 3 秒精度数据，可以方便、快速、无缝生成任何一个评价区域的单一 DEM 文件、经纬度坐标、WGS 坐标、3 秒(约 90 m)精度
	高空气象数据下载程序		自动查询并下载 NOAA/ESRL 提供的免费探空气象数据
	AERSURFACE (Ver 13016)		地面特征参数生成器。要求已有以项目位置或地面气象站为中心的土地覆盖数据文件(NLCD92 格式)
	一些参数的计算		包括烟气抬升高度、混合层高度、烟囱高度处的风速、稳定度等级，以及无组织排放源的卫生防护距离(或已知卫生防护距离求允许排放量)
	数据分析工具		包括风速幂指数回归分析、平衡球实验数据处理、多元回归与方差分析、累积频率分析、预测值与实测值的比较、典型日筛选
	环境容量与削减优化		(1) A 值法计算区域的理想环境容量总量。 (2) 实际环境容量分析：由污染响应矩阵和各控制点的控制浓度来计算区域的实际环境容量。计算时可采用各种限制方法。 (3) 污染削减法优化：对于控制点浓度已超标的情况，可对当前源排放基于各种理论进行削减优化计算
	风险模型的一些参数查找和计算		临界量和终点浓度
			大气伤害概率估算
			理查德森数估算
			危险性(P)分级
			风险评价工作等级划分
	按“2018 大气导则”附录 C 输出 Excel 表		按“2018 大气导则”附录 C 的格式，将项目文件有关参数生成 Excel 表格

注：关于 AERSCREEN、AERMET、AERMAP、BPIP、AERMOD、AERSURFACE 和 SLAB，AFTOX 软件采用上述版本，软件将尽可能更新到最新的版本；但如果用户自行更改这些程序的版本，则无法保证程序能够正确运行。

表 1-2　EIAProA2018 软件(Ver 2.6)运行限制

主模块	次模块	细分模块	运行限制说明
基础数据模块	地形高程		DEM 文件个数无限制，单个文件限 1.1 分×1.1 分。采用直接输入时最多 20 万个点
	气象数据		每套数据最多限 3.5 万小时(四年逐时)。表格一次最多显示 20 万个数
AERSCREEN 模型			源个数、污染物个数不限。最多可自定义 300 个预测点，用户最多可定义 10 个任意点。最远距离限 50 km
AERMOD 模型	AERMOD 预测气象		限地面、高空和现场各一套气象数据。每套数据限 3.5 万小时(四年逐时)
	AERMOD 预测点		网格个数不限，单个网格限 20 万个点；曲线条数不限，单条限 10 万个点，任意点个数不限。一个预测点方案的总预测点个数不超过 100 万个
	AERMOD 预测方案		污染物一个，污染源个数不限，浮力线源限一个。平均时间限 3 个。输出源组限 254 个。输出单个逐步值 POST 文件不超过 2.15 GB
风险预测	AFTOX 模型		每次限一个源一个化学物。最大范围为 100 km，自定义预测点限 20 万个
	SLAB 模型		每次限一个源一个化学物。最大范围为 100 km，自定义预测点限 20 万个
工具	DEM 文件生成器		最小 1 分×1 分，最大 10 度×10 度(约一百万平方千米)
	环境容量与削减优化		污染源个数限 2000 个，控制点限 1000 个

对于试用版，除了以上运行限制外，额外增加如下限制。

(1) 一个预测方案的污染源个数限 1 个。

(2) 一个预测方案的污染物个数限 1 个。

(3) 一个预测方案的预测点个数限 30 个。

(4) AERSCREEN 筛选最远距离限 500 m。

(5) AFTOX 和 SLAB 最远距离限 300 m。

(6) 风险源强估算：不可用。

(7) 一些文件不能作为外部文件输出。

3. 导则条款与软件位置对照表

本书总结了“2018 大气导则”和“2018 风险导则”条款与软件位置对照详情，分别如表 1-3、表 1-4 所示。

表 1-3 “2018 大气导则”条款与软件位置对照详情

导则条款	目标要求	软件位置	使用方法描述
5.2 评价标准确定。 5.3.2.1 计算占标率所用标准的确定	确定各评价因子的质量标准，标明来源。无 1 h 标准的，用其他平均时段的标准值换算	【基础数据】-【污染物】	在一般属性中输入标准，在备注中输入来源。按“取得其他污染物限值”选项，可取得“2018 大气导则”中附录 D 中的表格标准，并自动按 1 h：8 h：24 h：年和 1：1/2：1/3：1/6 比例换算 1 h 标准值
5.3 评价等级判定	按最大占标率确定。多个源多个污染物分别确定，取最高者	【AERSCREEN 模型】-【AERSCREEN 筛选计算与评价等级】-筛选结果	一次选择全部污染源，可对全部污染物进行筛选。在筛选结果的最大值汇总表中，以红色标出各个源各个污染物中的最大占标率
5.4 评价范围确定	根据污染物的最远影响距离($D_{10\%}$)确定	【AERSCREEN 模型】-【AERSCREEN 筛选计算与评价等级】-筛选结果	左下角“评价等级建议”，蓝色字体。包括等级和范围
6.4.2 环境质量现状评价。 6.4.3 环境质量现状浓度	对多个点位、多个日期的现监测结果计算出各日平均值的给定保证率值，然后与标准对比	【工具】-【数据分析】	分析内容选择典型日筛选，设置监测点数和日期数，输入监测结果，输入该污染物日平均值的保证率(HJ663)，筛选方法选择控点的加权平均，权重均为 1
6.4.3.1 基本污染物长期监测点位数据	作为基本污染物的预测结果的现状浓度	【基础数据】-【项目特征】-【现状监测】	输入所有监测点名称、坐标。输入每个基本污染物的每个点位的一年逐日现状浓度，或者是保证率日平均和年平均现状值
6.4.3.2 其他污染物补充监测点位数据	作为其他污染物的预测结果的现状浓度	【基础数据】-【项目特征】-【现状监测】	输入所有监测点名称、坐标。输入每个其他污染物的每个点位的 7 天日平均现状浓度，如需进行小时值叠加，则需输入每日监测的 1 小时值的最大值
8.5.2.1 预测模型选择	在风速≤0.5 m/s 的情况下，持续时间超过 72 h，或近 20 年统计的全年静风(≤0.2 m/s)频率超 35%时，应采用 CALPUFF	【基础数据】-【气象数据】-【地面气象数据】	对评价基准年的逐时地面气象数据，按“查找风速≤0.5 m/s 最大持续时间”按钮，可找出风速≤0.5 m/s 的情况下最长的持续时间，并在表格的顶行中显示其开始时间。20 年内的统计结果需从气象部门取得

续表

导则条款	目标要求	软件位置	使用方法描述
8.5.2.2 岸边熏烟	如果点源距大型水体岸边小于 3 km，则需判断是否发生岸边熏烟	【AERSCREEN 模型】-【AERSCREEN 筛选计算与评价等级】-方案定义	设定一个源的参数时，选择“考虑熏烟”和“考虑海岸线熏烟”，并输入源与海岸线的距离、海岸线所在方位。筛选结果会说明是否发生岸边熏烟
8.6.2 $PM_{2.5}$ 二次污染	若项目 SO_2+NO_x 排放量≥500 t/a 时，在 AERMOD 中需用系数法计算 $PM_{2.5}$ 二次污染浓度	【AERMOD 模型】-【AERMOD 方案合并】	合并方法选择 $PM_{2.5}$ 二次污染的计算和叠加，选择已计算过的三个 AERMOD 预测方案，分别代表 $PM_{2.5}$ 一次污染计算结果、SO_2 和 NO_2 的计算结果。进行合并后，合并结果就是考虑了一次和二次叠加的 $PM_{2.5}$ 浓度
8.7 预测与评价内容	保护目标和网格点短期浓度最大值占标率与产生时间；年平均和保证率日平均浓度在叠加和不叠加现状下的占标率	【AERMOD 模型】-【AERMOD 预测结果】和【AERMOD 方案合并】-最大值综合表	此处可直接查看结果。若有现状监测数据，则可选择叠加和不叠加现状值。对日平均浓度，若保证率不是 100%（即不要求计算出第 1 大值的），则参见 8.8.3。关于叠加以新带老源、削减源、在建和拟建源，详见 8.8.2
8.7.5 大气环境防护距离	在达标排放前提下，厂界外有环境质量超标的情况，要设环境防护距离。采用进一步模型，确定多个源叠加的短期浓度超标范围	【AERMOD 模型】-【AERMOD 预测结果】和【AERMOD 方案合并】	对网格计算结果（网格应覆盖整个厂界区，网格分辨率应为 50 m），选择显示短期浓度，并指定厂界线。选择右上角的环境防护区域，图形显示环境防护区域。防护距离数值以文字形式在图例中写出
8.8.1 环境影响叠加	“2018 大气导则”公式(5)、公式(6)、公式(7)	【AERMOD 模型】-【AERMOD 方案合并】	采用多个 AERMOD 预测方案的结果，进行方案合并。以公式(6)为例对同一污染物建立 2 个 AERMOD 预测方案，分别采用项目新增污染源和以新带老替代掉的污染源，除此以外，其他选项完全相同，包括都输出 POST 文件。将这两个方案的计算结果合并（以新带老方案作为减项），则合并结果为公式(6)要求的结果

续表

导则条款	目标要求	软件位置	使用方法描述
8.8.2 保证率日平均质量浓度	要求按《环境空气质量评价技术规范》(试行 HJ 663—2013，简称 HJ 663)，对不同的污染物采用不同的日平均保证率浓度(有现状监测的，要求先叠加逐日现状后再排序)	【AERMOD 预测方案】 【AERMOD 预测结果】和【AERMOD 方案合并】	先算出保证率百分数对应的序号 $K=(1-p\%)\times n+1$。例如，如果 SO_2、NO_2 日平均保证率为 98%，则可计算得 $K=8$。然后在 AERMOD 预测方案设定一个只计算日平均的方案，且在输出内容页中的高值序号输入 8。这样方案计算结果的日均值则为保证率下的值，若查看时选择叠加背景，则为叠加现状后的保证率值
8.7.1.1/8.7.2.1 最大浓度占标率	各计算点的最大浓度占标率	【AERMOD 模型】-【AERMOD 预测结果】和【AERMOD 方案合并】	若数据类型 1 选择 1 小时、日平均或年平均，数据类型 2 选择浓度占标率，则数据显示为占标率(这里未用百分数表示)
8.8.3 浓度超标范围	短期浓度的最大值和长期浓度是否超过标准	【AERMOD 模型】-【AERMOD 预测结果】和【AERMOD 方案合并】	若数据类型 1 选择 1 小时、日平均或年平均，数据类型 2 选择浓度占标率，则数据显示为占标率，所有占标率超过 1 的为超标区(可画出相应区域图形)
8.8.4 区域环境质量变化评价	比较区域削减源贡献值和本项目源贡献值，评价范围为全部网格点年平均浓度变化情况	【AERMOD 模型】-【AERMOD 方案合并】-区域环境质量变化评价	要设置两个 AERMOD 预测方案，均需输出年平均值，一个为本项目增加源，另一个为区域削减源(源强均为正)，计算出结果。然后进行方案合并，合并方法选择“区域环境质量变化评价”，选择这两个方案进行变化评价
8.8.5 大气环境防护距离确定	参见 8.7.5	—	参见 8.7.5
8.8.7 污染物排放量核算	输出相关表格	主菜单【工具】-【按导则附录 C 输出 Excel 表】	这个工具是用于输出导则附录 C 中大部分表格，如污染源参数表、大气排放口和排放申报表等，排放小时数为 8760 h

续表

导则条款	目标要求	软件位置	使用方法描述
8.9.3 达标评价结果表	浓度及占标率数据	【AERMOD 预测结果】和【AERMOD 方案合并】	最大值综合表等
8.9.4 网格浓度分布图	保证率日平均质量浓度分布图和年平均质量浓度分布图	【AERMOD 预测结果】和【AERMOD 方案合并】	计算结果页和外部文件页。数据类别 1 选择日平均值和年平均值/全时段值。预测点组选择直角网格点，选择简图
8.9.5 大气环境防护区域图	参见 8.8.5	—	参见 8.8.5
8.9.7 污染物排放量核算表	参见 8.8.7	—	参见 8.8.7
10 大气环境影响评价结论与建议	污控方案比选结果，大气环境防护距离，评价、结论与建议	【AERMOD 预测结果】和【AERMOD 方案合并】	对整个评价项目的多种比选方案的多个污染物、多个预测方案的计算结果的总结和提炼
B.3.1 估算模型 AERSCREEN	需要输入的最高和最低环境温度，一般需选取评价区域近 20 年以上资料统计结果，最小风速取 0.5 m/s，风速计高度取 10 m	【AERSCREEN 筛选气象】	最小风速取 0.5 m/s，风速计高度取 10 m
B.3.2 AERMOD 和 ADMS	高空气象数据离地高度 3000 m 内的有效数据层数应不少于 10 层	【基础数据】-【气象数据】-【探空气象数据】	离地 3000 m 内输入的气象层数应不少于 10 层
B.4 地形数据	原始数据分辨率不得小于 90 m	主菜单【工具】-【DEM 文件生成器】	可用于生成评价区域，或以源为中心的 50 km×50 km 的 DEM 地形文件
B.5 地表参数	对 3 km 范围内的土地利用类型进行合理划分，或采用 AERSURFACE 读取土地，利用数据文件生成地表特征参数	【AERSCREEN 筛选气象】和【AERMOD 预测气象】中输入主菜单【工具】-【地表特征参数生成器】	可按地形类型直接生成，或由工具中的地表特征参数生成器通过 AERSURFACE 读取土地利用数据文件生成特性参数表

续表

导则条款	目标要求	软件位置	使用方法描述
B. 6. 3. 3 预测点网格	近密远疏法网格：距离源中心 5 km 的网格间距不超过 100 m，5～15 km 的网格间距不超过 250 m，大于 15 km 的网格间距不超过 500 m	【AERMOD 模型】-【AERMOD 预测点】	预测点坐标中定义一个直角网格，选择网格范围自定义，然后按"设置近密远疏网格"按钮
B. 6. 3. 6 不同高度预测点	对于临近污染源的高层住宅楼，应适当考虑不同代表高度上的预测受体	【AERMOD 模型】-【AERMOD 预测点】	在任意点表格中输入同一位置的多个点（横纵坐标都相同），运行完 AERMAP 后，在离地高度中输入不同的离地高度数据，然后退出
B. 6. 4 建筑物下洗	计算 GEP 烟囱高，判定是否需考虑建筑下洗	【AERMOD 模型】-【AERMOD 建筑物下洗】	在已输入全部点源的前提下，输入源所在周边全部较高建筑（在背景图上描出），运行 P-BPIP，在结果表格中可看到 GEP 烟囱高以及下洗参数。如果下洗参数全是 0，则说明无须考虑建筑下洗
B. 7. 1. 1 颗粒物干沉降和湿沉降	扩散过程考虑颗粒干沉降和湿沉降	【基础数据】-【污染物】、【基础数据】-【地面气象数据】、【AERMOD 预测方案】和【AERMOD 预测结果】	污染物属性，对颗粒污染物（指粒径 2.5 μm 以上，$PM_{2.5}$ 可认为其是气体），要输入其粒径属性。计算湿沉降时，地面气象数据中每小时要有降水量数据。在 AERMOD 预测方案的常用模型选项中，要选择计算总沉积、干沉积、湿沉积的选项。在计算结果的数据类别 2 中，可选择"查看沉积率"
B. 7. 1. 2 气态污染物转化	考虑扩散过程中污染物的衰减	【基础数据】-【污染物】、【AERMOD 预测方案】	污染物属性，要输入半衰期（或衰减系数）。在 AERMOD 预测方案的常用模型选项中，要选择"考虑扩散过程的衰减"
B. 7. 1. 2 气态污染物转化	考虑扩散过程中 NO_x 与 NO_2 的转化	【AERMOD 预测方案】-基本要素和选项与参数中的 NO_2 化学反应	污染源的排放率都采用 NO_x 数据，而非 NO_2。预测方案定义中，预测因子的类型必须选择 NO_2，常用模型选项中选择"考虑 NO_2 化学反应"，然后在四种算法中选择其中一种。如果没有环境 O_3 浓度和烟道内 NO_2 比率数据，则应选用 ARM 算法

续表

导则条款	目标要求	软件位置	使用方法描述
附录C(规范性附录)	输出表C.1～表C.36	主菜单【工具】-【按导则附录C输出Excel表】	输出污染源、排放口等导则附录C中的大部分表格
附录D(资料性附录)	其他污染物空气质量浓度参考限值	【基础数据】-【污染物】-一般属性	点击“取得其他污染物限值”按钮,无1小时/日平均/年平均标准的,自动完成按比例换算

表1-4　“2018风险导则”条款与软件位置对照详情

导则条款	目标要求	软件位置	使用方法描述
2018风险导则,附录B	重点查找突发环境事件危险物质及临界量	【工具】-【风险模型一些参数查找和计算】-临界量与终点浓度	输入物质名称或CAS号,查出临界量与终点浓度
2018风险导则,附录C	危险物质及工艺系统危险性(P)分级	【工具】-【风险模型一些参数查找和计算】-危险性(P)分级	输入危险物质贮量、临界量,以及工艺评分,计算P值
2018风险导则,附录C和附录D,以及4.3评价工作等级划分	环境风险潜势,风险评价工作等级划分	【工具】-【风险模型一些参数查找和计算】-风险评价工作等级划分	按危险性(P)和环境敏感性(E)分级,计算出环境风险潜势分级,进而得出风险评价工作等级
2018风险导则,附录F	事故源强计算	【风险模型】-【风险源强估算】	选择污染物质,选择情景,再输入环境和事故参数,最后刷新结果
2018风险导则,附录G.2推荐模型筛选	计算理查德森数,以判断适用模型	【工具】-【风险模型一些参数查找和计算】-理查德森数估算	输入相应参数,估算出理查德森数,并推荐适用模型
2018版风险导则、9.1风险预测和附录G推荐模型	在不利气象和常见气象下,发生事故的最大影响预测	【风险模型】-【AFTOX烟团扩散模型】和【风险模型】-【SLAB重气体扩散模型】	根据危险物性质,选择合适扩散模型进行预测(由理查德森数结果判断)。 源强采用风险源强估算结果。设定范围和时间等计算内容,然后刷新结果

续表

导则条款	目标要求	软件位置	使用方法描述
2018 风险导则,附录 I	估算有毒有害气体大气伤害概率	【工具】-【风险模型一些参数查找和计算】-大气伤害概率	输入接触浓度和时间,以及相应物质参数后估算

1.1.3 使用环境与软件安装

1. 使用环境

软件平台:要求安装在简体中文版 Windows 操作系统中,XP/ME/Win7/Win8/Win10 等。如果需要使用工具"公式计算器",则要求预先安装 Excel。

硬盘空间:软件本身安装约需 100 MB;简单计算一般额外需 100 MB,复杂计算如果需要保存逐时数据可能需要几十兆字节(GB)。

内存空间:一般要求 256 MB 以上。

显示空间:要求显示器的分辨率设置成 1024×768 以上,否则某些窗口会因过于拥挤而不便查看。

2. 安装与运行

1) 安装方法

双击安装文件"EIAProA2018-32/64. msi"进行安装。在 Win7/Win8/Win10 环境中,建议以系统管理员身份登录(如果不是管理员身份登录,则应鼠标右键点击安装文件,在弹出的菜单中选择"管理员取得所有权"),一般建议安装在 C 盘之外。由于程序运行时会生成大量临时文件,因此不要将软件安装在 One Drive 目录下。

由于 EIAProA2018 在运行中需要调用 AERMOD 的一系列独立的 DOS 内核程序,通过这些内核来生成和复制文件,这一特性容易被防护程序误判为出现病毒,因此,在安装软件时,如果有防护程序提醒危险,则要选择完全信任,否则不能完成安装。

如要删除程序,则可以在 Windows 控制面板中进行删除,也可以再次双击"EIAProA2018msi"以进行修复和删除。

安装方法和注意内容将随时更新,用户应注意查看安装盘(或下载安装包)中的"安装说明. txt"文件。

从 Ver 2. 6. 481 开始,程序安装后,除 EIAProA2018 执行程序外,还有一个单独的试用版执行程序"EIAProADEMO. exe"。这个程序可用于打开项目文件,进行参数输入,或查看计算结果,并进行基于试用状态下的简单计算。这个试用版不需要安装加密锁伺服程序 sense_shield_installer_pub. exe(安装盘中或下载解压包中提供,以下简称 SS 程序)就可以运行,因此不需要注册账号,不需要密锁。

只有购买了正式版的用户,才需要安装 SS 程序。

2) 安装 SS 程序

点击安装“SS 程序”。若只运行试用版,则无须安装。

SS 程序安装完成后,桌面上会出现图标“ ”。此后电脑启动时,此 SS 程序会自动打开,用户不要将它清理出电脑的自动启动项。

对于有硬件锁的用户,只要插上 USB 硬件锁,软件就变更为许可规定的状态,用户即可使用相应功能。对于有许可账号的用户,双击 SS 程序,进入如图 1-1 所示的界面,登录账号。用户只需登录一次账号,以后每次电脑启动后,都会自动登录该账号,除非用户操作了“退出账号”。

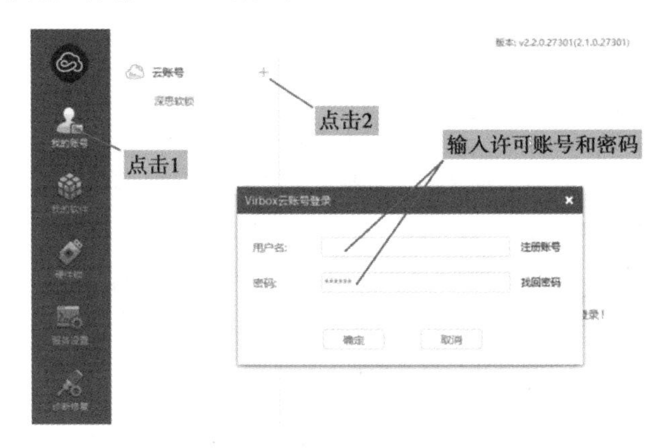

图 1-1　许可账号登录界面

3) 激活

正式版用户的硬件锁如果长时间未使用,则再次使用时会出现许可过期的情况,需要进行激活。在一台联网的电脑上,插入硬件锁,打开 SS 程序,选择左边的硬件锁,点击右边最下方的“刷新”,即可激活。

4) 安装完成

根据上述安装方法,成功安装 SS 程序且插入硬件锁后,完成账户注册或激活,若进入 EIAProA2018 主界面,则表示程序已安装完成,可正常使用。

5) 运行选项

在软件主菜单“选项”中打开“程序环境选项”,对于可选项“显示其他模型”,“缺省”是不选的,这时程序左边的项目树中,不会显示 SCREEN3、“93 大气导则”、旧版风险模型等内容,而且污染源等输入项中,亦不会有与“93 大气导则”相关的输入项。

如果“显示其他模型”这个选项勾选后(需重新启动本软件),则项目树的下面会多出一个“其他模型”的目录,内含 SCREEN3、“93 大气导则”、旧版风险模型等内容。对于 SCREEN3,可以选择 16 位、32 位或 64 位的内核,缺省为 32 位。对于 Win7 以上环境下的 SCREEN3,运行“筛选计算与评价等级”或“大气环境防护距离”时,若出现一直运行而不出结果的情况时,则可能是因选择了不合适的内核所致的,这时可强制退出程序,重新进入后,选择不同的内核。

软件在运行时会受系统休眠设置的影响,如果系统进入休眠,则程序运算会停止。因此,如果要让电脑在无人值守时持续进行运算,则需要将 Win 系统的休眠设置取消。

3. 目录结构和主要文件

程序缺省安装在“EIAPro\EIAProA2018”目录下。EIAProA2018 程序安装后的目录及主要文件如表 1-5 所示。

表 1-5　EIAProA2018 程序安装后的目录及主要文件

目　　录	主 要 文 件
程序根目录	EIAProA. EXE——程序主执行程序; Model. DAT——空白模板数据库文件
AERMOD	SCREEN3. EXE;BPIPprm. EXE;AERMET. EXE;AERMAP. EXE; AERMOD. EXE;AERSCREEN. EXE;MAKEMET. EXE
RISK	AFTOX. EXE;SLAB2. EXE;CH. DAT
Help	帮助系统文件及相关参考资料
Samples	案例文件
DOC	技术资料文件
srtmASC	ASC 格式的地形文件

1.1.4　基本操作方法概述

本节主要介绍软件的基本操作方法,关于各窗口详细的介绍参见后文相应章节。Samples 目录下的实例 1 可作为附加例子进行学习,以便更快了解 EIAProA2018 软件。初学者可以在阅读本书后开始使用,或一边阅读一边使用。相关操作录像可通过“环评云助手”App 获取。

1. 主界面介绍

如果未打开任何项目,则程序标题显示“未打开项目”,此时只有工具和选项下的内容可用。打开项目文件后主窗口界面如图 1-2 所示。当 EIAProA2018 启动时,默认打开前一次关闭时打开过的项目文件(除非从未打开过项目文件或该文件找不到)。需要注意的是,在打开项目文件时,系统会比较版本的新旧,若原保存时使用的软件版本更新一些，则会给出警告提示，如果强制打开，则可能导致无法预知的错误。

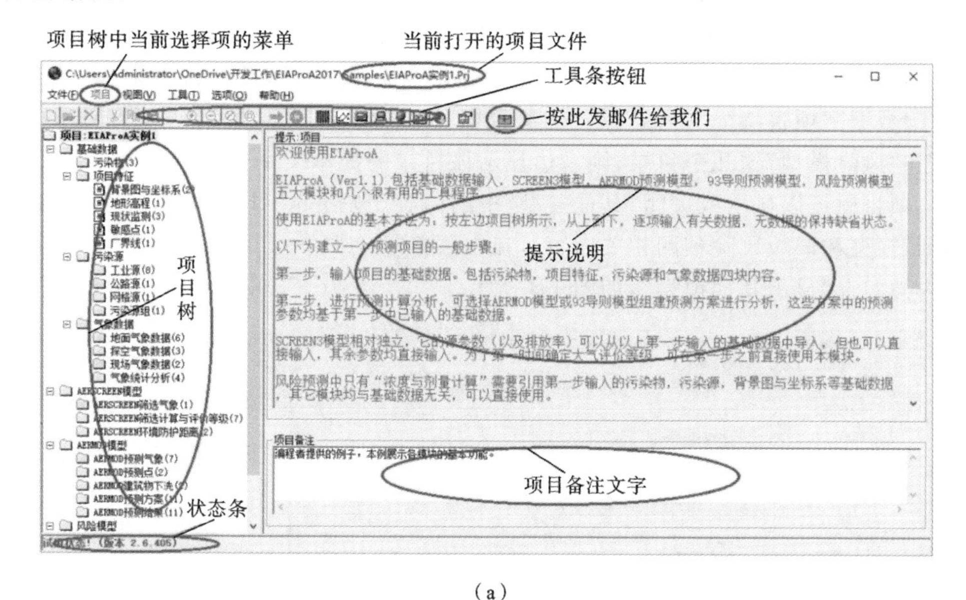

（a）

A. 当前目录，括号内为目录内文件/部件个数
B. 当前目录对应的快捷按钮
C. 图形快捷按钮
D. 预测方案快捷按钮，分别为启动计算和停止计算
E. 工具程快捷按钮
F. 缺省图形属性设置
G. 写信给我们
H. 当前目录内容列表

（b）

图 1-2　打开项目文件后主窗口界面

项目树：项目树下的内容分成目录（图标为“📁”）和文件（图标为“📄”）两类。对于目录，项目树中会显示该目录下的文件个数（也称部件个数或内容个数），如“污染物(3)”代表污染物目录下有 3 个污染物；对于文件（如背景图与坐标系、地形高程等），选中后右边直接显示该文件的内容窗口。界面右边窗口为内容列表，选

中目录后,双击列表中某项可打开查看或编辑。列表的显示方式可通过“视图”菜单下的显示图标、显示详情和显示列表选择。

如果项目树中选中的是“项目”这个目录,则右边显示项目的提示文字和项目备注,项目备注处可以输入用户关于该项目的备忘文字;如果项目树中选中的是“基础数据”“项目特征”“污染源”“气象数据”“AERSCREEN 模型”“AERMOD 模型”和“风险模型”这几个目录,则右边显示该目录的提示文字。

项目树可以显示或关闭“其他模型”中的内容(包括 SCREEN3 模型、“93 大气导则”模型和旧版风险预测相关内容),在主菜单“选项”下打开“程序环境选项”,选择去掉勾选“显示其他模型”,如图 1-3 所示。

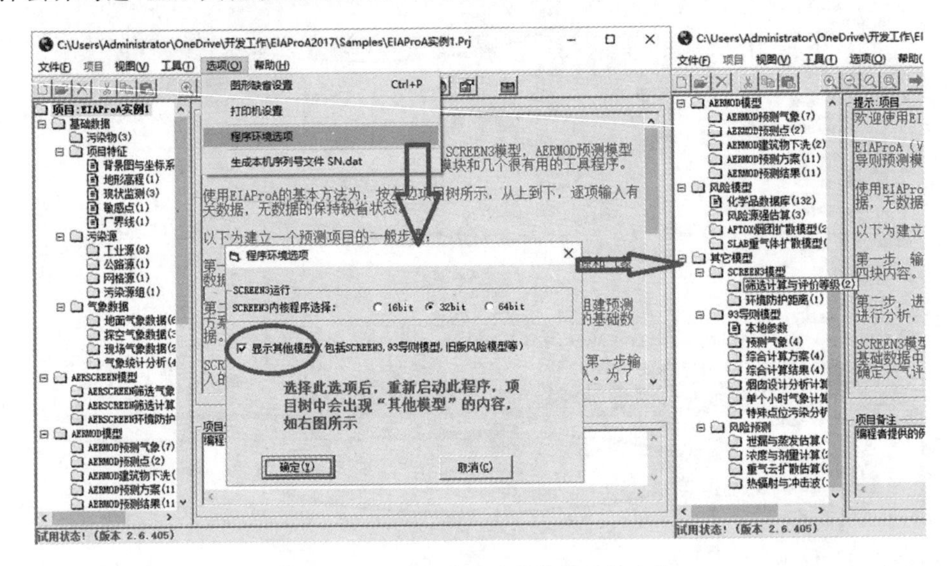

图 1-3　设置是否显示其他模型的内容

图 1-2(a)菜单也可通过在内容列表(图 1-2(b)中的 H)中右击鼠标使项目树当前选择项的菜单弹出,其内容因当前选择项的不同而不同,并对应显示于快捷按钮中(图 1-2(b)中的 B)。对于可显示内容列表(图 1-2(b)中的 H)的目录,菜单下通常包括“新建”“打开”“删除”“复制”“粘贴”“选择全部”等命令(对应快捷键 Ctrl+N、Ctrl+O、Ctrl+D、Ctrl+C、Ctrl+V、Ctrl+A);如果选择的是“预测方案”目录,则菜单中还包括“计算”(对应快捷键 F5)命令。使用“复制”“粘贴”命令可以在一个项目内和不同的项目文件之间传递一个或几个部件(如污染源、污染物、气象数据或预测方案设置),前提是两个项目文件同时打开(运行两个 EIAProA),并在同一个目录下操作。

状态条:图形操作时显示当前鼠标所在坐标,计算时显示当前工作内容、计算进度等,或者版本号、版本名称。

图形快捷按钮：对背景图可以进行任意级别的缩放，以查看得更清楚，可在背景图中右击鼠标来弹出菜单，或者使用工具条上的快捷按钮。“”和“”表示以鼠标所在的点为中心进行放大或缩小；“”表示图形缩放到刚好适合当前窗口的大小，以便看到全图；“”表示不进行任何缩放。程序保存任何一次对背景图的缩放，以便下一次打开图形时看到与前次相同的位置。

项目树、工具条和状态条可以通过“视图”菜单下的命令关闭或打开。在有些情况下，关闭这些内容可以使数据表格获得更大的显示空间。

选项中的“图形缺省设置”可用于设置全项目统一的等值线或网格浓度图风格，甚至可用于不同的项目。例如，如果锁定“等值线缺省”，则可以在整个项目中画同样几个阈值的等值线或网格浓度图，以及同样的等值线样式和网格浓度图样式等。

2. 操作步骤

在项目树中从上到下逐步填入内容，建立一个建设项目。

大气环境影响预测的一般步骤如下。

第一步，输入项目的基础数据，包括污染物、项目特征、污染源三块内容。其中，污染物、污染源两者为必选，项目特征为可选。要求一个项目至有一个污染物、一个污染源才能运行模型。地面和高空气象数据在进一步模拟预测中为必须输入的数据。

第二步，进行 AERSCREEN 筛选计算。先建立 AERSCREEN 预测气象，然后建立 AERSCREEN 筛选方案。源参数可引用第一步输入的基础数据中的工业源，其余参数直接输入，然后进行筛选计算。

第三步，进行预测计算分析。可选择 AERMOD 模型组建预测方案并进行分析，这些方案中的预测参数均是基于第一步中已输入的基础数据的。对于 AERMOD 模型，要求首先生成 AERMOD 预测气象和 AERMOD 预测点（仅在需要考虑地形时运行 AERMAP），才能组合 AERMOD 预测方案进行计算。

风险评价预测的一般步骤如下。

第一步，输入项目的基础数据。只需要导入背景图（即坐标定位、全球定位）、地形高程文件。

第二步，风险事故源分析，确定主要的危险物质，并在数据库中查找到该物质（若数据库中没有用户指定的危险位置，则需要新建并输入相关参数）。

第三步，风险源强估算，估算其气体源强参数，并得出扩散模型选择建议。

第四步，按源强估算结果的建议，新建一个“AFTOX 烟团扩散模型”或“SLAB 重气体扩散模型”预测方案，引用源强估算结果参数进行扩散计算，并对计算结果进行分析。

3. 关于参数输入

1）参数的引证

在某些参数输入框旁会出现“”按钮，按下该按钮，可以得到与该参数相关的一些参考资料，便于用户选用。

2）坐标或范围输入

坐标或范围相关的输入如果有“”按钮，则表明可以点击进入背景图后直接点取或描出。对于地形高程数据，如果有“插值”或“插值高程”按钮，则可以点击该按钮，让程序插值出相关地面高程数据。

3）参数的计算

某些参数可能无法直接输入，需要通过对另外一些参数进行计算才能得到，这种参数输入框旁边，会出现“…”按钮。按下该按钮，会弹出一个窗口或选项页，要求输入某些其他参数，用以计算出该参数。

4）数组参数

在一个参数输入框中输入多个数据称为数组参数输入，可以输入一维数组或二维数组。数组可以直接在输入框中输入（但格式较复杂，这里不建议使用），宜采用按“…”按钮进入表格的方式输入该参数（可以采用表格的插值等方法输入参数）。

5）计算点的坐标

计算点的坐标通常是一维数组（如两个一维数组）。如果这些数据是无规律的，则可以用逗号分隔的格式，如“300,400,1000”；如果这些数据是有规律的，则可写成“[起点,终点]步长”的格式，如计算点从 100 到 1000 处，步长为 100，可以写成“[100,1000]100”；此外，还可以写成“起点 个数 间隔”或“起点/个数/间距”的格式，如“100 10 100”表示从 100 起，每隔 100 设一个点，设置 10 个点。更复杂的设置——疏密不一网格的说明详见 1.4.2。

EIAProA Ver 2.6 还可以导入某些常用软件的数据，具体如下。

(1) 可以直接打开 EIAProA Ver 1.1 项目文件(prj)，但是保存后就不宜再使用 Ver 1.1 来打开了。

(2) 可以导入 EIAA 项目文件中的气象观测记录数据，放到“地面气象数据”中。

(3) 可以导入 AERMET 的 OQA 文件中的气象数据，包括地面、探空和现场数据。

(4) 可以导入 AERMET 的 SFC 和 PFL 中的气象数据。

(5) 可以导入常用文本格式的 xyz 地形数据。

(6) 读入生态环境部环境工程评估中心提供的全国 27 km×27 km 的 MM5

数据，作为 AERMOD 运行的探空气象数据。

(7) 可以导入 2003 版气象 A 文件，该文件以中国气象局 2003 年版《地面气象观测规范》中的“地面气象记录月报表”为依据，对 2001 年版 A 格式做了必要的修改和补充，形成国家标准的“地面气象观测数据文件格式”。

(8) 可以使用 ASC 格式的 SRTM 数据生成合适的 DEM 文件。

(9) 可以读入从 NOAA/ESRL 探空气象数据网下载的 FSL 格式的高空气象数据文件。

上述操作将在相应的章节中具体说明。

4. 表格基本操作

程序提供了一种类似于 Excel 的电子表格，主要呈现参数(特别是气象数据)和计算结果。

1) 表格数据的编辑

表格数据的编辑操作类似于 Excel 的。如果表格单元要求输入时间参数且当前为空，则双击该单元格将自动输入当前时间；如果在多个单元格中要输入相同的数据，可选择这些单格后，再直接输入，这时全部单元格都输入了相同的数据(部分表格可能不支持这种操作)。

2) 表格的快捷菜单

在表格中点击鼠标右键，可弹出一个快捷菜单，包含以下命令(对于程序的不同位置弹出的表格，某些命令可能因不允许使用变成灰色)。

剪切：将所选单元格内容剪切下来，放到剪贴板上，相当于快捷键 Ctrl+X。

复制：将所选单元格内容拷贝下来，放到剪贴板上，相当于快捷键 Ctrl+C。

粘贴：将剪贴板上的内容粘贴到选定的单元格上，相当于快捷键 Ctrl+V。在执行粘贴命令前，已经用“剪切”或“复制”命令将数据放到剪贴板上。粘贴时，从表格中的活动单元格开始，依次将剪贴板中的内容放入表格对应的单元格。如果剪贴板中的数据范围大于当前表格的，超出部分将自动剪去。

复制(含表头)：将所选单元格内容，以及所选单元格对应的固定行和固定列的内容也一同拷贝下来，放到剪贴板上。这相当于复制一个完整的表格(而不仅仅是选中单元)。

删除：将所选单元格内容清除。

加法粘贴：方法与粘贴相同，但是最终的数值是单元格的原有数据与剪贴板中相应数值的和，可用于两个表格之间数据的叠加。

减法粘贴：方法与粘贴相同，但是最终的数值是单元格的原有数据与剪贴板中相应数值的差，可用于两个表格之间数据的相减。

乘法粘贴：方法与粘贴相同，但是最终的数值是单元格的原有数据与剪贴板中相应数值的积，可用于两个表格之间数据的相乘。

除法粘贴：方法与粘贴相同，但是最终的数值是单元格的原有数据与剪贴板中相应数值的商。如果除数是 0，则结果溢出，单元格中显示结果为“＃＃＃＃”。可用于两个表格之间数据的相除。

四则运算：可对表格中选定的单元格加上、减去、乘以或除以一个实数。

最大/最小值：找出表格中选定的单元格的最大值与最小值。

格式化：对选定单元格的数据按自己的要求进行格式化。格式化的定义方法可参见该窗口的详细说明。

打印：可对表格中选定的单元格或全部单元格进行打印。与剪切和复制不同，打印时，会自动加上单元格中的固定部分。

输出：可把表格中选定的单元格或全部单元格输出到一个文本文件中。

平面分布图：用选定的单元格中的数据来绘制平面浓度图，程序会进一步要求确定坐标轴的位置，如果坐标是有效的，则调出绘图员进行绘制。

表图：用选定的单元格的数据来绘制表图（X-Y 轴线图），程序会进一步要求确定是以列为坐标轴，还是以行为坐标轴，还要确定是以哪一列或哪一行为坐标。

数据块逆时针旋转 90°：对选定的单元区域，以左上角单元为支点，逆时针旋转 90°。如果旋转单元格空间不够，则不能执行。

数据块顺时针旋转 90°：对选定的单元区域，以左上角单元为支点，顺时针旋转 90°。如果旋转单元格空间不够，则不能执行。

数据块上下置换：对选定的单元格（多行情况）的各行位置进行倒置，如 1，2，3，…，N 行换成 N，…，3，2，1 行。

数据块左右置换：对选定的单元格（多列情况）的各列位置进行倒置，如 1，2，3，…，N 列换成 N，…，3，2，1 列。

插值：如果选定的单元格区域中，有些单元格是有数据的，而有些单元格是没有数据的，则可以进行各种插值处理，为没有数据的单元填上合理的数据。如果选定的内容单元只有一行或一列，则只能进行一维插值；如果选定的超过二行或二列，则可以进行一维或二维插值。一维插值的算法有线性插值、拉格朗日插值、最小二乘插值和风向插值；二维插值的算法有距离反平方插值或最小距离插值。

3）表格中输入数据的一些技巧

利用以下方法可以在表格中快速输入数据。

对多个单元格输入相同的数据：如果有多个相邻的单元格要输入相同的数据，则可以先选择这些单元格（被选单元格变蓝色），然后键盘输入数据（输入的时候只在白色的当前格中有显示），输入完成后当前单元格所有被选的蓝色单元格中都会显示同样的输入数据。

对多个单元格输入渐变的数据：如果有多个相邻的单元格要输入渐变数据，则可以在这些单元格的头尾处输入数据的起止值，然后选择这些单元格（包括起止单元)，被选单元格变蓝色，然后点击鼠标右键，在弹出的菜单中选择“插值”，按“确定”完成插值。这样，这些被选单元格中就输入了渐变的数据。例如，要在第 1 行和第 20 行共 20 个单元格中输入 50～1000 增量为 50 的 20 个数据，可以在第一行输入 50，最后一行 1000，然后选择这些单元格(包括起止单元)，点击鼠标右键，在弹出的菜单中选择“插值”，按“确定”，一维插值即完成。在不同列单元格中输入渐变数据也与此相同。

5. 图形缺省设置

系统采用绘图员(DRAWER Ver 2.10)绘制等值线图、玫瑰图和 *X*-*Y* 线图。等值线图和网格浓度分布图为最常用的图形。系统提供了等值线图和网格浓度分布图的缺省设置窗口，可按“选项”菜单下的“图形缺省设置”(或按 Ctrl＋P)进入设置窗口，如图 1-4 所示。这个设置将保存在文件 EIAProA.CFG 中，影响所有项目。

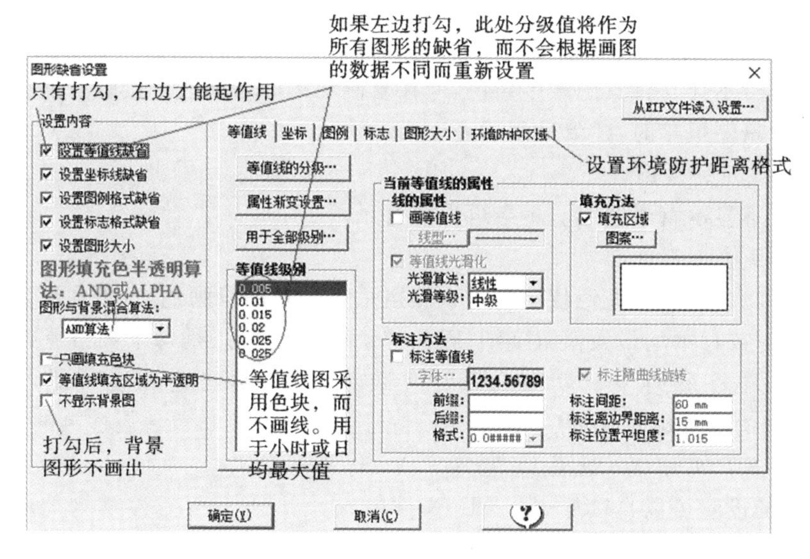

图 1-4　图形缺省设置

1) 设置内容

这里选择要设置的内容。只有选中的设置内容才能作为缺省的图形设置，否则绘图程序将采用自动设置。

例如，为了使系统生成的全部等值线图都只画 0.001、0.002 和 0.003 这三条线且按统一的格式绘制，可以选中“设置等值线缺省”，并输入分级设置且设定等值线格式(注意，如果这样设置，这些分级将用于全部图形的缺省，而不会根据数据不同而重新设置，那么这样的分级对于有些数据来说可能画不出等值级)。如果未选中“设置等值线缺省”，则系统会按得到的数据自动设定等值线分级。

对于大气环境防护区域图，无须在左边选择设置内容，总是采用其设定的格式。其可设定厂区及厂界线、超标区及其包络线、大气环境防护区域及其包络线的样式，包括是否画线、选何种线型、选何种颜色。

同样，对于坐标线、图例格式、标志格式、图形大小和是否显示背景图等内容，也可以设定缺省值。

设定的具体内容主要如下。

等值线：等值线级别，各级等值线线型、光滑度、填充方法和标注方法。

坐标：周边四条坐标（包括标题）的详细画法定义。

图例：等值线图例画法定义。

标志：计算点、监测点、关心点、污染源标志的画法及图例。

图形大小：图形的大小、缩放比例等。

2）图形与背景混合算法

当选择填充区域为半透明时，可选择填充色与背景图的混合算法、AND 算法（或 ALPHA 算法）。前者的缺点是背景图较暗时，浓度色块的半透明处理可能出现混色；后者不会与背景图产生杂色，但在复制图形时会使底色变暗。缺省采用前者，但当背景图很暗时，建议采用后者。

3）不显示背景图

勾选“不显示背景图”后，不会再出现背景图。

4）只画填充色块

如果勾选“只画填充色块”，则对于网格浓度分布图只画色块，不画线。一般用于绘制小时或日平均最大值浓度图，因为这类数据的特点是每个网格点产生于不同的时间，不在物理上真实存在。要改回非色块，不勾选此选项即可。进入 DRAWER 的图形编辑环境后，这个选项位于图形属性窗口等值属性页的上方。

5）从 EIP 文件读入设置

图形的设置可以直接从一个 EIP 文件引入。

6. 关于等值线图和网格浓度图的输出

等值线图可通过复制到其他软件或输出到文件来保存。格式可选增强图原文件（EMF）的矢量格式、BMP 位图、JPEG 压缩位图。如果等值线图没有背景图形，则 EMF 格式是最好的选择，因为文件最小并且缩放时不会失真。如果等值线图有背景图，则一般用 JPEG 图，虽然背景图清晰度有所下降，但文件小，便于保存、传送。

需要注意的是，等值线图一旦输出成独立的图形文件，或者粘贴到其他软件（如 Word）中后，不管它是何种格式的，它都成为“静止”的图形。这时如果进行缩放，则图例中的“比例尺”数据不能同时更新（而在 Drawer 中则会自动更新）。网格浓度分布图的输出操作和注意事项与之相同。

在 Word 等文字处理软件中，可以将分布图、某一截面图和玫瑰图画在一起。

例如,常用的做法是在等值线图上加一个玫瑰图,以说明当地气象条件。

7. 获得帮助的方式

即时提示:当鼠标停留在窗口上某一个元素上时,会弹出一行关于该元素的说明文字。例如,对于参数输入框,常会提示该参数的有效范围。

在线帮助:按“帮助”或“F1”按钮,可以得到当前窗口的在线帮助。在线帮助中将对当前窗口的功能进行较为全面的介绍,并提出某些值得注意的问题。

技术说明:如果要对模式的推导过程、使用范围有更深入的了解,则可在软件安装后,在安装目录下查找《技术说明》中的有关章节。

1.1.5 安装及登录中的常见问题

1. 安装注意事项

(1) 在Win7/Win8/Win10环境中,需以Win系统管理员的身份来运行安装程序EIAProA.MSI,并且建议将软件安装在系统盘(C盘)之外的其他盘中。

(2) 在Win7/Win8/Win10环境中,如果出现运行时中断退出或不能运行计算过程的情况,则可以右键点击程序图标,在弹出的菜单中选择“以管理员身份运行”启动程序。

2. 安装过程中出现其他程序干扰

在软件安装过程中,如果出现图1-5所示的错误提示,请根据提示内容查找相关程序安装包,并按照下文中的解决方法操作。

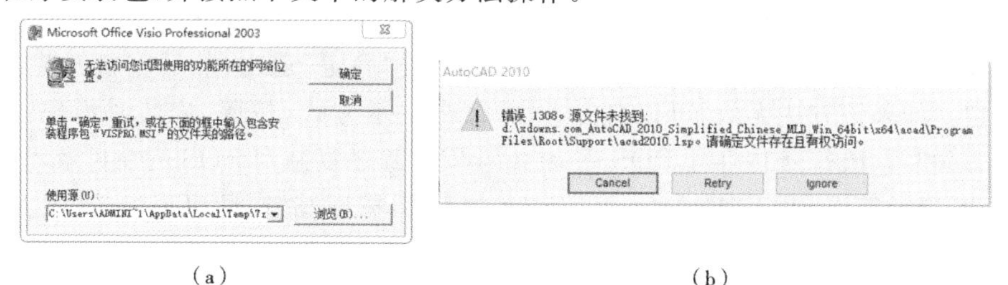

(a) (b)

图1-5 出现其他无关程序干扰的错误提示

图1-5所示的分别为Visio Pro软件和AutoCAD软件的错误提示,在安装过程中也可能遇到与软件相关的其他错误提示,属于同类问题。

解决方法:出现上述错误提示,通常是由相关软件没有正确安装或卸载,或是安装或卸载后没有清除相关注册表痕迹引起的。双击软件安装盘中的“程序安装疑难解答.meta”程序后,选择“下一步”,再选择“卸载”,然后在列表中选择这个程序,再按“下一步”,即可清除相应程序的痕迹。

3. 出现错误

(1) 在软件安装过程中,出现“错误号426,不能创建Activx对象”或者“错误号-2147024770,Automation 错误”时,可以查看子目录“\DLL360”下的“说明.txt”,并按照该说明中的方式设置。出现“无法注册模块……”问题时,也可参考上述方法。

(2) 在 Win7/Win8/Win10 下,如果出现不能启动计算过程,或运行时中断退出,或运行时出现“错误 53:找不到文件”的情况,则可能是由目录权限问题引起的。可右击桌面上的程序快捷方式,在弹出的菜单中选择“属性”,在弹出的属性窗口中选择“兼容性”,再勾选“以系统管理员身份运行此程序”,按“确定”退出。

(3) 安装时,如果出现 2502、2503 错误,则解决方法如下。

① 先将安装程序包“EIAProA2018-32.MSI”复制到 D 盘根目录下(其他目录也可,这里以 D 盘为例)。

② 鼠标放到屏幕的最左下角,点击鼠标右键,在弹出的菜单中选择“命令提示符(管理员)”,这时显示的 DOS 提示符为“C:\Windows\System32>”。

③ DOS 提示符中,输入“msiexec /package EIAProA2018-32.msi”(注意这一行里有两个空格),然后按回车键,安装程序就会自动启动,不会再出现 2502、2503 的错误。按回车键前的 DOS 命令行如下:

C:\Windows\System32>msiexec /package D:\EIAProA2018-32

(4) 在软件安装过程中,出现“……完成此安装所需的一个 DLL 不能运行……”的错误提示,如图 1-6 所示,则可打开 C 盘,点击“C:\Users”(或“C:\用户”)文件夹,右键点击 Users(或用户)文件夹,选择“属性”,在弹出的窗口中选择“安全”选项卡,在“组或用户名”列表中选择“Everyone”,点击“编辑”按钮,在弹出的权限窗口中设置 Everyone 的权限为“完全控制”,按“确定”退出,然后重新安装 msi 程序包。如果该方法无效,可以打开 DOS 命令提示方式(按照“安装时出现错误 2502、2503”方法打开),打开 DOS 后,将 msi 安装程序复制到 DOS 所在目录,然后在 DOS 提示符下,输入“EIAProA2018-32.msi”后按回车键,即可以按 DOS 方式启动安装。

(5) 在安装过程中,如果出现图 1-7 所示的错误提示,则原因可能是打开了杀毒软件,如打开了 360 杀毒软件。

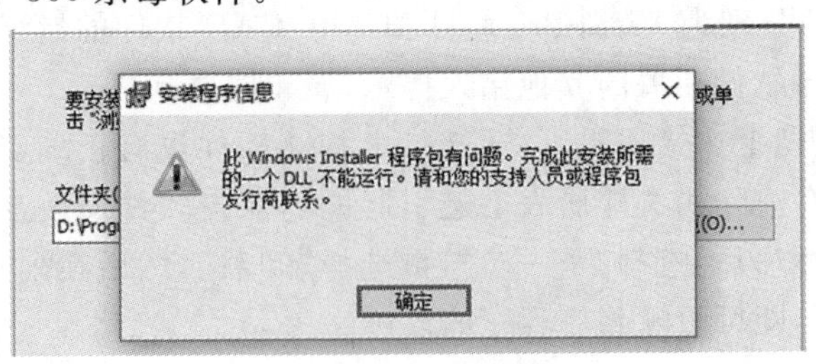

图 1-6　错误提示

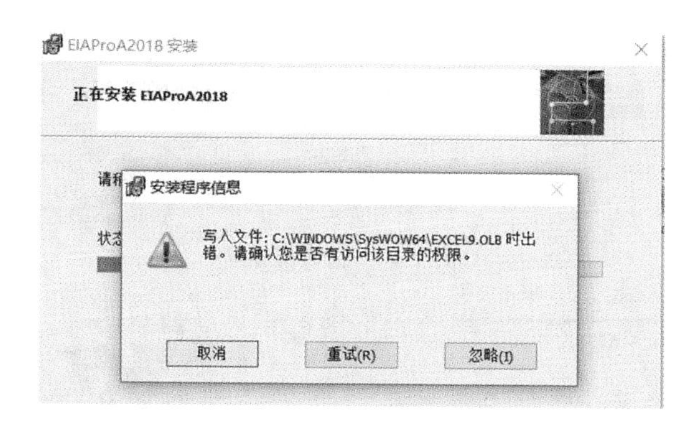

图1-7 错误提示

解决方法:安装时,请确保杀毒软件已关掉,或者以管理员权限安装。

(6) 在安装过程中,如果出现图1-8所示的错误提示,则一般是由与低版本的AutoCAD或者Office软件冲突造成的,需要将AutoCAD和Office均换成2016版或以上。

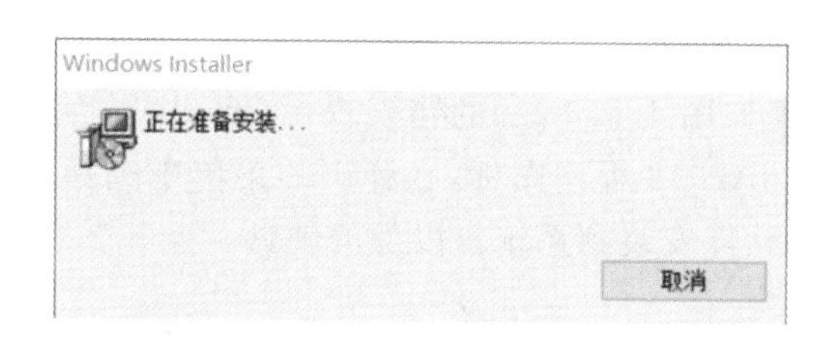

图1-8 错误提示

1.1.6 EIAProA2018软件打开时的常见问题

EIAProA2018软件安装成功后,在打开软件时可能会遇到以下几种问题。

(1) 连接失败。

打开EIAProA2018软件出现如图1-9所示的错误提示时,需要安装SS程序。

(2) 出现错误号:3197的错误提示。

出现图1-10所示的错误提示是由于软件运行过程中强制关闭程序导致了prj文件的损坏,prj文件无法修复,需要重新建立prj文件。

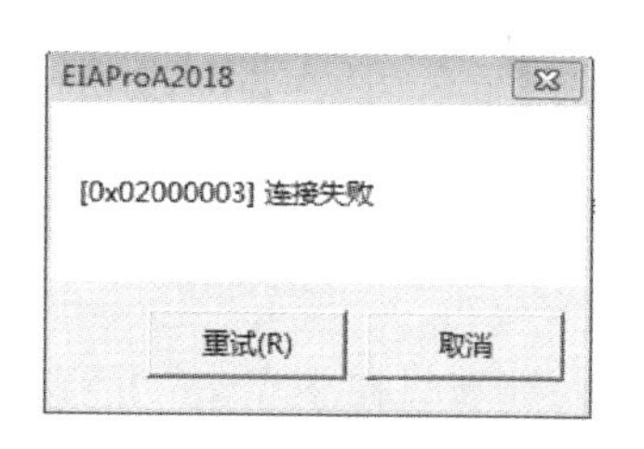

图1-9 错误提示

(3) 所有许可时间到期不可用。

SS程序每两周都会在联网的情况下对硬件锁进行一次激活,若未进行激活则会出现图1-11所示的错误提示。在联网的情况下打开SS程序,然后插

图 1-10 错误提示

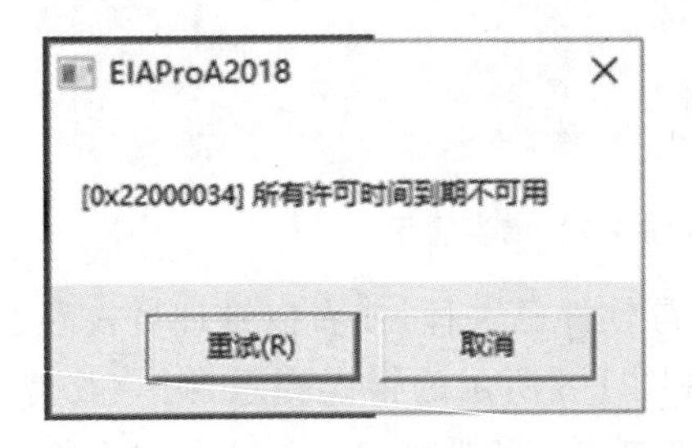

图 1-11 错误提示

上待激活的硬件锁，即可完成激活，软件就可以正常打开了。

(4) 出现错误号 339。

软件安装后，打开软件时出现如图 1-12 所示的错误提示，原因可能是管理权限的问题。鼠标右键点击 EIAProA2018 程序图标，在弹出的菜单中选择"以管理员身份运行"以启动程序，或者将软件安装到系统盘以外的硬盘。

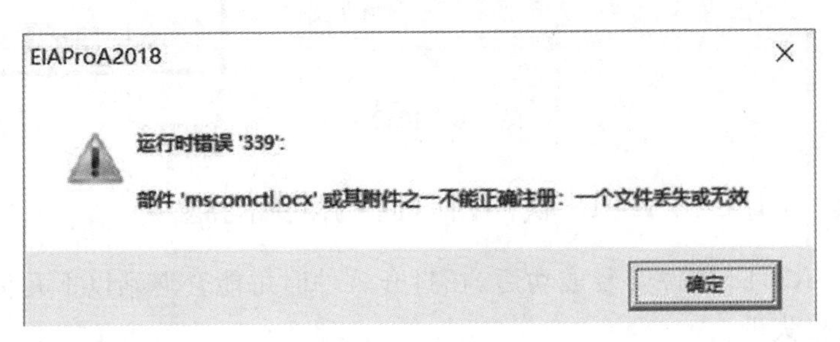

图 1-12 错误提示

1.2 基础数据

1.2.1 污染物

在项目树中点击"污染物"这个目录，在右边列表中点击右键，可以新建(Ctrl+N)污染物，或对已有污染物进行打开、删除、复制等操作。在新建项目时，程序会自动复制模板"model.dat"中的所有污染物定义。

污染物属性窗口如图 1-13 所示。

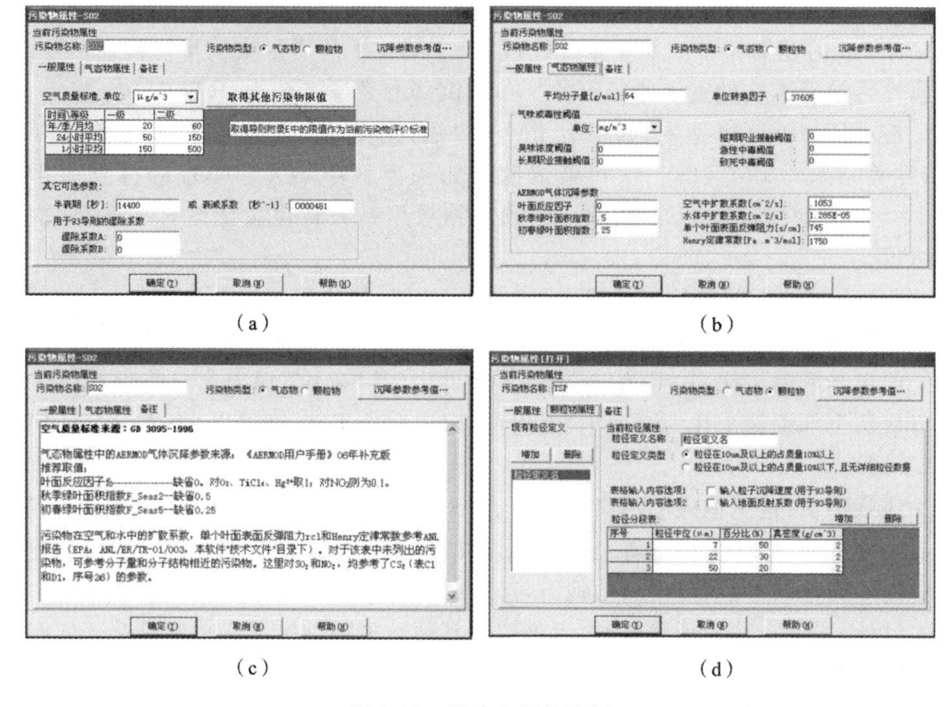

（a）　（b）

（c）　（d）

图 1-13　污染物属性窗口

污染物属性窗口分成一般属性、气态物属性、颗粒物属性和备注四个属性页。

（1）一般属性页主要输入污染物质量标准。如果使用了其他来源的标准，可以在备注页中注明来源。对于可衰减的污染物可输入半衰期或衰减系数。

（2）气态物属性页输入分子量、气味或毒性阈值，以及 AERMOD 气体沉降参数。如已知分子量，可自动推算单位转换因子。单位转换因子用于 mg/m^3 或 $\mu g/m^3$ 与 ppm 或 ppb 之间的转换。气味或毒性阈值在这里只作为保存文档，在后续程序中并不直接应用。AERMOD 气体沉降参数直接用于 AERMOD 气体沉降计算，具体参数可查阅 ANL 报告（EPA：ANL/ER/TR-01/003 文件，本软件“DOC\沉降参数参考值表. RTF”）。

（3）颗粒物属性页输入非气态污染物的粒子属性。对一个颗粒污染物至少要定义一种粒径属性，如果定义两种以上粒径属性，则可以用于不同的污染源排放同样的颗粒物且粒径属性不同的情况（具体哪个源对应于哪种粒径属性将在污染源窗口中指定）。

粒径属性分成粗粒子（粒径在 10 μm 及以上的质量占比 10％以上）和细粒子（粒径在 10 μm 以上的质量占比 10％以下）两种。对于前者，要求输入每一粒径段的中位径、质量百分比和真密度，可选择性输入沉降速度和反射系数（用于 93 大气导则)；粒径分段数最多为 20 段，总的质量百分比要求在[98%，102%]范围内，程序将自动调整各段中的百分比，以确保此值为 100%。对于后者，只需输入粒径小于 2.5 μm 的超细粒子的质量百分比，以及全部粒子的质量表征平均粒径即可(粒径属性可参考本软件安装路径下的"DOC\沉降参数参考值表. RTF")。

在 AERMOD 模型中，如果有 $PM_{2.5}$ 源强，则 $PM_{2.5}$ 作为气态物，不作为颗粒物，计算结果为 $PM_{2.5}$ 的一次污染浓度。如果项目中 SO_2+NO_x 的排量大于等于 500 t/a，则直接按 SO_2 和 NO_2 的预测结果用系数转化法计算 $PM_{2.5}$ 的二次污染浓度。

(4) 备注页对污染物属性提供了"备注"功能，建议用户对污染物的标准、属性参数的来源，甚至个人见解进行详细备注，以便事后查找或供他人理解。

确定和取消按钮：在 EIAProA2018 软件中，按"确定"退出窗口将保存进入本窗口后的全部编辑工作；按"取消"退出窗口(也可按 ESC 键退出)将不保存任何修改(下同)。

注意事项：这里输入的污染物参数有时是必选的，如颗粒物的粒径分布，但大多数是可选的，如评价标准等，它将在后面的结果评价中计算比标值时取出。建议尽量输入完整的参数，以便其他地方可以直接取出，而不必重新输入。

另外，尽量在输入现状监测、污染源等其他数据之前定义好本项目全部的污染物，因为后续的这些工作都要引用到污染物。这也是 EIAProA2018 软件将"污染物"这一项放在项目树中最前面的原因。

缺省的项目文件模版(modal. dat)中的环境空气质量标准来自《环境空气质量标准》(GB3095—2012 及其修改单)。污染物有 10 个，包括 PM_{10}、$PM_{2.5}$ 等。

取得其他污染物限值按钮：按此按钮，会弹出"2018 大气导则"附表 D. 1 中的污染物限值，按选定的污染物取得相应标准。按照"2018 大气导则"5. 3. 2. 1 中标准之间的换算关系，1 h、8 h、1 d、1 y(即 1 小时、8 小时、日平均、年平均)标准值之间的换算比例为 6：3：2：1，反之，如果 1 h 标准值为 1，则 8 h、1 d、1 y 的标准值为 1/2、1/3、1/6。

注意事项：由于污染物牵涉很多属性参数，而且许多参数都不太容易得到，建议所有用户都建一个"资源. prj"项目文件，将每一个项目用过的污染物(或者气象资料等)都复制到这里来保存。这样，日积月累后，可能会得到一个非常丰富的资源数据库。当然，直接保存在项目模板文件"model. dat"中也是可以的(这样每次新建项目时，这些污染物将自动出现在新项目文件中)。

1. 2. 2　项目特征

1. 背景图与坐标系

在"背景图与坐标系"选项卡中设定本项目相关背景图及坐标定位。

项目本身具有一个唯一的坐标系，称为项目坐标或本地坐标（在下文中也称绝对坐标），该坐标系是一个直角坐标，其正 Y 方向指向屏幕上方，正 X 方向指向屏幕右方。通常情况下正 Y 方向与地理正 N 方向相同，正 X 方向与地理正 E 方向相同，必要时两者也可以有一定的夹角。

项目坐标系的全球定位，通过输入背景图上某一个点（通常为评价范围中心位置附近的点）的全球坐标来确定（通常在定义一个背景图后再来定位更方便），全球坐标可以是该点的经纬度或 UTM 坐标。特别提醒，如果后面要引用标准格式的 DEM 地形文件，准确的全球定位是非常重要的。全球定位也将用于后面设定 AERMET 预测气象的缺省时差值，所以务必在项目开始时输入。

关于项目坐标（本地坐标）与全球坐标之间的基本概念与转换关系，详见 3.1.1节。

在一个项目中可以设置多个背景图，背景图可位于项目坐标中不同的位置，也可重叠，可具有不同比例尺（见图 1-14），每次显示其中一幅（如地理位置图、评价范围图、厂区布置图）作为当前背景图来输入污染源、预测点或绘制等值线。不同的背景图都基于一个相同的项目坐标系，因此每定义一个背景图都需要进行坐标定位，将它与项目坐标联系起来。项目内置一个空白的背景图，缺省时这个背景图的中心位于本地坐标的(0,0)处，大小为 100 km×100 km；若需要，用户可对这个范围的大小和坐标进行修改，但空白背景图是不允许删除的。

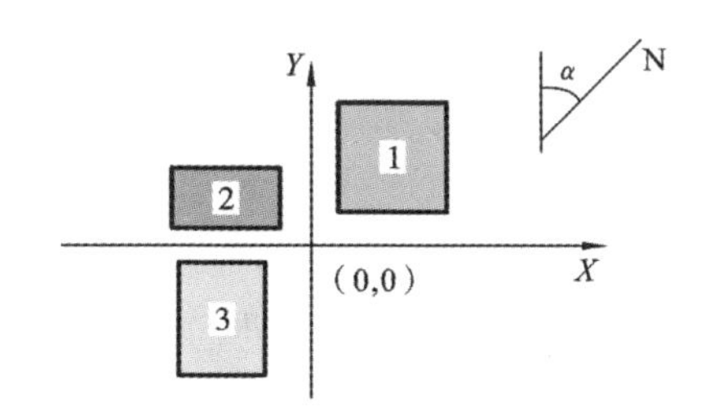

图 1-14　一个项目坐标系下有多个背景图示意图

背景图通常来源于地图扫描进电脑的图片或电子地图，当前从网上截取地图图片更为方便。无论背景图的来源是哪里，都需要满足以下要求。

(1) 背景图是一个矩形图片，它的四边应与本地坐标轴平行。

(2) 图片保存为常用图片格式的文件，如 JPG、GIF、BMP、EMF、DIB。

(3) 图片各方向比例尺均等，不能变形扭曲。

项目文件内部并不保存插入的背景图文件的数据，而只是保存一个文件链接；程序如果在原路径找不到文件，则在项目文件所在的目录下再找，若仍然找不到，则认为丢失。因此，移动项目文件时，要将背景文件放在项目文件同一目录下一起移动。

1）背景图的定义

在“现有背景图”上按“增加”按钮，输入其名称，再插入这个背景图的文件，这时可以看到这个图形出现在屏幕上，然后进行坐标定位。

坐标定位有两种方法：两点坐标法和两点距离法。

（1）两点坐标法，输入背景图上任意两个不同点（顺序无关）在项目坐标中的坐标，通常以某个源的位置作为（0，0），第二点为相对这个源的 X 和 Y 方向的实际距离（单位为 m）；也可直接采用地图上已标注的坐标。如果已知地图上两个标志点的全球坐标（经纬度或 UTM），则可采用工具栏“坐标转换器”中的“全球坐标与本地坐标”将其转成相对距离坐标（参照点可设为其中的一个点）。

操作方法一：采用左下右上的特殊两点定义。按“左下右上两点”按钮，然后直接输入背景图的左下角和右上角两点的坐标即可完成。

操作方法二：按“点击第一点”，鼠标变为“＋”形状，在背景图上找到合适的位置（此时可以移动或缩放背景图，以便找到最佳位置），点击鼠标左键，在弹出的窗口中输入这个点的项目坐标，按“确定”退出（按“取消”取消本次定位，按“重来”重新点击位置）。然后按“点击第二点”重复这项工作。第一点和第二点的顺序无关。

（2）两点距离法，输入背景图上任意两个不同点的实际距离（单位为 m）。如果采用网上电子截图，这个方法较为方便，如从 Google 上截下评价区域的卫星图作为背景图，可同时用 Google 中的量尺测出图中两个标志点的实际距离（单位为 m），再点击这两个点输入其实际距离。程序会默认第一个点击的点位于项目坐标原点（0，0）上，如果要改变，则可以通过“定义某点坐标”输入某一个点（可与定义两点距离的这两个点位置不同）的项目坐标，以平移当前背景图的位置。

操作方法一：采用左下右上对角线。按“对角线距离”这个按钮，直接输入背景图的左下角和右上角两点间的实际距离即可完成。

操作方法二：按“定义两点距离”，鼠标变为“＋”形状，在背景图上找出第一点（此时可以移动或缩放背景图，以便找到最佳位置），移动鼠标，此时出现橡皮筋线，找到第二点，点击鼠标左键，在弹出的窗口中输入这两个点的实际距离，按“确定”退出（按“取消”取消本次定位，按“重来”重新点击位置）。若需要，按“定义某点坐标”，输入背景图上任一点的项目坐标。

对于已定位的背景图，程序会在背景图中画出两个定位点的位置“①”和“②”，如果是两点距离法，则这两个点之间还会有一条虚线相连。

对于已定位的背景图，状态条上会显示当前鼠标所在坐标、背景图的显示比例尺及实际大小。背景图的显示比例是随时变化的，因此显示出的比例尺是变化的。

2）项目坐标与 N 方向的夹角及全球定位

如果项目坐标的正 Y 方向与地理正北方向（N 方向）不同，可输入两者的夹角，单位为度，范围为［－180°，180°］。－90°相当于 N 在 x 的负方向，90°相当于 N

在 x 的正方向。图形中可显示项目坐标轴与地理坐标轴，便于检查输入是否正确。

全球定位：按下“全球定位”，鼠标变为“+”形状，点击背景图上一点（一般为评价范围中心附近），在弹出的窗口中输入该点的全球坐标（在弹出的窗口中也可修改该点的本地坐标值），可选择 LL（经纬度）或 UTM。对于 LL，经度若为西经，则应加后缀“W”，若为东经，则应加后缀“E”，若无后缀，则认为是东经；纬度若为南纬，则应加后缀“S”，若为北纬，则应加后缀“N”，若无后缀，则认为是北纬。

全球定位点的全球坐标和本地坐标可以同时在弹出的窗口中输入。这样可精确用数值方式输入全球定位点的本地坐标。

2. 地形高程

在“地形高程”选项卡中定义评价范围的地形数据。

数据来源可选外部 DEM 文件或自行输入。外部 DEM 文件可直接采用全球坐标定义的标准 DEM 文件；自行输入时，可在表格中输入本地坐标下的一系列已知的任意点或网格点的高程（也可从文本文件中读入）。

1）外部 DEM 文件

如项目允许接受 3 s（距离约 90 m）精度数据，可以按“自己动手生成 DEM 文件…”命令，生成适用于项目使用的一个标准 DEM 文件。所需的数据应为 ASC 格式的地形数据。

可按“增加”按钮引入 DEM 文件，窗口右上角将给出当前 DEM 文件的概要说明。与背景图一样，项目文件内部并不保存 DEM 文件的数据，而只保存一个文件链接；程序如果在原路径找不到文件，则在项目文件所在的目录下再找，若仍然找不到，则认为文件丢失。因此，移动项目文件时，应将 DEM 文件放在项目文件同一目录下一起移动。

DEM 文件可以是 UTM 坐标的，也可以是 LL 坐标的。如果是 LL 坐标的，则要求经度为标准格式：西半球为负值，东半球为正值。

由于评价范围可能超过一个 DEM 文件的范围（特别是 7.5 分 DEM 文件），可定义不止一个相邻位置的 DEM 文件，以拼成一个较大的地形区域，但要求一个项目中的全部 DEM 文件具有相同的分辨率。例如，不能把 1°和 7.5 分的 DEM 文件放到一个项目中。如果评价范围很大，或者位于 UTM 分区线上，则污染源或预测点位置可能分布在不同的 UTM 区，同时要求有相关 UTM 区域的地形文件。由本软件“DEM 文件生成器”生成的 DEM 文件不存在这个问题。

对于引入的 DEM 文件，如果是在国内早期生成的，则可能采用“－32767”作为丢失符，AERMAP 对这种格式无法识别，可按“输出标准 DEM 文件…”命令生成标准化的 DEM 文件，再引入项目中。另外，某些 DEM 文件可能用不正确的每列及全局的高程最大/最小值描述，也可用此命令重新生成，重新标准化。

DEM 数据的其他可用网址为 www. usgs. gov，国内网站可访问 www. gscloud. cn。常用的工具有 GlobalMapper 等。

窗口下方可显示位置示意图或等高线示意图。位置示意图显示相对位置，可从图中(红色为当前背景图，灰色为 DEM 文件区域，蓝色为当前 DEM 文件区域，白色为无数据区域)查看本项目背景图区域是否已处于当前 DEM 文件区域的内部。等高线示意图可画出当前 DEM 文件的等高线图(LL 坐标系会先转成 UTM 后再绘制)，可点击图形，再按“Ctrl＋C”复制图形。

2) 自行输入

如果采用项目坐标自定义的地形高程数据，则程序保存输入的全部地形数据。数据有两种规格：规则的网格数据；不规则的离散数据。输入方式也有两种：在表格中输入；从 xyz 文件中读入。

对于规则的网格地形数据，可按“输出到 DEM…”和“输出到 DEM(UTM)…”命令，输出到 DEM 文件中，坐标可为项目坐标或全球 UTM 坐标。如果要求保存的 DEM 文件为 UTM 坐标，则要求项目坐标轴与 UTM 坐标轴的交角为 0°。

对于“2018 大气导则”模型，如果不能插值得到某个点的有效高程数据(如该点在 DEM 文件定义的区域之外)，则返回“－32767”。在使用时，由程序自行插值处理，生成所需位置的有效地形高程，插值采用最近距离四点反距离平方法。

对于 AERMOD 模型，将使用 AERMAP 处理地形。如果地形为 DEM 文件，则要求 DEM 文件数据范围必须覆盖全部坐标点的范围，否则 AERMAP 不能正确运行。如果地形为自定义数据，则程序首先将其插值成规则网格，且保证覆盖全部范围，再将其化成虚拟 DEM 格式，以便 AERMAP 运行。

3. 现状监测

在“现状监测”选项卡输入现状监测点的名称、坐标和现状监测浓度。应预先在“污染物”目录下输入各污染物。现状监测浓度用于预测计算时生成的现状背景浓度，同时监测点本身也可作为任意点参与预测计算。

1) 关于背景浓度

在“2018 大气导则”下，一般只考虑对日平均浓度和年平均浓度叠加背景浓度(除非污染物仅有小时评价标准)。因此，EIAProA 软件一般只考虑输入现状监测结果的日平均浓度，而不输入小时浓度。但是，如果污染物只有小时评价标准，又进行了补充监测，则允许输入 7 天监测中每天的小时最大监测值，作为小时计算值的背景，按“2018 大气导则”要求，这种情况下预测计算只需计算小时浓度。

每一个污染物的现状监测结果可来自不同的监测点组合，可以是不同的监测数据序列类型。例如，对于常规污染物，如果有长期监测数据，则可以选择长期监测数据序列，输入的是污染物的一个或几个监测点的逐日监测数据。而对于其他污染物，可能只有补充监测结果，可以输入 7 天的每天平均数据(对仅有小时标准的污染物，为 7 天中每一天的每小时所有监测点均值中的最大值）。特殊地，如果没有逐日数据，可以输入一个代表日平均背景（如保证率下的现状值）和一个代表年平均背景的两个浓度。

当叠加背景浓度时，如果有逐日的数据，则按计算日期，叠加相应日期的监测数据。补充监测的数据都用 7 天中最大的那一天数据，或者代表日数据。对年平均的背景值，按 365/366 的平均值，或 7 天的平均值（仅有小时标准的，注意 7 天数据为每天的各小时所有监测点均值中的最大值，此时不能评价日平均和年平均结果，更不能对日平均和年平均叠加背景），或给定的年平均值。

对于某一时间的监测数据，如果有多个监测点，可以取各监测点的平均值（这就与空间位置无关），或按距离反平方内插，或按最小距离取值，后两者与计算点位置相关。“2018 大气导则”规定，要求取各监测点的平均值，而且对仅有小时标准污染物的监测点补充监测，这时必须只选平均值，同一天的各个监测点的值输入相同的一个值（代表这一天中，每一小时的各监测点均值中的最大值）。

2）操作方法

在现状监测的表格中，输入评价项目全部监测点以后，每次选择一个污染物，输入其现状监测结果。

可按“增加”或“删除”按钮增减监测点。要求输入每个监测点的名称、本地坐标、地面高程和离地高度。坐标也可用“”进入背景图点取。对于地面高程，若按下“插值地面高程”按钮，则采用当前的地面高程数据插值出来（如果返回“－32767”，说明该点在 DEM 文件范围之外无法插值，请自行确定）。如果已知监测点的全球坐标（LL 或 UTM），则可按下“来自经纬/UTM 坐标”按钮，将监测点的全球坐标转换成本地坐标后，再复制到这个表格上。

监测浓度单位：对于现状监测浓度，需选择其监测浓度单位。注意这个单位是影响全部污染物的。

多点监测算法：是针对全部污染物的，指监测数据用于背景浓度叠加时的算法，可选择各监测点平均值，或插值法。

监测点位：对于每一个污染物，需要选择一个或多个监测点。对于不同的污染物，相关的监测点可能是不同的，但每一个污染物至少选择一个监测点。

监测数据类型：可选择长期监测数据序列（365/366d）或补充监测 7 天序列，或只有一个数据的表格。

对于长期逐日序列，表格中对每个监测点可输入 365 天或 366 天的数据，如果取得的数据在闰年，则将“监测年为闰年”选项选上，表格中会有 2 月 29 日，共 366 天，否则是 365 天。

需要注意的是，表格中的空白代表该数据丢失，如果数据是 0，则必须输入 0，而不能是空白。在一行中，如果有多个监测点，则允许有个别数据丢失，但不能全部丢失，全部丢失代表这一日期下没有数据，需要用户评估后输入合理的估算值。

如果整个表格内的数据全部空白（全部丢失），或者选择监测点数为 0，则代表此污染物的监测点不再有任何监测数据，这样相当于删除了这个污染物的现状监测数据。

项目树中如果出现“现状监测(3)”中的数字“3”，则代表已输入了监测浓度的污染物的个数，而非监测点个数。

逐时数据…：这个按钮用于输入仅有小时质量标准的污染物的补充监测的小时数据。因为表格中要求输入的是 7 天补充监测值，每一天中监测出的最大小时值，如果有多个监测点，则要求对特定的一天中的每一个小时先求出所有监测点的均值，然后对这一天中的这些均值取最大值，将其作为该天的监测值输入表格。此外，用户也可以按下“逐时数据…”按钮，在表格中输入 7 天中的每一天、每小时每个监测点的监测值（无数据或数据丢失的，无须输入任何字符），让程序将处理后的结果自动放到现状监测浓度表格中。

表格支持复制、粘贴等操作，右击鼠标可弹出快捷菜单。

3）查看方式

在“视图”菜单下，可以选择“数据”或“地图”。如果选择“数据”，则显示现状监测点的表格数据；如果选择“地图”，则显示现状监测点在背景图上的分布。可以通过“选项”中的图形缺省设置来设置监测点的标志格式。可按“Ctrl+C”复制图形，以作为监测点分布图。

4. 敏感点

敏感点也称为关心点或者环境保护目标，可用作总量控制中的控制点，可输入控制标准；敏感点也可以是各计算方案中的公共署名点，这样在以下的计算中不必重新输入。目前敏感点主要作为后者使用。

1）操作方法

按“增加”或“删除”可以增减敏感点。要求输入每个敏感点的名称、本地坐标、地面高程和离地高度。对于坐标，也可按“”按钮进入背景图点取。对于地面高程，若按下“插值地面高程”按钮，则采用当前的地面高程数据插值出来（如果返回“−32767”，则说明该点在 DEM 文件范围之外无法插值，请自行确定）。如果已知敏感点的全球坐标（LL 或 UTM），则可按下“来自经纬/UTM 坐标”按钮，将敏感点的全球坐标转换为本地坐标后，再复制到这个表格上。

对于控制标准浓度，需选择其浓度单位。控制标准包括年平均、日平均和小时值。

表格支持复制、粘贴等操作，右击鼠标可弹出快捷菜单。

2）查看方式

在“视图”菜单下，可以选择“数据”或“地图”。如果选择“数据”，则显示敏感点表格数据；如果选择“地图”，则显示敏感点在背景图上的分布。可以通过“选项”中的图形缺省设置来设置敏感点的标志格式。可按“Ctrl＋C”复制图形，以作为敏感点分布图。

5. 厂界线

厂界线是一条或数条封闭曲线，在计算方案中作为一种特殊的曲线预测点设定，主要用于判断厂界浓度，以及计算网格点在厂界内、外的最大浓度。

程序能自动计算出某个预测方案中厂界上的最大浓度及位置。对某条厂界来说，如果最大点浓度为 C_1，该点与厂界内无组织源中心连线上的各点越靠近中心的，浓度越来越大，且都大于 C_1，则可以认为厂界外浓度应小于 C_1。

此外，厂界线可用于大气环境防护距离计算，用来绘制大气环境防护区域，该区域定义为面源和厂界线外之外、大气环境防护距离之内的区域。

1）评价范围按此厂界线外扩

若选择此项，则评价范围将按此厂界线的范围外扩 $D_{10\%}$。只能有一条厂界线选定此选项。

2）操作方法

在“已有厂界线”框内，可按“增加”或“删除”按钮增减厂界线。在“当前厂界线属性”框内，定义当前厂界线。可按“增加”或“删除”按钮增减厂界线的顶点，也可按“”按钮进入背景图直接描取。一条厂界线至少要有3个顶点。厂界线应是一条封闭曲线。

表格支持复制、粘贴等操作，右击鼠标可弹出快捷菜单。

6. 一类评价区

如果评价区部分位于一类区，部分位于二类区，则对于此种混合评价区的情况，要在评价范围内将处于一类区的区域用曲线标示出来。如果区域有多个，可用多条曲线分别描出，最多可有10条曲线。这些分界线不会在图形上显示，用户可自行在背景图上先画好，在此处直接描出。有关操作方法与厂界线输入界面完全相同，这里不再重述。

通常情况下，默认整个评价区为二类区。如果整个评价区都是一类区，则只需在预测结果评价时，都采用一类评价标准，无须采取其他不同的处理措施。当然，也可以将整个区域用一个封闭曲线标示为一类评价区，这样区域内所有预测点、监测点，都会作为一类区处理。

在计算结果中，所有位于一类区内部的预测点将自动采用一级标准进行评价，其背景浓度将只采用那些位于一类区内部的监测点的监测结果（如果一类区没有监测点，则背景不考虑）。所有位于二类区内部的预测点将自动采用二级标准进行评价，其背景浓度将只采用那些位于二类区内部的监测点的监测结果（如果二类区没有监测点，则背景不考虑）。同时，计算结果/合并结果中的评价标准输入栏允许输入两个值，其中较大的值作为二类区标准。

对于存在混合评价区的情况，建议预先在基础数据的“污染物属性”中输入各污染物的一级和二级评价标准。

1.2.3　污染源

污染源分三大类：工业源、公路源、网格源（区域综合面源）。

工业源包括点源、面源、体源、线源和浮力线源 5 种子类型。其中，点源还可分成普通点源、出口加盖源、水平出气源和火炬源 4 种类型；面源还可分成矩形源、多边形源、圆形源和露天坑 4 种类型。

此外还可以定义源组。各类源都有各自的编辑输入窗口。

在项目树中点击一类污染源目录，在右边列表中点击鼠标右键，可以新建（Ctrl＋N）该类污染源，或对已有污染源进行打开、删除、复制等操作。如果要在某个源的基础上进行简单修改以生成新的源，则只需先复制该源，然后粘贴，再双击进入修改。

如果要导入 EIAProA 项目文件中的污染源，则用“文件”目录下的“导入污染源”命令，可导入该项目中全部源和污染物。

对于“工业源”和“公路源”，由于支持批量编辑，可以在该目录下选择多个源，然后同时打开查看或编辑。

1. 工业源

工业源输入窗口如图 1-15 所示。窗口上部为污染源表格，可以显示多个污染源；下部为表单，显示上部表格中当前选择的一个源的详细参数。通常采用下部表单编辑污染源的详细参数；而在污染源表格中只能编辑几个重要的参数，一般用于对多个源的批量编辑。污染源表格中“＃＃＃＃”代表该源无此项参数。

下面对输入的参数按工业源的类型分别进行介绍。对于排放参数，可直接在表格中输入本源各污染物的基准源强，并设定单位。必要时，基准源强可以同时输入最大、最小和平均三个值，并且源强也可设置时间变化因子，详见 1.2.3 节。

1）点源输入

在工业源输入窗口下部表单中，将污染源类型选择为“点源”，即出现点源参数页面。也可以按窗口最上方的“增加”按钮增加新的源，新的源将以当前源为模板，如果当前源为点源，则新增的源也是点源。

点源主要参数如下。

底座坐标（x，y，z）：定义点源的位置，z 为地面高程。对于坐标也可按“ ”按钮进入背景图点取。对于 z 值，可按“插值高程”按钮，即按当前的地形高程设置插值，如果该点超出当前 DEM 文件范围，则插值结果为“－32767”，这时

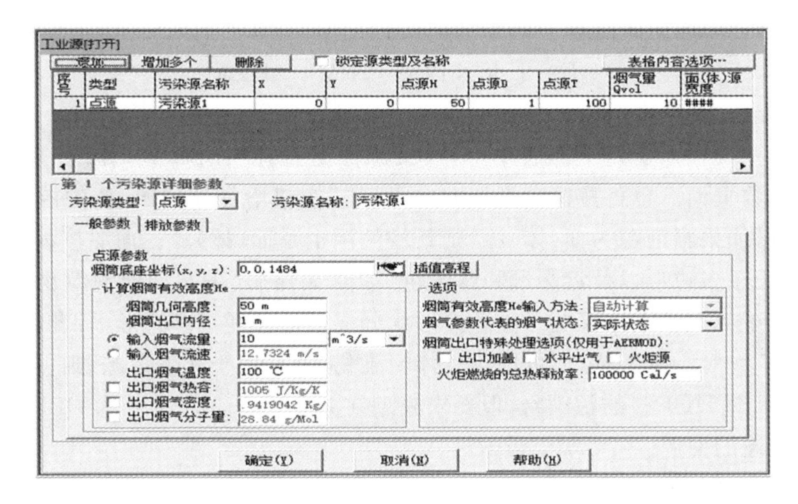

图 1-15　工业源输入窗口

需要用户自己决定该点的实际高程。

要求输入烟囱几何高度(从基座算起)、烟囱出口内径、输入烟气流量(或输入烟气流速)和出口烟气温度。如果选择输入烟气流量,则可选择相应的流量单位,并且可以在右边选项“烟气参数代表的烟气状态”中选择烟气是否为实际标态,如果为标准标态,则流量单位中注有“N”字样。对标准标态的烟气,程序内部将其转成实际状态,再计算输入烟气流速。出口烟气热容、出口烟气密度(或出口烟气分子量)为可选输入,除非与空气相差很大时才需要输入。

出口烟气温度右边的选项定义其类型。如果选择“固定温度”,则采用用户输入的温度值;如果选择“=环境气温”,则烟气温度会采用各小时气象参数中的环境温度;如果选择“>环境气温”,则烟气温度采用各小时气象参数中的环境温度加上一个固定值,这个值就是用户左边输入数值的绝对值。此选项可作用于 AERMOD、AERSCREEN。Ver 2.6.468 以前的版本以输入的点源温度作为固定温度处理。对于后两种情况,应输入烟气流速参数,而不应输入烟气量,因为烟气量无法根据待定的气温换成需要的流速参数(如果出现这种情况,则内置会采用 20°气温来转换)。

烟气参数代表的烟气状态:可选“实际状态”或“标准状态”。

烟囱出口特殊处理选项:可设置烟囱出口不同选项,出口加盖、水平出气或火炬源。前两者分别对应于 AERMOD 的加盖源 POINTCAP 和水平出气源 POINTHOR 两个选项。

对于火炬源,采用与 AERSCREEN 相同的处理方法,内部将其当作 POINT 源类型。只需输入火炬燃烧的总热释放率 HR 和辐射热损失率这两个参数。热损失比率 HL 一般采用内部缺省值 0.55,出口烟气速度和温度分别设为 20 m/s

和 1273 K。虚拟烟囱内径 D 为

$$D=9.88\times10^{-4}\sqrt{HR(1-HL)} \tag{1-1}$$

2）面源、体源输入

在工业源输入窗口下部表单中，污染源类型选择“面源”或“体源”，即出现面(体)源参数页面。也可按窗口最上方的“增加”按钮增加新的源，新的源将以当前源为模板，如果当前源为面(体)源，则新增的源也是面(体)源。面源按其形状可分成矩形、任意多边形以及近圆形和露天坑(如露天煤矿、采石场的颗粒物排放)，后两者仅用于 AERMOD 模型。体源按形状分成矩形和任意多边形，后者仅用于“93 大气导则”。对于露天坑，亦可用于气体污染物，如果用于非气态源，则可用于排放细粒子(METHOD2)的污染物，但要求模型在 BETA 选项下才作为 OPENPIT，否则作为普通的面源。

主要参数如下。

矩形面(体)源位置定义：定义矩形的面(体)源的中心坐标，X 和 Y 方向的长宽，以及旋转角度。中心坐标也可按“”按钮进入背景图点取，对于 z 值，可按“插值高程”按钮，即按当前的地形高程设置插值，如果该点超出当前 DEM 文件范围，则插值结果为“－32767”，这时需要用户自己决定该点的实际高程。旋转角度的定义：以正 Y 轴顺时针旋转到其一条边平行的角度。顺时针为正。从示意图中可检查旋转角度是否输入正确。也可以将矩形面源当作多边形面源，直接定义四个顶点，这样就不必输入旋转角。

对于面源，选择近圆形时，要输入近似半径；选择露天坑面源时，要输入露天坑深度。对于体源，选择矩形时，要求选择体源特征，即地面源/孤立源/屋顶排放。孤立源为通常所定义的单个体源，其缺省初始混合高度 σ_z 取体源高/4.3。地面源指低矮体源，体源高≤5 m 才能应用；屋顶排放是指在建筑物内或邻近建筑物的体源。这两种体源更类似面源，其缺省 σ_z 取体源高/2.15。

多边形面(体)源边界定义：对于多边形面(体)源，可输入其多个边界点坐标，也可以从背景图上描出。平均高程可按“插值高程”按钮进行插值，程序内部将自动计算其中心坐标及面积。其最少要有 3 个顶点。

释放高度与初始混合参数：可选择输入一个平均释放高度，或者输入不同稳定度和风速分级的值(可按“…”按钮，采用表格方式输入这个二维数组)，如果是后者(仅用于“93 大气导则”)，则在计算时将根据实际气象的稳定度和风速查找相应释放高度，也可选择输入面(体)源初始垂直高 σ_{z0}。对于体源，还可选择输入体源初始水平宽 σ_{y0}，这两个参数若未输入，则程序会自动估算。

3）线源输入

在工业源输入窗口下部表单中，污染源类型选择“线源”，即出现线源参数页面。

线源位置定义：输入线源走向坐标（圆弧段可用一系列折线模拟），也可以从背景图上描出。高程 z 可按“插值高程”按钮进行插值，最少要有 2 个定位点。对于起点和终点，如果线源仍向外延伸，则不是端点，否则为端点。输入线源平均宽度。

有效高度 He：可选择输入一个平均高度，或者输入不同稳定度和风速分级的值（可按“…”按钮，采用表格方式输入这个二维数组），如果是后者（仅用于“93 大气导则”），则在计算时将根据实际气象的稳定度和风速查找相应的 He，这个高度为相对线源地面高程的相对高度。

AERMOD 计算选项：对于 AERMOD，线源可选择用划分成多个面源或体源来模拟，因此这里可选择近似方法、分段方法和段长度。在采用间隔划分且段长较大时，误差较大，但速度会更快。也可选择用内置线源来模拟，这样就不用划分。

4) 浮力线源输入

在工业源输入窗口下部表单中，污染源类型选择“浮力线源”，即出现其参数输入页面。

浮力线源基于 BLP 模型。BLP 模型用于模拟对烟羽抬升和下洗有重要作用的工业固定线源，如电解铝工厂等。

当前的 BUOYLINE 源算法仅可模拟一个浮力线源（可由一条或多条线组成）。组成线源的多条线假定为平行（或接近平行），但每条线可有不同的长度、高度和基底高程。不过，BUOYLINE 源要求用户输入组成浮力线源的全部线条的长度平均值、宽度平均值、高度平均值和间距（平行线间距），以代表整个源属性。

浮力线源输入参数示意图如图 1-16 所示。

使用浮力线源应注意：一个预测方案只能使用一个浮力线源；一个浮力线源内最多可以有 10 条独立生产线，这些独立生产线的长度与高度相近，且这些独立生产线相互平行或接近平行。输入时如果不符合条件，程序会给出提示。

2. 公路源

公路源输入窗口如图 1-17 所示。窗口上部为污染源表格，可以显示多个污染源；下部为表单，显示上部表格中当前选择的一个源的详细参数。通常采用下部表单编辑污染源的详细参数；在表格中只能编辑几个重要的参数，一般用于对多个源的批量编辑。

参数说明如下。

公路位置定义：输入公路走线坐标（圆弧段可用一系列折线模拟），也可以从背景图上描出。高程 z 可按“插值高程”按钮进行插值，最少要有 2 个点。对于起点和终点，如果公路仍向外延伸，则不是端点，否则为端点。

一般参数：输入平均路面宽度（路肩到路肩）、尾气混合高度（相对路面高度）。如果两侧有建筑物，则可输入其平均高度，这个参数目前的模型尚不作引用，它主要影响初始混合高度，所以如果两侧有建筑物形成街谷时，可以将尾气混合高度适

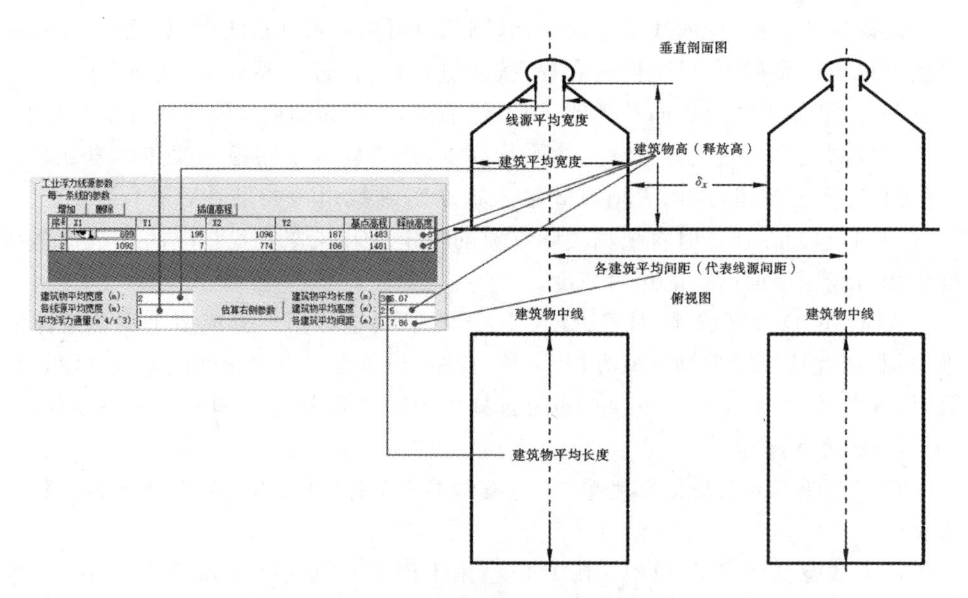

图 1-16　浮力线源输入参数示意图

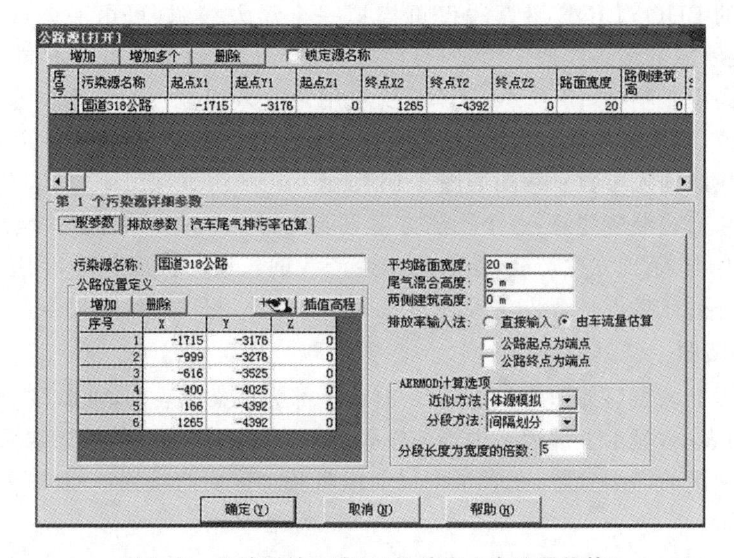

图 1-17　公路源输入窗口(排放率由车流量估算)

当提高,用于影响对街谷之外的扩散计算。排放率可以选择直接输入或由车流量估算,如选择后者,则会出现“汽车尾气排污率估算”这一属性页。

AERMOD 计算选项:对于 AERMOD,公路源是用多个面源或体源来模拟的,因此这里可选择近似方法、分段方法和段长度。在采用间隔划分且段长较大时,误差较大,但速度会更快。

汽车尾气排污率估算：若“排放率输入法”选项选择“由车流量估算”，则“排放参数”属性页中的输入表格不可直接使用，而应进入“汽车尾气排污率估算”页中进行车况和排污因子选择。操作顺序如下。

(1) 车型分类选择，可选择轻、重两类或小、中、大三类，或者其他更多类型。

(2) 输入每一类型车的车流量。

(3) 输入各类型车的平均车速，可选择在表格中直接输入，也可以由设计最大车速（和车流量）来估算（白天或夜间）平均车速，计算方法可按交通部规范经验公式计算。

(4) 输入各污染物的单车排污因子。

可按“ ”按钮查找，这里提供了交通部数据和英国道桥设计手册数据（DMRB，卷 11），前者可按车速查找小、大、中三车型的 CO、THC 和 NO_x 三种污染物的单车排污因子；后者可按车速和年份查找轻、重两车型的 CO_2、CO、VOC、NO_x 和 PM 五种污染物的单车排污因子，双击数据可将找到的数据返回“车况和排污因子”表格中。

(5) 点击“排放参数”属性页，这时表格中的排放强度已按“车况和排污因子”中的数据自动计算出。

关于车型分类：若选择交通部规范系数，一般要求分大、中、小三种车型；若采用 DMRB，车型分小、大两种车型。最多允许有 6 种车型（如同一车型可能要按不同的车速再分类），只要能够得到每一种车型的排污因子即可。

对于排放参数，必要时，基准源强可以同时输入最大、最小和平均三个值，并且源强也可设置时间变化因子，详见 1.2.3 节。

3. 网格源

对于大区域范围的评价，一般可划分成一系列面积为 1 km^2 左右的网格进行污染源调查，每个网格单元可有不同的有效源高和源强，整体上称为一个网格源，也可以按不同的源高（或低矮源、中架源和高架源）分类，分成多个网格源。

网格源要求输入区域面源的左下角和右上角坐标（也可从背离图画出），网格大小可选 500 m、1000 m、1500 m 和 2000 m；然后输入网格中每一个单元的地面高程和有效源高，可按“…”按钮进入表格方式输入，可按“插值高程”按钮（即按当前的地形高程）设置插值各单元地面高程，如果该点超出当前 DEM 文件范围，则插值结果为“－32767”，这时需要用户自己决定该点的实际高程。

需要注意的是，这里的排放参数，对于每一个污染物基准源强来说也是一个二维数组，与每个网格单元一一对应，可按“…”按钮进入表格方式输入。与其他源不同，网格源的基准源强没有最大、最小和平均三个值，对每个网格单元只有一个平均值，但源强也可设置时间变化因子，详见 1.2.3 节。

在“网格单元参数”页中，可以在左边选中任一个网格单元（红色表示），右边显示该单元格参数，可用于检查输入是否正确。

4. 批量编辑

对工业源和公路源，可以一次打开多个源，并且在输入窗口的上部污染源表格显示多个源，可一次增加多个源或对多个源进行批量编辑。

污染源表格中的字体为蓝色且有下划线的单元，双击该单元可改变其设置（即源的类型和排放率单位）。

按“增加多个”按钮，可以一次性增加多个源（最多 9999 个）。增加的源的类型和其他选项缺省值采用当前源的设置。

可以在污染源表格中选择多个源（只需要在表格中选择多行单元，即选中这些行的污染源），然后在下部的表单中设置这些源的属性（仅能设置部分属性），如改变基准源强的单位等。

从 Excel 表复制多个源：对于区域计算，牵涉大量的污染源，这些污染源的调查数据可能已列于形如 Excel 的表格中，每一列代表一个参数。此时可以将各类型源直接复制到污染源表格中，方法为：如要复制 N 个点源，可以先增加一个点源，设置其详细参数和选项，然后按“增加多个”按钮增加 $N-1$ 个点源，这时表格显示出这 N 个点源的缺省设置（缺省设置均按第一个点源的设置），可以点击“表格内容选项…”设置表格的内容（需要输入的参数必须选上，无关的参数可以不选），然后到 Excel 中复制数据，粘贴到相应的参数列中即可。对不同类型的源需要重复这个过程。

5. 排放强度

在各源输入窗口的“排放参数”页中输入各污染物的基准源强，并选择排放单位。对于工业源和公路源，基准源强本身可输入 1～3 个数，分别代表最大值、最小值和平均值（顺序无关，如“6,10,2”）；如果只输入一个数，则认为这三者相同；如果只输入两个数，则代表最大值和最小值（平均值自动算出）。对于网格源，每一网格单元的基准源强只有一个数。需要注意的是，对于 NO_2，如果后续采用 NO_2 化学反应，则虽然污染物（预测因子）是 NO_2，但是排放强度应该是按 NO_x 来输入。

对于每一种污染源，如果选择“排放强度随时间变化”，可点击“变化因子”进入源强变化因子设置窗口（见图 1-18）。变化因子可按季节（四季），按月（12 个月），按天（24 小时），按风速段（6 段），按季节和小时变化（4×24），按季节、小时和星期工作日变化（四季中工作日、周六、周日三种情况的 24 小时，即 4×24×3＝288），按月份、小时和星期工作日变化（每个月份工作日、周六、周日三种情况的 24 小时，即 12×24×3＝864），按小时和星期工作日变化（工作日变化即只按工作日、周六、周日三种情况的 24 小时，即 24×3＝72），或按一年内逐时变化（366×24＝8784），共 12 种情况。按一年逐时的，二月按 29 天计，要求输入每一小时（按年中小时序号输入）的排放参数，点源要包含烟气量和温度的变化因子，面源（除 OPENPIT 类型外)的释放高度和烟羽的初始垂向高度也可输入逐时变化因子(要求预先在污染源基本参数中选择用户输入初始垂向高度值),体源的释放高度和烟羽的初始水平、垂向高度也可输入逐时变化因子(要求预先在污染源基本参数中选择用户输入初始水平和垂向高度值)。

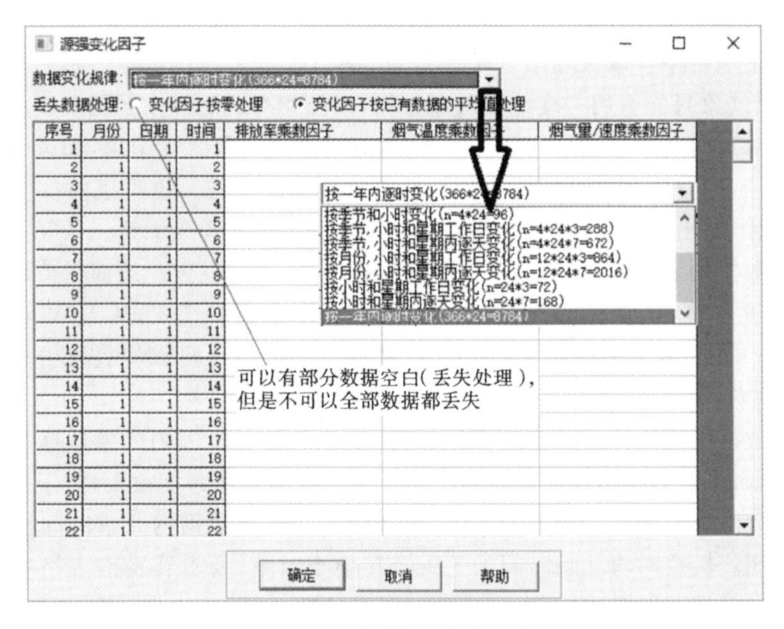

图 1-18 设置源强变化因子

在变化因子表格中,空白单元格代表该数据丢失,而非 0 值。对于丢失数据,可按其他非丢失数据的平均值处理(缺省),可按 0 处理。在预测计算时,实际的源强为各污染物的基准源强乘以这个预测气象对应时间的变化因子。

若变化因子按一年逐时设置,则预测计算时采用点源参数中烟气温度和烟气量/烟气流速乘以这里的因子后作为实际的烟气参数。实际应用可将点源参数中基准源强、烟气温度和烟气量/烟气流速均设为 1,而在这里,变化因子表中输入各小时的实际源强、烟气温度和烟气量/烟气流速,这种方法常用于有实际源强监测数据的模型验证或回顾评价计算。

若变化因子按风速变化设置,且风速段划分与内部缺省不一致,则需要在"AERMOD 预测方案"中编辑这个方案的风速段划分。每个预测方案中的所有源的风速段划分均相同。缺省的风速分段用 5 个上限风速来定义(第六段假设没有上限),这 5 个风速为 1.54 m/s、3.09 m/s、5.14 m/s、8.23 m/s 和 10.8 m/s。

这里的变化排放因子的最小时间单位为小时,这不同于事故或风险的排放。风险排放(非正常排放)的最小时间单位为秒。

1.2.4 气象数据

气象数据分为常规地面气象数据、常规探空气象数据和现场气象数据(OS 数据)。通常地面数据和探空数据是必需的。AERMOD 可以使用地面数据、探空数据和现场数据的组合数据。

在一个项目中可以保存多套地面数据、探空数据和现场数据。但一个 AERMOD 预测气象只能引用一套地面气象数据,以及相对应的探空数据和现场数据。

可以对地面气象数据进行统计分析,以生成常规气象统计结果,如风频风速稳定度的统计,混合层和逆温的统计和气象出现概率的搜索。也可以对探空气象数据进行统计,得出某一时段内(年、季)某一小时的温廓线和风廓线。

气象数据的输入项目可以在"气象数据选项"中进行设置。地面气象数据可以从气象 A 文件读入,从 AERMET 的 OQA 格式的文件中读入,从 EIAProA 项目文件的 prj 中读入,从 EIAA28 的逐时文本文件中读入,也可以将表格中数据输出到 OQA 文件中。

气象数据中的时间要求都是本地时间(时差应取 0)。国内气象数据一般用北京时间表示,可以当作本地时间考虑。但是由于我国东西跨度很大,对于一些把北京时间作为当地时间误差较大的地区,应将输入的气象数据的北京时间换成真正的当地时间。转换时将北京时间加上一个转换小时数(要求转换前表格中已输入正确的北京时间),转换小时数=(气象站所在经度－116.20)/15,再四舍五入取整(如兰州-成都线两侧的区域,包括西宁、昆明、贵阳,为－1;乌鲁木齐-拉萨线两侧的区域,为－2;哈尔滨以东的区域,为＋1)。可按下"北京时间转换…"按钮进行转换,程序会根据本地气象站经度自动给出转换小时数。需要注意的是,经过转换后的时间已经是本地时间,不可再次转换。

如果读入/输入的是格林尼治标准时间(GMT 时间)的气象数据,也要按同样的方法换成当地时间。

关于风向问题。程序能够识别英文字符的风向,如"N""NNE",也能识别中文字符的风向,如"北""北北东",或者识别风向角,如 0°,22.5°。风向角是 N 风顺时针旋转到与该风向平行时所经过的角度。例如,正 N 风,就是 0°(或 360°),NE 风就是 45°,S 风就是 180°。需要注意的是,对 AERMET 来说,0°作为静风处理而不是 N,但习惯上 0°等同于 N,因此如果输入了 0°风向,且风速不是 0°时,将保存为 360°。对丢失的风向可进行插值处理,在插值弹出窗口中如果选择"风向插值",则会对插值进行合适的处理,以适用于风向特征。特别提醒:所有气象数据的丢失项均在表格单元中显示空白,而非"0"。如果某个气象数据等于该项的丢失符,则在表格中显示为空白。

1. 地面气象数据

要求输入气象站编号、名称、经纬度、时间类型和数据起止时间。气象站编号仅用于 AERMET 运行时起标志作用，目前可以输入任意 8 位数字，但为了今后能用于处理多气象站的模型（如 Calpuff），最好给不同气象站以实际的国家统一编号。名称便于用户区分不同的数据系列。经纬度应是该气象站的实际位置，这一位置缺省为项目坐标的全球定位点。经度应用“E”或“W”后缀，表示东半球或西半球（未有后缀时默认为是东半球，自动加 E）；纬度应用“N”或“S”后缀，表示北半球或南半球（未有后缀时默认为是北半球，自动加 N）。

时间类型分顺序逐时、顺序定时、顺序定时自定义和顺序自定义。顺序逐时为每天 24 小时的连续数据；顺序定时为每天定时观测 12、8、6、4、3、2 次，观测时间在一天内均匀分布；顺序定时自定义为每天观测时间由用户自由定义（这时要输入每天的观测时间）。这几个时间类型都是连续日期的，只需输入数据开始和结束的日期，且每天的观测时间都是相同的，可用于逐时计算模型。而顺序自定义这种类型则对每一条气象记录输入任意的日期和时间，只需要在时间上保持顺序即可（即后一条在时间上要晚于前一条，以便于 AERMOD 能够一次运行，为避免过多无谓的计算，这些气象日期应相近，最好不超过一年），这种方式一般用于几个相互无关的主导风、关心风的小时浓度计算。一个表格中允许输入一个小时、几天到几年的气象数据，但总的数据单元格不应超过 30 万个，在只输入 5 项基本参数时总的数据单元相当于 4 年逐时气象。

对于非顺序自定义类型，表格中序号、日期和时间三列采用不同的背景色来区分日期的变化。

一个气象记录除有日期、时间外，还需要有风向、风速、总云、低云和气温五个参数。如果要考虑湿沉降和降雨清除过程，降水量和相对湿度也要输入。一个气象记录最多可以输入 29 个参数。图 1-19 为一个简单的地面气象数据输入窗口。

如果输入的风向按 16 个方位粗略划分，则可用“风向随机化处理”，即对表格中已输入的气象数据、风向正好位于 16 个正方位的风向进行随机化处理。这个处理不同于 AERMET 本身的风向随机化（在 AERMOD 预测气象生成阶段应用）。这个处理有利于改善计算结果浓度图出现的手指状。由于改动了原始数据，使用本选项时应当在报告书中注明。

点击“查找风速≤0.5 m/s 最大持续时间”按钮，可以对表格中输入的气象查找出静小风（风速≤0.5 m/s）的最大持续小时数，并在表格的顶行中显示其开始时间。按“2018 大气导则”，如果持续小时数超过 72 小时，则应采用 CALPUFF 模型。需要注意的是，如果风速丢失（空白未输入），则认为不连续。另外，气象统计分析的“风频风速稳定度”的统计结果中，也会有这个统计结果，但需要确认是否是基于多个气象站多套气象数据的结果。

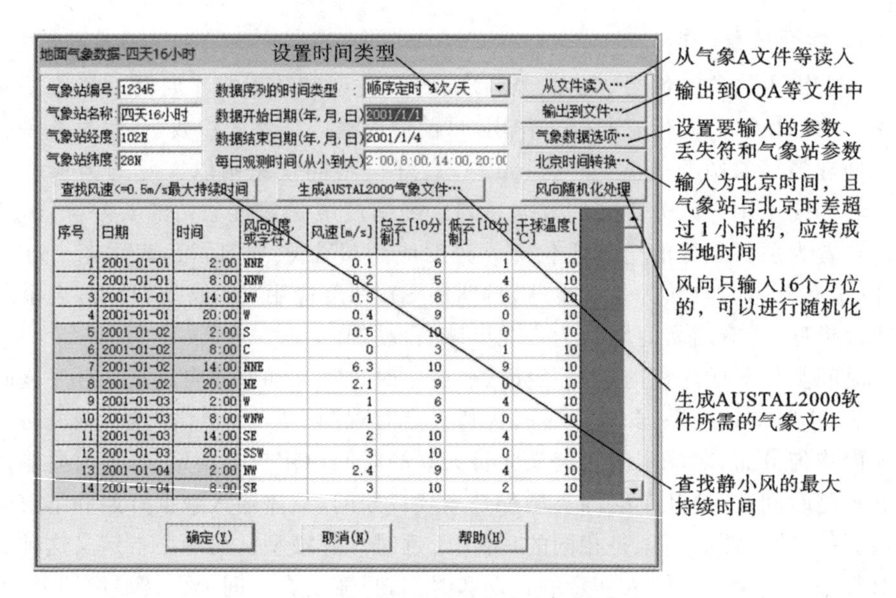

图 1-19 一个简单的地面气象数据输入窗口

点击“生成 AUSTAL2000 气象文件…”按钮，可将顺序逐时的气象数据输出到一个用于 AUSTAL2000 软件的气象文件中(扩展名为 AKTERM)。注意，在转换前要将时间转成当地时间，在 AKTERM 文件中亦保存为当地时间而非 GMT 时间(该软件在欧洲适用于 GMT 时间)。在转换时，PG 稳定度等级的 A-F 转成 KM 等级的 6-1，但由于没有一一对应关系，这个转换过程无法十分精确。另外，程序总是自行计算出混合层高度输入到 AKTERM 中，采用气象站经纬度为当前窗口输入的值，而行政区域(省，市)则采用“气象数据选项…”中的省份。如果不需要在 AKTERM 中输入混合层高数据(让 AUSTAL 自行计算)，则可以在“气象数据选项…”中将第 25 个参数“混合层高度”改为已选，但在表格中这列不输入任何数据。

表格数据输入：表格中数据可以直接输入，或从其他程序(如 Excel 或 Word)中复制、粘贴，也可以按“从文件读入…”按钮，从气象 A 文件、EIAProA 的项目文件、EIAA28 的逐时气象文件、AERMET 的 OQA 文件中读入。按“确定”按钮关闭本窗口时，将保存输入数据，按“取消”按钮或 ESC 退出时，将放弃修改。保存时，如果云量大量缺失，则会建议插值，并可选择自动完成插值过程。

表格中空白单元格代表该数据丢失(而不是 0)，输出给 AERMET 时将采用丢失符代替(丢失符可在“气象数据选项…”中设置)。对风速、云量等也可基于上下小时数据进行内插，选择该列数据后点击鼠标右键，在弹出的菜单中选择“内插…”以进行插值，注意对风向的插值要选择“风向内插”的插值法。

采用顺序自定义，输入日期和时间时要注意格式正确，双击空白的单元格会自动给出当前日期和时间。

可按“输出到文件…”按钮将表格数据生成 AERMET 可识别的 OQA 格式文件。

关于地面数据选项：可按“气象数据选项…”进入选项设置窗口，以进行要输入的参数选项设置、丢失符设置和气象站参数设置(见图 1-20)。注意，丢失符不可随意设置，设置了 AERMET 无法识别的丢失符将导致不可预知的错误。在气象数据选择的“选择”这一列中，灰色背景的表示不可选(即必选)的 5 个参数，其他蓝色下划线字体的选项为可选项，双击鼠标即改变选择，已选的用黄色背景显示。也可设置丢失符和有效数据的边界与比较符。如果未选上“保存时允许数据丢失”，则要求所有数据都有效(即地面气象数据输入表格不能有空的单元格)。

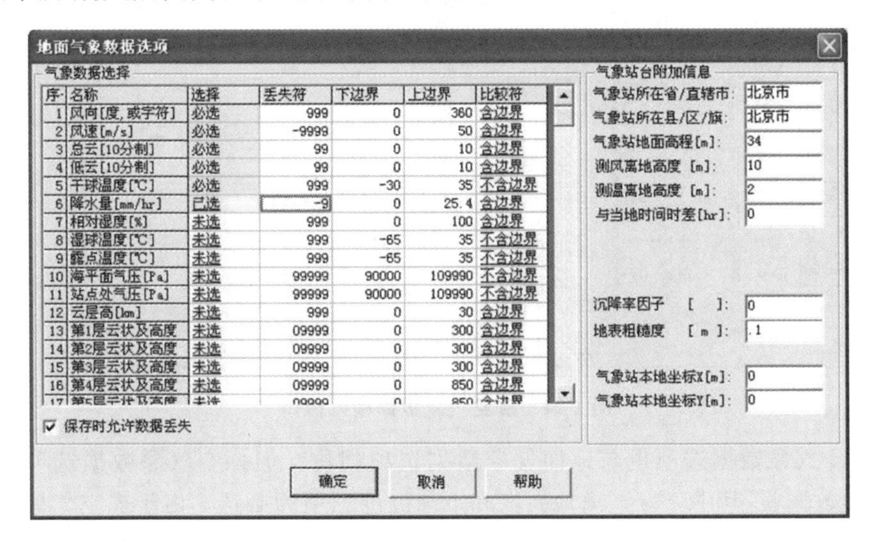

图 1-20　地面气象数据选项

气象站台附加信息目前只用到气象站地面高程、测风离地高度、测温离地高度。由于要求必须采用项目所在地的当地时间，时差值暂不使用。

2. 探空气象数据

探空气象数据窗口的基本参数与地面气象数据相仿，可参见后者。

但探空气象数据的时间类型只有两种：一种是顺序定时自定义，日期是连续的(只需定义起止日期)，每天的观测次数和时间是固定的，可以输入每天的观测时间(缺省为当地时间的每天 8 时和 20 时)；另一种是顺序不定时，要求输入每次观测的日期和时间，这样每天观测的时间可能不同，而且次数也不一定相同，日期也不一定连续。

窗口中左边表格为各次观测的日期、时间、层数，右边表格为气象观测数据。右边数据分总序(全部观测数据的层序号)和层序(当前小时的层序号)，并且对当前小时用黄色背景表示。如图 1-21 所示，左边选择了 1993-7-14 19:00 时，且层数为 19，右边表格中的 19 行数据就是代表这个小时的观测数据，层序 1～19 代表从地面到高空不同高度的数据。

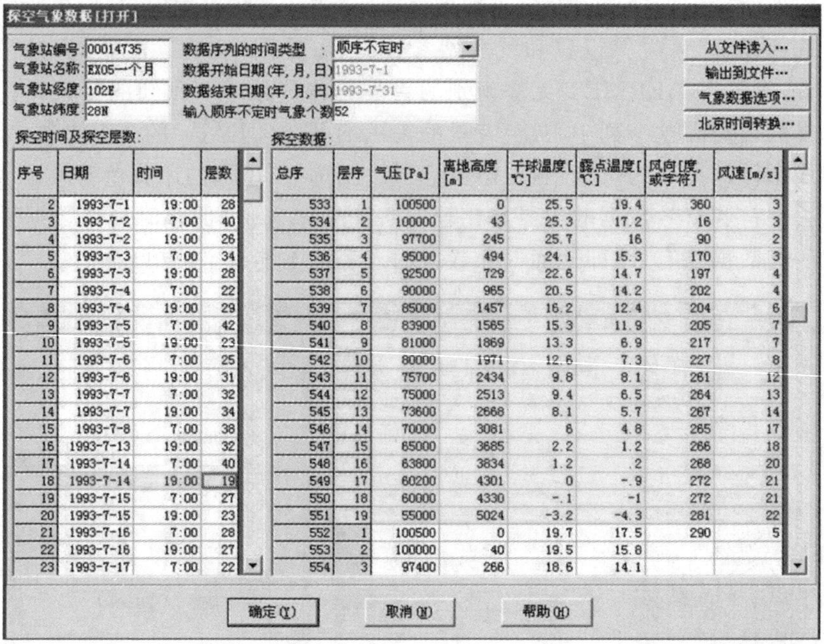

探空气象数据[打开]

气象站编号：00014735　　数据序列的时间类型：顺序不定时　　从文件读入…
气象站名称：EX05一个月　　数据开始日期(年，月，日)：1993-7-1　　输出到文件…
气象站经度：102E　　数据结束日期(年，月，日)：1993-7-31　　气象数据选项…
气象站纬度：28N　　输入顺序不定时气象个数：52　　北京时间转换…

探空时间及探空层数：

序号	日期	时间	层数
2	1993-7-1	19:00	28
3	1993-7-2	7:00	40
4	1993-7-2	19:00	26
5	1993-7-3	7:00	34
6	1993-7-3	19:00	28
7	1993-7-4	7:00	22
8	1993-7-4	19:00	29
9	1993-7-5	7:00	42
10	1993-7-5	19:00	23
11	1993-7-6	7:00	25
12	1993-7-6	19:00	31
13	1993-7-7	7:00	32
14	1993-7-7	19:00	34
15	1993-7-8	7:00	38
16	1993-7-13	19:00	32
17	1993-7-14	7:00	40
18	1993-7-14	19:00	19
19	1993-7-15	7:00	27
20	1993-7-15	19:00	23
21	1993-7-16	7:00	28
22	1993-7-16	19:00	27
23	1993-7-17	7:00	22

探空数据：

总序	层序	气压[Pa]	离地高度[m]	干球温度[℃]	露点温度[℃]	风向[度，或字符]	风速[m/s]
533	1	100500	0	25.5	19.4	360	3
534	2	100000	43	25.3	17.2	16	3
535	3	97700	245	25.7	16	90	2
536	4	95000	494	24.1	15.3	170	3
537	5	92500	729	22.6	14.7	197	4
538	6	90000	965	20.5	14.2	202	4
539	7	85000	1457	16.2	12.4	204	6
540	8	83900	1565	15.3	11.9	205	7
541	9	81000	1869	13.3	6.9	217	7
542	10	80000	1971	12.6	7.3	227	8
543	11	75700	2434	9.8	8.1	261	12
544	12	75000	2513	9.4	6.5	264	13
545	13	73600	2668	8.1	5.7	267	14
546	14	70000	3081	6	4.8	265	17
547	15	65000	3685	2.2	1.2	266	18
548	16	63800	3834	1.2	.2	268	20
549	17	60200	4301	0	-.9	272	21
550	18	60000	4330	-.1	-1	272	21
551	19	55000	5024	-3.2	-4.3	281	22
552	1	100500	0	19.7	17.5	290	5
553	2	100000	40	19.5	15.8		
554	3	97400	266	18.6	14.1		

确定(Y)　　取消(N)　　帮助(H)

图 1-21　探空气象数据输入窗口

探空气象数据选项也与地面气象数据选项相仿。但探空气象数据选项只有 10 个参数选项，其中，气压、离地高度和干球温度三项为必选。由于探空气象数据选项必须采用项目所在地的当地时间，暂不使用时差参数。目前 AERMET 实际只用到当地时间为 7:00 和 19:00 左右的测量值，因此应保证该时间(前后一小时)有实测数据。

表格中数据可以直接读入，或从其他程序(如 Excel 或 Word)中复制粘贴，也可以按"从文件读入…"按钮，即可以从 AERMET 的 OQA 文件中读入。按"确定"关闭本窗口时，将保存输入数据，按"取消"或 ESC 退出时，将放弃修改。

可以读取的数据格式包括 FSL、txt 等格式。

读入探空气象数据超过 6 万行时(如果每小时为 25 层，每天为 2 小时，则相当于 1200 天)，程序建议每天只读入有用的 1 或 2 小时，一般是当地时间的 7 时至 19 时。如果一天读入 2 小时，每小时 25 层，则程序可读入 3 年以上的探空气象数据。用户可自行决定读入哪个或哪两个小时的数据。

可按"输出到文件…"按钮，将表格数据生成 AERMET 的 OQA 格式的文件。

探空气象数据的一种可能的来源是 NOAA/ESRL 探空气象数据网站项目的最近气象站的高空气象数据，这些数据是免费的，但可能只有少数几层。

在 EIAProA2018 中导入 txt 格式的探空气象数据操作步骤如图 1-22 所示。

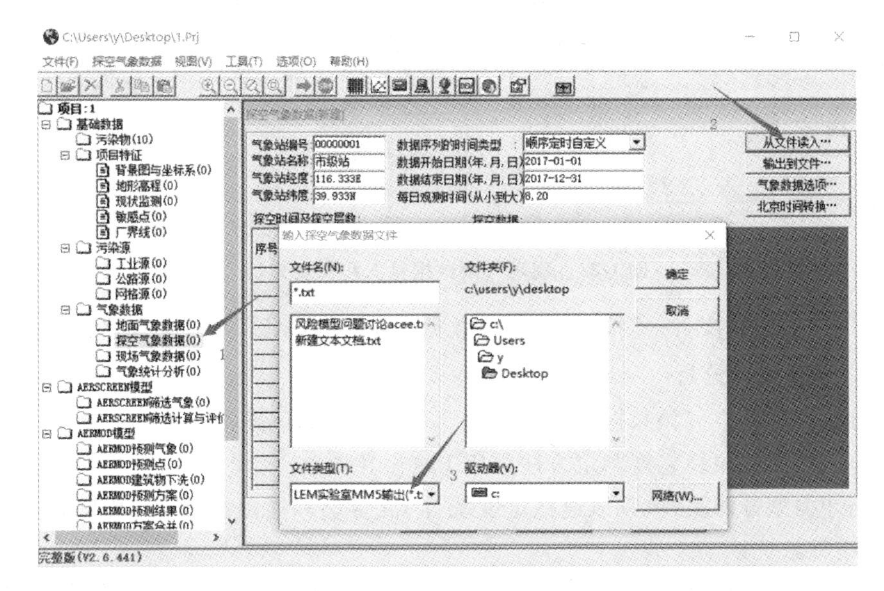

图 1-22　在 EIAProA2018 中导入 txt 格式的探空气象数据操作步骤

(1) 在探空气象数据界面，点击右键，新建一个探空气象数据方案。

(2) 点击“从文件读入…”。

(3) 选择文件类型“LEM 实验室 MM5 输出(*.txt)”，再选择待导入的 txt 格式的探空气象数据文件，最后点击确定。

注意：txt 格式探空气象数据文件可以导入的前提是其中的数据内容格式符合相关要求。

3. 现场气象数据

现场气象数据(见图 1-23)的基本参数与地面气象数据的相仿，可参见后者，但前者更灵活、更复杂。现场气象数据的时间类型只有顺序定时，并且一个小时内的观测次数可以不止一次(最多 12 次，即 5 分钟一次)。

现场气象数据选项中，可以输入高度层数，并且可以输入各层离地高度。如果选择输入上下温差 1、上下温差 2 和上下温差 3(即第 14、15、16 号参数)，可设定各温差的上、下两个测量高度。这里的参数根据测量的高度层数变化而变化，多的可以达上百项。由于这里必须采用项目所在地的当地时间，暂不使用时差参数。

其他参数说明参见地面气象数据。这里只是多出一个现场测风仪的下限(m/s)。现场气象数据可以从 AERMET 的 OQA 格式的文本文件中读入。但由于其格式灵活且复杂，一般建议直接在表格中输入，或在 Excel 中准备好再复制过来。

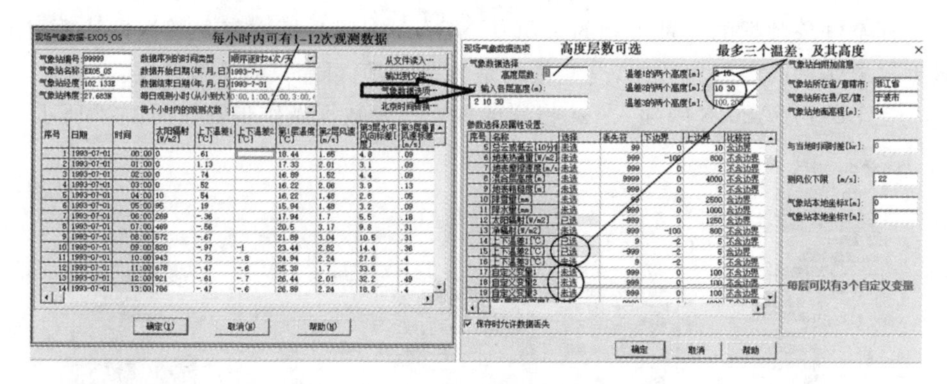

图 1-23　现场气象数据输入和设置窗口

可按“输出到文件…”按钮，将表格数据生成 AERMET 的 OQA 格式的文件。

4. 气象统计分析

对地面和高空气象数据进行常规统计分析。若测风高不是 10 m，则换成10 m 处风速。地面气象稳定度判定方法采用 Pasquill 法。

统计类型分四类：风频风速稳定度统计、混合层和逆温统计、气象概率搜索统计、探空气象统计。

按“参与统计的地面气象…”按钮，进入选择参与统计的地面气象文件，可以选择一个或多个文件。在这里也可以设置各个季度都由哪几个月份组成，确定项目所在地的行政区划，以及计算项目位置或气象站位置的太阳高度角。

按“探空气象统计选项…”按钮，进入选择参与统计的探空气象文件，可以选择一个或多个文件。在这里也可以设置各个季度都由哪几个月份组成，以及所要生成的统计时段(年、月或季度)。

1) 风频风速稳定度统计

可以设置“统计结果显示时段…”，只有选中的时段才列于结果表格中。

如果需要统计不同风速段的频率，则可以输入风速分段(一个或几个风速，以逗号分隔)。

静风的定义可以通过输入静风的上限风速(范围为[0,1])来改变。缺省为 0，表示只有等于 0，才算静风；如果为 0.5，则表示小于 0.5 m/s 的为静风，而大于或等于 0.5 的不算静风。

各风向平均风速中不包括静风频率，静风频率专门在最后一列列出。

污染系数可由各风向风频和平均风速算出，可选择两种算法：一种是风频除以风速，另一种是风频除以风速后再归一化。

稳定度：各稳定度出现频率。

统计结果包括风向频率、平均风速、稳定度频率、污染系数和统计结果小结。

统计结果小结中开始部分包括静小风持续时间，以及“2018风险导则”的最常见气象条件统计。

静小风持续时间输出内容举例，如“2018大气导则”8.5.2.1对应的持续静小风统计结果：风速≤0.5 m/s的最大持续时间为2 h，开始于1993年7月3日4:00。

风险预测所需的气象条件要求按“2018风险导则”9.1.1.1统计出来，输出内容举例如下。

“2018风险导则”9.1.1.1对应的风险预测的气象条件统计结果：

平均气温＝25.01 ℃；

平均湿度＝66.77％；

出现频率最高的稳定度级别＝D＝49.73％；

此稳定度下平均混合层高度＝1250 m；

此稳定度下的总体平均风速＝4.02 m/s。

此稳定度下，各风向频率及风速，按频率从大到小(剔除静风)：

第01大，风向WSW，频率15.68％，平均风速4.38 m/s；

第02大，风向W，频率14.32％，平均风速4.95 m/s。

统计结果小结还包括以下七部分内容。

(1)《环境影响评价技术导则 大气环境》(HJ2.2—2008，以下简称“2008大气导则”)附表C.11～表C.15。

(2) 各时段的主导风，包括风向、风速和频率。

(3) 风的小时变化，一天中各小时的风频、风速、稳定度、污染系数的分布。

(4) 各稳定度的平均混合层高度(m)。

(5) 各稳定度的平均风速(m/s)。

(6) 风速的分布概率(％)。

(7) 各小时的稳定度字符和混合层高度。

其中，第(1)部分按“2008大气导则”附表C.11～表C.15给出了五个表格数据，可在下方点击“导出附表C.11～表C.15及图形到Excel…”就可将这几个表的数据直接导入Excel中，并画出相应图形，如图1-24所示。

对于风频、风速和污染系数表，可以按“玫瑰图”按钮，绘制玫瑰图。与其他玫瑰图不同，绘制污染系数玫瑰图时，玫瑰线的方向默认按“风吹走方向”。例如，如果玫瑰图偏向N方位，则说明该方位污染较重，说明来自相反的S方位的风频率较高而风速不大。

2) 混合层和逆温统计

输出混合层高度的小时变化(24小时的高度)、月变化(12个月的平均高度的变化)、各季变化。混合层高度采用“93大气导则”推荐法。

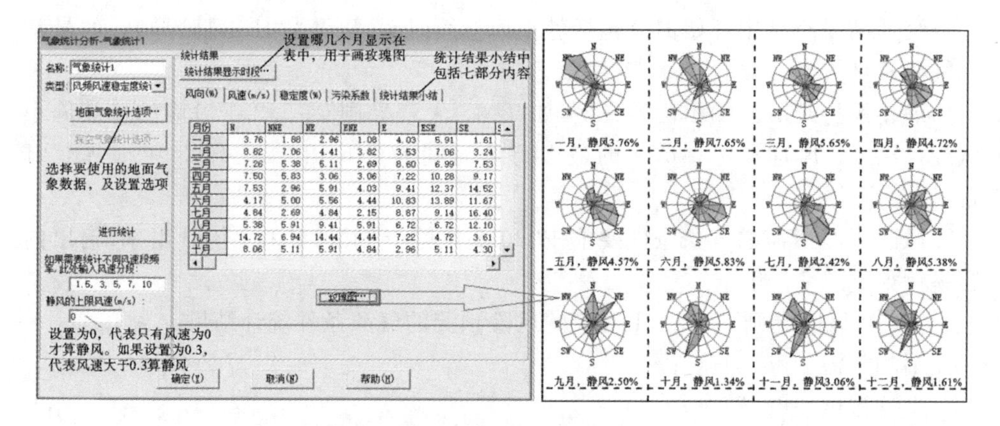

图 1-24　风频风速稳定度统计

逆温统计有两种方法：一是假定 E、F 稳定度为逆温气象（但大气稳定度主要是表征大气湍流的强度，因此这种方法有较大误差）；二是从温度梯度中找出 dt/dz ≥1.0 k/100 m 的气象。结果内容也有小时变化（24 小时各小时的概率，如 8:00 的概率，指每天 8 点出现逆温的概率），月变化，季节变化。注意，这里的逆温是指接地逆温。

混合层和逆温统计输出结果如图 1-25 所示。有关风向、风速、气温随高度的变化规律，不在本统计之内。

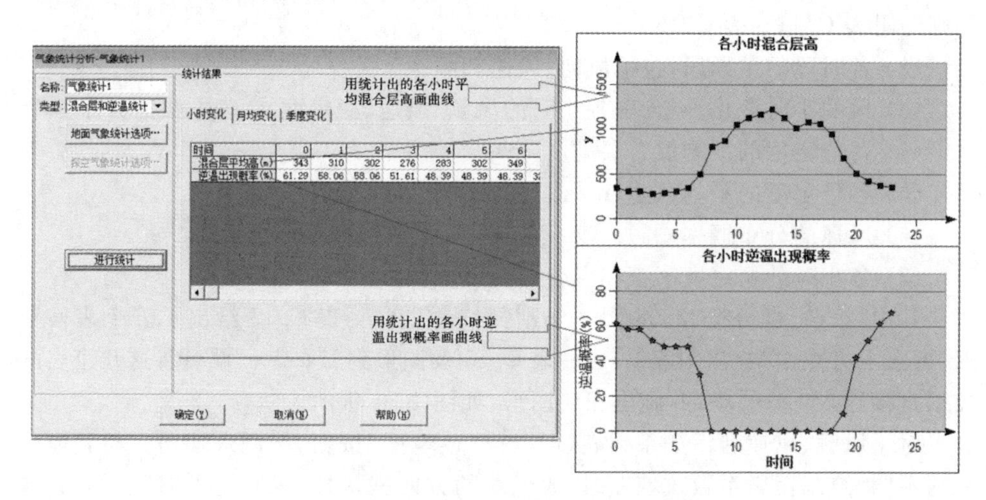

图 1-25　混合层和逆温统计输出结果

3）气象概率搜索统计

统计某些气象出现的概率：查找某几种气象状态（如风向为 N、风速为 3 m/s、稳定度等级为 D 级的气象状态，风向和风速允许有一定的误差范围，例如风速为 3 m/s，允许给出一定的范围，如 2.9～3.1）出现的概率，还可进一步限定其出现时间(如 5:00～10:00 某种气象出现的概率)。气象概率搜索如图 1-26 所示。

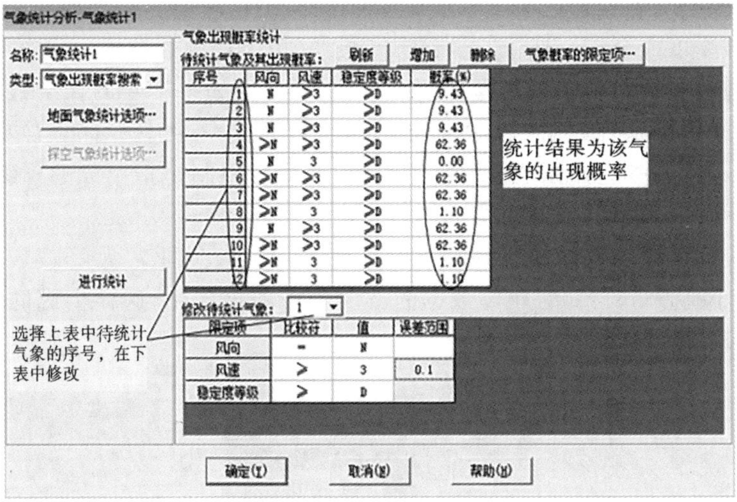

图 1-26　气象概率搜索

气象概率的限定项:可以选择风向、风速、稳定度、出现时间、雨量、云量等任意几项,只有在参与统计的"地面气象数据"文件中确实为输入项的参数才能被选择。

一次可以搜索多个气象。可以按下"增加"或"删除"按钮增减待统计的气象。图 1-26 中右边的两个表格,上面的为全部待统计气象列表,下面为某一个待统计列表的比较符详细设置(可通过下拉列表选择一个待统计列表进行比较符的编辑)。

比较符:＝、＞、≥、＜、≤五种。如果比较符为"＝",则可以给定一定的误差范围,例如风速＝3 m/s,误差为 0.1,表明风速在[2.9,3.1]之间都符合要求。时间项和稳定度项不能有误差。

对于风向,比较时用风向角。"风向＞N"表示风向角＞0°的风向,"风向＞E"表示风向角＞90°的风向。

对于稳定度比较,"稳定度＞D"表示稳定度比 D 还稳定的气象(即 D-E,E,F),"稳定度≤C"表示稳定度为 C 或比 C 不稳定的气象。

如果要统计一定范围内的概率,如要求风速在[2,5]之间的气象的出现概率,则可用以下方法。

(1) 统计"风速≥2 m/s"的气象概率。

(2) 统计"风速＞5 m/s"的气象概率。

(3) 用(1)的概率减去(2)的概率,即为风速＝[2,5]的概率。其他限定项与此相似。

4) 探空气象统计

采用此方法,可生成全年或一月或一季的任一小时的风廓线、温廓线、数据和图形。

进入"探空气象统计选项…"，选择参与统计的探空气象，以及要生成的统计时段(某月、某季度或全年)，按下"进行统计"按钮，可生成廓线数据。

在左边的查看内容中可选择"温度"和"速度"，但如果本身的探空数据中不含有速度，则速度是没有数据的。查看小时可选择探空气象中所有的有效小时，如8:00或20:00(只能选择原数据中有的时间)。高度限制是指生成的廓线的高度，从500～10000 m均可选，缺省为5000 m。

由于统计生成的数据在一些临近的高度上可能波动非常大，可勾选"数据钝化，设定最小高差(m):"，对相邻数据的波动进行钝化优化，这样生成的廓线更加美观(见图1-27)。

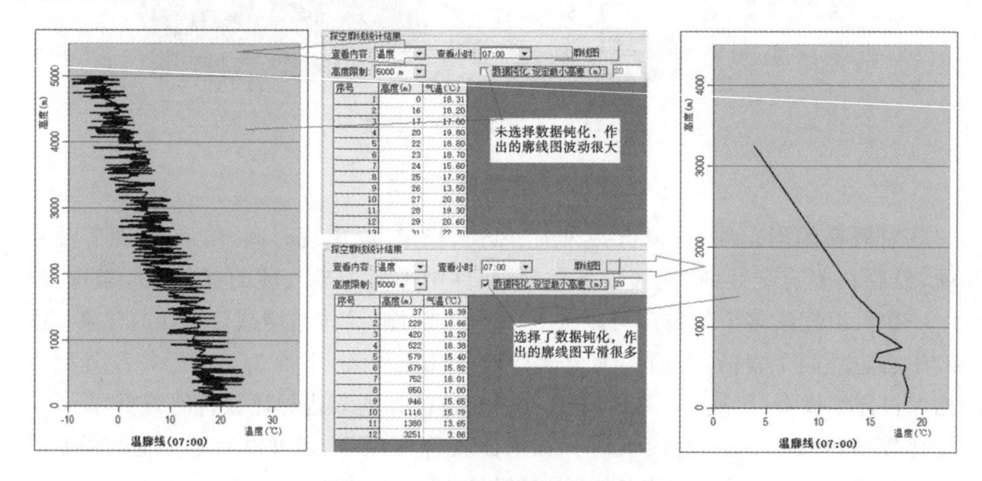

图 1-27　探空气象统计的廓线图

按下"廓线图"按钮，生成所需的廓线图形。

1.2.5　常见问题

(1) "生成 DEM 文件"中所需的资源文件显示未下载。

解决方法如下。

按照所需资源文件中的文件名字，在软件安装盘中的全国地形数据文件夹中找到对应的压缩包，将压缩包解压后与所需资源文件中写文件名字的文件拷贝至软件安装目录下的 artmASC 文件夹下，重新点击"刷新资源文件列表"即可。软件提示信息如图 1-28 所示。

(2) 基础数据部分污染源源强数据与 AERSCREEN 筛选计算界面对应表格中的数据不一致。在进行 AERSCREEN 筛选计算时，在基础数据部分的污染源的表中，最后两个污染源的源强没有填写 TSP 数据，等级方案却显示有排放速率，点击"读出污染源和污染物自身数据，放到表格"进行刷新，还是显示有数据。基础

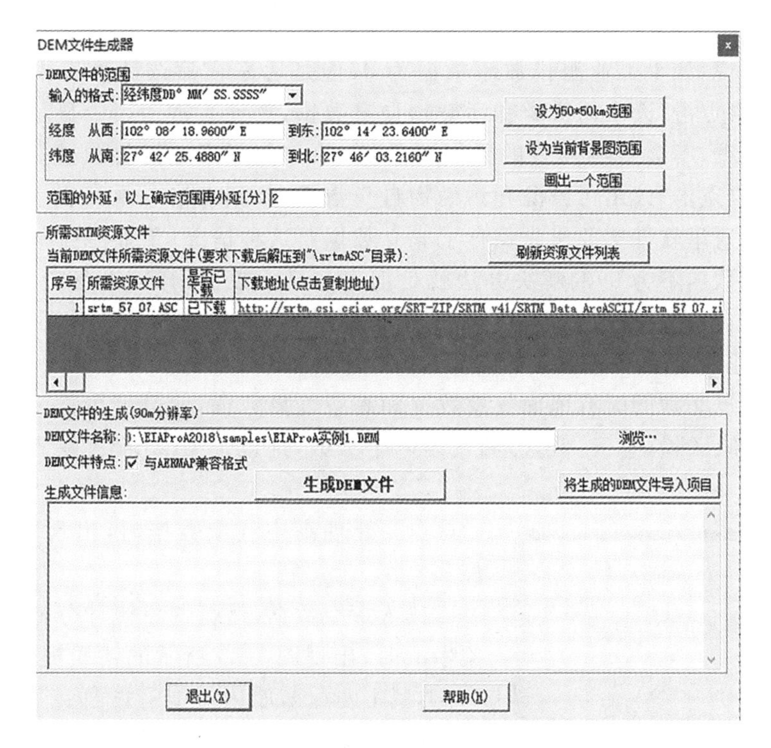

图 1-28　软件提示信息

数据部分污染源源强表如图 1-29 所示。

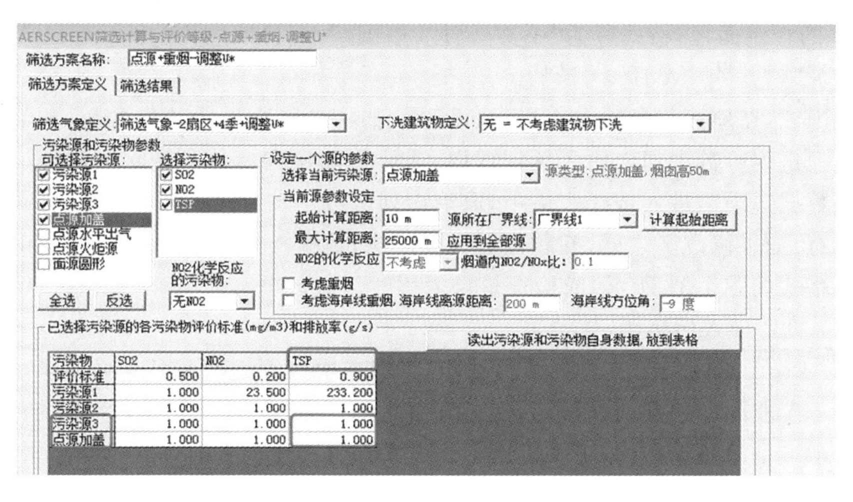

污染物	SO2	NO2	TSP
评价标准	0.500	0.200	0.900
污染源1	1.000	23.500	233.200
污染源2	1.000	1.000	1.000
污染源3	1.000	1.000	1.000
点源加盖	1.000	1.000	1.000

图 1-29　基础数据部分污染源源强表

因为软件优先保存用户在筛选计算表中的非 0 数据，所以虽然污染源中的排放源强为 0，但是该表中数据为非 0 数据时，软件先保存筛选计算表中污染源强的非 0 数据。

也就是说，如果工业源排放率数据为 0，但是后来在筛选计算表中为非 0 数据，这时候再点击“读出污染源和污染物自身数据，放到表格”，表中显示的还是原来的非 0 数据，不会被源强表的数据覆盖掉；除非前面工业源排放速率也是非 0 值，这时候再点击“读出污染源和污染物自身数据，放到表格”，原来表中的数据就会被覆盖。这里软件主要优先保存了非 0 数据。这种情况（工业源排放率数据为 0，表中对应数据不为 0）的解决办法就是把表中显示数据删除，再点击“读出污染源和污染物自身数据，放到表格”，就可以与前面工业源数据保持一致了。

（3）气象数据的要求。

气象数据必须同时有地面气象数据和高空气象数据，而且最少需要一年逐时的风向、风速、云量（总云、低云）和气温四个参数，这也是 EIAProA 缺省时的输入参数设置。

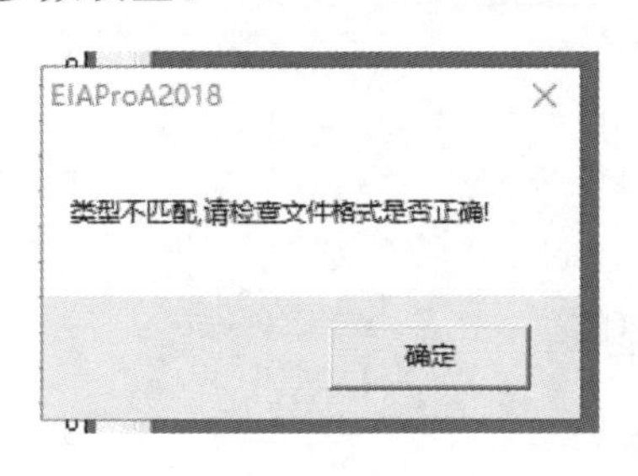

图 1-30　错误提示

（4）处理高空气象数据时，出现“类型不匹配”。

读入探空数据，运行气象统计分析或预测气象生成时，出现图 1-30 所示的错误提示或“错误 13：类型不匹配”，原因可能有两种：一是 Win 系统时间格式不兼容；二是地面气象输入过程有误。

原因一，Win 系统时间格式不兼容，需要打开 Win 的控制面板，格式应为“中文（简体，中国）”，短日期应为“yyyy-MM-dd”，长日期应为“yyyy'年'M'月'd'日'”。

原因二，在地面气象输入表格中，设置了基本参数之外的其他参数（如混合层高度），但这列参数中却未输入任何数据，需要删除该列参数。删除方法：点击“地面气象数据选项”，进入选择表格中，取消该列参数。

注意：如果修改了之后，问题没有得到解决，请检查气象数据的起止时间格式，规范的格式如图 1-31 所示，或检查是否为逐时气象数据。

（5）批量导入污染源。

EIAProA 对污染源具有批编辑功能，可以一次处理或引入多个源。

对于工业源和公路源，可以一次打开多个源，并且在输入窗口中上部的污染源表格显示多个源数据表格，可一次增加多个源或对多个源同时进行批量编辑。

按“增加多个”按钮，可以一次性增加多个（最多 9999 个）源。增加的源的类型和其他选项缺省值采用当前源的设置。

可以在污染源表格中选择多个源（只要在表格中选择多行单元，即选中这些行的污染源），然后在下部的表格中一次性设置这些源的属性，如改变基准源强的单

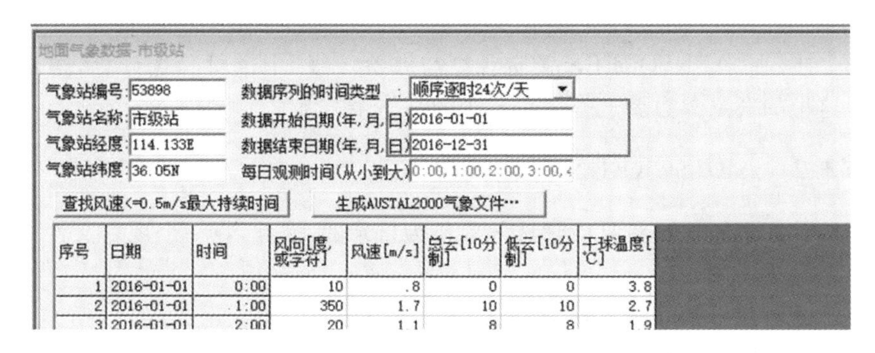

图 1-31　气象数据规范的起止时间格式

位等即可。

从 Excel 表复制多个源：对于区域计算，牵涉大量的污染源，这些污染源的调查数据可能已列于形如 Excel 的表格中，每一列代表一个参数。此时可以按各类型源直接复制到污染源表格中，方法为：如要复制 N 个点源，可以先增加一个点源，设置其详细参数和选项，然后按“增加多个”按钮以增加 $N-1$ 个源，这时表格显示出这 N 个点源的缺省设置（缺省设置均按第一个点源的设置），可以点击“表格内容选项…”设置表格的内容（需要输入的参数必须选上，无关的参数可以不选），然后到 Excel 中复制数据，粘贴到相应的参数列中即可。对不同类型的源要重复这个过程。

1.3　AERSCREEN 模型

1.3.1　模型简介

AERSCREEN 基于 AERMOD 内核的筛选程序，其扩散模型采用的是 AERMOD 的 SCREEN 功能，可以认为同样条件下，筛选结果应大于 AERMOD 的进一步计算结果。利用 AERSCREEN 模型可以完成以下两项工作。

(1) 进行筛选计算，以得出详细筛选结果以及评价等级建议。可以考虑多个源、多个污染物情况。与 SCREEN3 不同，AERSCREEN 内核可以考虑地形、建筑物下洗、NO_2 的化学反应等。

(2) 生成筛选气象，作为独立的 AERMOD 预测气象，供 AERMOD 在筛选方式下运行。

第一步：在“AERSCREEN 筛选气象”中生成一个方案，以定义项目所在区域的基本气象参数和地表特征参数，以供后续的 AERSCREEN 为内核的筛选计算。如果要自主运行 AERMOD 的筛选功能，则可用 MAKEMET 生成一个 AERMOD

预测气象。

第二步：在“AERSCREEN 筛选计算与评价等级”中进行筛选计算，得出评价等级。这里的气象参数要选择第一步中的某一个方案。

1.3.2 AERSCREEN 筛选气象

本软件左边的项目树是以筛选气象作为目录的，因此，在一个项目文件中允许生成多个筛选气象。

打开或新建一个筛选气象，要求输入以下参数。

(1) 项目所在地历史纪录(一般为 20 年统计结果)的最高和最低气温，本软件限－90～58 ℃。

(2) 允许使用的最小风速(缺省为 0.5 m/s，允许输入最低为 0.1 m/s)。

(3) 测风高度(缺省为 10 m，允许输入最低为 1 m)。

地表摩擦速度 u_* 的处理：若要调整，则勾选；否则不勾选。此选项对结果有较大影响，在实例 1 中，有两个筛选气象，一个是调整 u_*，一个是不调整 u_*，以便对计算结果进行对比。

地表特征参数：可以导入已输入的“AERMOD 预测气象”中的地表特征参数(点击后即时导入到当前的输入界面)，或者点击“AERSURFACE 生成特征参数…”按钮，使用工具中的地面特征参数生成器，从土地覆盖数据来生成。也可以在当前窗口界面直接输入。

在运行程序时，实际采用的是“引用外部文件”的格式，自动将这里输入的地表特征参数生成一个 AERMET STAGE3 INPUT 格式的文件，以供 AERSCREEN 使用。

若用户输入的参数超出以下限度，则 AERSCREEN 会警告“气温[183k，331k]，波文率[－10，10]”，粗糙度小于 0.001 且为正值(程序会自动设为 0.001)，或大于 2 m。AERSCREEN 仍会使用这些输入值，但会在 LOG 文件中给出警告“上述数值超出合理范围”。

生成 AERMOD 预测气象：在 AERSCREEN 中，不必由用户单独运行 MAKEMET，而只需按“确定”按钮，保存本界面输入的相关参数即可，AERSCREEN 引用这些参数来启动并运行 MAKEMET。当然也允许由用户来启动 MAKEMET，以生成“AERMOD 预测气象”，专用于 AERMOD 中的 SCREEN 运行方式。生成的预测气象会自动放到“AERMOD 预测气象”目录下，就像 AERMET 生成的预测气象一样，可在该目录下打开该气象以查看相应表格中的数据。但是这是一个特殊的 AERMOD 预测气象，只能打开查看，不能编辑、修改，而且要注意，这个气象有效数据只有前 20 列，最后 5 列(21～25 列)数据，每列是一个数字，表明每个筛选气象每小时在气象组合的每一个循环的索引。

在 AERMOD 预测气象中打开筛选气象的提示如图 1-32 所示。

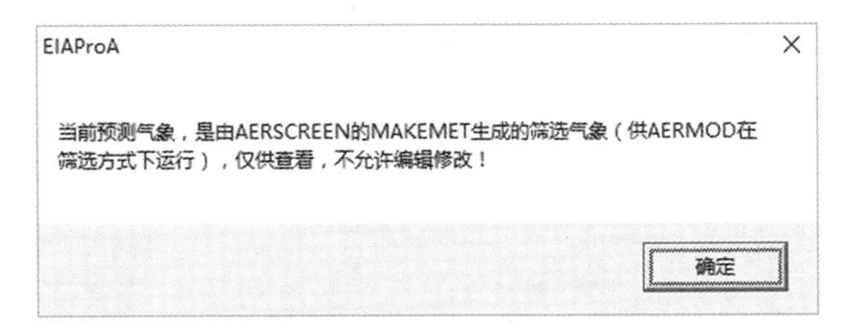

图 1-32　在 AERMOD 预测气象中打开筛选气象的提示

而 MAKEMET 生成的 SFC 文件在 AERMOD 预测气象下打开后如图 1-33 所示。

AERMOD预测气象-筛选气象(MAKEMET)

地面特征参数 | 预测气象生成 | 预测气象查看

表格内容:
- 地面气象参数
- 廓线气象参数

表格显示列:
- ☑ 地表正午反
- ☑ 风速(m/s)
- ☑ 风向(度)
- ☐ 测风高度(m
- ☑ 气温(℃)
- ☐ 温度测量高
- ☐ 风速-索引
- ☐ 云盖度-索引
- ☐ 气温-索引
- ☐ 太阳高度角

序号	日期	时间	显热通量(W/m 2)	地表摩擦速度(m/s)	对流速度尺度(m/s)	位温梯度(PBL以上)(度/m)	对流边界层高度(zi)(m)	机械边界层高度(zm)(m)	莫尼长度(m)	地表粗糙度(m)	地表波文率(BOWEN)	地表正午反射率(Albedo)	风速(m/s)	风向(度)	气温(℃
1	010-01-01	1	-0.10	0.009		0.020		2.	1.0	0.0001	1.50	0.20	0.50	270.	-20
2	010-01-02	1	-0.10	0.009		0.020		9.	1.0	0.0001	1.50	0.20	0.50	270.	-20
3	010-01-03	1	-0.10	0.009		0.020		19.	1.0	0.0001	1.50	0.20	0.50	270.	-20
4	010-01-04	1	-0.10	0.009		0.020		2.	1.0	0.0001	1.50	0.20	0.50	270.	-20
5	010-01-05	1	-0.10	0.009		0.020		9.	1.0	0.0001	1.50	0.20	0.50	270.	-20
6	010-01-06	1	-0.10	0.009		0.020		19.	1.0	0.0001	1.50	0.20	0.50	270.	-20
7	010-01-07	1	-0.03	0.009		0.020		2.	1.6	0.0001	1.50	0.20	0.50	270.	-20
8	010-01-08	1	-0.03	0.009		0.020		9.	1.6	0.0001	1.50	0.20	0.50	270.	-20
9	010-01-09	1	-0.03	0.009		0.020		19.	1.6	0.0001	1.50	0.20	0.50	270.	-20
10	010-01-10	1	-0.12	0.009		0.020		2.	1.0	0.0001	1.50	0.20	0.50	270.	45
11	010-01-11	1	-0.12	0.009		0.020		9.	1.0	0.0001	1.50	0.20	0.50	270.	45
12	010-01-12	1	-0.12	0.009		0.020		19.	1.0	0.0001	1.50	0.20	0.50	270.	45
13	010-01-13	1	-0.11	0.009		0.020		2.	1.0	0.0001	1.50	0.20	0.50	270.	45
14	010-01-14	1	-0.11	0.009		0.020		9.	1.0	0.0001	1.50	0.20	0.50	270.	45

图 1-33　MAKEMET 生成的 SFC 文件

上述算法中默认地表特征参数只与项目位置有关，一个项目只考虑一套地表特征参数。但如果采用 AERSURFACE 生成地表特征参数，则实际地表特征参数与源的坐标有关，这就意味着，一个项目中的多个源可能对应多套地表特征参数。但在 AERMOD 预测中计算多个源叠加时，可以采用一套地表特征生成的 SFC/PFL，所以本软件不考虑一个项目中的多套地表特征参数，而只考虑一个主要源的一套地表特征参数。

不过，在一个项目中，允许定义多个“筛选气象”方案，每个方案可以采用不同的地表特征参数。在筛选计算时，可以采用不同“筛选气象”方案，比较精确的做法是：某一个筛选方案中，只选一个源，并且只采用以这个源为中心的地表特征参数生成的“筛选气象”方案。

1.3.3　AERSCREEN 筛选计算与评价等级

1. 筛选方案定义

筛选方案定义页面如图 1-34 所示。

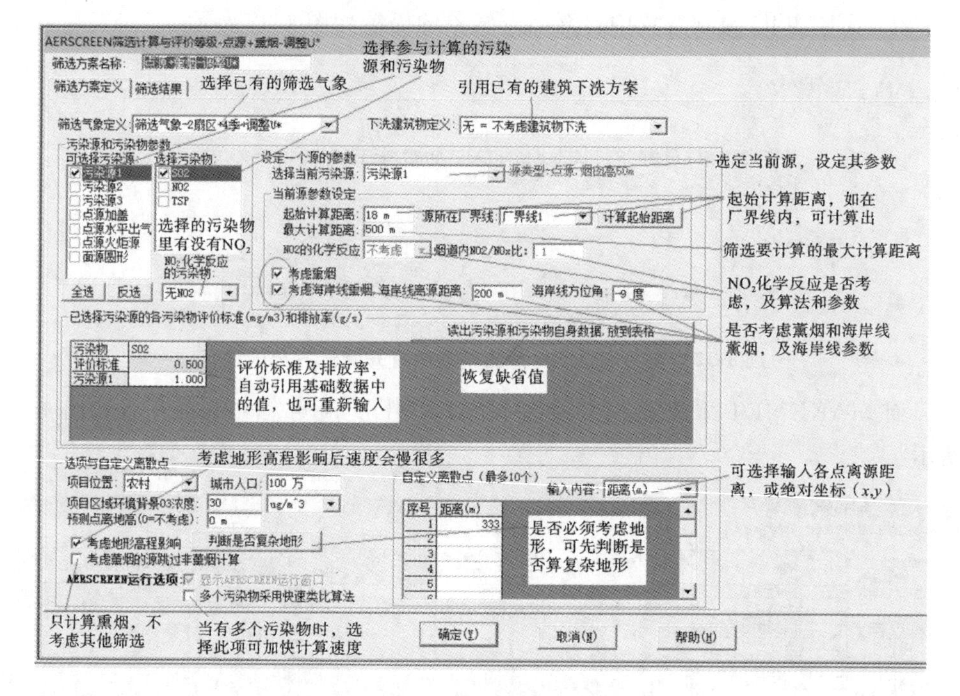

图 1-34　筛选方案定义页面

1）*筛选气象与建筑物下洗*

筛选气象：直接引用已有的“AERSCREEN 筛选气象”。

建筑物下洗：如果本次计算（其中至少有一个点源）需要考虑建筑物下洗，则可以引用“AERMOD 模型”的“AERMOD 建筑物下洗”中已有的方案，这个方案应已设定相关的全部建筑参数。参与本次计算的每一个点源，在计算时软件均会考虑其是否受到建筑物下洗影响。

2）*污染源和污染物参数*

选择参与本次计算的污染源和污染物，设定每一个参与源的参数，以及评价标准和排放率。

选择污染源和污染物：选择参与本次计算的污染源和污染物。一次计算可选择多个源、多个污染物。要求每个选定的污染源中，所选择的污染物中至少有一个是非零排放。

可以直接引用“基础数据”中已输入的工业污染源。AERSCREEN 目前仅用于单个普通点源、加盖点源、水平出口点源、火炬源、矩形面源、圆形面源和体源，共 7 种源，包括 4 种点源、2 种面源、1 种体源，而多边形面源将转换成矩形面源后再应用。

NO_2 化学反应：如果计算中用户要考虑 NO_2 化学反应，则需要用户在已选择参与计算的污染物中指明哪个是 NO_2（程序无法按名称自行确定）。要注意的是，在采用 NO_2 化学反应后，虽然污染物（预测因子）是 NO_2，但是污染物排放率应该按 NO_x 来输入。

程序缺省会在表格中自动输入污染源和污染物自身数据。但如果用户输入了新的数据，又恢复其自身数据，可点击“读出污染源和污染物自身数据，放到表格”按钮。

3）设定一个源的参数

以下对已选择参与计算的污染源，设定每一个源的具体参数。

选择当前污染源：先要在下拉列表中，选择一个源作为当前污染源，右侧蓝色文字会给出这个源的类型提示（以及是否转成虚拟矩形面源）。

起始计算距离：输入当前源的起始计算距离，筛选计算的最近点从这个距离开始。

对于非体源的起始计算距离，缺省值为 1 m。若输入值小于 1 m，会重置为 1 m。

对于体源，起始计算距离应大于或等于 2.15 倍的初始水平宽度加 1 m，即 $2.15\sigma_y+1$。在 AERMOD 中，预测点离源距离小于 $2.15\sigma_y+1$ 的都不会计算。若用户输入值小于此缺省值，则会被重置为 $2.15\sigma_y+1$。

最大计算距离：需要计算的最远距离。当输入了最大计算距离后，AERSCREEN 检查这个距离是否为 25 的整倍数。这是因为 0～5 km 的点间距为 25 m，从 5 km 到最大计算距离处的点间距为 100 m 的倍数。若最大计算距离不是 25 的整数倍，则最大计算距离将设置为大于该数的最近一个 25 倍数的数，如 1031 m 会改为 1050 m。对于环境影响评价项目应用，最大计算距离按“2018 大气导则”规定，一般设为 25 km。但过大的最大计算距离需要较长的计算时间，且要有相应较大的 DEM 文件范围。

NO_2 的化学反应：如果参与本次计算的污染物中，已指定某个污染物为 NO_2，则可以设定当前源是否要使用 NO_2 化学反应，并设定算法（OLM 法，或 PVMRM 法，当前不可使用 ARM 和 ARM2），再输入烟道内 NO_2 与 NO_x 的比（有效范围为 [0,1]）。环境背景 O_3 浓度不是针对单一源的，故在左下角的选项中输入。这意味着，同一次计算中，可对不同的源采用不同的 NO_2 处理方法，并且采用不同的 NO_2 与 NO_x 的比，但环境背景 O_3 浓度是相同的。

逆温熏烟和岸线熏烟：AERSCREEN 可计算熏烟或/和岸线熏烟，如果当前源为点源，且释放离地高为 10 m 及以上的，可选择考虑熏烟（逆温熏烟）和岸线熏烟之一，或两者都考虑。如果选择了岸线熏烟，则还需输入源距岸线的最小距离（必须小于 3000 m），还可选择输入海岸线相对源的方位（0～360°，0 为 N 方位，90°为 E 方位），如果方位为 −9°，则表示无确定方向。

若对 MAKEMET 采用空间变化的地表特征参数，则用户可选择定义岸线相对源的方位角（这一选项允许 AERSCREEN 使用适当的地表参数，与风向从源到海岸线的实际情况相对应）。

熏烟和岸线熏烟发生小时的筛选方法如下。

AERSCREEN 从 MAKEMET 生成的气象中选择用于符合熏烟计算的小时。熏烟的气象基于这样的假设：F 稳定度，烟囱顶风速为 2.5 m/s。同时假定，源为农村环境，忽略建筑下洗、地形影响。

读入 MAKEMET 生成的气象文件，采用多个气象变量，AERSCREEN 判定稳定度和烟囱顶风速。对于符合 F 稳定度和烟囱顶风速 2.5m/s 条件的小时，AERSCREEN 计算出一组变量，以备熏烟计算。

如果没有一个小时的气象符合熏烟气象的上述要求，则 AERCREEN 会提示没有符合气象，且不再计算熏烟浓度。

岸线熏烟要求点源离岸线 3 km 之内。对气象的筛选与前面对熏烟所用的算法相同，即 F 稳定度和向岸风速在烟囱顶为 2.5 m/s。最大地面熏烟浓度假定发生在稳定烟羽的顶部与充分混合的热力内边界层（TIBL）的顶部相交的位置（TIBL 高度，在农村平坦地表环境下是离岸距离的函数）。在计算岸线熏烟之前，AERSCREEN 从筛出的 F 稳定度和向岸风速在烟囱顶为 2.5 m/s 的小时中，查找是否有烟羽高于 TIBL 高度的小时。

4）选项与自定义离散点

项目位置：选择城市/农村分类。当距离污染源 3 km 范围内一半以上面积属于城市建成区或者规划区时，选择城市，否则选择农村。如果选择城市，要输入城市人口。城市人口数按项目所属城市实际人口或者规划的人口数输入。

项目区域环境背景 O_3 浓度：输入日间平均值及单位，用于 NO_2 化学反应计算。

预测点离地高：缺省为 0，表示在地面上，不考虑离地高；否则输入要计算的离地高。

考虑地形高程影响：选择后要考虑地形影响，运行过程中会多次调用 AERMAP 计算预测点的高程值，计算过程会较慢。对于编制环境影响评价报告书的项目，必须要考虑地形高程影响。

考虑熏烟的源，跳过非熏烟计算：如果只关注熏烟计算，允许选择跳过筛选计算的其他阶段（PROBE、FLOWSECTOR 和 REFINE），只计算熏烟过程，可节省时间。此选项仅对那些已选择了熏烟（或海岸线熏烟）计算的点源有效。

5）AERSCREEN 运行选项

显示 AERSCREEN 运行窗口（已设置成必选）和多个污染物采用类比算法。采用类比算法是为了快速计算，一个源只计算一个污染物或两个（包括 NO_2），另外的采用按源强比例计算。多个污染源采用同一坐标原点，采用后，允许以污染物等排放量最大的污染源的坐标作为全部污染源的计算原点（起始计算距离和最大计算距离，也会设成相同），这样只需运行一次 AERMAP，可节省运行时间，本条依据“2018 大气导则”附录 B.6.3.2 条款。

自定义离散点：除了内部按最大探测距离自定义的点外，AERSCREEN 可输入最多 10 个离散点距离。这些离散点可能是近源的一个监测点、学校、居住区等。

输入内容：可选择离源距离或坐标（x，y）。若输入坐标，则会将每个源换成不同的相应的距离；若输入的是距离，则对不同的源，也用相同的距离。AERSCREEN 会读入全部用户输入的点，但只会处理介于环境距离和探测距离之间的那些点。那些与自动生成的测点相同的离散点也不会包括在内，以避免重复。

2. 筛选结果

在筛选结果页中，按“刷新结果”按钮进行筛选计算。程序跳出蓝底白字的运行窗口。如果程序停滞在如图 1-35 所示的位置，则无法继续进行，可按回车键（Enter）或关闭该窗口后重新点击“刷新结果”。

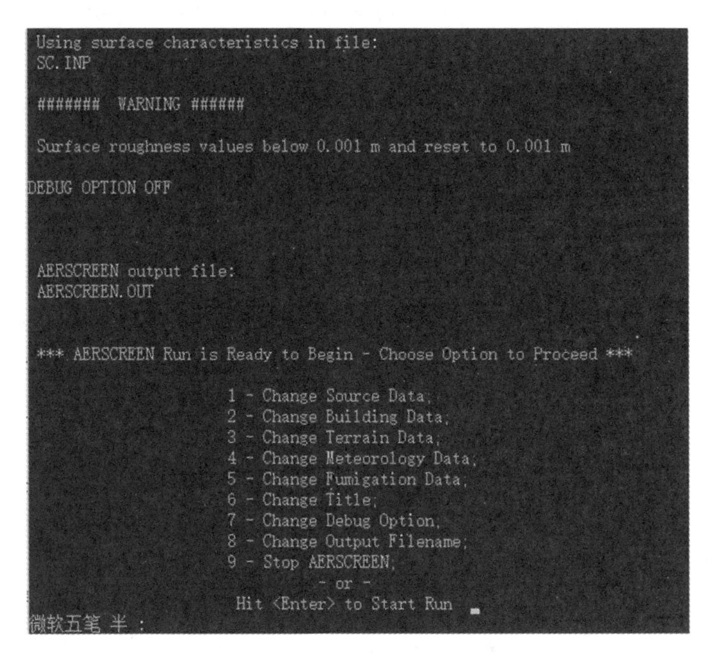

图 1-35　AERSCREEN 运行窗口

如果频繁出现这一问题，那么可以在软件主菜单的“选项-程序环境选项”中，增加 AERSCREEN 窗口的时滞（毫秒）参数（默认为 0，可调整范围为－500～2500），以适应所用电脑的软/硬件环境。

计算完成后，在表格中查看相关数据，在左下角给出评价等级建议（见图

1-36）。如果本方案有点源，并且要考虑熏烟，也实际发生了熏烟或海岸线熏烟，则计算结果的左上角会出现“纳入熏烟结果”选项。如果选择该选项，则熏烟的结果也用于评价等级筛选，除了 AERMOD 的常规计算外，会多出熏烟或海岸线熏烟的一到两行数据。

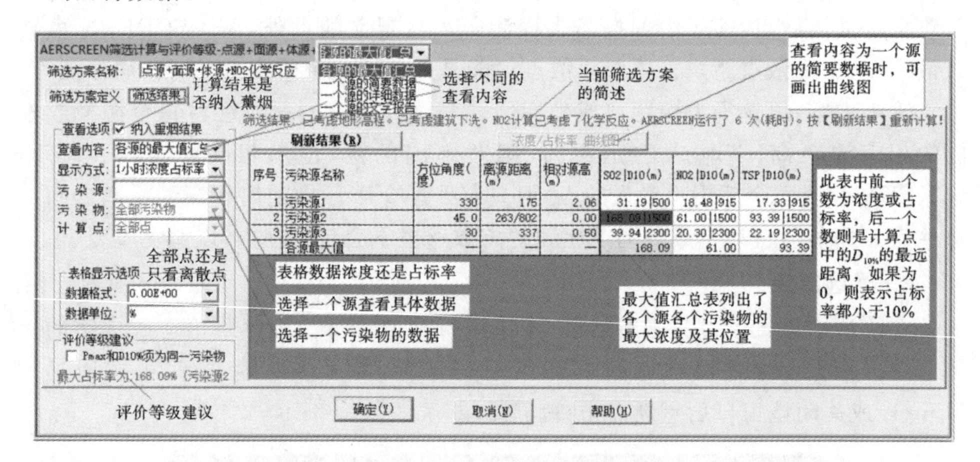

图 1-36　筛选计算结果页

需要注意的是，若筛选方案改变，则需重新点击“刷新结果”才能重新计算，程序不会自动重新计算。

在筛选结果页面可点击“查看内容”以选择不同的查看方式，以下分别进行描述。

（1）“查看内容”选择“各源的最大值汇总”。

此时“显示方式”只可选 1 小时浓度或 1 小时占标率，其他选项不可选。表格中显示的是全部源全部污染物的最大浓度或占标率（及对应的方位角度、离源距离和相对源高），红色数据为表格最大值。后面的数字是指该源该污染物占标率为 10%的最远距离，该值是在已设定的计算点中找出的，如果设定的范围不够大，那么可能存在更远的点占标率大于 10%，则这个 $D_{10\%}$ 结果不可靠，需要将计算范围扩大；如果最大占标率小于 10%，则 $D_{10\%}$ 为 0。

对同一个源来说，通常情况下，这个源的各个污染物的最大浓度的方位角度、离源距离、相对源高是相同的，但也可能该源的各个污染物采用不同的算法（如 NO_2 采用化学反应算法），则这个源的最大浓度的方位角度、离源距离、相对源高各单元格里，会用“/”来分隔不同的污染物数值。例如，图 1-36 中，污染源 2 的离源距离为“263/802”，说明这个源的三个污染物的最大点位置有两个，至于具体哪个污染物是多少，则可以选择“查看内容”中的“一个源的简要数据”，并选择污染源 2 来查看。

（2）“查看内容”选择“一个源的简要数据”。

此时可有以下多个选项。

显示方式：可选择1小时浓度或1小时浓度占标率或3小时、8小时、24小时及全年平均浓度（面源无全年平均）。

污染源：可选择任一个源。

污染物：可选择全部污染物或任一非零排放污染物。

计算点：可选择自定义离散点或全部点。

表格中显示内容为方位角（度）、相对源高（m）、离源距离（m）和一个污染物或全部污染物的值。

若缺省选择全部污染物，则一次显示某一个源的全部污染物的结果。由于不同污染物可能采用了不同算法，故同一源中的各污染物的最大浓度位置也可能不同。

如果表格中数据的行数大于2，则表格上方的“浓度/占标率 曲线图…”按钮可用，按下该按钮可以显示当前选择源的最大浓度/占标率-距离曲线图（见图1-37）。如有必要，图中也会画出占标率为10％和80％的水平虚线。

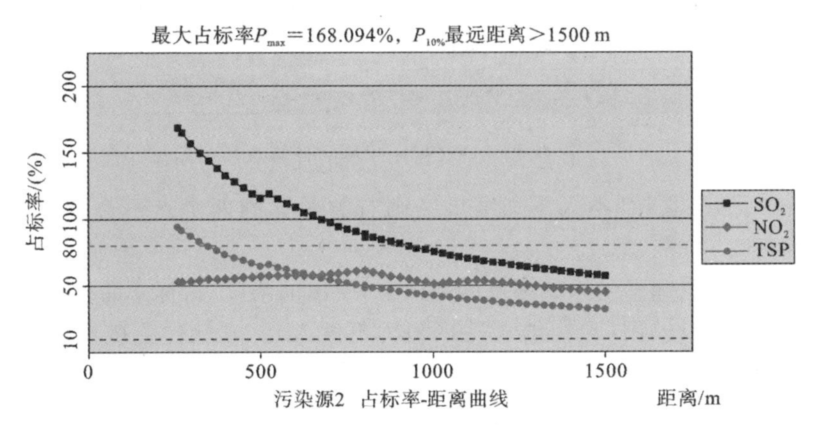

图1-37　最大浓度/占标率-距离曲线图

计算结果中的预测点包括自动生成的预测点和自定义离散点，以及熏烟或海岸线熏烟的最大浓度点（见图1-38）。

自动生成的预测点是根据最小环境距离和最大探测距离在程序内部生成的。一般5 km内有200个（间距25 m）预测点，5 km以上到探测距离的间距可大于25 m，最多有100个预测点，再加最多10个离散点，最多共310个点。位于最小环境距离之内的预测点都不包括到预测点组合中，超过探测距离的离散点也不包含在内。

图1-39中，最小探测距离为18 m，最大探测距离为500 m，加上其他自动生成的（间距为25 m）19个点，共21个点。另外，还有一个用户输入的离散点，一个海岸线熏烟最大点和一个逆温熏烟最大点，所以总共有24个点。在左上角的

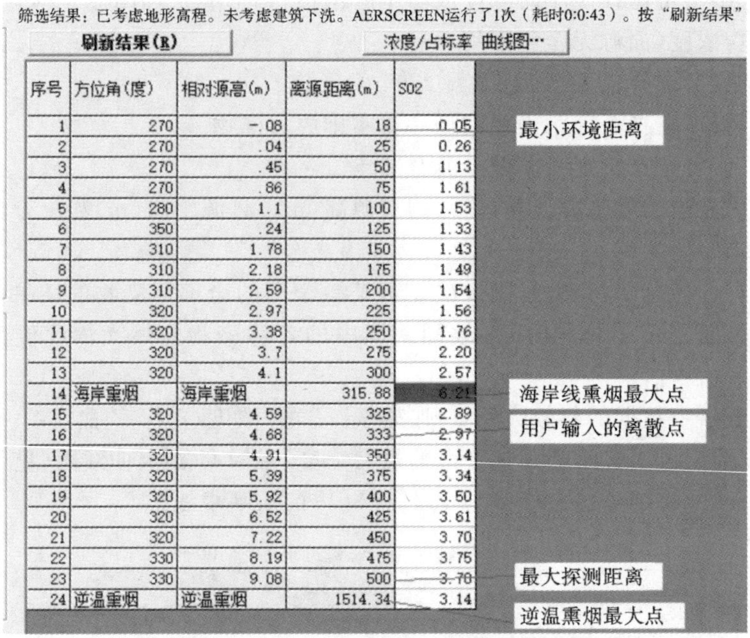

筛选结果：已考虑地形高程。未考虑建筑下洗。AERSCREEN运行了1次（耗时0:0:43）。按“刷新结果”

刷新结果(R)　　浓度/占标率 曲线图…

序号	方位角(度)	相对源高(m)	离源距离(m)	SO2
1	270	-.08	18	0.05
2	270	.04	25	0.26
3	270	.45	50	1.13
4	270	.86	75	1.61
5	280	1.1	100	1.53
6	350	.24	125	1.33
7	310	1.78	150	1.43
8	310	2.18	175	1.49
9	310	2.59	200	1.54
10	320	2.97	225	1.56
11	320	3.38	250	1.76
12	320	3.7	275	2.20
13	320	4.1	300	2.57
14	海岸熏烟	海岸熏烟	315.88	6.21
15	320	4.59	325	2.89
16	320	4.68	333	2.97
17	320	4.91	350	3.14
18	320	5.39	375	3.34
19	320	5.92	400	3.50
20	320	6.52	425	3.61
21	320	7.22	450	3.70
22	330	8.19	475	3.75
23	330	9.08	500	3.70
24	逆温熏烟	逆温熏烟	1514.34	3.14

最小环境距离

海岸线熏烟最大点

用户输入的离散点

最大探测距离

逆温熏烟最大点

图 1-38　AERSCREEN 的计算点

查看选项中，如果去掉“纳入熏烟结果”，则有关熏烟的两个点不会列入表中，就只有 22 个点。

在纳入熏烟点和不纳入熏烟点的条件下，绘出的浓度/占标率曲线图可能会有很大差异(见图 1-39，图(a)为纳入，图(b)为不纳入)。本软件会按不纳入情况下的曲线，判断用户输入的最远探测距离是否足够，如图 1-39 右侧图的曲线趋势，软件认为最大浓度点可能还在更远处，则软件在计算完后查看结果时，会提示“探测距离不够大，未能找到真正最大浓度点!”，提示最远探测距离应加大后重算。另外，如果“筛选方案定义”中的选项“考虑熏烟的源跳过非熏烟计算”已选中，则对参与熏烟的点不再进行 AERMOD 常规计算，计算结果中只有熏烟或海岸线熏烟的一两行数据，这种情况下，程序也会有这种提示。

(3)“查看内容”选择“一个源的详细数据”。

此时可以查看选定源的每个点的最大浓度的发生时间，以及详细的气象参数(见图 1-40)，有以下多个选项。

显示方式：1 小时浓度或 1 小时浓度占标率，3 小时、8 小时、24 小时及全年平均浓度(面源无全年平均)。

污染源：可选择任一个源。

污染物：可选择任一非零排放污染物。

计算点：不可选。

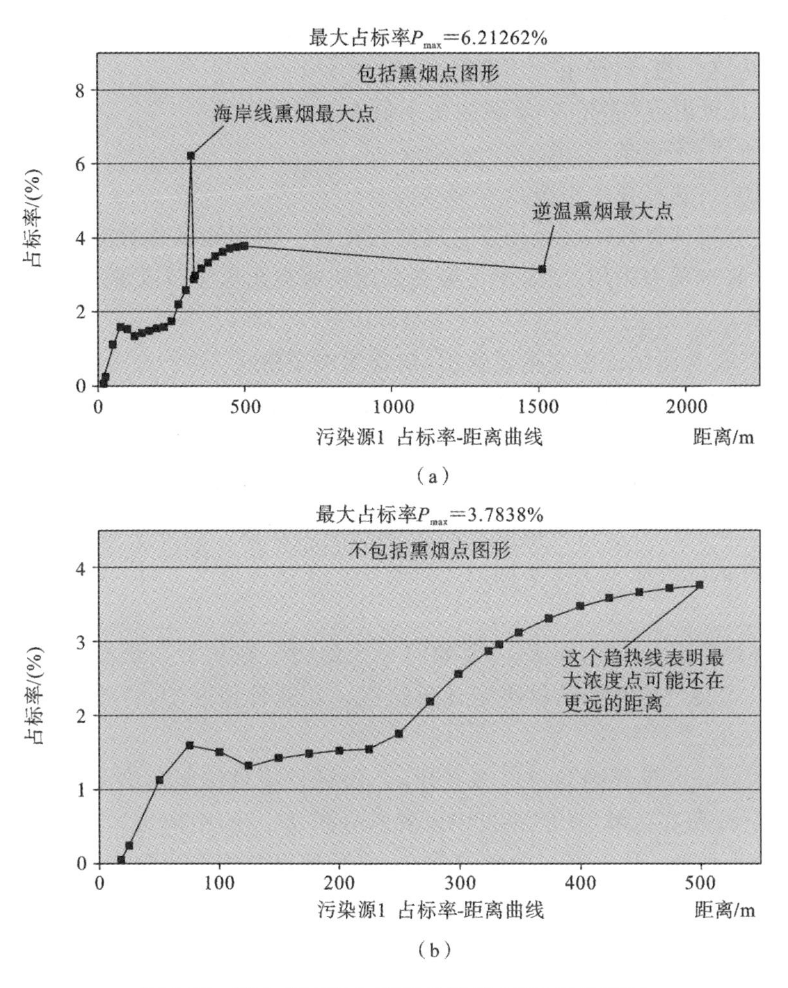

图 1-39　纳入和不纳入熏烟的浓度/占标率曲线图

AERSCREEN筛选计算与评价等级-点源+面源+体源+NO2化学反应

筛选方案名称：点源+面源+体源+NO2化学反应

筛选方案定义　筛选结果

一个源的详细数据，会列出这个源每一点最大值的发生时间和详细的气象参数

查看选项 ☑ 纳入熏烟结果

查看内容：一个源的详细数据

显示方式：1小时浓度占标率

污染源：污染源2

污染物：SO2

计算点：全部点

表格显示选项

数据格式：0.00E+00

数据单位：%

评价等级建议

☐ Pmax和D10%须为同一污染物

刷新结果(R)

序号	占标率%	离源距离(m)	相对源高(m)	诊断角度(度)	季节/月份	决定粗糙度的地表扇区	发生时间(YYMMDDHH)	显热通量(W/m2)	地表摩擦速度(m/s)	对流速度尺度(m/s)	位温梯度(K/m)	对流混合层高(m)	机械混合层高(m)	莫尼长度(m)	地表粗糙度(m)	地表波文率
1	[illegible]	263	0.00	45.0	秋季	90-0	10010112	1.93	0.040	0.100	0.020	16.	18.	-2.6	0.010	1.00
2	164.08	275	0.00	45.0	秋季	90-0	10010112	1.93	0.040	0.100	0.020	16.	18.	-2.6	0.010	1.00
3	156.42	300	0.00	45.0	秋季	90-0	10010112	1.93	0.040	0.100	0.020	16.	18.	-2.6	0.010	1.00
4	149.53	325	0.00	45.0	秋季	90-0	10010112	1.93	0.040	0.100	0.020	16.	18.	-2.6	0.010	1.00
5	143.24	350	0.00	45.0	秋季	90-0	10010112	1.93	0.040	0.100	0.020	16.	18.	-2.6	0.010	1.00
6	137.57	375	0.00	45.0	秋季	90-0	10010112	1.93	0.040	0.100	0.020	16.	18.	-2.6	0.010	1.00
7	132.37	400	0.00	45.0	秋季	90-0	10010112	1.93	0.040	0.100	0.020	16.	18.	-2.6	0.010	1.00
8	127.61	425	0.00	45.0	秋季	90-0	10010112	1.93	0.040	0.100	0.020	16.	18.	-2.6	0.010	1.00
9	123.21	450	0.00	45.0	秋季	90-0	10010112	1.93	0.040	0.100	0.020	16.	18.	-2.6	0.010	1.00
10	119.16	475	0.00	45.0	秋季	90-0	10010112	1.93	0.040	0.100	0.020	16.	18.	-2.6	0.010	1.00
11	115.45	500	0.00	45.0	秋季	90-0	10010112	1.93	0.040	0.100	0.020	16.	18.	-2.6	0.010	1.00

图 1-40　一个源计算结果的详细数据

一个源的详细数据中，污染物只可选择一个。

对每一行数据，除了浓度、离源距离、方位角、相对源高外，还列出筛选出的最大浓度出现时的气象条件。特殊情况下(如圆形面源,在不考虑地形时),计算结果没有方位角这一列,数据用"—"表示。

(4)"查看内容"选择"一个源的文字报告"。

显示方式:不可选。

污染源:可选择任一个源。

污染物:可选择任一已经计算完成的污染物。但引用其他计算结果的污染物(指的是计算选项中采用了"多个污染物采用快速类比算法")或零排放的污染物不可选择。

可选择英文原版或中文格式输出,缺省为中文格式。

此外,"查看内容"还可选择"不同距离最大值报告"和"AERSCREEN INPUT 文件",这两个文件对不同源或不同污染物都可能不同。

缺省:从所有污染物中,找出占标率最高的 P_{max} 来判断评价等级,$D_{10\%}$ 最远的决定评价范围并作为评价等级和评价范围判断的建议。占标率最高的和 $D_{10\%}$ 最远的这两种情况可能发生于不同的污染物中。在这种情况下,EIAProA 采用了从严的原则。

可选:如果选上"P_{max} 和 $D_{10\%}$ 须为同一污染物",则从 P_{max} 最高的同一污染物中,选择 $D_{10\%}$ 最远的源的结果决定评价范围。在这种情况下,评价范围可能会稍小于缺省结果。

根据"2018 大气导则"5.4.1 条要求,一级评价项目按照污染源所占区域或污染源的厂界线所在区域(在厂界线中设置),外扩 $D_{10\%}$ 的距离后,当作建议评价范围(程序向上取整,为 500 m 的整倍数)。实际评价范围应当包含这个建议值,同时可适当扩大。

1.3.4 常见问题

(1) 加快 AERSCREEN 运行速度。

选择左下角两个选项,多个污染物采用快速类比算法,多个污染源采用同一坐标原点。

前一选项不会有误差,因为对于 NO_2 这种类型的,不会用类比法。而后者会造成一定的误差(但导则允许这个误差存在),但确实能提高运算速度。

后者指的是,在多个源情况下,为节省运行时间,允许采用污染物等排放量最大的污染源的坐标作为全部污染物的计算原点(相同的起始计算距离和最大计算距离),这样只需运行一次 AERMAP。

对于体源,其起始距离不能小于 2sigma$Z$+1,所以源默认设置值可能较大,对于所有非矩形源,程序会自动将起始距离和最远距离改为参与计算的所有源中的最大值。

(2) 估算模式计算出错,用户中断。

在估算阶段,或者进一步预测时,在没有进行人为干预的情况下,如果出现如图 1-41 所示的错误提示,则可能是软件安装在系统盘下。

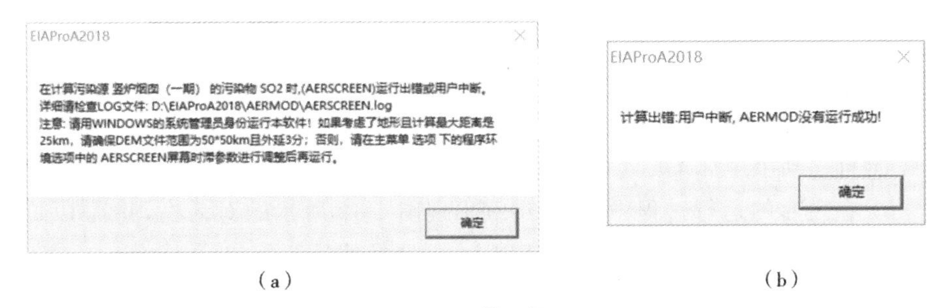

(a)　　(b)

图 1-41　错误提示

卸载 EIAProA2018,重新安装,并修改默认安装路径,以确保软件安装在非系统盘下,并以管理员身份运行。

注意:进一步预测时,出现用户中断,还有一种原因是考虑 NO_2 的化学反应时,所采用算法的问题,将 PVMRM 算法改为 OLM 算法即可。

(3) 估算过程中断,提示查看 LOG 文件或要求以管理员身份运行。

在 AERSCREEN 筛选计算过程中,出现图 1-42 所示的错误提示时,请按照对话框里的提示查看 LOG 文件,并在该文件中查看相关错误或警告,然后根据警告内容进行修正,或者查看是否以管理员身份运行。

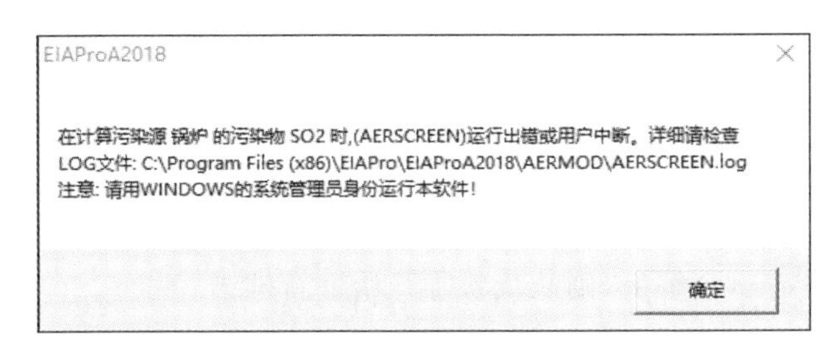

图 1-42　错误提示

检查模型中加载的地形高程的数据来源,应为“外部文件”,不应为“自行输入”。需要注意的是,凡是通过 DEM 文件获取地形高程数据的,数据来源均应为“外部文件”。

① 根据提示信息中 LOG 文件的位置,找到该文件,并在文件中搜索“FATAL ERROR MESSAGES”关键字,查看该关键字下方内容。如果 LOG 文件中有类似图 1-43 中所示的错误提示,通常是因为所提供地形文件的范围不够大造成的,需要扩大地形文件范围后重新计算。

这里需要注意的是,要确保全球定位点和参与计算的全部污染源都在厂界范

```
******* FATAL ERROR MESSAGES ********
OU E310    27 CHKEXT:Domain Coordinate is NOT Inside a DEM File. Pt.=    3
OU E310    27 CHKEXT:Domain Coordinate is NOT Inside a DEM File. Pt.=    4
```

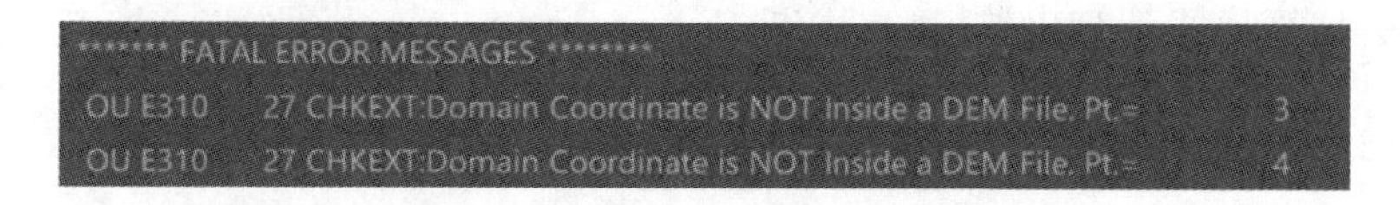

图 1-43　LOG 文件中错误提示

围内。地形数据的中心点为全球定位点。

地形文件范围扩大的操作步骤图如图 1-44 所示，操作步骤如下。

(a) 自己动手生成 DEM 文件，点击“设为 50＊50 km 范围”。

(b) 在之后的运行过程中，如果继续出现图 1-42 所示的对话框，并且 LOG 文件仍是同样的报错提示，则在(a)的基础上，可选择外延 2 分，3 分，4 分，…，直到不再出现图 1-42 所示的错误提示为止。

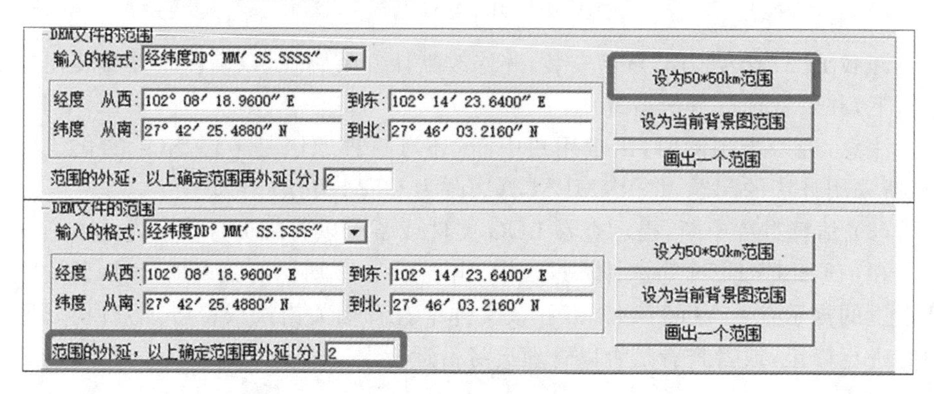

图 1-44　操作步骤图

② 如果 LOG 文件中有类似图 1-45 所示的错误提示，通常的解决方法是从技术支持群里下载 conus. los 和 conus. las 两个文件，并把它们放到软件所在安装目录的 AERMOD 文件夹中。

如果问题没有得到解决，则从步骤①开始重新排错。

```
Running AERMAP for source
   *** AERMAP Finishes UN-successfully ** for stage 0
  ******** FATAL ERROR MESSAGES ********
 OU E365    27  MAIN:NAD Conversion Grid Files (*Jas; *.los) Not Found    NADGRIDS
```

图 1-45　错误提示

③ 如果在不考虑地形的情况下出现上述中断情况，通常的解决方法包括以下两种。

(a) 检查电脑操作系统和软件安装包是否匹配，即是否同为 32 位或 64 位。

(b) 点击软件工具栏中“选项”下拉列表里的“程序环境选项”，调整“AERSCREEN 窗口时滞”值，该值的允许范围为－500～2500，需要注意的是，应根据电脑配置进行数值的调整，配置较低可尽量设置较大的正值，配置较高可以考虑设置负值，默认值为 0。设置窗口如图 1-46 所示。

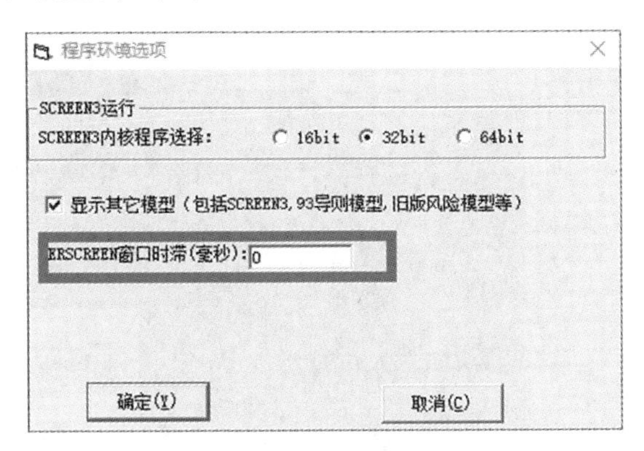

图 1-46　设置窗口

④ 如果 LOG 文件中有如图 1-47 所示的错误提示，则通常的解决办法是找到软件安装所在的目录，点击鼠标右键，弹出对话框后，选择“安全”，对 everyone 给予写入权限，没有 everyone，就对 users 给予写入权限。

```
******** FATAL ERROR MESSAGES ********
ME E500   361   MEOPEN: Fatal Error Occurs Opening the Data File of   SURFFILE
ME E500   361   MEOPEN: Fatal Error Occurs Opening the Data File of   PROFFILE
```

图 1-47　错误提示

(4) 运行 AERSCREEN 时，无理由中断。

中断原因是 AERSCREEN 在 ONE DRIVE 中运行的缘故，因为运行时会生成大量中间文件，这些文件是不能被干扰的(如打开、移动等)，如果这些文件被 ONE DRIVE 打开，就会出错。

(5) 路径/文件访问错误。

在进行筛选计算时出现如图 1-48 所示的错误提示，通常原因是项目文件或地形文件所在的目录过长，目录一般不宜超过 128 个字符。

解决方法：检查项目文件或地形文件所在的目录是否超过 128 个字符，如果超过，需要更换文件所在位置，必要时还需对文件进行重命名。

(6) AERSCREEN 的计算结果比 AERMOD(和环境防护距离程序)的计算结果小。

采用 AERSCREEN 后，在相同条件下，AERMOD 的计算结果一定比筛选的结果要小。在实际使用时，如果出现 AERMOD 的计算结果反而比 AERSCREEN 的计算结果更大的情况，那么原因是多方面的，可以检查以下两个方面。

一是多个源叠加因素。AERMOD 对多个源进行叠加，而 AERSCREEN 筛选

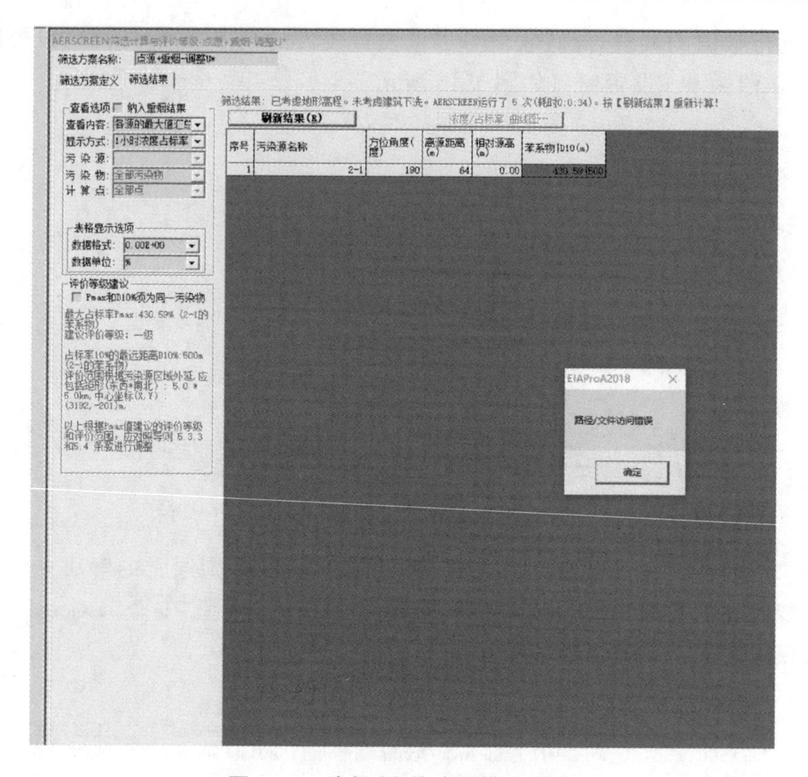

图 1-48　路径/文件访问错误提示

是不叠加的，仅单独计算单个污染源的影响。

二是地形因素。AERMOD 可能考虑了地形的影响，而 AERSCREEN 没有考虑地形的影响，或者都考虑了，但 AERSCREEN 筛选的最大探测距离不够大，导致估算结果偏小。

(7) AERSCREEN 计算出的结果出现双峰甚至多个峰值。

这个情况是正常的。AERSCREEN 计算的结果是下风向各点可能出现的最大值，而各点最大值对应的气象条件、方位角、地形高程都可能是不同的。

许多人认为下风向轴线浓度应该只有一个峰，但 AERSCREEN 在估算过程汇总中不是使用一个固定气象条件，而是不同的距离都用了一系列不同的气象条件，并且不同的点都使用不同的气象条件估算一次，并取最大值，所以不同点的计算结果对应的气象条件是不同的。

因此，出现多个浓度波峰、波谷的情况，或者相邻点浓度剧烈波动的情况，这些都是正常的。此外，AERSCREEN 考虑地形后，计算情景更复杂，多个峰值是很常见的。

(8) 在估算阶段或进一步预测阶段运行时，出现 DEM 文件范围过小的问题。

在进行估算或预测点方案运行时，如果出现如图 1-49 所示的错误提示，则应检查敏感点及手动设置的计算点是否落在所提供的 DEM 文件范围内。

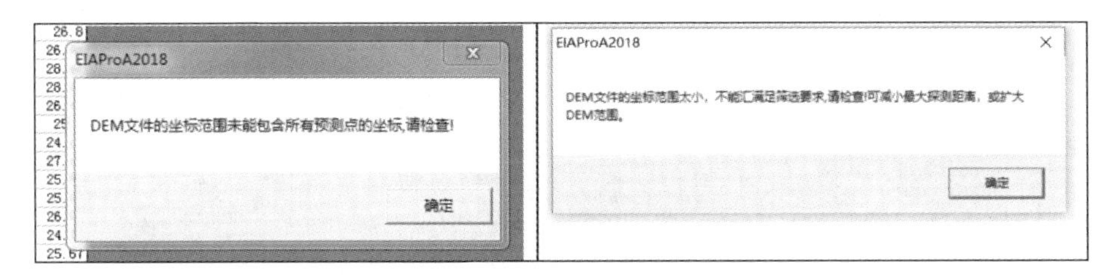

图 1-49　错误提示

解决方法如下。

① 检查敏感点设置。

在基础数据-敏感点模块，查看敏感点设置的坐标信息，确定是否在 DEM 文件范围内，如图 1-50 所示。

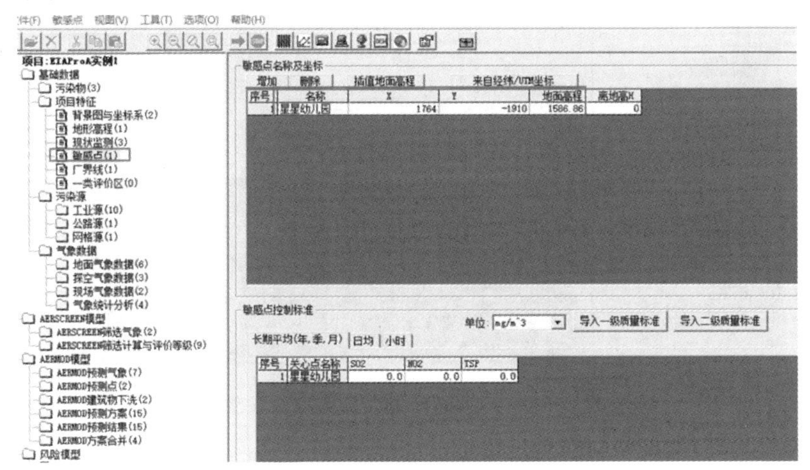

图 1-50　敏感点设置模块位置

② 检查手动设置的计算点设置。

对于 AERSCREEN 模型-AERSCREEN 筛选计算与评价等级模块，查看手动设置的计算点并设置最大计算范围，确定计算范围是否在 DEM 文件范围内，手动设置的计算点位置设置如图 1-51 所示。

注意，在检查 DEM 文件范围是否足够大时，不要通过查看图 1-52 中所示的位置关系来进行检查，因为这里显示的只是背景图与地形文件的包含关系，并不是预测点和 DEM 文件的位置关系，通常背景图是不能保证覆盖所有预测点的。

(9) 用户设定未进行探测计算。

在 AERSCREEN 筛选计算过程中，最大计算距离设置为 25 km，但在刷新结果时，出现如图 1-53 所示的错误提示。原因可能是考虑了熏烟，且勾选了“考虑熏

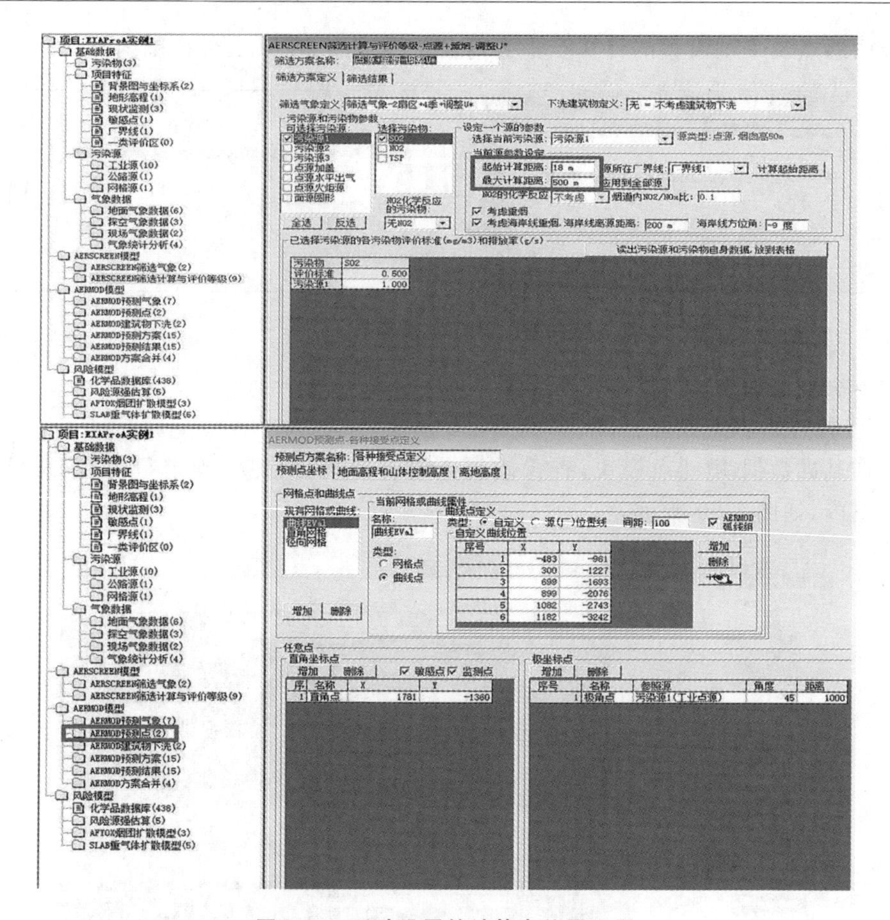

图 1-51　手动设置的计算点位置设置

烟的源跳过非熏烟计算”。

在筛选方案中，取消勾选“考虑熏烟的源跳过非熏烟计算”的选项，即可解决。

(10) 矩形面源及多边形面源在估算评价等级时无法考虑地形。

在进行评价等级筛选计算时，矩形面源和多边形面源无法考虑地形，即使在模型中选择了地形，计算的时候依然不考虑地形的影响，这是由估算模型内核 AERSCREEN 的计算原理导致的，无法调整。

如果必须考虑地形的影响，可以把上述两个面源等效为圆形面源。

(11) 在估算结果显示页面中，左侧结论部分与结果列表中的最远 $D_{10\%}$ 距离有所不同，如图 1-54 所示。

原因是，表格数据是所有计算点中 $D_{10\%} \geqslant 10\%$ 的最远点的距离，这些点都是固定数值(除非自定义输入)，均为 25 的整数倍，但结论里的距离，会根据结果进行适当外插计算，如果 375 m 处 $D_{10\%} > 10\%$，400 m 处 $D_{10\%} < 10\%$，那么结论部分实际的取值采用插值计算，得到 379，比 375 略大。

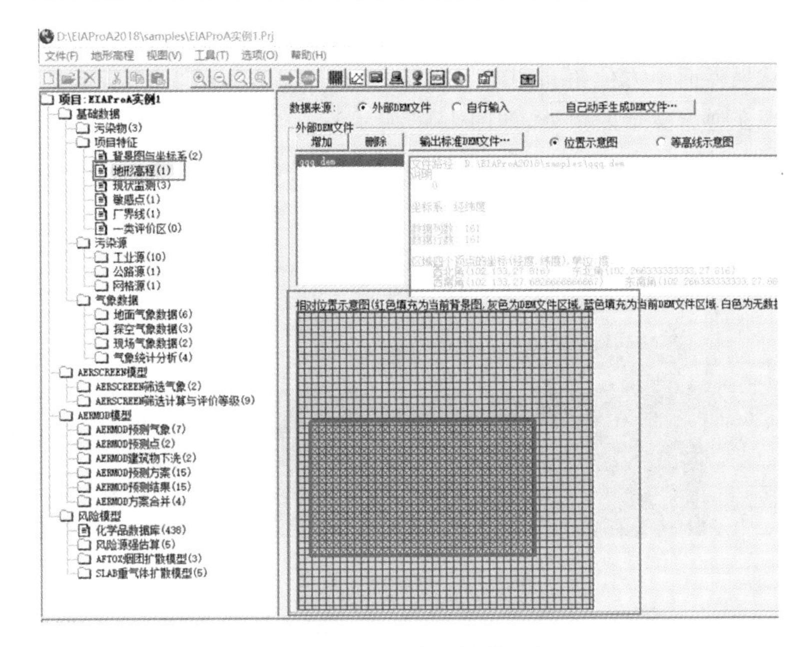

图 1-52　地形高程模块位置

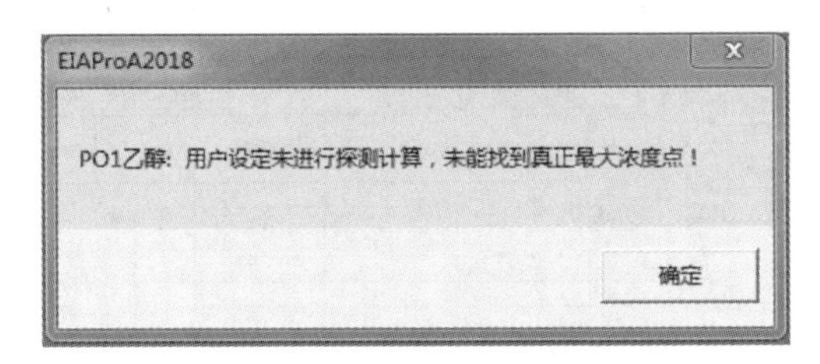

图 1-53　用户设定未进行探测计算错误提示

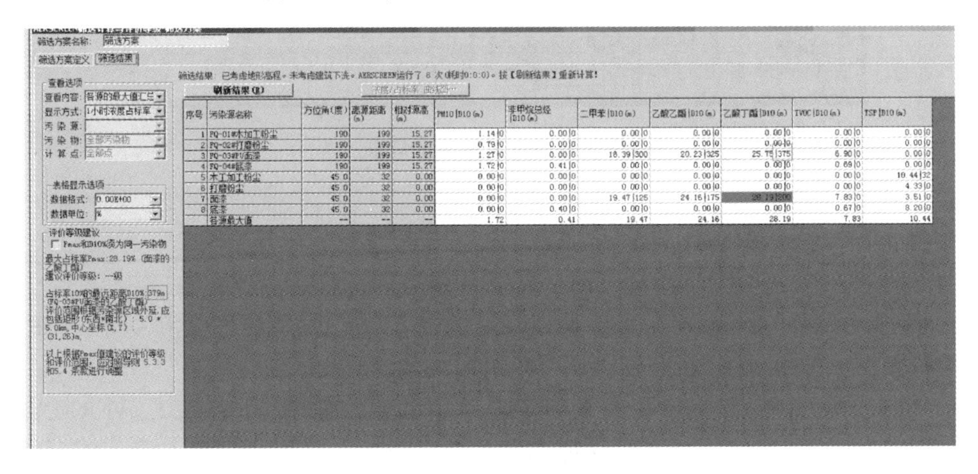

图 1-54　估算结果

(12) 估算结果界面中方位角和相对源高显示为－8888。

估算结果界面中方位角和相对源高显示为－8888，如图 1-55 所示。这是因为最大值出现在逆温熏烟发生处，如图 1-56 所示。

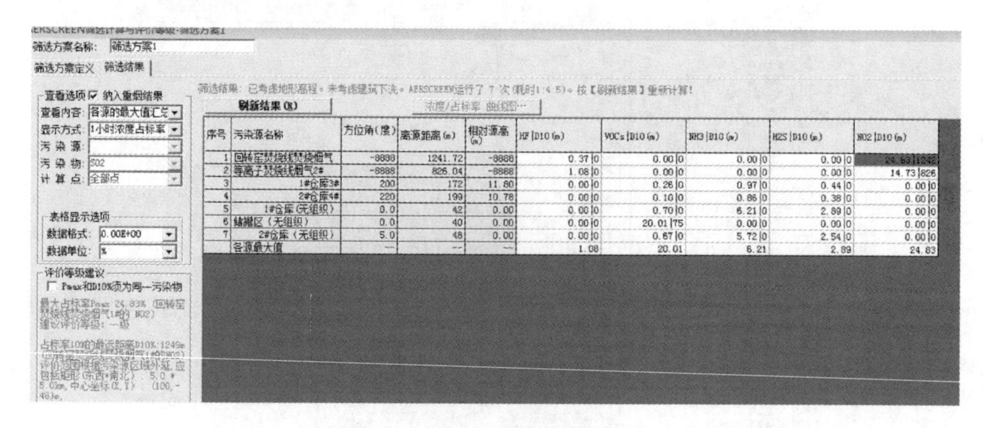

图 1-55　估算结果界面

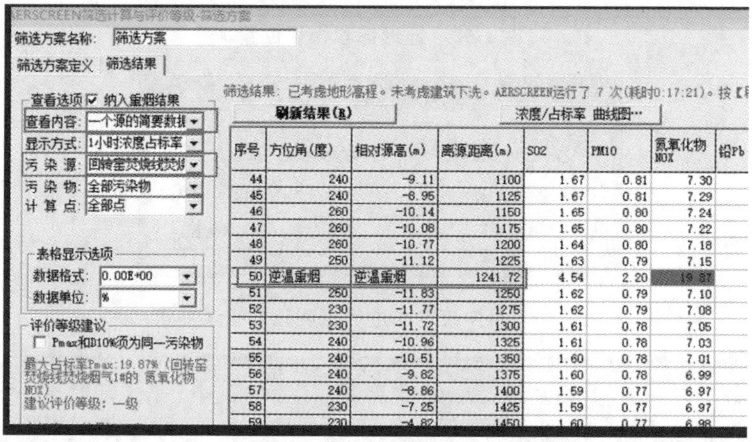

图 1-56　估算结果窗口页

1.4　AERMOD 模型

一个 AERMOD 预测方案需要引用一个 AERMOD 预测气象和一个 AERMOD 预测点方案，此外在需要时还可以引用一个建筑物下洗方案。

由于预测气象、预测点和建筑物下洗采用单独的程序 AERMET、AERMAP 和 BPIP 预处理，本软件对这些处理采用单独模块运行。用户可以将可能需要用到的预测气象方案、预测点方案和建筑物下洗方案全部设置出来，并进行相应的预处理，以供 AERMOD 模型选择使用。

预测气象需要采用基础数据中的地面气象数据以及相应的探空或现场气象数据，结合地面特征参数，运行 AERMET，生成能够被 AERMOD 接受的 SFC 和 PFL 文件格式。因此，AERMOD 预测方案引用的应该是运行过 AERMET 的气象预测方案。

预测点方案定义需要计算预测点的坐标位置。如果需要考虑地面高程，则需运行 AERMAP 以生成各点的地面高程和山体控制高度（也可输入各点的离地高度）；如果不考虑地面高程变化，可以不运行 AERMAP，则这时各点地面高程和控制高度缺省均为 0。地面高程和控制高度也可由用户自行输入。

1.4.1　AERMOD 预测气象

预测气象窗口包括地面特征参数、预测气象生成和预测气象查看三个属性页（见图 1-57）。

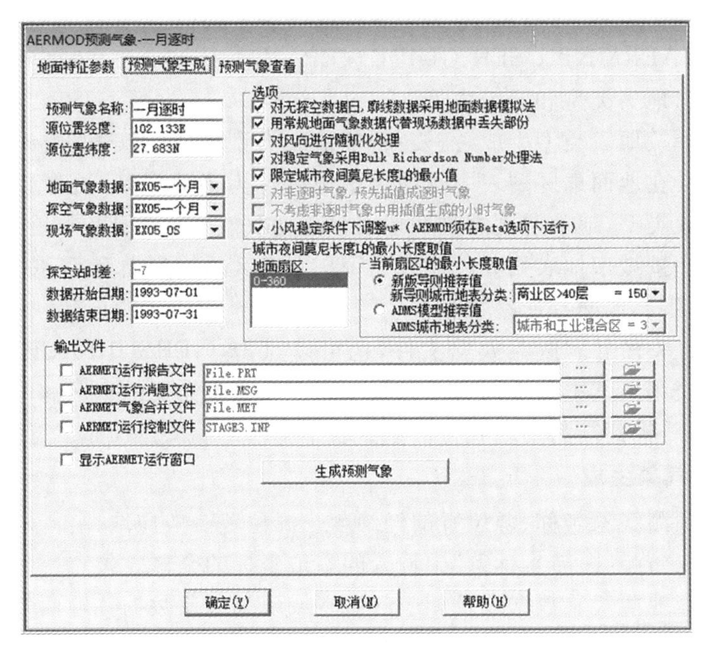

图 1-57　AERMOD 预测气象定义

在地面特征参数中设置地面反照率、波文率和粗糙度等参数；然后在预测气象生成中，选择地面气象数据以及相应的探空或现场气象数据，设置运行选项，运行 AERMET 以生成预测气象；在预测气象查看中用表格查看生成的 SFC 和 PFL 文件的数据。

1. 地面特征参数

可按不同的风向角将项目周边 3 km 范围的区域分成一系列扇形区域，对每一区域按月或按季输入不同的反照率、波文率和粗糙度。

地面分扇区数：可选 1～12 区，各区的起/止角度用风向角定义。按 AERMET 定义，这里的角度指风吹来的方向角。例如，0°～90°地表粗糙长度为 0.1，指东北方区域，n=0.1 m。

扇区分界度数：如果分扇区数为 1，则不分扇区（起/止角度为 0°、360°）；否则要输入各扇区的起/止角度。例如，分扇区数为 2 时，要求输入两个数，划分这两个扇区，如 90°、270°，当鼠标离开时，将在右边的地面扇区列表中列出 90°～270°和 270°～90°两个扇区，分别代表评价区域的南面和北面。

地面时间的周期：可选择按月、按季或按年。

地面特征参数表的输入：完成以上参数的输入后，对窗口下部的地面特征参数表，可以选择手工输入，或者按地表类型生成。

如果选择手工输入，可按“有关地表参数的参考资料…”按钮以查阅相关资料，这里提供了《AERMET USER GUIDE》（EPA-454/B-03-002，2004/11）的推荐值（注意按季节、地表类型和湿度取值）。

如果选择按地表类型生成，需要在“按地表类型生成”输入框内设置每个扇区的地表类型。在地面扇区列表中选择一个扇区作为当前扇区，再设置这个当前扇区的通用地表类型、地表湿度类型和地表粗糙度取值方法。评价区在城市区域的，粗糙度取值应按城市地表划分。设置完每一个扇区的地表类型后，按“生成特征参数表”按钮以生成地面特征参数表。

另外，如果有土地覆盖数据文件，也可以点击“AERSURFACE 生成特征参数…”按钮，使用工具中的地面特征参数生成器以生成需要的扇区和时间周期下的数据表格，然后将其复制到地表特征参数表中。

2. 预测气象生成

输入本预测气象名称、源位置的经纬度。源位置一般应取评价区的中心位置，这里缺省值取“背景图与坐标系”中输入的本地坐标的全球定位点。

选择一套地面气象数据以及相应的探空或现场气象数据。地面气象数据是必须的，如果选择了探空或现场气象数据（简称 OS 数据），则时间上必须与地面气象数据相对应。如果有 OS 数据，则地面气象数据也可以忽略。

各气象站理论上不能离项目位置太远。软件要求源位置、地面站、高空站、现场站离项目的全球定位点距离分别不能超过 50 km、200 km、500 km、50 km。

允许不完整的地面气象数据文件参与生成 AERMOD 预测气象，但要求至少一个小时以上。在气象数据文件（包括地面气象数据、探空或现场气象数据）中，凡 24 时读入软件均作为次日的 0 时保存，但 AERMET 生成后的 SFC 文件中，仍以当日的24时表示。AERMET的运行结果总是1～24(对应原数据中1～23时和0时)。注意,原地面气象数据中的0时,在生成的预测气象结果(SFC文件)中相当于前一天的24时。如果地面气象数据开始于0时,在SFC中将无数据与此对应(即该小时丢失)。因此,如果只有一个小时的气象且时间为0时,则无法生成预测气象,因为这个小时在AERMET中作为前一天的24时了。

若选择了探空数据,程序根据污染源所在地(项目所在地)的经度自动计算时差,并根据AERMET处理东半球气象数据的特点,设置成能使AERMET采用当地时间为6～9时的高空实测数据来计算白天混合层高度的方式。

对于数据开始日期和结束日期,可以选择气象数据中的一部分来生成预测气象,因此需要指定起止日期。缺省日期应与选定的气象数据日期保持一致。

AERMET计算选项如下。

(1) 对于无探空数据日,廓线数据采用地面数据模拟法。目前所有基于AERMOD模型的软件以及ADMS软件,均内置了处理未有探空数据日的廓线模拟方法,即基于地面气象数据模拟插值出垂直廓线数据,进而求出白天的对流混合层等重要参数,本软件采用AERMET估算法来模拟。

(2) 对风向进行随机化处理。一般情况下,运行AERMET后生成的SFC文件中,风向已取为10°的整数倍,为避免这种情况,可选择将其随机化,从而更符合实际。随机化算法详见AERMET说明书。程序默认勾选这个选项。

(3) 对稳定气象采用Bulk Richardson Number处理法。此处理法需要现场OS气象数据,且测量温差系列数据,计算时使用OS中的delta-T测量值,而不是云盖度,来考虑稳定小风条件(一般为夜间)下地表摩擦速度u_*值。具体算法详见AERMET说明书。

(4) 限定城市夜间莫奥长度L的最小值。莫奥长度用来度量大气的稳定程度。在白天,由于地表受热使得大气不稳定,这时它是负值;而在夜间,地表冷却(使得大气处于稳定状态),这时它是正值。如果它的绝对值接近于零,表明气象非常不稳定(负值时)或非常稳定(正值时)。在城市区域,地表障碍物(如建筑物)产生的机械扰动会使得边界层趋向中性。因此,在城市区域的稳定时间段(夜间)估算的莫奥长度值可能比实际情况要偏小,即偏稳定。考虑到这个因素,可在稳定时间段设置一个最小的莫奥长度值。若地表类型分扇区,则要求对每一扇区设定。

(5) 小风稳定条件下调整u_*。这不是规定选项,若使用,则AERMOD运行时需要在预测方案的常用模型选项中设置"使用AERMOD的BETA选项"。另外,如果选择了这一选项(同时采用了现场OS数据),且有OS温差数据,则会在内部自动加上以上第(4)条的BULKRN选项。

输出文件:除了生成SFC和PFL这两个文件外(保存在项目内部),还可选择输出AERMET运行报告文件、AERMET运行消息文件、AERMET气象合并文件和 AERMET 运行控制文件，以供高级用户查看或调试。这些文件按给定的文件名生成（如果文件中不含路径，将保存在当前项目同一目录下）。

显示 AERMET 运行窗口：选择此项将在运行 AERMET. EXE 时弹出一个 DOS 显示窗口。但是如果在运行过程中关闭这个 DOS 窗口，则 AERMET 被中断，得不到计算结果。

另外，在运行 AERMET 时，对丢失的云量和气温数据，会采用输入小时的前后 1～2 小时数据的线性内插值来替代。程序内部自动采用这一方法，并在输出的 SFC 文件的标题行有相应标志，在发生了替代的那个小时的最后一列有相应标志。SFC 文件的列数增加到 27 列，但第 26 列和第 27 列是一些标识，不在表格中显示。如果有 OS 数据且来源于 MMIF 模拟生成，则输出的 SFC 文件头记录有"MMIF-OS"标识。

按下"生成预测气象"按钮，开始运行。如果不能运行或运行不成功，则提示出错原因。如果运行成功，则显示预测气象查看页的表格。

如果夏天连续的几天中都出现中午的对流边界层没有参数的情况，且未选择以上选项(1)，则会建议提供早 1 个小时的晨间高空气象（如原高空气象为 8 时的，宜改为提供 7 时的），更好的做法是高空气象数据中应有 6 时、7 时、8 时、20 时这 4 个小时高空气象数据。若选择了以上选项(1)来模拟廓线数据，则这个提示不会出现，但这样未能反映真实的高空气象数据。默认选项(1)不选上，除非是不能获得更好的原始数据，才建议用这个选项。

3. 预测气象查看

在这里可以选择查看地面气象参数（SFC 文件）或廓线气象参数（PFL 文件）。可以选择表格显示列的内容（但对 ASOS 等标志列，不在表格中列出）。由于一个表格中通常只能显示 30 万个数据，如果小时数很多，可能只能选择少数列内容查看。

这里表格中的数据也可以输出到 SFC 和 PFL 的外部文件中，或者从相应的外部文件读入。

表格中空白单元格均表示该数据丢失，而非 0 值。如果数据超出该列的有效范围，则程序给出提示，用户可以查看该数据是否要修正。也可以进入"丢失符设置…"窗口重新设置数据的有效范围，或设置丢失符。

静风气象处理：由于 AERMOD 无法对静风气象（风速为 0，风向为 0°）进行计算（表现为浓度都为 0），因此这里允许对生成的 SFC 和 PFL 文件中的静风气象进行处理，风速可取测风仪器下限值，风向则按一定的规律取值。点击"静风处理…"按钮即可。

具体取值按以下规则。

(1) 同时改变 SFC 和 PFL 文件中的静风气象。

(2) 修改静风的风速和风向(但对丢失的风速和风向不进行任何改动)。

(3) 风向取值原则如下。

① 如果前后两个相邻气象都不是静风,则采用这两个气象来线性插值。

② 如果前后两个相邻气象中只有一个气象不是静风,则采用该气象值。

③ 如果连续三个为静风,则第一、第三个气象分别取相邻气象风向后,再内插第二个气象。

④ 如果连续三个以上为静风,则采用以上方法逐级处理。

⑤ 如果找不到非静风(全部为静风),则风向取为无法确定风向。

⑥ 如果相邻的一侧有丢失的风向,则该侧数据不作为参考。如果两侧都丢失,则认为找不到参照,取为无法确定风向。

⑦ 对于 PFL 文件,此功能只用于没有现场气象数据或现场气象数据只有单层情况下生成的 PFL 文件。

之所以采用在"AERMOD 预测气象"中对生成的 SFC 和 PFL 静风数据进行修改,而不是修改基础数据中的"地面气象数据",是为了保持基础数据的相对稳定性。

1.4.2　AERMOD 预测点

预测点窗口包括预测点坐标、地面高程和山体控制高度、离地高度三个属性页(见图 1-58)。

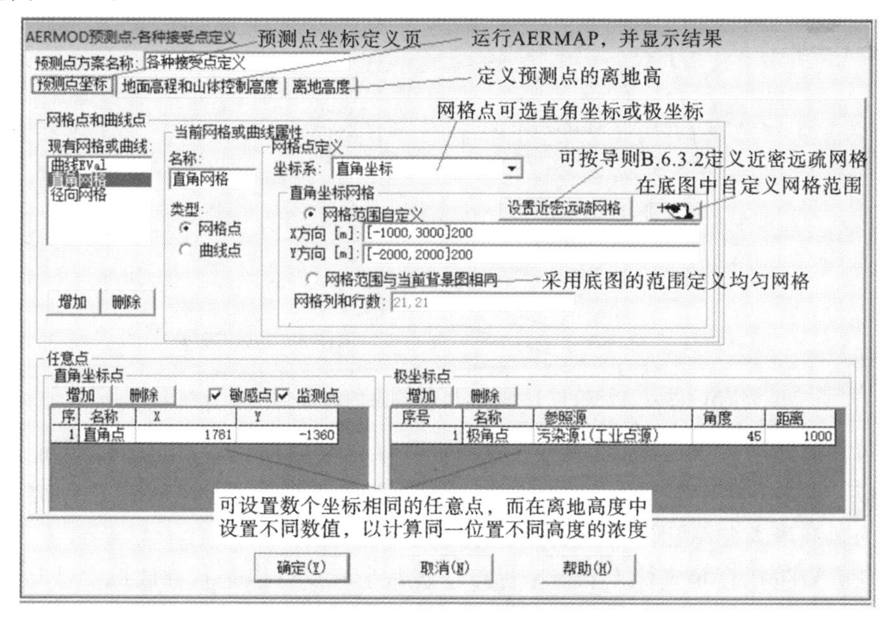

图 1-58　AERMOD 预测点窗口

在预测点坐标页中定义预测点的平面坐标，然后在地面高程和山体控制高度页中运行 AERMAP，用预测点的平面坐标生成预测点的地面高程和控制高度（也可以直接输入），若需要，则可在离地高度页中输入各预测点的离地高度。

1. 预测点坐标

一个预测点定义方案可包括多个网格、多条曲线、直角坐标任意点和极坐标任意点。

在“网格点和曲线点”框内定义网格和曲线，按“增加”或“删除”按钮进行增删。类型可选网格点或曲线点。

对于网格点，坐标可选直角坐标或极坐标。坐标为直角坐标时，可以选择网格范围自定义方法（自定义 X 和 Y 方向的坐标值，可直接输入也可从背景图上画出），也可以选择网格范围与当前背景图相同，只定义预测点的行/列数；若采用极坐标定义网格，极坐标的原点可采用直接输入（包括在背景图上点取），也可以选择为某个源的中心，然后再定义径向距离和角度值。关于自定义坐标输入格式，请参见 1.1.4 节中的“计算点的坐标”。

对曲线点，可选择自定义曲线或源（厂）位置线。自定义曲线可以在表格中输入其坐标，也可从背景图上描出。源（厂）位置线可选择某个源的轮廓线（点源为中心点）或厂界线，并且可给定偏离该廓线的距离，向内移为负值，向外移为正值，0 为不偏移，即正好在该廓线或厂界线上（此种定义的概念详见图 1-59）。

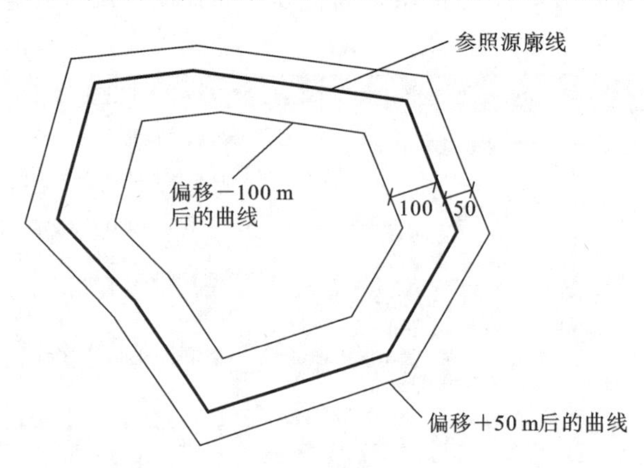

图 1-59 以源（厂）位置线为参照源的曲线定义示意图

可在间距中输入一个值，表示在这条曲线上定义的预测点，相互间距不能超过这个值。此外，如果选择“AERMOD 弧线组”，这条曲线可在 AERMOD 预测方案中作为弧线最大归一化浓度接受点。

任意点包括直角坐标点和极坐标点。直角坐标点可以是基础数据中已定义的项目敏感点和监测点，也可以在表格中输入其他直角坐标点（可直接输入或在背景图上点取其坐标)。极坐标点要选择一个参照源,采用该源的中心为极坐标原点,再输入角度和径向距离。

当采用极坐标时,角度 360°是指项目坐标的正 Y 方向,角度 90°是指项目坐标的正 X 方向。如果项目坐标与地理 N-E 坐标不重合,则这个角度与风向角有所不同。风向角总是以正 N 方向(风吹来的方向)为 360°,正 E 方向(风吹来的方向)为 90°。

与 AERMOD 的语法有所不同,本程序对角度和径向距离均可采用"起点 个数 间距"或"起点/个数/间距"的方法来定义,这与直角 X 和 Y 坐标的语法一样。同样也可采用"[起点,终点]间距"的方法,或"第 1 个,第 2 个,…,第 n 个"的方法(间距可能不均匀)。

对于直角坐标网格定义,如果是疏密不一网格,有专门定义格式"[P_1,P_2,…,P_n]S_1,S_2,…,S_{n-1}",表示用 N 个数据分 $N-1$ 段,每段内的间隔分别为 S_1,S_2,S_{n-1}。例如,"[-5000,-1000,0,1000,5000]1000,100,100,1000"就表示-5000,-4000,-3000,-2000,-1000,-900,-800,-700,-600,-500,-400,-300,-200,-100,0,100,200,300,400,500,600,700,800,900,1000,2000,3000,4000,5000。

设置近密远疏网格按钮,用于自动按"2018 大气导则"附录 B.6.3.3 条的要求设置近密远疏网格。此时,网格的中心取当前背景图的中心点,离这个中心点 5 km 内的网格间距取 100 m,5～15 km 的取 250 m,超过 15 km 的取 500 m。

要求所有预测点的实际坐标都在 DEM 文件定义的范围之内(并且离 DEM 的边界一般有三个网格的距离),否则 AERMAP 不能运行。如果项目地形数据是用户自己输入的(包括离散点或网格点),则这个问题不会出现,因为程序自动用用户输入的地形数据生成一个临时的 DEM 文件,并确保这个文件的区域大小能完全容纳所有预测点。但如果项目地形数据是来自外部 DEM 文件,则要特别注意这个问题。最好采用在背景图上点击或描坐标的方式确定预测点坐标,因为这时全部 DEM 文件所在区域都会用蓝色的斜线条覆盖,只要预测点位于这些区域内部,就没有问题。可以在"项目特征"的"地形高程"窗口内,查看全部项目 DEM 文件区域与当前背景图区域的相对位置示意图。

对于采用相对参照物法定义的预测点(如厂界线或污染源轮廓,以污染源中心为极坐标原点,以当前背景图为网格范围等),如果预测点生成后,参照物的坐标又有所变动,则需要重新生成这些预测点的真实坐标以及地形高程数据,以确保预测点信息能真实反映这个变动。由于 AERMAP 运行过程耗时较长,参照物坐标变动后不会自动重新运行 AERMAP 来更新预测点信息,要特别注意这一点。

2. 地面高程和山体控制高度

在地面高程和山体控制高度页面中,点击"运行 AERMAP",即调用 AER-

MAP 生成预测点的地面高程和山体控制高度。可以选择是否显示 AERMAP 运行窗口，选择此项将在运行 AERMAP 时弹出一个 DOS 显示窗口。如果在运行过程中关闭这个 DOS 窗口，则 AERMAP 被中断，得不到计算结果。

在运行 AERMAP 时，选择缺省"采用 DEM 文件全部范围"选项，表示采用整个 DEM 文件范围内全部数据来计算预测点山体控制高度，否则采用预测点本身再外延三个网格后的范围来计算预测点山体控制高度。有无选择这一选项，预测点地面高程都不会改变，但选择后山体控制高度有可能增加，因为用了更大范围的数据来计算其值。

点击"查看上次运行文件"可以查看前一次运行 AERMAP 的结果文件，如运行控制文件、报告文件、结果文件、错误消息文件等。

点击"清除已有数据"，将删除所有预测点的地面高程和山体控制高度数据。

在"已输入数据"框内查看全部预测点的数据，预测点用下拉列表分组显示，分任意点 *XY* 坐标、任意点极坐标、曲线、直角网格、径向网格等组，并给出各组的点数。用表格显示各组的地面高程和山体控制高度。

可以对表格中的地面高程和山体控制高度数据进行编辑，程序将保存任何改动。如果地面高程和离地高度表格单元为空，则表示该单元数据未知，而不是 0，计算时将采用缺省值。对同一点，如果已有地面高程数据，而无山体控制高度，则山体控制高度采用地面高程数据。

按"更新网格或曲线坐标"按钮，可以更新所有用参照物(厂界，背景图)方式定义的坐标值，因为定义坐标后，可能改动参照物坐标，这个命令一般用于由用户自行输入地面高程和山体控制高度的情况(而不是运行 AERMAP 得到数据)。如果运行 AERMAP，则自动按最新的参照物生成坐标，然后再得到其地面高程和山体控制高度。

由于运行 AERMAP 的过程较慢，因此建议预先设计不同的预测点定义方案，对每个方案事先运行 AERMAP 以生成地面高程和山体控制高度，这样后面的 AERMOD 预测方案可直接调用任何一个预测点定义方案。在平地情况下，对预测点方案也可以只是定义预测点的平面坐标，不运行 AERMAP 而直接在 AERMOD 中使用。

3. 离地高度

通常情况下，总是计算地面上的点的浓度。如果要计算不在地面上的点的浓度，则可以在这里输入预测点的离地高度。应该在"预测点坐标"中定义完所有的预测点，并运行 AERMAP，再输入其离地高度。

表格中空白单元格将采用离地高度缺省值中输入的数据。如果所有点都采用同样的离地高度，则建议只输入离地高度缺省值，而不在表格的每一个单元格中输入，这样保存时能节省不少硬件空间。

如果要计算同一位置不同高度的浓度，则可以在任意点表格中输入这一位置的多个点（坐标都相同），运行完 AERMAP 后，在离地高度页中，输入不同的离地高度数据，然后按“确定”按钮退出。需要注意的是，在表格中输入了离地高度数据后，应立即按“确定”按钮保存退出。

1.4.3　AERMOD 建筑物下洗

如果要考虑某些建筑物对一些点源的建筑物下洗现象，则可定义 AERMOD 建筑下洗方案，采用 BPIPPrime 计算出这些点源的建筑物下洗参数，同时定义多个方案。

AERMOD 预测方案中，一个方案可选一个建筑物下洗方案。如果 AERMOD 预测方案中选中的为点源，在这个选中的建筑物下洗方案中已得到建筑物参数，则装入 AERMOD 的 input 文件，由 AERMOD 进行下洗计算。

输入窗口包含“建筑物与点源”和“点源的下洗参数”两个界面（见图 1-60）。

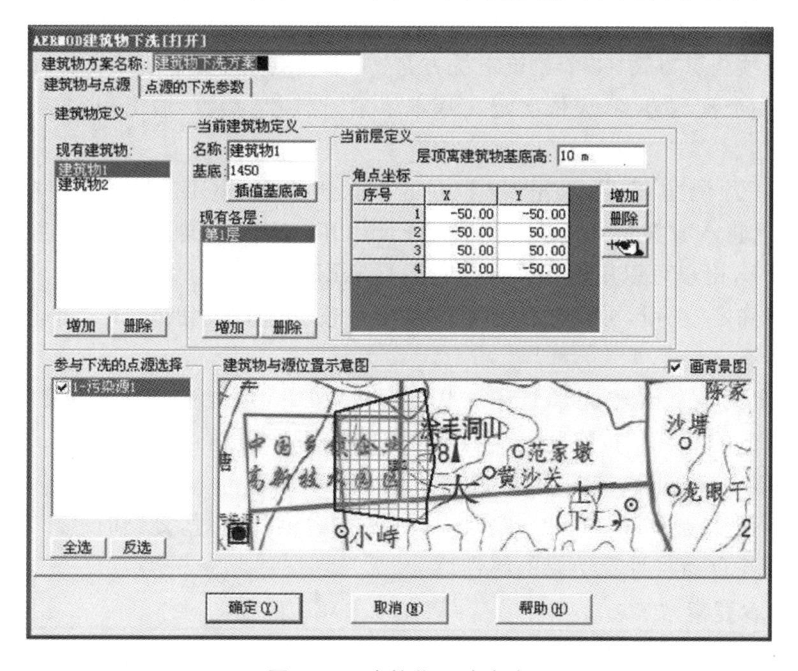

图 1-60　建筑物下洗方案

建筑物与点源：在这里定义可能参与下洗的建筑物和点源。可输入多个建筑物，每个建筑物可输入多层，可在表格中输入各层的各顶点的坐标，或在背景图上描出。对于每个建筑物，要输入其基底的高程。对于建筑物的每层，要输入层顶离该建筑物基底的相对高度。通常从离地近的层开始定义，也就是说层顶离该建筑物基底的相对高度随着层号的增加而增加。图 1-60 右下方有建筑物与源位置示意图,可选择是否显示背景图。在示意图中可以看到源与建筑物的位置示意,其中,当前建筑物的当前层会用红色字体标出顶点序号。

点源的下洗参数:可按"运行 P-BPIP"按钮以生成下洗参数。在表格中选择查看下洗建筑物参数(要选择哪一个点源),或全部点源的 GEP 烟囱高度,在后者的表格中可以看到哪个建筑物的哪一层影响哪一个源。表格中数据不允许编辑。

注意,用于 AERMOD 的参数,要求运行模式选择为"P(AERMOD)"。P 输出为 PRIME algorithm 算法的模型使用,包括 36 方位的 BUILDHGT、BUILDWID、BUILDLEN、XBADJ 和 YBADJ。np 只输出前两个参数。ST 和 LT 用于 ISCST3 或 ISCLT3,前者 36 个方位,后者 16 个方位。

要了解详细数据背景,可点击"查看上次运行文件",查看运行控制文件、结果文件和总结文件。

1.4.4 AERMOD 预测方案

在这里组合出需要计算的 AERMOD 预测方案。一个方案可以包括一个预测气象、一个预测点方案、一个建筑下洗方案、一个预测因子。

对于一个预测方案,应依次定义基本要素、选项与参数、输出内容三个属性页(见图 1-61)。

定义好预测方案后,点击右上方的"输出 AERMOD. INP 及相应气象文件…",可以将本方案定义生成相应的 AERMOD INPUT 文件和相应的气象文件 SFC 与 PFL,用户可以用这些文件自行运行 AERMOD。

点击"确定"按钮,可以保存方案并退出。按"取消"按钮或 ESC 键,将不保存退出。

可以定义多个预测方案,选中这些方案后,按 F5 运行这些方案。在计算运行时,工具条上的"取消"按钮显示为红色的"",按此按钮可取消运行。如果显示 DOS 运行窗口,也可直接关闭,以取消 AERMOD 运行。

注意,在复制 AERMOD 方案时,如果该方案已计算过,复制时并不复制其计算结果,软件自动将计算结果的属性改为"无"。

1. 基本要素

在"基本要素"选项卡定义一个 AERMOD 预测方案的基本要素(图 1-61(a))。

运行方式:一般方式(非缺省)、EPA 法规缺省方式和筛选方式。

EPA 法规缺省方式(这里指美国 EPA)对气象和选项有如下限制。

(1) 气象只能采用逐时连续气象。

(2) 必须考虑地形影响,但不能考虑预测点离地高度,即预测点必须在地面上。

(3) 必须考虑烟囱出口下洗。

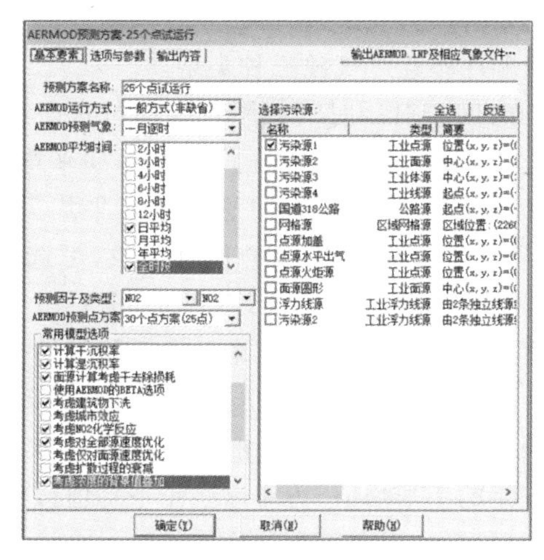

(a) 基本要素

(b) 选项与参数

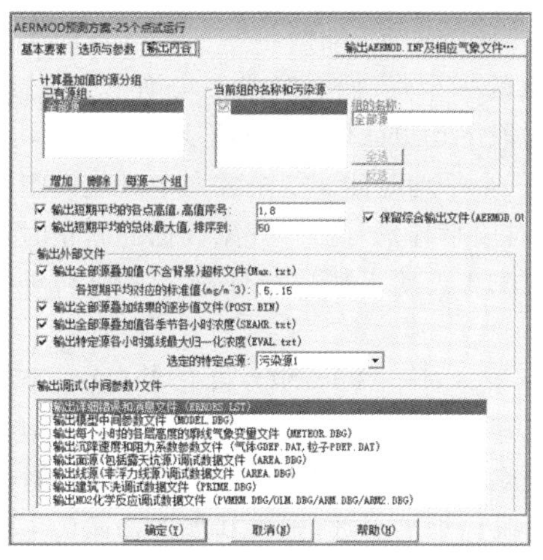

(c) 输出内容

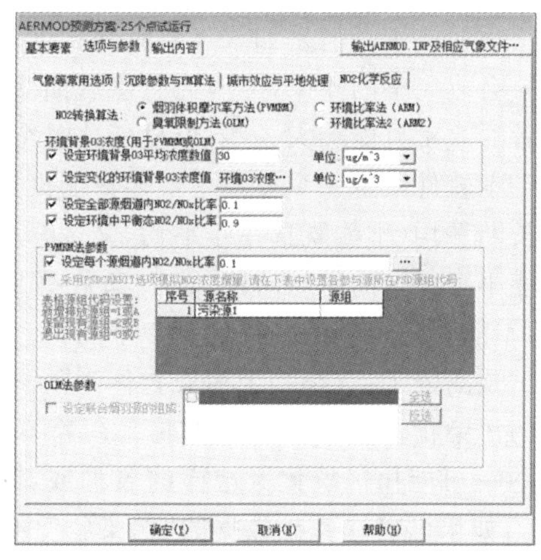

(d) 选项与参数（NO_2化学反应）

图 1-61　AERMOD 预测方案属性页

(4) 不能考虑 NO_2 化学反应。

(5) 不能计算总沉、干沉和湿沉，不能考虑面源的干去除损耗。

(6) 不能考虑 AERMOD 的 ALPHA/BETA 选项。

(7) 不能考虑建筑物下洗。

一般方式(非缺省)比较灵活，没有以上限制，可以设置各种选项。

筛选方式只计算 1 小时值，其他方面没有限制。筛选计算时对每个点均考虑最不利的风向，即风向总是正面吹向该点，除此之外的其他气象参数均按实际给定值。

预测气象：这里列出已运行过 AERMET 的预测气象，选择其一。预测气象可能有逐时连续气象、非逐时连续气象和一般顺序不连续气象三种类型。

平均时间：不同气象类型有不同的平均时间。对逐时气象平均时间可选 1 小时、2 小时、3 小时、4 小时、6 小时、8 小时、12 小时、日平均、月平均九种短期平均，年平均、全时段平均两种长期平均。对于非逐时的连续气象，可选 1 小时平均、日平均两种短期平均和全时段平均这种长期平均。对于不连续的任意气象，可选 1 小时平均和全时段平均。如果气象数据时间长度为一个月，则月平均与全时段平均的结果是相同的；如果气象数据时间长度为一年，则年平均与全时段平均的结果是相同的。

对于一年气象的情况，年平均与全时段平均的结果是完全相同的。对于多年气象的计算，年平均采用的是先计算出每一年的年平均值，再对这些年平均值按年数进行平均，得出年平均的计算结果；而全时段平均用全部小时算出的结果直接算均值。如果每一年的静风小时数和丢失小时数不一样，则这两种方法算出的结果有微小的差别。但是如果气象时间长度不是整数的年（如两年零一个月），则年平均只会取完整的年来计算，而忽略后面多出的一个月；而全时段平均则不会，这时两者的差别可能会大一些，但显然这时全时段平均更能体现长期平均的趋势。

本软件限定一个方案中最多只能设定三个平均时间。一个方案中只能设定一个长期平均（不能既选择年平均，又选择全时段平均）。此外，气象数据的起止时间不能小于选定的平均时间，如气象数据只有 10 天就不能选择计算月平均和年平均，不能用一个月的气象计算年平均。

预测因子：选择一个污染物作为预测因子。对于 SO_2、NO_2 和 $PM_{2.5}$ 这三个特殊的污染物，AERMOD 内部将采用特殊处理方法，应该在类型中设定（因为用户对 NO_2 可能用二氧化氮这样的名称或其他名称，因此需要用户自行设定）。对于 SO_2，如果已经在基础数据的“污染物”中输入详细的参数，则将其当作普通污染物来计算也是可以的。

只有将预测因子的类型设定为 NO_2，才能在“模型常用选项”中选定“考虑 NO_2 化学反应”。

对于非气态污染物，可选择考虑干沉积；对于气态污染物，如果已选定气体沉降参数，则也可以选择考虑干沉积。对任何污染物都可考虑湿沉积，但是只有预测中具有降雨量参数才会起作用。总沉积为干沉积和湿沉积之和，因此其也是任何污染物都可以选择的。

只有已输入了衰减系数的污染物，才能考虑扩散过程的衰减。

预测点方案：选择一个预测点方案。如果不考虑地形高程影响，也可以选择未运行过 AERMAP 的预测点方案，这时所有预测点的地面高程和控制高度均为 0，且用户应该选择模型中的“不考虑地形影响”这个选项。

模型常用选项：设定模型的主要算法选项。选择AERMOD运行方式和预测因子属性决定可以选择的计算选项。

选择"不考虑地形影响"后，将忽略所有预测点和污染源的地形高程和离地高度（都当作0）。

选择"考虑预测点离地高度"后，才会对离地高度这个参数纳入计算。例如，要计算同一位置但不同高度处（一层楼、两层楼、三层楼）的浓度，则应在预测点中定义几个任意点，其地面坐标（X,Y）相同，但离地高度不同，并且选上此项后，才能起作用。

ALPHA/BETA选项：当前未公布为法规应用，但通过了科学界审查的、将来考虑作为法规发布的那些选项，称为BETA选项，类似于BETA选项。2018年新增了ALPHA选项来标志那些被认为是尚在研究/实验中的选项。

某些选项需要联合使用，如采用NO_2的增量计算模式时，需要将当前污染物设定为NO_2，并且同时选择"考虑NO_2化学反应"和"使用AERMOD的ALPHA选项"，才能在NO_2化学反应页中设置采用PSDCREDIT选项计算NO_2浓度增量。除PSDCREDIT外，用于小风优化计算LOWWIND选项，也要同时设置ALPHA选项。

2018年前的EIAProA版本中，露天坑（OPENPIT）面源、加盖点源和水平出气点源、MMIF气象数据都必须用BETA的非缺省选项，但现在的版本可在AERMOD的一般方式下运行，而不必用BETA选项。实际上，目前在用的只有ALPHA选项。

如果选择了气态物的干沉积或总沉积、建筑物下洗、城市效应或NO_2化学反应，则需要在选项参数页中进一步确定相关选项或参数。

关于"对全部源速度优化"和"仅对面源速度优化"两个选项，采用速度优化后计算速度可提升2～10倍。但采用这两个选项后，上风向浓度将不再计算。

若选择"干沉降算法中不考虑干清除"和"湿沉降算法中不考虑湿清除"，当要计算总沉积或干沉积或湿沉积时，会自动考虑干沉积、湿沉积中的清除机理，若不考虑这些机理，则计算偏于保守，计算浓度会偏大。

"忽略夜间城市边界层/白天对流层转换"选项相当于仍应用旧版的EIAProA的城市处理方法，一般在对比计算时使用。

污染源：可选择全部或部分源参与本方案的计算。

2. 选项与参数

1）气象等常用选项

（1）气象选项。

① 设定气象的起止时间：可以设定预测气象需要计算的起止时间，以选择预测气象的某一时间段参与计算。如当前预测气象为一年逐时气象，可以选择其中

的几个小时、几天、几个月进行计算。在基本要素中选择预测气象时，自动将计算的起止时间设为预测气象本身的起止日期，也可按“缺省值”按钮以设成该气象数据本身的起止日期。

起止时间的格式为“YYYY-MM-DD [HH]”，其中，小时 HH 可以省略，但如果气象不是 24 小时逐时的，那么起止时间中必须要包括小时。起止时间必须同时有小时或同时没有小时。如果没有小时，则起止时间以天计；如果定义了小时，则起止时间精确到小时。HH 允许 24 时(相当于标准时间的次日零时)，输入 HH=0 时相当于前天的 24 时。

如果只取预测气象的一段时间进行计算，要注意预测的平均时间不能超过预测时间的长度。可以用这种方法计算季平均或半年平均。例如，选择一个一年逐时气象，然后在这里将起止日间设定为半年或一个季度，这时计算出来的全时段平均就是半年平均或季度平均。

② 设定气象特定日期：可以指定预测气象中的某几天(可以不连续)参与计算。天数可指定为单独的日期(如 1、2、3、4、5)或某个范围(如 1～5)。也可用年中的顺序天数，从 1 到 365(闰年为 366)，或定义成月/日形式(如 1/31 为 1 月 31 日)。也可组合使用这些方式，如“1-1/31”，模型处理从 1 月 1 日(顺序日为 1)到 1 月 31 日这几天的数据。

当①、②两项同时设置时，程序首先按①的设置读出该时间内的气象，然后按②的要求选择该时间内的气象进行计算。同时满足两项设置的气象才会参与计算。

③ 设定对气象间隔抽样：对于逐时连续气象，气象时间至少为一年，并且只计算年平均浓度时，可采用气象间隔抽样算法。要求输入抽样开始小时和间隔天数，以逗号分隔。若开始小时有效值为[1,24]，间隔天数有效值为[1,7]，即代表计算从开始小时开始，每隔间隔值的天数取一个小时计算。本方法仅用于年平均值的快速计算，尤其是面源计算，面源计算速度较慢，采用这种方法能快速计算出一个精度稍差的长期平均结果。间隔取 7 天时，相当于隔一星期计算一个小时，计算速度为逐时计算的 24×7=168 倍。

②和③两项只能选其一，不能同时设置。

④ 设定排放率因子的风速段划分值：如果选择的污染源强的排放率因子是与风速相关的(如采矿、煤堆场的 TSP)，则内置 1.54、3.09、5.14、8.23、10.8 五个风速值，将风速分成六段，各段采用不同的排放率因子(在污染源中输入)。如果不采用这些缺省值，可在这里输入用户定义的其他五个风速值。

⑤ 设定风向校正角度：这个值用于对气象风向加一个修正。除非有确切的证据证明需要这个修正，否则不可使用。如果项目坐标系与 N-E 地理坐标有夹角，程序内部会自行修正风向角，无须在这里设置。

(2) 点源的建筑物下洗。

如果考虑建筑物下洗,需要在这里指定建筑物下洗方案。这个方案应该已运行过 BPIP 的 P(AERMOD)模式。

(3) 源强与背景浓度。

① 源强采用:如果污染源的基准源强输入不止一个数,这里可以选择取平均值、最大值或最小值。计算时实际的源强为选取的基准源强乘以预测气象所在时间和风速下的排放率变化因子。

② 关于背景浓度相关的以下选项,不再使用。不再在具体计算方案中保存背景相关数据,而是在计算结果中,从"现状监测"中直接取得背景浓度。

(4) AERMOD 运行选项。

① 生成热启动文件:可在计算过程中将每一步数据保存到一个文件中(每一步保存时冲掉前一步),以便在停电或用户中断后,从该时间开始重新计算,从而避免从头开始计算。

② 使用热启动文件:设定模型从一个如①中已保存的数据文件开始运行,而不是从头开始计算。在一个方案中,要生成的热启动文件与要当作启动使用的热启动文件不能是同一个文件。如果这些文件未设置路径,则认为与项目文件是同一目录。

③ 显示 AERMOD 运行窗口:选择此项将在运行 AERMOD 时弹出一个 DOS 显示窗口。有的方案计算时间很长,显示这个窗口有助于了解运行的进度。如果在运行过程中关闭这个 DOS 窗口,则 AERMOD 计算被中断,得不到计算结果。

2) 沉降参数与 PM 算法

(1) 气体干沉参数。

如果选择了气态物的干沉积或总沉积算法,则可在这里设置气体干沉积参数。

对于非法规缺省运行模式,如果是气态污染物,且只计算浓度和干沉积,则可选择直接输入气体干沉积速度,而不必使用季节、土地利用分类和气体沉降系数来计算。如果选择程序内部自动计算,则需进一步输入表格中的季节分类、土地利用分类,并利用污染物属性中的气体沉降系数(共 7 个参数)来计算干沉积速度。

在两个表格中分别输入本地区各月份对应的季节序号,以及各扇区对应的土地类型序号。扇区一般以评价区中心为中心划分,且多数情况下可能都是同样的类型,即 36 扇区都采用同样的土地类型。

各季节序号对应的季节说明如下。

1=中夏:植物繁茂期。

2＝秋季：庄稼未收期。

3＝晚秋：秋收及霜冻期，或早冬无雪期。

4＝冬季：雪盖大地期。

5＝春季：部分绿地期。

各土地类型序号对应的土地类型说明如下。

1＝城市，无植物。

2＝农业用地。

3＝牧场用地。

4＝森林地。

5＝城郊，草地。

6＝城郊，林地。

7＝水体。

8＝不毛荒地，一般为沙漠。

9＝非森林湿地。

(2) 关于 $PM_{2.5}$的特殊算法。

仅对一年以上逐时气象，平均时间只选择“日平均”和/或“年平均”，且污染物设定为 $PM_{2.5}$时，才可选用。这时将采用符合美国 NAAQS 标准的算法来计算日平均值和年平均值，即对于日平均值(要求对应保证率为 95％)，如果只有一年气象数据，则取各点第 8 大日平均值；对于多年气象数据，先取各点各年的第 8 大日平均值，然后按年数平均。对于年平均值，如果只有一年气象数据，则可直接取该年的年平均值；如果有多年气象数据，则先计算出各年年平均值，然后按年数平均。

用于 NAAQS 标准对比时，将采用以上计算结果中全部点的最大值。

这种算法对日平均值结果没有时间参数，因为日平均值可能是几个全年第 8 大日均值的平均，没有确切发生的时段。此外，如果只有一年数据，采用这种特殊算法的结果，与不采用这种算法(但都计算第 8 大日平均值)的结果是一样的，只有多年结果不同。

3) 城市效应与平地处理

如果评价区包含了城市区域，则可以在这里设置城区相关参数。

如果评价范围很大，则可能包含了多个城区。可以设置各个城区的名称、人口和地面粗糙度。每个城区人口不能小于 10000 人，地面粗糙度不能小于 0.3 m。对于法规缺省运行模式，也可使用城市效应选项，但要求城市粗糙度为1.0 m。

对于位于城区的污染源，要设定其所在城区的序号。如果未设定，则说明这个源不在任何城区中。

各类城市环境地表粗糙长度如表 1-6(参见 AERMET 用户手册)所示。

表1-6　各类城市环境地表粗糙长度(from Stull，1988)

环　　境	地表粗糙长度/m
多树和树篱，少有建筑物	0.2～0.5
城镇外围	0.4
小城镇中心	0.6
大城镇中心和小城市	0.7～1.0
大城市中心，有高建筑物	1.0～3.0

另外，在非法规应用下并考虑地形计算时，可选择部分参与源作为平坦地形源处理，即允许在一个方案中同时进行考虑地形和不考虑地形处理。

4) NO_2化学反应

如果允许使用NO_2化学反应，则要在这里设置NO_2转换算法和相关参数(图1-61(d))。NO_2转换算法有3种：PVMRM、OLM、ARM2。根据算法的不同，需要输入的参数也不同。

对于ARM2算法，采用环境中的NO_2/NO_x比例与待模拟源NO_x浓度来计算环境NO_2浓度。ARM2对1小时浓度采用源NO_x的比例来自环境监测NO_2/NO_x比例值的经验公式。这一比例由程序根据EPA推荐值内定，因此用户无须再输入其他参数。ARM2只限定这一比例的上限和下限，对1小时浓度内置比率值的上限为0.9，对年平均浓度内置比率值的下限为0.5。

(1) 同时可用于PVMRM和OLM算法的设置。

环境背景O_3浓度可选择输入一个恒定平均值，或设定变化规律的数值(类似源强随时间变化的规律，包括逐小时变化，共12种变化规律，与污染源排放率的变化一样)。可输入其中之一，或两者都输入。如果两者都输入，则平均值将用作数据文件中丢失数据的那些小时的值。

单位可选(ppm、ppb或$\mu g/m^3$)，缺省为$\mu g/m^3$。如果输入了ppm、ppb，则模型将根据气象环境气温和气象站的基底高程将其转换成$\mu g/m^3$。

O_3值小于0或大于等于900的当作丢失，如已输入了平均值，则这个值当作丢失小时的值，若未输入平均值，则模型认为该小时NO_2全部转换。

设定全部源烟道内NO_2/NO_x比率：可输入值(有效范围为[0.0,1.0])，若未输入，则内部采用缺省值0.1。

设定环境中平衡态NO_2/NO_x比率：缺省时环境中平衡状态的NO_2/NO_x比率值为0.9，如果要设定其他值可输入，则有效范围为[0.1,1.0]。

(2) 仅用于PVMRM法的设置。

设定每个源烟道内NO_2/NO_x比率：如果勾选此选项，要输入每一个源烟道内

的 NO_2/NO_x 比率。此前如果已选择输入了全部源烟道内 NO_2/NO_x 比率，则此处可以不再输入，否则为必须输入。总之，全部烟道或每个烟道的这一比率，两者必须输入其一，或者两者都输入（这时后者将覆盖前者）。有效范围为[0.0,1.0]，缺省值为 0.1。

采用 PSDCREDIT 选项模拟 NO_2 增量：要求参与计算的污染源至少有两个。此时要分成三组：第 1 组（组 A）为新增排放源组；第 2 组（组 B）为保留的现有源组；第 3 组（组 C）为将退出的现有源组。每一个源都必须指定属于这三组中的某一组。

此选项的计算结果包括两个内容：NAAQS 浓度和 PSDINC 浓度，前者为预测未来的 NO_2浓度水平，即 A+B 两组源形成的 NO_2浓度；后者为 NO_2的增量，即(A+B)－(B+C)，即未来 NO_2浓度比现在 NO_2浓度的增量，如果为负值代表浓度下降。

由于 NO_2化学反应速度与 NO_2本身的浓度有关，因此 A+B 并不代表 A 组源单独贡献加上 B 组源单独贡献，而(A+B)－(B+C)也不能简化成 A－C。实际计算过程均由 AERMOD 内部控制，且速度较慢。

(3) 仅用于 OLM 法的设置。

设定联合烟羽源的组成：采用臭氧限制方法时，可以指定哪些源作为一个联合烟羽来模拟，其他的源则作为独立烟羽来模拟。这里可选定联合烟羽由哪些源组成。如果只有一个源参与，则不能设置。

5) 输出内容

在这里定义模型计算需要输出的内容（图 1-61(c)）。某些输出选项是否可用取决于方案的基本要素和模型选项设置。

(1) 设置叠加值的源分组。

对计算结果可定义不同的源组以计算所需的叠加值，其中，全部源组为内置组，用于保存全部参与计算源的叠加值。例如，如果参与计算的有 10 个源，而第 2、第 3 个源特别重要，需要计算其污染分担率，则可以增加一个组，组内的源只选择第 2、第 3 个源，这个组的结果为这两个源的叠加值，在预测结果表中可以查看其浓度或在全部源中的分担率。

可按“每源一个组”按钮，自动将每个源作为一个源组，相当于单独保存每一个源的计算结果，这样便于对每一个源的结果进行分析（如生成 TCA1 文件，分析环境容量等）。一个方案内最多可以设定 254 个源组。

(2) 输出短期平均的各点高值。

如果方案中选择计算的平均有短期平均（除全时段平均和年平均外的其他平均都属于短期平均），则可以选择输出短期平均的各点高值，并要求输入高值的序号。

一个方案中的高值序号最多可设定 3 个，并用逗号分隔。例如，“1,2,8”表示对各短期平均计算出各点的第 1 大值、第 2 大值和第 8 大值。高值序号用于全部短期平均。例如，如果方案中平均选择了 1 小时平均和日平均，表示对 1 小时平均和日平均都计算出各点的第 1 大值、第 2 大值和第 8 大值。AERMOD 系统限定，高值序号最大只能为 999。

如果第 N 大值不存在，则输出 0。例如，如果只有一个月的气象数据，要对各点计算第 2 大的月平均值，则该结果均为 0。

(3) 输出短期平均的总体最大值。

如果方案中选择计算的平均有短期平均，则可以选择输出短期平均的总体最大值，并要求输入需要排序的个数。

个数范围为[1,9999]，将应用到全部短期平均。若选择计算 1 小时平均和日平均，总体最大值排序数输入“50”，表示结果要输出 1 小时平均的前 50 大值和日平均的前 50 大值。

程序会自动保存一个方案的长期平均(指年平均或全时段平均)，无须设置。如果一个方案有长期平均，可以不设置(2)和(3)两项，这时计算结果中只有长期平均一项；如果一个方案中没有长期平均，这时必须要设置(2)和(3)两项之一，或都设置，如果都没有设置，则应选择(5)中的①或②，否则计算结果没有输出内容，是不允许的。

一个方案的长期平均、短期平均、各点高值和总体最大值，都保存在项目文件内部。此外，还可以输出一系列外部数据文件(保存到项目文件外部)，如(4)中所述。

(4) 保留综合输出文件(AERMOD. OUT)。

选择该选项后，该方案的综合计算结果文件将保存在项目文件所在目录下，命名为：[项目文件名. 方案 ID 编号]AERMOD. OUT，这样便于保存多个预测方案的 AERMOD. OUT 文件用于提交审核。

(5) 输出外部文件。

① 超标文件。

选择此选项将输出短期平均浓度(仅为全部源叠加值，且不包含背景浓度)的超标文件，包括超标点出现位置和时间等。要求方案选择中有短期平均。

要求各短期平均对应标准值。例如，如果有 1 小时平均和日平均，要输入“0.5,0.15”这样两个数，前者对应 1 小时平均标准，后者对应日平均标准。

生成的文件保存在项目文件(prj)同一目录下，文件名为：[项目文件名. 方案 ID]Max. txt，可能含多个。

② 逐步值文件。

选择此选项，可以输出全部源叠加值的各平均时间的逐步值文件，每个平均时间对应一个文件(程序内部自动对给定的文件名加后缀 1、2 或 3),生成的文件保存在项目文件(prj)同一目录下,文件名为:[项目文件名.方案 ID]POST.BIN,可能含多个。例如,如果有 1 小时平均和日平均,则生成的两个逐步值文件,一个是每一个小时的各点计算结果,一个是每天的各点计算结果。

可以从逐步值文件中查看每一步的各点值,或各点超标率,或各点的时间变化序列。

注意:逐步值文件可能会非常大,可能达到 1 GB 以上。如果单个文件大于 2.15 GB,则程序会提示过大。对已生成的 POST 文件,程序只可读出在 2.15 GB 内的部分数据。因 Ver2.6 版本采用双精度数,四万点以上的一年逐时就可能超出上限,所以一般不要采取过多的预测点。

系统允许的最大读入文件是长整数的上限,即 2147483647 字节(约 2.147 GB)。对原版本采用的单精度数,8684 小时一般都不会超出,除非同时输出浓度、总沉积、干沉积、湿沉积四组数。

③ 各季节各小时浓度。

选择此选项,可输出一个文件,包含各点的各季节中,1～24 小时各时间的平均浓度。如果预测气象中不包含某个季节的某个小时,则该小时均为 0。

生成的文件保存在项目文件(prj)同一目录下,文件名为:[项目文件名.方案 ID]SEAHR.txt。

④ 小时弧线最大归一化浓度。

选择此选项,可生成某一个点源的各小时弧线最大归一化评估文件。要求当前方案的预测点中至少包含一条曲线,且显式指定为“AERMOD 弧线组”(详见第 1.4.2 节)。要求指定一个点源。生成的文件保存在项目文件(prj)同一目录下,文件名为:[项目文件名.方案 ID]Eval.txt。

此选项主要用于调试、评估模型。计算结果为每一个小时的全部弧线的参数,一条弧线有 28 个参数,这些参数在“AERMOD 预测结果”的外部文件页中详细列出。更详细的说明参见《AERMOD 使用说明书》。

(6) 输出调试(中间)参数文件。

可以选择输出三类调试用的中间参数文件。

① 输出详细错误和消息文件:摘要的错误和警告消息、任何告示性消息(如遇到静风等),以及质量保证消息。生成的文件保存在项目文件(prj)同一目录下,文件名为:[项目文件名.方案 ID] ERRORS.LST。

② 输出模型中间参数文件:每个源和预测点的模型结果相关的中间计算参数,如扩散参数、烟羽高度等。生成的文件保存在项目文件(prj)同一目录下,文件名为:[项目文件名.方案 ID] MODEL.DBG。

③ 输出每小时各层高度的廓线气象变量文件:每个小时的各层高度的廓线气

象变量。生成的文件保存在项目文件(prj)同一目录下,文件名为:[项目文件名.方案ID] METEOR.DBG。

④ 输出沉降速度和阻力系数参数文件:每个小时的沉降相关中间参数。生成的文件保存在项目文件(prj)同一目录下,气体文件名为:[项目文件名.方案ID] GDEP.DAT;颗粒物文件名为:[项目文件名.方案ID] PDEP.DAT。

⑤ 输出面源(包括露天坑源)调试数据文件。

⑥ 输出线源(非浮力线源)调试数据文件。

⑦ 输出建筑下洗调试数据文件。

⑧ 输出 NO_2 化学反应调试数据文件。

面源/线源(AREA/LINE)的调试参数,输出到一个独立的文件中([项目文件名.方案ID]AREA.DBG),输出的内容是与AREA/LINE(和OPENPIT)的计算相关的,与原DEBMG输出的AREA相关的内容不同。调试信息不再包括在主要输出文件aermod.out中。

建筑下洗调试数据的缺省文件名为:[项目文件名.方案ID]PRIME.DBG。

NO到 NO_2 转换的调试数据的缺省文件名为:[项目文件名.方案ID]PVM-RM.DBG、OLM.DBG、ARM2.DBG。只可使用其中一种,与采用的化学转换算法对应。

需要注意的是,调试输出文件可能非常巨大,需要谨慎使用。

1.4.5 AERMOD预测结果

AERMOD预测结果窗口(见图1-62)用于查看除调试的中间参数文件外的全部预测结果数据,包括外部文件中的数据。这里的数据只供查看或输出打印,不可改动。

本窗口包括方案概述、计算结果和外部文件三项。外部文件页只有在确实生成了外部文件时才会出现。

方案概述页为该方案的文字描述,前面为对该方案的设定选项的说明,后面为该方案的AERMOD INPUT文件的一个复制版。

1. 计算结果页

计算结果页(见图1-62(a))显示计算结果数据表。右边表格中显示的内容由左边下拉列表选项来控制。右边表格分成两页:一页用于显示各点高值;一页用于显示大值报告。

(1) 数据类别1。

可选择显示地面高程、控制高度、离地高度、背景浓度,以及小时、日平均与全时段平均值(视方案设置而定)和最大值综合表。如果方案采用平地选项,则地面高程和控制高度均显示为0;如果当前方案的污染物无现状监测数据,则背景浓度

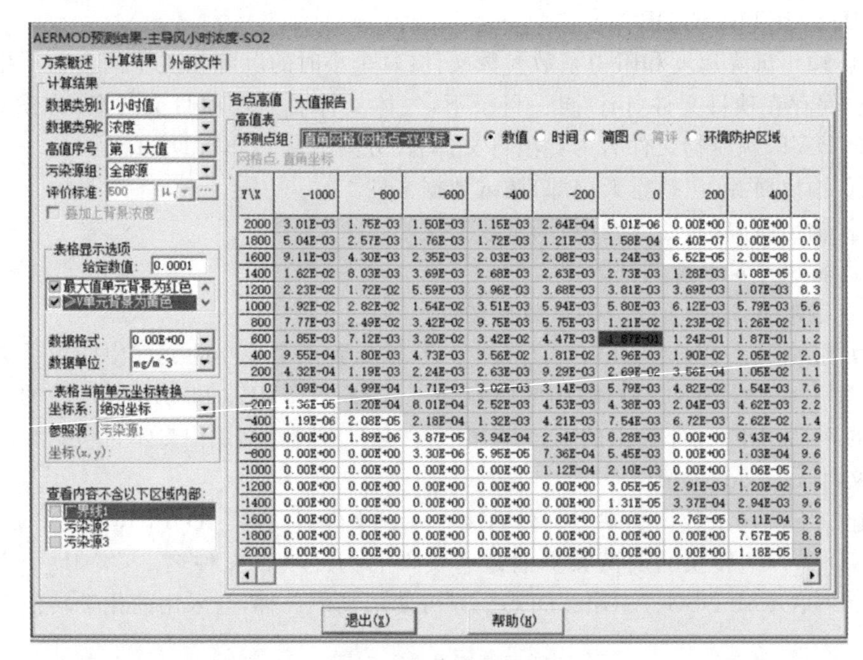

(a) 计算结果页

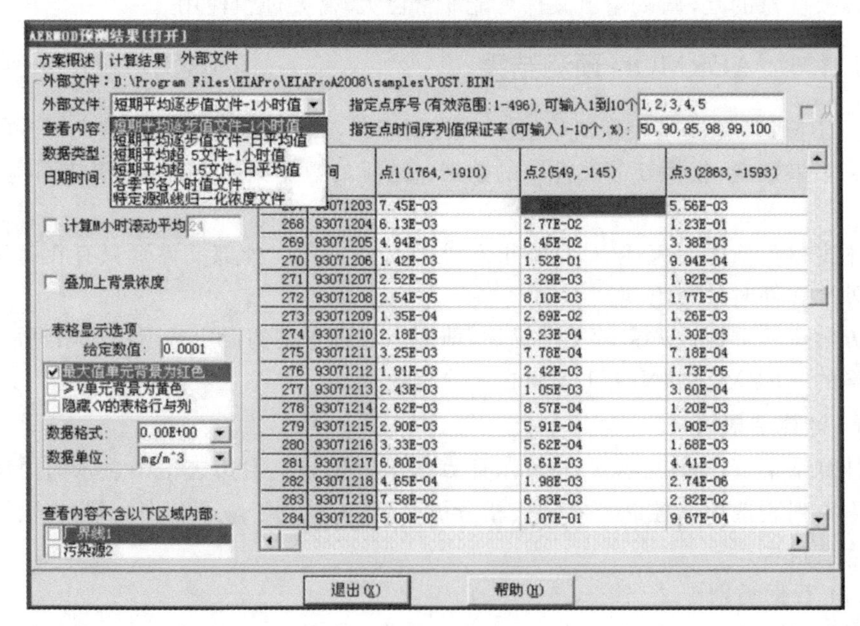

(b) 外部文件页

图 1-62　AERMOD 预测结果窗口

显示为 0。

最大值综合表(见图 1-63)为缺省显示内容,为各任意点(包括敏感点、监测点)的 1 小时/日平均/月平均的最大浓度值和相应时间(对于长期平均无时间项);对于各网格,显示 1 小时/日平均/月平均的最大值点的点坐标、出现时间。同时给出各时间段的评价标准(缺省用二级标准)。如果选择了“叠加上背景浓度”,则这里显示的为叠加了背景浓度后的结果。但对小时值不会考虑背景值叠加(对进行了 7 天补充监测的特征污染物,小时浓度也可叠加背景值)。

最大值综合表

点击蓝色下划线时间,可转到外部文件相应时间下的计算结果

序号	点名称	点坐标(x或r, y或a)	地面高程(m)	山体高度尺度(m)	离地高度(m)	浓度类型	浓度增量(mg/m 3)	出现时间YYMMDDHH)	背景浓度(mg/m 3)	叠加背景后的浓度(mg/m 3)	评价标准(mg/m 3)	占标率%(叠加背景以后)	是否超标
1	星星幼儿园	1764, -1910	1474.23	1706.00	0.00	1小时	0.073888	93072323	0.000000	0.073888	0.500000	14.78	达标
						日平均	0.008587	930722	0.000000	0.008587	0.150000	5.72	达标
						月平均	0.002693	93073124	0.000000	0.002693	0.060000	4.49	达标
2	大同医院	549, -145	1479.24	1479.24	0.00	1小时	0.224688	93073106	0.000000	0.224688	0.500000	44.94	达标
						日平均	0.031355	930724	0.000000	0.031355	0.150000	20.90	达标
						月平均	0.017875	93073124	0.000000	0.017875	0.060000	29.79	达标
3	中山公园	2863, -1593	1475.00	1706.00	0.00	1小时	0.075209	93071204	0.000000	0.075209	0.500000	15.04	达标
						日平均	0.007517	930704	0.000000	0.007517	0.150000	5.01	达标
						月平均	0.001590	93073124	0.000000	0.001590	0.060000	2.65	达标
4	爱民中学	3645, -1410	1645.61	1706.00	0.00	1小时	0.007620	93071605	0.000000	0.007620	0.500000	1.52	达标
						日平均	0.001811	930721	0.000000	0.001811	0.150000	1.21	达标
						月平均	0.000343	93073124	0.000000	0.000343	0.060000	0.57	达标
5	直角点	1781, -1360	1476.31	1706.00	0.00	1小时	0.163719	93071105	0.000000	0.163719	0.500000	32.74	达标
						日平均	0.012530	930704	0.000000	0.012530	0.150000	8.35	达标
						月平均	0.003345	93073124	0.000000	0.003345	0.060000	5.57	达标
6	极角点	1000, 45	1481.29	1481.29	0.00	1小时	0.575074	93070605	0.000000	0.575074	0.500000	115.01	超标
						日平均	0.130238	930706	0.000000	0.130238	0.150000	86.83	达标
						月平均	0.035723	93073124	0.000000	0.035723	0.060000	59.54	达标
7	曲线EVal	180, -1186	1481.37	1666.00	0.00	1小时	0.270831	93071302	0.000000	0.270831	0.500000	54.17	达标
		274, -1218	1481.82	1666.00	0.00	日平均	0.062311	930713	0.000000	0.062311	0.150000	41.54	达标
		300, -1227	1481.74	1666.00	0.00	月平均	0.022391	93073124	0.000000	0.022391	0.060000	37.32	达标
8	直角网格	0, 600	1487.00	1623.00	0.00	1小时	4.088165	93070805	0.000000	4.088165	0.500000	817.63	超标
		400, 600	1484.00	1484.00	0.00	日平均	0.677445	930708	0.000000	0.677445	0.150000	451.63	超标
		400, 600	1484.00	1484.00	0.00	月平均	0.223913	93073124	0.000000	0.223913	0.060000	373.19	超标

图 1-63　AERMOD 预测结果——最大值综合表

最大值综合表直观地表示出总体污染情况,也方便找出典型日及典型小时。此表只显示浓度数据,可分污染源组表示。如果高值计算了不止一个值(如第 1 大值、第 2 大值),则取高值最大的表示;如果高值计算了第 8 大值,则这里是第 8 大值的结果。

对于浓度产生的时间(如小时浓度的 YYMMDDHH,日平均浓度的 YYMMDD),如果该时间为下划线的字体(如93072005),则可点击转到外部文件中的该时间下的浓度结果数据表中。注意,只有当输出了逐步值外部文件,且污染源组为“全部源”时,此链接才能用,因为 POST 文件中只保存全部源组的结果。这样便于查看典型小时和典型日的数据。

(2) 数据类别 2。

可选择显示浓度、浓度分担率或浓度占标率。如果选择了计算总沉积、干沉积或湿沉积,则还会出现总沉积、干沉积或湿沉积量选项。注意,对于短期平均值(如 1 小时平均、24 小时平均),将不能显示各源组的分担率,因为不同源组对应的相同

高值序号下的浓度可能发生在不同的时间。

(3) 高值序号。

用于 1 小时和日平均等短期平均浓度，可以显示第 1 大值、第 N 大值的结果（视方案设置而定）。如果当前的数据类别 1 为背景浓度，则此处显示为“时间段”，可选择显示 1 小时、日平均和监测期的背景值。

(4) 污染源组。

可以选择要显示的某一源组的叠加值。

(5) 评价标准。

如果数据类别 2 选择了浓度占标率，则在这里要输入标准值及其单位。缺省值为预测方案污染物的二级小时标准（如果有一类评价区，则会同时显示一级和二级标准，以逗号分隔，这些标准值应事先在污染物属性中输入）。可按下“…”按钮进入表格选取，这里列出了该污染物的一/二级小时、日平均和年平均标准，点击选取单元格，然后按“确定”按钮退出即可。

(6) 叠加上背景浓度。

如果方案的污染物有现状监测数据，则当数据类别 2 选择的是浓度或浓度占标率时，可选择叠加上背景浓度。

如果有逐步值文件(POST 文件)，则对于全部源组，程序会重新从 POST 中读出数据，然后按日期叠加相应的背景浓度，再取得给定的高值(如第 1 大值，第 8 大值)浓度，以及相应的发生时间。对一个点来说，每天的计算值是不同的，而背景值也可能是不同的，因此叠加了背景值的第 N 大值的发生时间与未叠加背景值的第 N 大值的发生时间有可能是不同的。如果没有相应的 POST 文件，则按 AERMOD 计算结果的贡献值对应的日期取得背景值，则高值对应的时间不会因叠加背景值或未叠加背景值而不同。

由于从 POST 文件中生成叠加了背景值的高值数据的过程，需要很多计算，因此有时可能需要耗费较长时间。而在“2018 大气导则”中，也无须对小时值叠加背景值(特殊情况：对进行了 7 天补充监测的特征污染物，小时浓度也可能要叠加背景值)。如果污染物仅有小时评价标准，7 天监测输入的是每天的最大小时浓度，此时应对小时浓度叠加背景值，但不能对日平均和年平均加背景值。反之，7 天监测输入的是每天的日平均浓度，此时无须对小时浓度叠加背景值)。因此，在“计算结果页”中，只对日平均和年平均结果叠加背景值，而小时值按 0 处理。如果要对小时数据也叠加背景值，则在外部文件中处理。

(7) 表格显示选项。

对表格中数据的显示，可选择一定的方式。例如，对于网格中最大浓度点，可设置红色背景；对于大于某一给定数值的单元，可对单元背景设置黄色，如显示占标率时，将大于 1 的单元设置为黄色；也可只显示大于某一给定数值的数据单元，如只显示大于 0.001 的区域,其他不显示(表格本身也不显示)。

对表格中数据可以设定相应的单位和格式。对于单位,在 mg/m^3、μg/m^3、ppm、ppb 之间转换时,将采用该污染物在基础数据“污染物”中定义的单位转换系数。

(8) 表格当前单元坐标转换。

表格中当前单元的坐标可以在绝对坐标(即项目坐标或本地坐标)、经纬度坐标、线源坐标和风向极坐标之间转换(见图 1-64)。例如,想知道某个点相对于某个源的位置,需在表格中点击该点数值(以设为当前单元),然后在左下角表格当前单元坐标转换的坐标系选项中选择风向极坐标,参照源选择该污染源,这时用文字显示形如“(度,径):90,600”的文字,表示该点位于该源的风向角 90°(即该源的正东方向)处,离源 600 m。

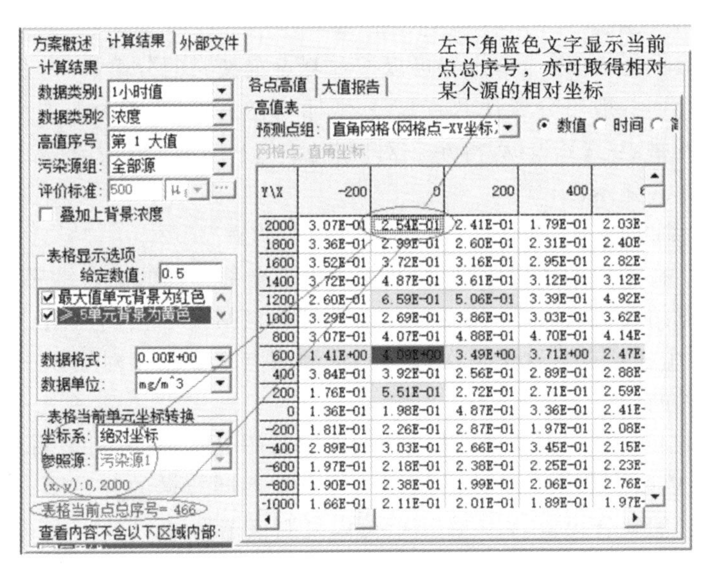

图 1-64　表格当前单元坐标转换和当前点总序号

表格当前点总序号:会在左下方用字体显示出“表格当前点总序号=N”,便于按此序号在外部文件中查看该点的时间序列数据。指定点的序号跨越预测点分组,如果有两个预测点组,第一个为“任意点(XY 坐标)-5”,第二个为“直角网格(网格点-XY 坐标)-242”,则序号 1 代表任意点中第 1 个点,序号 10 为直角网格中的第 5 个点。

(9) 查看内容不含以下区域内部。

对 AERMOD 预测结果进行查看分析时,允许用户选择性地过滤掉厂界线(或污染源分界线)内部的数据,以便精确分析对厂外的影响。

① 如果项目中有厂界线,或者本预测方案中有面(体)源,则打开 AERMOD

预测结果时，左下角会出现“查看内容不含以下区域内部”，区域可由厂界线、面（体）源分界线以及它们任意组合围成。用户可自定义区域。

② 如果选择了查看内容要过滤的区域，则在最大值综合表、各点高值表以及外部文件的表格中，对网格点过滤掉所选定区域内部的数据。绘图时，等值线及填充色块也不会穿入到区域内部。但目前绘图员中保存的 EIP 格式的图形文件尚不支持有厂界线的图形，这类图形只能从 EIAProA 内部绘出，不能保存到单独的 EIP 文件中。

③ 如果选择了查看内容要过滤的区域，则对于大值报告，预测点都不是用极坐标定义的，会标出各大值在区域的内部或外部。但如果预测点中有极坐标，就无法判定了。

外部文件页也有此项内容，两处选择会自动同步。

(10) 预测点组。

在显示数据时，如果显示内容可以按预测点定义时的分组显示，在这里选择一个预测点分组。一般可分成任意点（XY 坐标）、任意点（极坐标）、曲线点、网格点（极坐标）和网格点（XY 坐标）等组。对网格点（XY 坐标）组，若行数、列数均大于 3，可用简图方式显示。

(11) 各点高值。

预测点组在右边的表格中显示，数据为以上全部选择的综合结果。

对于各点的高值表，由于预测点方案中可能包括多个预测点组（如多个网格、多条曲线、多个任意点），这里每次选择一个预测点组显示。对短期平均可以显示数据或出现时间。

对于行数和列数均大于 3 的网格，可以用简图显示，这时可以看到浓度/高程等值线图，可以改变数据类别或高值序号等查看不同数据的分布图。双击该图形可以进行图形的缺省设置，按 Ctrl+C 可以复制该图形，按 Ctrl+E 可进入图形的编辑程序。

对于网格点组，如果选择查看的数据类别 2 为浓度占标率，则除了简图外，还有简评，可以得到这个网格的超标情况小结（如超标率、面积、位置、最大点）。

(12) 大值报告。

大值报告列出前 N 个（N 在方案定义中输入）总体最大值（即位置、时间），或者某一短期平均的某一高值序号下的最大值（即位置、时间）。

(13) 生成 TCA 文件。

如果一个方案计算了全时段平均值，且有任意点参与了计算，并设置了多个输出源组，则会在“简评”右侧出现一个“TCA…”按钮，用以输出这些源组（除“全部源”这一组外）对这些任意点的基于全时段平均值的 TCA1 文件，以进行削减优化分析，但要确保这些源组不能定义重复的源。

(14) NO_2 的 PSDCREDIT 选项。

如果一个方案采用了 NO_2 化学反应且选择了 PVMRM 算法，又设置了 PSDCREDIT 选项，则结果只含有“NAAQS”和“PSDINC”两个源组。前者表示 NO_2 的未来浓度分布值（在现有的源一部分削减或退出后又增加新的源以后），而后者代表 NO_2 的浓度的增量。采用 PSDCREDIT 选项的方案不能输出 TCA 文件。

值得一提的是，AERMOD 无法计算静风气象，当某个小时为静风时，这个小时的全部数据（浓度和沉积）均输出 0。这是 AERMOD 的重大缺陷之一。

2. 外部文件页

外部文件页（见图 1-62(b)）为输出的外部文件查看窗口。

外部文件：选择要查看的外部文件。根据方案定义的不同设定，可能有 1～3 个逐步值文件、1～3 个超标率文件、1 个各季节各小时值文件和 1 个弧线归一化浓度文件。窗口左下角显示当前外部文件的文件路径和文件名。

以下按不同外部文件分别介绍。

1) POST 逐步值文件

当外部文件选择了“短期平均逐步值文件-1 小时值”或“短期平均逐步值文件-日平均值” 或“短期平均逐步值文件-月平均值”时，此时查看内容有图 1-65 所示的 a～f 共 6 个选择。

根据选择的查看内容，有不同的配套选项，会得出不同的结果。图 1-65 为 POST 逐步值文件查看流程示意图。

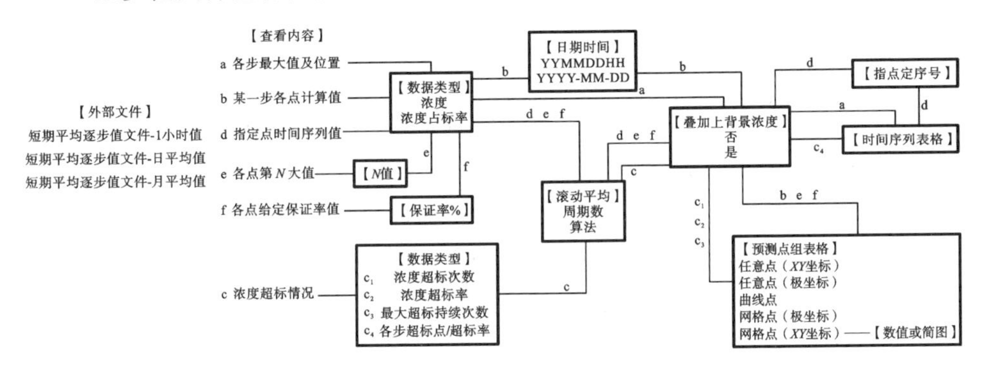

图 1-65　POST **逐步值文件查看流程示意图**

以下对不同查看内容进行说明。

(1) 各步最大值及位置。

按时间顺序列出每小时（或每天）的最大值及坐标，按每预测点组及全部点列出。可在数据类型中进一步选择浓度、浓度占标率和各类沉积（视方案选择而定），选择浓度的可进一步选择是否叠加背景浓度。图 1-66 所示的为结果表格的一部分，因预测点组分成 5 类，这里对每一小时，分别以这 5 类点和全部点列出最大值

序号	时间	任意点(XY坐标)	任意点(极坐标)	曲线EVal(曲线点)	直角网格(网格点-XY坐标)	径向网格(网格点-极坐标)	全部点
168	93070724	2.42E-03(549,-145)	2.23E-01(1000,45)	0.00E+00(-483,-961)	8.31E-01(400,600)	4.05E-05(100,30)	8.31E-01(400,600)
169	93070801	9.68E-02(549,-145)	3.68E-01(1000,45)	0.00E+00(-483,-961)	8.40E-01(400,600)	6.75E-02(500,30)	8.40E-01(400,600)
170	93070802	1.92E-02(549,-145)	2.90E-01(1000,45)	0.00E+00(-483,-961)	9.36E-01(400,600)	1.91E-02(300,10)	9.36E-01(400,600)
171	93070803	3.47E-02(1781,-1360	5.57E-01(1000,45)	0.00E+00(-483,-961)	1.36E+00(600,600)	8.60E-02(500,20)	1.36E+00(600,600)
172	93070804	8.90E-02(549,-145)	1.03E+00(1000,45)	0.00E+00(-483,-961)	2.02E+00(400,600)	1.25E-02(100,30)	2.02E+00(400,600)
173	93070805	0.00E+00(1764,-1910	0.00E+00(1000,45)	1.46E-01(-483,-961)	6.32E+00(0,600)	0.00E+00(100,10)	6.32E+00(0,600)
174	93070806	3.13E-02(549,-145)	4.32E-01(1000,45)	0.00E+00(-483,-961)	1.41E+00(0,600)	5.37E-02(200,10)	1.41E+00(0,600)
175	93070807	3.41E-02(549,-145)	6.07E-02(1000,45)	0.00E+00(-483,-961)	4.73E-01(400,600)	1.48E-01(300,10)	4.73E-01(400,600)
176	93070808	2.03E-02(549,-145)	1.82E-02(1000,45)	0.00E+00(-483,-961)	4.64E-01(400,600)	2.89E-02(100,30)	4.64E-01(400,600)
177	93070809	1.98E-02(1781,-1360	0.00E+00(1000,45)	4.35E-03(925,-2172)	5.93E-02(400,-200)	6.22E-03(500,10)	5.93E-02(400,-200)

图 1-66　各步最大值及位置表格

及坐标。

(2) 某一步各点计算值。

按选择的时间、数据类型取出，按预测点分组显示。对于浓度可选择是否叠加背景值(如果计算考虑背景浓度)。

如果逐步值文件为 1 小时平均，可选择的时间格式为 YYMMDDHH；如果逐步值文件为日平均，可选择的时间格式为 YYYY-MM-DD(或 YYYY/MM/DD，因电脑设置有所不同)。每次，程序显示当前选择的那个小时(或那一天)的每个点的浓度(或占标率、沉积率)。

对于直角坐标网格点，可选择表格显示数据，或以图形显示浓度(或占标率、沉积率)的分布图。

如果选定的那个小时是静风(或对应气象丢失等情况)，可能出现全部数据均为 0 的情况，此时无法画出分布图。

(3) 浓度超标情况。

选择这一内容后，可再一步选择数据类型为 c_1 浓度超标次数、c_2 浓度超标率、c_3 最大超标持续次数和 c_4 各步超标点/超标率这 4 种情况。仅用于浓度结果(不用于沉积等其他结果)，可选择是否叠加背景值，或是否要先计算滚动平均值。

对于前三种数据类型，均按预测点分组显示每一个计算点的数据。对于 c_3，每个单元给出了次数和开始时间，格式为“C/YYMMDDHH”或“C/YYYY-MM-DD”。例如，“1.20E+01/93071817”表示该点最大连续超标 12 个小时，且开始小时为 1993-7-18 的 17 时。对于直角网格，也可用分布图显示。图1-67所示的为一个直角坐标网格的 c_3 表格数据及分布图，显然，此图为最大超标持续次数的分布。

对于最后一种 c_4，按时间顺序给出每个小时或每天全部预测点中的超标点数和超标率，且最后一行给出在整个计算期间总的超标点数和超标率，结果包含两列的表格(见图 1-67)。对于某一个时间的所有预测点的总超标点数，其数值与网格密度和布置有关，因此绝对数值意义不大，但超标率可说明超标面积比率，由不同时间步长的超标率可看出超标面积的变化，从而找到超标面积相对最大的小时或日期。

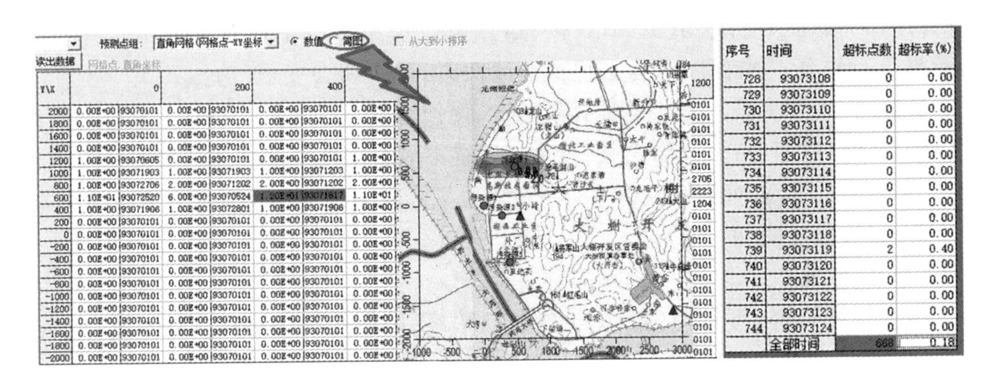

图 1-67　直角坐标网格的最大超标持续次数

(4) 指定点时间序列值。

读出指定点的时间序列数据，以及指定保证率下的值。一次可最多指定 256 个点。输入系列点序号，可用逗号分开，连续点可用“[起点，终点]间隔”的方式。读出的具体点数仍受小时或天数限制：如果一年有 8760 个小时，一次只能读出 37 个点，如果是连续三年逐小时数据，则只能读出 12 个点；对于日平均文件，即便是三年数据，一次也可读出 256 点。如果只指定一个点，则可以勾选“从大到小排序”选项，这样能得到这一个点的前 N 个值。

结果为以时间顺序(除非选择了从大到小排序)列出的选定点的值，最后几行为给定保证率的值及对应时间(格式为 C/YYMMDDHH)。可复制此结果以绘制指定点的浓度——时间变化曲线。

可在数据类型中进一步选择浓度、浓度占标率和各类沉积(视方案选择而定)，以及读出数据时是否进行滚动平均计算、是否叠加背景浓度(对浓度)等。

(5) 各点第 N 大值。

输入一个数 N，则可以看到所有预测点的第 N 大值和发生时间。利用此功能可以查看任意第 N 大值(而 AERMOD 本身只能输出前 999 大值)。例如，输入 $N=1$，按“读出数据”后，则显示各点的第 1 大值。表格中所有点显示“C/YYMMDDHH”或“C/YYYY-MM-DD”(C 为浓度/沉积/占标率等，后者为年月日时或年月日)。结果按预测点分组显示，对于直角坐标网格点，可选择表格或图形显示。

可在数据类型中进一步选择浓度、浓度占标率和各类沉积(视方案选择而定)，以及读出数据时是否进行滚动平均计算、是否叠加背景浓度(对浓度)等处理。

(6) 各点给定保证率值。

输入一个保证率，则可以看到所有预测点的保证率浓度及发生时间。可用的数据读出选项和结果显示都与 e 相同。

选择以上某些选项的组合时，需要对整个逐步值文件全部读出并统计，这可能需要较长时间，需要用户按下“读出数据”按钮，才会读出数据(读数据时窗口左下角的“退出”按钮会变成“取消读出”按钮，点击该按钮可以中途取消读出），并对表格数据进行更新。当程序认为必须重新读出时，此按钮会变成红色。

注意：应当首先设置是否叠加背景浓度、评价标准、滚动平均参数，才能将这些设置应用到读出过程中；而读出完成后，这些设置不能影响结果。这些选项的介绍详见 1.4.5 节。逐步值文件的其他功能和在环境质量标准中的应用在 1.4.5 节中说明。

2）其他选项说明

（1）数据类型。

根据查看内容，可选择的数据类型包括浓度、浓度占标率、各类沉积（视方案选择而定）。

（2）日期时间。

对逐步值文件中的选择查看（如图 1-65 中的 b），或者是季节小时文件，或者是弧线归一化文件，要选择查看的具体时间。

如果是逐步值文件的查看内容（如图 1-65 中的 b），则可选的日期时间格式如下。

1 小时值文件：YYMMDDHH。

日平均值文件：YYYY-MM-DD 或 YYYY/MM/DD。

月平均值文件：YYYYMM。

弧线归一化文件：YYMMDDHH。

如果是各季节各小时值文件，为从“第 1 季第 1 时”起，到“第 4 季第 24 时”止，共有 96 个时间可选。注意，只有该季度确实有计算的小时，才会显示相应数据，否则提示“当前小时无数据！”。

（3）滚动平均。

对于逐步值文件，当查看内容选择图 1-65 中的 c、d、e 或 f 项时，可以先进行滚动平均计算，再基于这个滚动平均计算结果来统计。例如，选择查看“各点第 N 大值”，并输入 N 为 1，再选择“滚动平均的周期数”为 24，如果是小时文件，则最后查看到的为各点日平均值的第 1 大值；如果是日平均文件，周期数输入 7，则最后查看到的为各点周均值的第 1 大值（输入 30 就变为月平均值）；对于月平均文件，如果开始和结束月份与季节定义相符，可输入周期数 3，则结果为季平均第 1 大值。

滚动平均一般有两种算法：无重叠滚动和有重叠滚动。例如，对于小时值文件，周期数为 24 的情况，无重叠的一年为 365 天或 8760 小时，而有重叠的一年为 8760－24＋1 小时。采用这个方法可以查看到逐小时滑动的重叠滚动的第 N 大值。

对于小时值文件，还有第三种算法：滑动日内最大。例如，对于 O_3 这个污染物，周期数输入 8，且采用滑动日内最大算法，才能符合环境质量标准的要求（详见 1.4.5 节），这样每天经滑动计算后有 24－8＋1＝17 个数，排序，取出最大值，则每年对一个预测点有365/366个数，再取90%的保证率，才能与标准对比。

在进行滚动平均计算时，对于浓度数据，浓度为0的小时不参与平均（认为该小时丢失或为静风，沉积等数据暂按参与平均计算），这样如果取24小时不重叠滚动平均算出的结果与AERMOD本身输出的日平均结果相同，但仍有个别情况不能代替原有的日平均浓度，这是因为对浓度为0的小时，难以判断是该小时因静风、无气象等引起的不需计算，还是该小时该处浓度确实为零。因此，日平均浓度仍应以其本身的逐步值文件为准。

（4）叠加上背景浓度。

如果方案设定中选择了考虑背景浓度叠加，则当选择显示浓度或浓度占标率时，可选择叠加上背景浓度。程序会根据选择的文件是短期（小时、日平均）还是长期（或全时段）分别采用相对应时段的背景浓度。对于短期浓度，如果有逐日的现状监测数据，则根据浓度所在的日期，取相应日的现状值作为背景。

再次强调，对于有逐日现状浓度的情况，叠加了背景浓度后，与未叠加背景浓度时，高值浓度和发生时间均可能发生很大的变化。

评价标准、表格显示选项、查看内容不含以下区域内部、预测点组参见1.4.5节计算结果页的相应说明。

（5）指定点序号、保证率。

如果查看内容选择了指定点的时间序列值，可以在这里输入指定的1～256个点的序号，以及指定点时间序列值的保证率（最多可输入10个）。

例如，指定点序号输入“1,10”，保证率输入“95,98”，表示取出本方案的第1和第10个点的时间序列值（即每一步的值，对于1小时文件为各小时值，对于日平均值文件为每日平均值），并依此时间序列值计算出保证率为95%和98%的值（放在表格的最下面）。保证率的含义如下，如99%的保证率值为6.97E-02(93072203)，表明99%的情况下浓度都低于6.97E-02，而该99%浓度发生时间为93072203（YYMMDDHH）。

要取得预测点的序号，参见1.4.5节计算结果页的当前点总序号相应说明。对于逐日时间序列数据，可以复制到工具-数据分析-典型日筛选中，进行基于多个点的典型日筛选。

（6）关于典型日、典型小时的计算。

如果称网格点和各关心点的小时最大浓度对应的小时为典型小时，日平均最大浓度对应的日期为典型日，则各典型小时、各典型日的浓度计算，一般在计算方案中设定输出逐小时POST外部文件。在计算结果中，在“最大值综合表”中会看到网格点和关心点的最大小时值和日平均值及出现时间。出现时间以蓝色有下划线文字显示，表示是一个链接，点击后会转到外部文件中相应时间下的浓度，即各典型小时、各典型日的浓度分布。

尽管也可以用自定义一个小时预测气象的方式来计算典型小时，但由于 AERMET 计算热通量时，采用的是累积方法，即计算白天某一小时的参数与该小时前各小时的气象有关，采用一个小时的气象做出的一个小时的预测气象与采用包括该小时在内的全天气象做出的预测气象可能会有差别，前者有误差。因此，不建议采用一个小时来做典型小时的预测气象。

3) 逐步值文件与环境质量标准

下面介绍利用本软件处理逐步值文件的方法，以实现《环境空气质量评价技术规范》(试行 HJ663—2013)中的几个要求。

(1) 日评价。

典型污染物要求的百分位数及对应大值如表 1-7 所示，由此可计算得到年内各 24 小时平均值需要计算的高值序号。

表 1-7　典型污染物要求的百分位数及对应大值

污　染　物	时　　段	百分位/(%)	按 365 天计算的序号(保守方式)
SO_2、NO_2、NO_x	24 小时平均	98	8
CO、PM_{10}、$PM_{2.5}$、TSP	24 小时平均	95	19
O_3	日内最大 8 小时滑动平均	90	37
Pb	季平均	100	1

百分位数相对应的高值序号按 HJ663-2013 中附录 A6 的公式计算(见式(1-2))。但该附录为从小到大的序号，而高值序号为从大到小的序号；并且这里要求为整数位。考虑到以保守为主，高值序号公式可使用

$$K=(1-p\%)n+1 \tag{1-2}$$

式中：K 为取整数部分。例如，n 取 365 时，98、95 和 90 百分位对应的高值序号分别为 8、19 和 37。

(2) 年评价。

对于年评价，Pb 按季最大/季标准，其他按 A＝年平均值/年标准，B＝百分位值/日平均标准，只有 A 和 B 均不能大于 1 才达标。

(3) O_3 日最大 8 小时滑动平均。

预测气象必须为逐时气象(每天有 24 小时，且开始时间为第一天的 1 时，结束时间为最后一天的 24 时)。预测方案中，选择计算小时值，选择输出逐步值文件。

在预测结果中，将外部文件页的外部文件设置为“短期平均逐步值文件-1 小时值”，查看内容选择“各点给定保证率值”，输入保证率 90%，选择“滚动平均的周期数”，输入 8(这里指 8 小时)，再在滚动平均算法中选择“滑动日内最大”。这样读出的即为 90%百分位下的日内最大 8 小时滑动平均值(保守值，有具体日期对

应)。

(4) 季平均值的实现方法。

铅(Pb)可采用在预测方案中,选择计算月平均值,选择输出逐步值文件。在预测结果中,将外部文件页的外部文件设置为"短期平均逐步值文件-月平均值",查看内容选择"各点第 N 大值",输入 N 值为"1"(代表最大值),选择"滚动平均的周期数",输入 3(这里指滚动 3 个月平均,即季平均),滚动平均算法中选择"无重叠滚动"。这样读出的即为最大季平均浓度。

(5) 变化趋势评价-秩的计算。

可以按 HJ663-2013 附录 B 中的公式计算 Spearman 秩相关系数,用以评价变化的趋势。

如果一些点的时间序列变化代表一种趋势,则可以计算出秩相关系数。将计算秩相关系数(γ_s)绝对值与表 HJ663-2013 B.1 中的临界值对比。如果秩相关系数绝对值大于表中临界值,表明变化趋势有统计意义。γ_s为正值表示上升趋势,为负值表示下降趋势。如果 γ_s 绝对值小于等于表中临界值,则表示基本无变化。

在外部文件中选择逐步值文件后,查看内容选择"指定点的时间序列值",输入指定点的序号后,程序计算出每一个点的 Spearman 秩相关系数 γ_s 放在表格的最后一行中。同时,为便于对比,将相应的秩相关系数的临界值 γ 放在该行起始的第二列。

(6) 多点均值的计算。

在外部文件中选择逐步值文件后,查看内容选择"指定点的时间序列值",输入指定点的序号后,程序计算出每一步(步代表可能为小时、日平均、月平均,或其他指定长度周期)这些指定点的平均值,放在表格的最后一列。平均值也是逐步值,同样可以得出给定保证率下的值及时间。可用于城市范围内多测点的评价(参见 HJ633-2013 附录 A)。

4) 其他外部文件

(1) 短期平均超标文件。

对于短期平均超标文件,查看内容为"前 10000 次超标情况"(若小于一万次,则显示实际次数),数据类型为"浓度"或"浓度占标率"。表格显示内容包括时间、位置、浓度值(或占标率)。

根据 AERMOD 预测方案中的设定,短期平均超标文件可能会有 1 小时值、日平均值、月平均值三个文件。而相应的标准,也应在该方案的输出内容中设定。

(2) 各季节各小时值文件。

对各季节各小时值文件,查看内容可选择"指定季度小时各点计算值"或"指定点的各季 24 个小时值"。

对于指定季度小时各点计算值,需要在日期时间下拉列表中设定具体的季度和小时。如果该时间无计算结果,则提示"当前小时无数据";否则,显示该季节和小时下的浓度/沉积数据，按预测点分组显示（对于直角网格点可以用图形显示）。

对于指定点的各季 24 小时值，需要设定指定点序号（注意，这里只能设定一个点，如果多于 1 个点，则只取第 1 个点）。软件在一个表格中，显示出这个点的四季的 24 小时平均值（浓度/沉积）。如果选择的是浓度，也可以选择叠加上背景浓度。

图 1-68 中，左侧显示了指定点的各季各小时平均值（这里设定为第 30 个点），从中看到只有第 3 季有数据。右侧可查看指定季节小时各点值，这里选择了“第 3 季第 14 时”，可以选择不同预测点组（图 1-68 中选择了直角网格）。

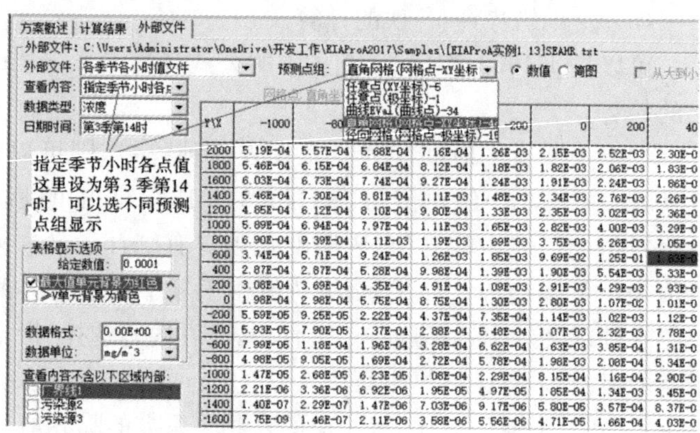

图 1-68　各季节各小时值文件

（3）弧线归一化浓度文件。

外部文件选择“特定源弧线归一化浓度文件”。日期时间可以选择不同小时（格式为 YYMMDDHH），然后表格中显示出该小时的全部弧线参数，一条弧线有 28 个参数。

1.4.6　大气环境防护距离

如果有厂界线，且厂界线外与厂界线毗邻的地方有超标时，需要设定大气环境防护距离，并按照导则 8.7.5 和 8.8.5 绘制大气环境防护距离及防护区域（见图1-69）。

如果要绘制大气环境防护区域，则需要在 AERMOD 预测结果窗口的计算结果页面设置如下内容。

数据类别 1：需选择短期平均值，一般为 1 小时值。

数据类别 2：需选择浓度，不能选择占标率。

评价标准：输入厂界外区域环境影响评价标准及单位。

指定一条厂界线：需选择且只能选择一条厂界线。厂界线应当在基础数据-项目特征-厂界线中定义。

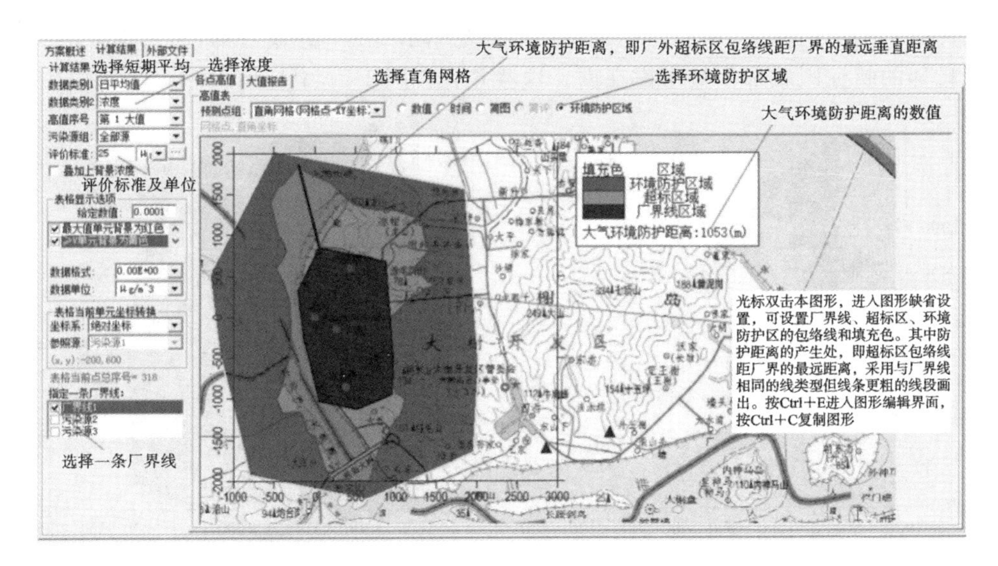

图 1-69　大气环境防护距离及防护区域

预测点组:需选择一个直角坐标系的网格。网格应当大于厂界线区域。

在当前窗口,选择右上角的“环境防护区域”后,图形显示环境防护区域。大气环境防护距离的具体数值以文字形式写出(在图例中显示,必须在图形缺省设置中设置显示图例)。

图 1-69 中,可对厂区及厂界线、超标区及其包络线、环境防护区域及其包络线分别进行设置(包括要不要画,画何种线型、何种颜色)。双击图形,弹出“图形缺省设置”,选择“环境防护区域”页进行设置。

环境防护距离是超标区包络线距厂界的最远垂直距离。这个距离产生的位置,在图 1-69 中用与厂界线相同的线型但线条更粗的线段画出,如图 1-69 左上角所示的粗黑线段。环境防护区域就是将厂界线的每一条边都向外推移这个距离后形成的。

如果超标区域已达到计算网格的边界(见图 1-69 中南部超标区已达网格的南面边界线),则很可能预测网格不够大,未能容纳实际整个超标区,此时宜将计算网格适当扩大后重新计算,再重新绘图。

点击图形,再按“Ctrl+C”复制图形。但是,如果环境防护区域超出计算网格,则复制的图形会削去超出部分。此时,可按“Ctrl+E”进入绘图区,在其中的“编辑”菜单下点击“设定复制和输出的图形范围”,设定的范围要包含整个环境防护区域,再复制图形。

需要说明的是,厂界线与环境防护区包络线之间的区域,都应当是环境防护区域,但为了突显出超标区域,采用与环境防护区域不同的颜色。另外,这里的超标区域是指按“2018 大气导则”规定的与厂界线有毗邻的超标区域联合体,但其内部允许有个别不超标的“虫洞”，即不超标的孤岛；同时在厂界线外部，所有与厂界线无毗邻的超标区域都不被考虑在内。这些差异在图 1-70 中标出。

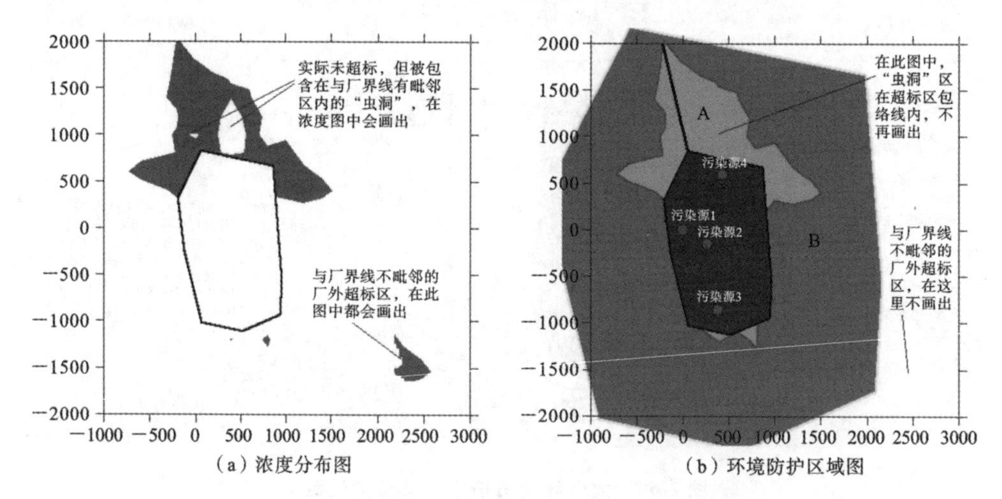

(a) 浓度分布图　　(b) 环境防护区域图

图 1-70　浓度分布图与环境距离区域中超标区域的差异

注意：从 Ver 2.6.487 版本开始，软件默认只画出厂界线外毗邻超标区域（即 A 区域），不再画外延区域。这里图示的 A 区域为预测出的超标区域，最终大气环境防护区域应至少包含这一区域，并可根据实际情况（综合考虑当地可实施的条件）适当灵活外扩处理，按“2018 大气导则”要求，无须扩展成这里图示的 B 区域那么大。

1.4.7　AERMOD 方案合并

对于 AERMOD 预测结果，可以采用 AERMOD 方案合并功能，将已计算的多个方案的计算结果，采取某种方式，合并成一个新的计算结果。AERMOD 方案合并如图 1-71 所示。这里还包括基于两个计算方案结果的区域环境质量变化评价功能（“2018 大气导则”8.8.4 条）。

合并的算法基于逐步值文件。要求被合并的计算方案有相同的预测气象、相同的预测点定义、相同的输出内容（且必须都输出 POST 逐步值文件）。如果被合并方案输出有多个源组，则合并后只生成全部源组这一个结果（因为 POST 中只有一个 ALL 源组）。程序对被合并方案的相同平均时间的 POST 逐步值文件中相同时刻、相同位置的每个数据，分别进行合并（采用加、减、乘等算术方法），生成合并后的 POST 文件，然后统计出各短期高值、前 N 值等“计算结果”中的内容。

合并完成后，可以从“计算结果”和“外部文件”查看结果，这些界面与“AERMOD 预测结果”窗口中的完全一样。

合并完成后，左下角的“退出”按钮变成“确定”，表明结果已保存，且不可撤销

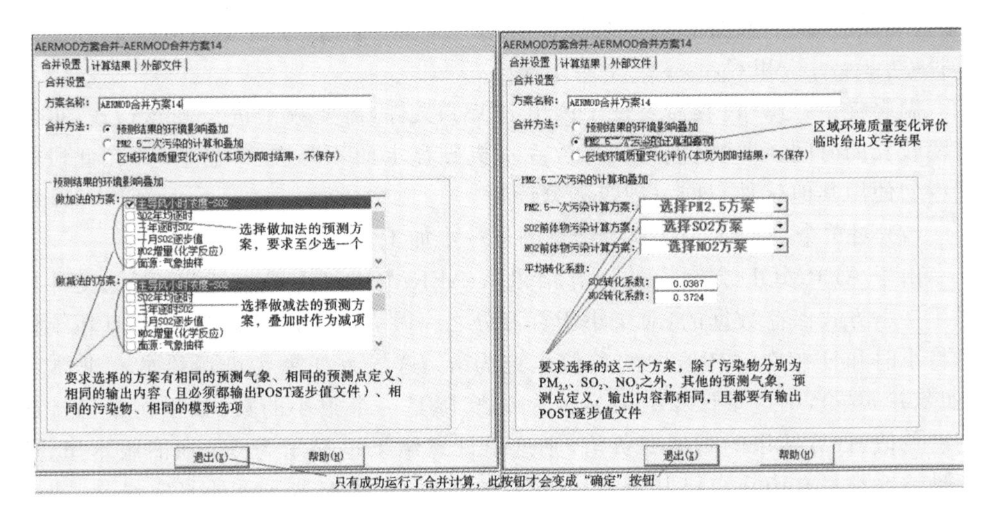

图 1-71　AERMOD 方案合并

(除非退出后将整个方案删除)。

注意：如果重新建进入本窗口，未按“进行合并运算”按钮进行合并(且合并成功完成)，则左下角的“退出”按钮不会变成“确定”，退出时不会保存任何数据，包括对合并的设置。但如果是从“打开”进入本窗口，对方案名称进行修改后，即使没有进行合并运算，左下角仍为“退出”按钮，则按退出时也会保存方案名称的改动。

按照合并的目的不同，合并方法有预测结果的环境影响叠加和 $PM_{2.5}$ 二次污染的计算和叠加；基于两个计算方案的区域环境质量变化评价。

预测结果的环境影响叠加：用于多个 AERMOD 计算方案的计算结果的影响叠加，必须基于相同的污染物。程序将检查各个被合并方案的污染物名称，如果不同，或采用的模型选项不同，都不允许合并。此方法可用于以下几种情况。

(1) 有替代源、削减源、改扩建源的评价项目。

按“2018 大气导则”，有公式

$$C_{\text{预测}(x,y,t)} = C_{\text{新增}(x,y,t)} - C_{\text{以新带老}(x,y,t)} - C_{\text{区域削减}(x,y,t)} + C_{\text{拟在建}(x,y,t)} \tag{1-3}$$

对于同一污染物，可以按需要建立四个 AERMOD 预测方案，这四个方案除污染源外的其他方面都相同，包括采用同一个 AERMOD 预测点方案、同一个 AERMOD 预测气象、相同的模型选项和相同的输出选项，都输出 POST 文件。但污染源是不同的，四个方案的污染源分别采用了项目新增污染源、“以新带老”替代掉的污染源、区域削减污染源和拟在建项目污染源。需要注意的是，这里牵涉的所有污染源，输入的源排放率都是正值，没有负值。

这四个方案的计算结果分别代表 $C_{\text{新增}(x,y,t)}$、$C_{\text{以新带老}(x,y,t)}$、$C_{\text{区域削减}(x,y,t)}$ 和 $C_{\text{拟在建}(x,y,t)}$。

只要新建一个合并方案，将这四个方案合并在一起，就可以得到导则要求的

$C_{预测(x,y,t)}$值。其中做加法的方案选择$C_{新增(x,y,t)}$和$C_{拟在建(x,y,t)}$，而做减法的方案则选择$C_{以新带老(x,y,t)}$和$C_{区域削减(x,y,t)}$。

温馨提示：合并过程需要逐个读出 POST 文件，需要频繁进行硬盘操作，可能需要较长的时间，请确保项目文件放在本机硬盘上而不是在 U 盘上，并在此段时间内勿使用其他软件对同一硬盘频繁读写。

(2) 对单个 AERMOD 预测结果的进一步加工。

由于 AERMOD 方案中的计算结果从 AERMOD. OUT 中读出，而该文件是采用文本方式保存数据的，对于小于百万分之一微克的浓度都记为 0，并且在统计时将小时和日平均的高值中的负值也记为 0。这导致如果污染源排放率非常小(如苯并 a 芘)，则这里计算结果显示为 0，实际是一个很小的数；如果污染源排放率有负值、计算结果的高值有负值，则这里计算结果也显示为 0。在旧版本里，这两种情况都只有用户自己从外部 POST 文件中，才能查到非零的真实结果，或者对苯并 a 芘这类情况采用放大源强的方法。

对这类情况只要新建一个合并方案，在做加法的方案中选择预测方案，然后进行合并运算就可以了。合并的结果中，计算结果这一页的内容不是从 AERMOD. OUT 中读出的，而是从各个 POST 文件中统计出的，因此计算结果不会由于过小或负值而显示为零。

(3) $PM_{2.5}$二次污染的计算和叠加。

按"2018 大气导则"规定，当建设项目排放的 SO_2 和 NO_x 年排放总量大于或等于 500 t/a 时，需将模型模拟的 $PM_{2.5}$一次污染物浓度，与按 SO_2、NO_2 等前体物转化比率估算的 $PM_{2.5}$二次污染物浓度进行叠加，得到 $PM_{2.5}$的环境贡献浓度。

前体物转化比率可引用科研成果和有关文献的结果，注意地域适用性，用户可以直接输入。缺省采用的是导则推荐值(0.58、0.44)。如果对参数进行了修改，可按"取得导则推荐值"按钮进行复原。

依次选择三个预测方案，污染物分别为 $PM_{2.5}$、SO_2 和 NO_2。进行合并后，合并结果就是考虑了一次和二次叠加的 $PM_{2.5}$的环境贡献浓度($C_{PM_{2.5}贡献}$)，$C_{PM_{2.5}贡献}=C_{PM_{2.5}一次}+C_{PM_{2.5}二次}$。其中，$PM_{2.5}$的二次浓度计算式为

$$C_{PM_{2.5}二次}=\varphi_{SO_2}\times C_{SO_2}+\varphi_{NO_2}\times C_{NO_2} \tag{1-4}$$

对于 SO_2 前体物方案或 NO_2 前体物方案，可以只选其一。如果选择"无"，则代表无该污染物的前体物方案，但不可以对 SO_2 和 NO_2 均选择无。

(4) 区域环境质量变化评价。

按"2018 大气导则"8.8.4 条进行区域环境质量变化评价。要求引用两个计算方案：方案 A 和方案 B。方案 A 为本项目全部污染源对区域网格点的年平均浓度贡献值。方案 B 为区域削减污染源对区域网格点的年平均浓度贡献值(均按正值计算，削减源强应输入正值)。

两个方案要有相同的污染物、相同的计算选项(EIAProA 版本的模型选项/计算选项全部相同)、相同的预测气象、相同的预测点定义(个数、坐标定义、高程和控制高度)。两方案都要计算年平均浓度(或全时段)。但污染源是不同的,同一污染源不能在两方案中重复出现。方案 A 应为本环境影响评价项目的全部污染源,方案 B 应为全部区域削减污染源。

如果方案的输出有多个源组,则采用全部源组数据;如果计算点有多个网格,则只采用第 1 个网格结果(可以是直角网格或极坐标网格,但网格应覆盖整个区域)。

选择好方案后,按下"变化评价"按钮,给出文字结果,可自行复制输出。但是这一功能为即时结果,退出后不保存数据。

(5) 对合并结果的进一步合并。

合并生成方案允许用进一步的合并,以用于某些更复杂的处理。

例如,在产生 $PM_{2.5}$、SO_2 和 NO_2 的污染源有一个或多个削减污染源的情况下,如何计算考虑了二次污染物叠加的 $PM_{2.5}$ 浓度的增量?

可以按下述思路,先生成合并方案 A 和合并方案 B,再将 A 和 B 合并为 C。

合并方案 A:计算出本项目新增污染源的二次叠加后的 $PM_{2.5}$。$PM_{2.5}$ 方案和 SO_2、NO_2 前体物方案中的污染源均采用新增污染源。

合并方案 B:计算出本项目削减污染源的二次叠加后的 $PM_{2.5}$。$PM_{2.5}$ 方案和 SO_2、NO_2 前体物方案中的污染源均采用削减污染源或被替代污染源。

合并方案 C:对方案 A 和 B 再次合并,其中,方案 A 为做加法方案,方案 B 为做减法方案。

合并方案 C 为考虑了二次叠加后的 $PM_{2.5}$ 在有削减污染源情况下的增量浓度。

1.4.8　常见问题

(1) 计算出错:AERMOD 运行出错。

进一步预测的气象数据采用估算阶段筛选气象提供的数据计算时,出现图 1-72所示的错误提示信息,是由于筛选气象不是完整的连续 24 小时气象造成的,需要在预测方案-选项与参数选项卡中设定起止时间。注意估算阶段生成的筛选气象通常不应用于进一步预测。

(2) POST 文件过大,建议减少计算点或计算小时数问题。

如果计算点少于 6 万个,且出现 POST 文件过大的问题,则将软件版本升级至 Ver 2.6.497 以上版本即可。Ver 2.6.497 版本最多可以允许 6 万余个预测点。而通常对于 50 km×50 km 的范围,按导则的标准网格点数量为 220×220=4.84 万个,可以满足"2018 大气导则"要求的网格点设置要求。如果预测点超过 6 万

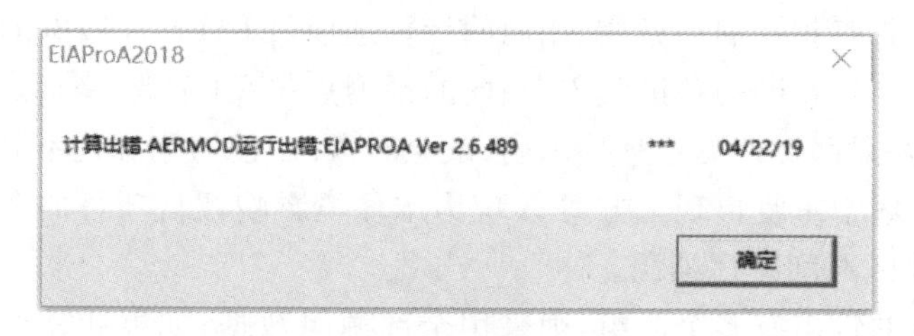

图 1-72 错误提示信息

个,建议减少不必要的预测点后重新计算。

需要注意的是,POST 文件越大,查看计算结果的速度越慢,特别是现状背景浓度值是逐日数据的情况。另外,这里的 POST 文件指的是生成单一浓度文件(不可同时生成沉积等其他数据),每多输出一种数据,数据量将翻倍,能够输出的预测点数将减半。

(3) AERMOD 预测气象不能生成全年预测气象。

在生成预测气象的过程中,地面和探空气象数据均包括全年数据,但是生成 AERMD 预测气象只包括了全年中的某一个时间段,如图 1-73 所示,只生成了 6 月 8 日之前的预测气象,原因可能是探空数据中时间类型的问题。

预测气象生成 预测气象查看

序号	日期	时间	显热通量(W/m^2)	地表摩擦速度(m/s)	对流速度尺度(m/s)	位温梯度(PBL以上)(度/m)	对流边界层高度(zi)(m)
3816	2016/6/7	24	-8.5	0.113			
3817	2016/6/8	1	-9.9	0.122			
3818	2016/6/8	2	-11.3	0.130			
3819	2016/6/8	3	-8.5	0.113			
3820	2016/6/8	4	-6.1	0.096			
3821	2016/6/8	5	-4.1	0.078			
3822	2016/6/8	6	-2.5	0.061			
3823	2016/6/8	7	19.7	0.134	0.303	0.011	51.
3824	2016/6/8	8	117.2	0.125	0.835	0.005	179.
3825	2016/6/8	9	208.2	0.160	1.722	0.005	897.
3826	2016/6/8	10	283.8	0.212	2.222	0.005	1381.
3827	2016/6/8	11	340.2	0.257	2.569	0.005	1798.
3828	2016/6/8	12	374.4	0.281	2.830	0.005	2165.
3829	2016/6/8	13	383.6	0.299	2.976	0.005	2486.
3830	2016/6/8	14	372.9	0.334	3.058	0.005	2762.
3831	2016/6/8	15	341.8	0.396	3.055	0.005	2993.
3832	2016/6/8	16	283.9	0.466	2.924	0.005	3172.
3833	2016/6/8	17	200.0	0.512	2.638	0.005	3292.
3834	2016/6/8	18	97.8	0.547	2.089	0.005	3350.
3835	2016/6/8	19	18.4	0.599	1.197	0.005	3360.
3836	2016/6/8	20	-34.5	0.640			
3837	2016/6/8	21	-34.5	0.640			
3838	2016/6/8	22	-35.5	0.658			
3839	2016/6/8	23	-36.5	0.676			
3840	2016/6/8	24	-36.5	0.676			

图 1-73 预测气象窗口

解决方法:检查探空数据序列的时间类型是否为“顺序定时自定义”,如图1-74所示。

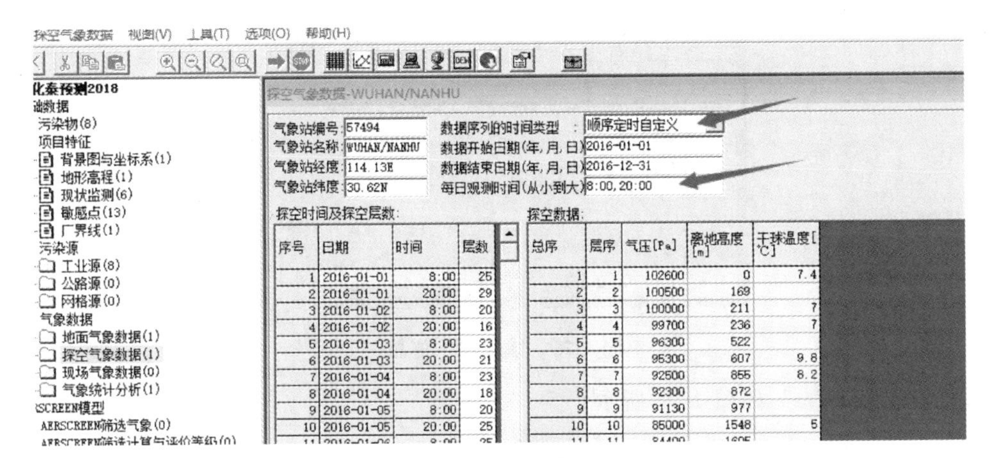

图 1-74　探空气象数据设置窗口

若导入的探空数据是不定时的，如图 1-75 所示，多数是每天 0:00、12:00 两次，从 6 月 7 日开始变成 0:00、12:00、17:00；从 6 月 8 日开始变成 0:00、5:00、12:00、17:00；后面变成每天 0:00、12:00 两次。像这种每天不定时的气象，程序能够读入，但是运行 AERMET 时会出错。

如果将探空数据人为改为每天顺序定时，则会丢失并混淆一些小时，也不是好的方法。正确的处理方法应该是，要求读入的高空气象本身就是每天固定定时的数据、每天都有相同的小时数据。

2008-6-4	12:00	8	
2008-6-5	0:00	8	
2008-6-5	12:00	8	
2008-6-6	0:00	8	
2008-6-6	12:00	8	
2008-6-7	0:00	8	
2008-6-7	12:00	8	
2008-6-7	17:00	3	
2008-6-8	0:00	8	
2008-6-8	5:00	3	
2008-6-8	12:00	8	
2008-6-8	17:00	3	
2008-6-9	0:00	8	
2008-6-9	5:00	3	
2008-6-9	12:00	8	
2008-6-9	17:00	3	

图 1-75　气象数据时间序列

(4) 生成 AERMOD 预测气象时，出现气象预处理无效提示。

在生成 AERMOD 预测气象时，生成如图 1-76 所示的错误提示信息，原因通常为错误提示中所列的 3 种，可逐一检查。

解决方法：通常在“预测气象生成”界面勾选“对无探空数据日，廓线数据采用

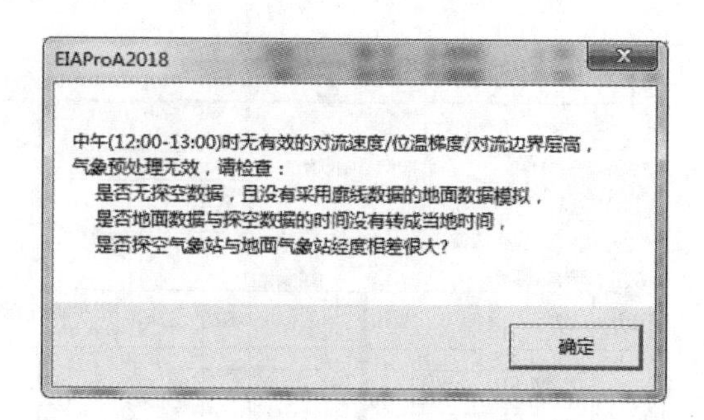

图 1-76　错误提示信息

地面数据模拟法”，如图 1-77 所示。

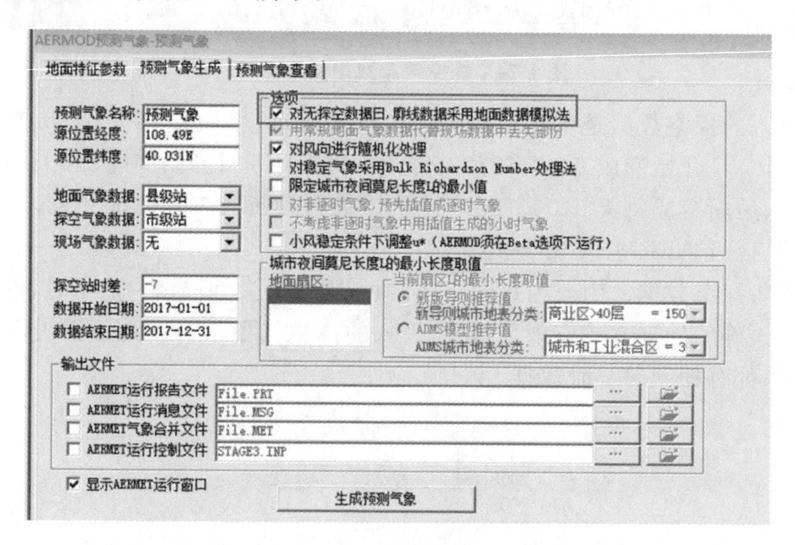

图 1-77　AERMOD 预测气象生成页面

(5) AERMOD 预测时间只有 1 小时和全时段。

在定义进一步预测方案时，AERMOD 平均时间只有 1 小时和全时段，而没有日平均、月平均等其他时段，如图 1-78 所示。原因是此时 AERMOD 预测气象为“筛选气象(MAKEMET)”，来自估算阶段，该气象文件的特点决定了其只能提供 1 小时和全时段这两种预测时段，且不可编辑。

解决方法：在确保基础数据已经输入地面和探空数据的前提下，在 AERMOD 预测气象空白处右击，新建一个预测气象方案，并根据已有地面和探空数据，生成预测气象。此时在 AERMOD 预测方案中导入该生成气象，问题即可解决。

(6) AERMAP 运行时，提示预测点超出 DEM 文件范围边界。

我们建议 DEM 文件可以做得适当大一点，一般要求最远预测点离 DEM 文件的边界至少 1 km 以上。另外如果选择了一个南北方向非常长的网格，由于南北

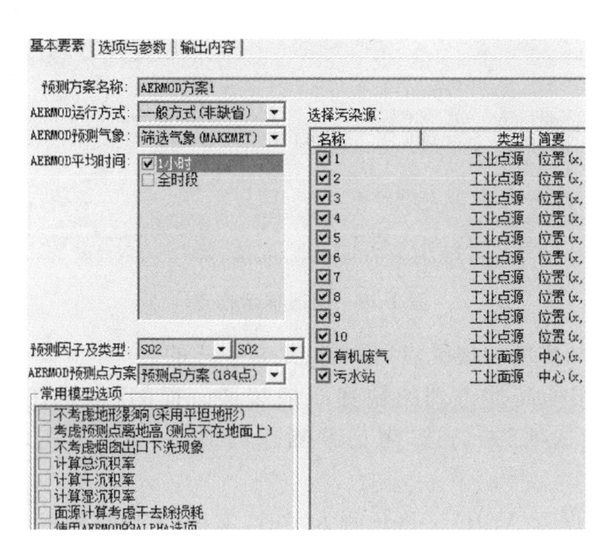

图1-78　预测方案页面

方向同一 X 坐标点可能位于不同的UTM区中，这也会导致超出DEM的提示，所以一般建议预测网格南北方向长度不要超过100 km，在高纬度区不超过50 km。

(7) 当考虑 NO_2 化学反应时，提示“用户中断”退出。

当考虑 NO_2 化学反应时，出现“用户中断”而停止计算可能是AERMOD内核的非正常错误退出导致的，是因为数组定义过大，超过内存引起的。

解决方法：在 NO_2 化学反应中，将 NO_2 转化算法由PVMRM改为OLM算法，或采用更少的预测点方案。

注意：如果出现个别方案在某些电脑上可以正常运行，更换电脑后不能运行的情况，则可能是电脑配置不同导致的，在低配置的电脑上运行超过4万个计算点的预测方案，可能因为内存不足而中断计算。

(8) 对 NO_2 采用OLM化学反应后，浓度无变化。

由于项目 NO_2 源强并不大，只要 O_3 浓度在10 $\mu g/m^3$ 以上，就已充分满足化学反应的需要，所以不管 O_3 浓度是10 $\mu g/m^3$，还是100 $\mu g/m^3$，浓度都不会有变化。

但是，如果 O_3 浓度输入1 $\mu g/m^3$ 或3 $\mu g/m^3$，则化学过程就会受限，环境 NO_2 会明显下降。

(9) 进一步预测考虑干/湿沉降时，出现运行出错提示。

进一步预测考虑干/湿沉降时，会出现如图1-79所示的错误提示信息。

解决方法：出现问题原因见图1-79中的提示，考虑干/湿沉降时，需要提供气体的沉降参数或颗粒物的粒径属性，并补充地面站气象数据中的站点气压、相对湿度、降水量等参数。

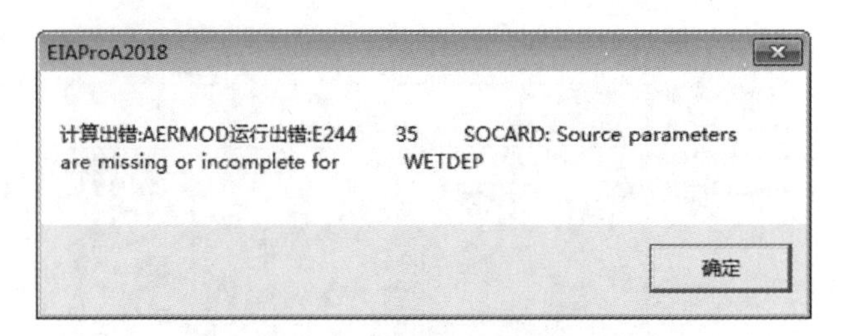

图 1-79　错误提示信息

(10) 对于不同高度的接受点,预测结果是一样的。

输入不同楼层的高度得到的预测结果却是一样的,这是在 AERMOD 预测方案中"常用模型选项"未勾选"考虑预测点离地高(测点不在地面上)"选项导致的。

解决方法:在设置 AERMOD 预测方案时,勾选"考虑预测点离地高(测点不在地面上)"选项。这样才能将离地高度这个参数纳入计算。例如,要计算同一位置不同高度的浓度(如某建筑物的 1 层、2 层、3 层),需要在预测点中定义几个任意点,他们的坐标(X、Y)相同,但离地高度不同,再勾选"考虑预测点离地高(测点不在地面上)"选项,即可预测同一位置不同高度的浓度值,如图 1-80 所示。

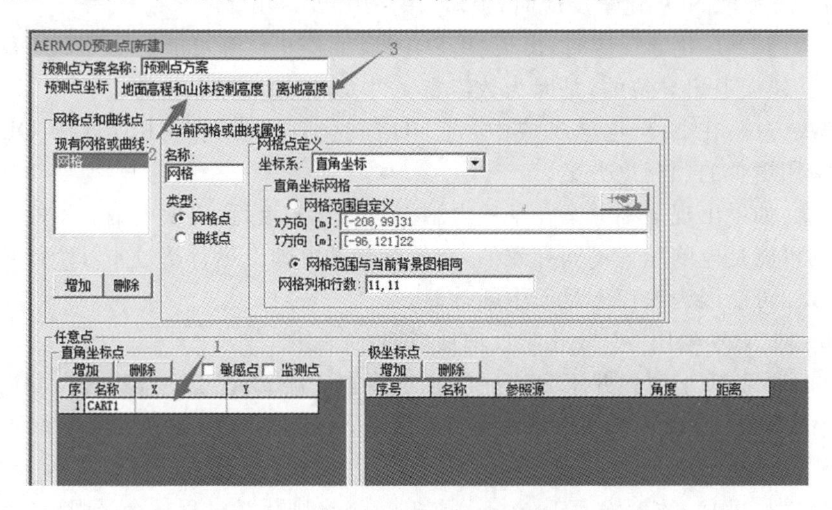

图 1-80　AERMOD 预测点页面

说明:EIAProA2018 关于预测烟囱对不同楼层影响的具体操作步骤如下。

① 在这里输入同一个位置的多个点(X,Y 坐标相同)。

② 地面高程和山体控制高度页内运行 AERMAP。

③ 离地高度页输入不同楼层的离地高度。

(11) 在 AERMOD 计算结果中找到占标率大于 10%的区域。

在 AERMOD 计算结果中找到占标率大于 10%的区域，有以下两种方法可供参考。

① 在所有源预测结果的网格表中，“数据类别 1”选择“1 小时值”，“数据类别 2”选择“浓度占标率”，查看简图，点击图形，按“Ctrl＋E”进入图形编辑。双击图形，将等值线分级阈值设为 0.1。退出到图形中，鼠标在 0.1 等值线上，移到明显离源最远的位置，可以看到左下角有坐标值，然后算一下距离。

② 在软件项目特征-厂界线模块中，设置一条新的厂界线，将所有参与计算的污染源围在其中，并使该区域尽量小。

在所有源预测结果的网格表中，“数据类别 1”选择“1 小时值”，“数据类别 2”选择“浓度”，在评价标准中输入标准值的 10%，并选择刚刚设置的厂界线，这时显示的环境防护距离就是 $D_{10\%}$ 的最大值，如图 1-81 所示。

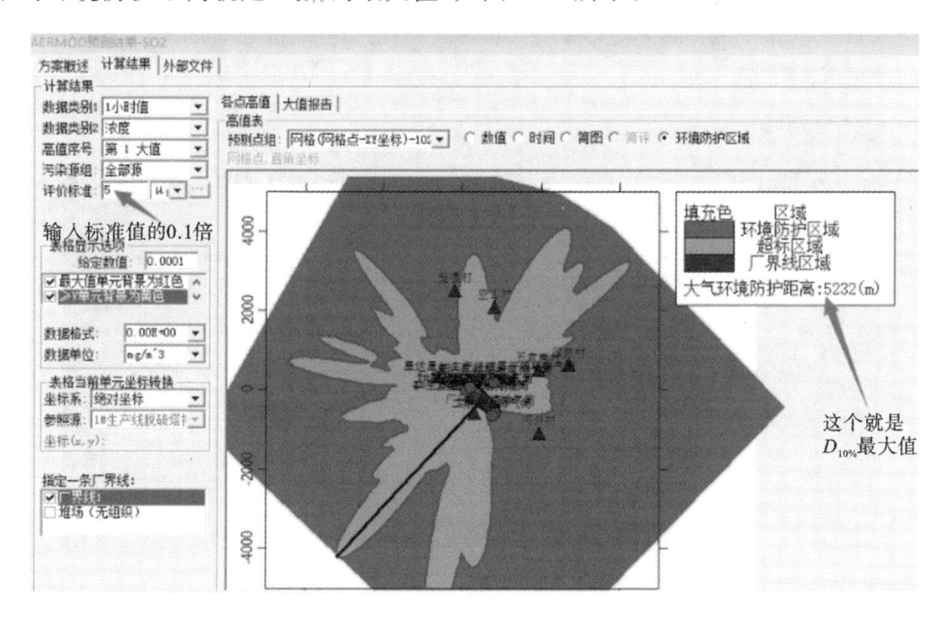

图 1-81　AERMOD 计算结果

注意：要双击图形，缺省设置中，图例选择为可见。

(12) 叠加背景值前后，浓度增量出现变化。

在 AERMOD 预测结果的最大值综合表中，叠加背景值前后，最大值综合表中的“浓度增量”发生了变化，如图 1-82 所示。

这个变化是正常的。这是因为叠加背景值之前最大值综合表显示的是贡献值的最大值；叠加背景值之后最大值综合表显示的是叠加值的最大值，而贡献值的最大值不一定就是叠加值为最大值时对应的最大浓度增量。因此，叠加后最大值出现的时间也发生了变化。

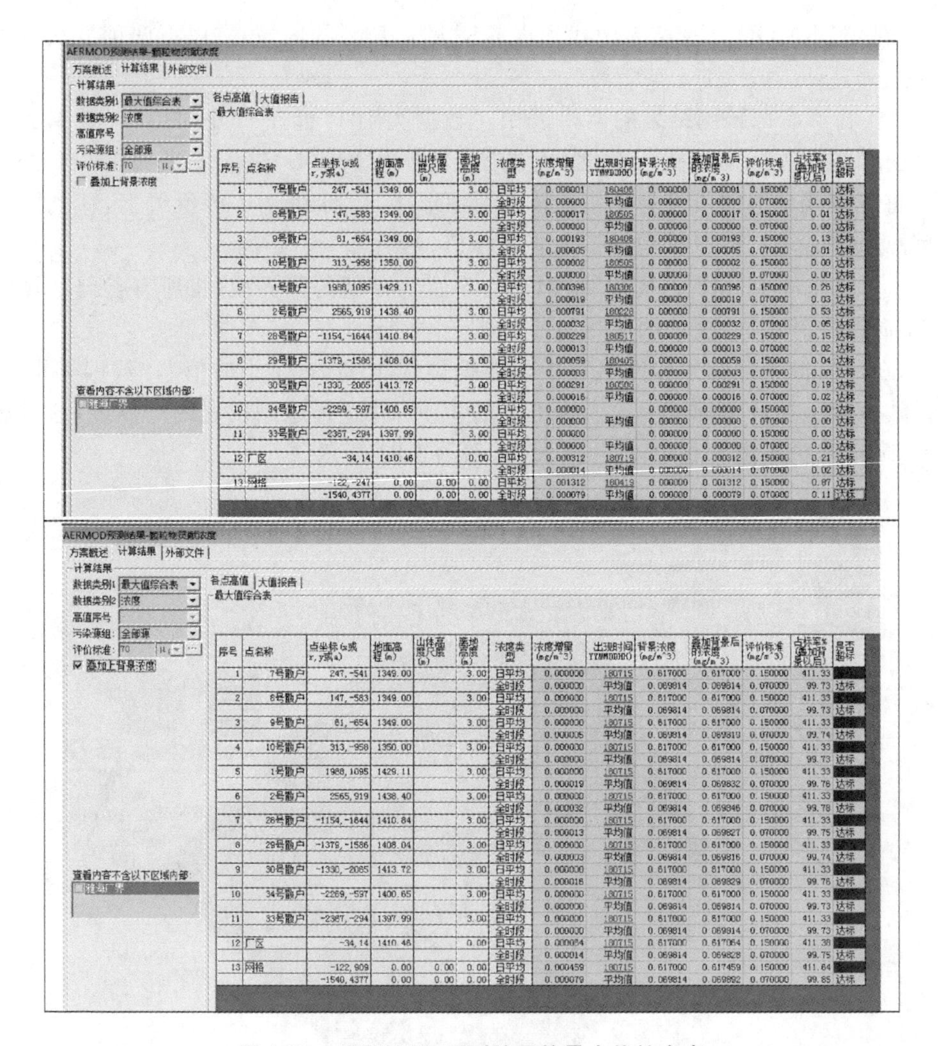

图 1-82 AERMOD 预测结果的最大值综合表

(13) 在叠加较大背景值后，无法显示等值线图。

贡献值在叠加背景值(较大)、调整等值线级别设置后，无法显示等值线图。原因是背景值太大，贡献值太小，叠加后，取较低精度时，会出现所有叠加值都相同的现象，所以无法显示等值线图。

解决方法：可以在 AERMOD 预测结果表中修改数据格式及数据单位。数据格式建议修改为“0.0#####”的格式，数据单位可以选择更小的单位，如 mg/m^3 修改为 $\mu g/m^3$ 等，如图 1-83 所示。

(14) 导则要求下的保证率日平均浓度如何获取。

“2018 大气导则”要求的保证率日平均浓度获取步骤如下。

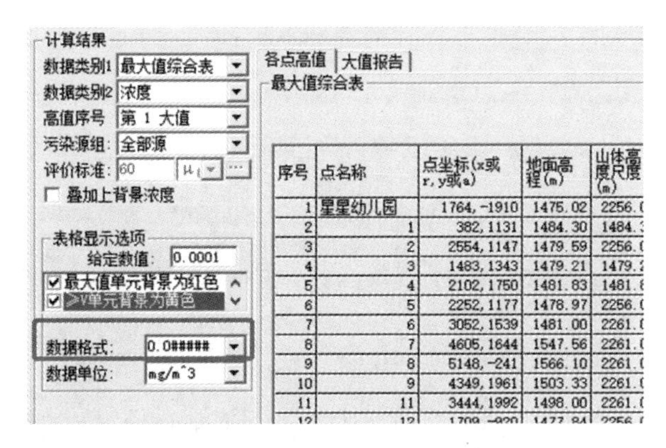

图 1-83　AERMOD 预测结果页

① 对于 98%保证率的污染物，在“预测方案—输出内容—高值序号”中输入 8（预测方案其他设置不变），如图 1-84 所示。

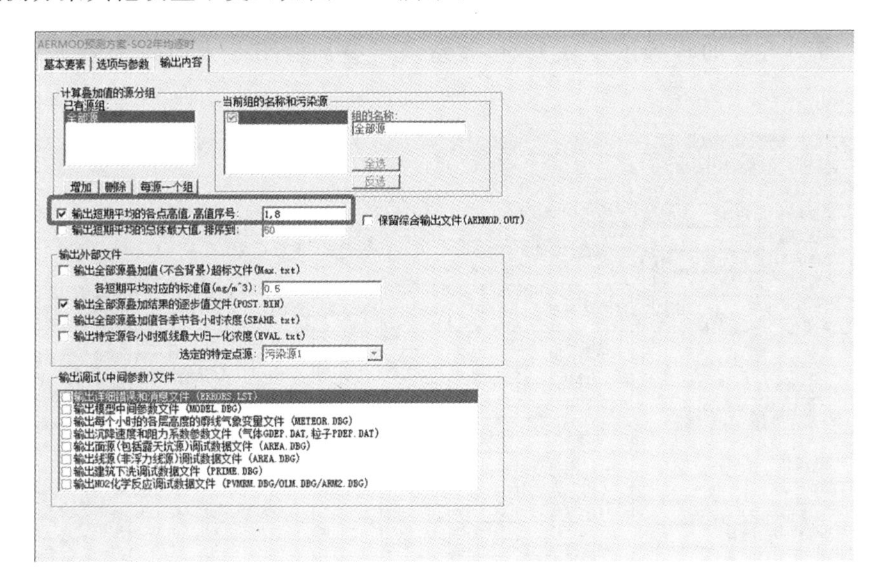

图 1-84　AERMOD 预测方案

② 预测方案计算完之后，在“预测结果—叠加上背景浓度—高值序号”下拉列表里选择“第 8 大值”即是导则要求的 98%保证率日平均浓度结果，如图 1-85 所示。

（15）出现第 8 大值大于第 1 大值的现象。

在同一 AERMOD 预测结果页面中，勾选“叠加上背景浓度”后，出现第 8 大值大于第 1 大值的现象，如图 1-86 和图 1-87 所示。这是由外部文件丢失造成的。在正常情况下，第 8 大值必然小于第 1 大值，但在外部文件丢失的情况下，软件按照

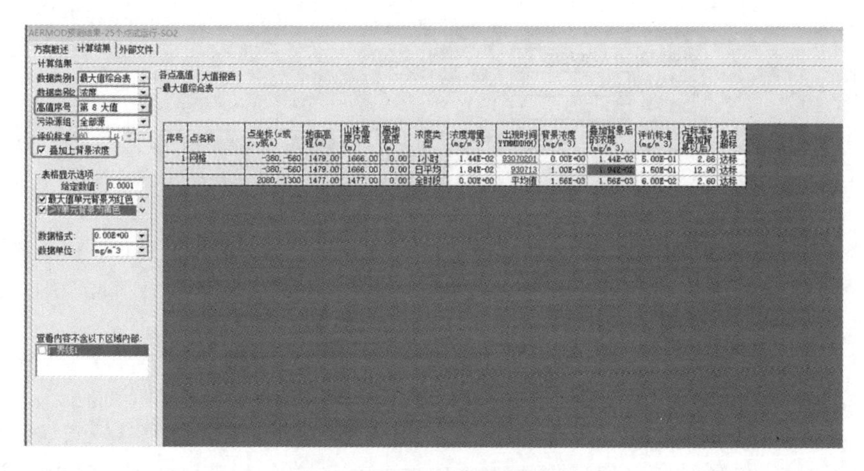

图 1-85　AERMOD 预测结果

贡献值的第 1 大值和第 8 大值对应的时间找出相应背景浓度来叠加，当第 8 大值出现的时刻对应的背景浓度较大时，就造成了叠加后第 8 大值大于第 1 大值的现象。

序号	名称	X	Y	地面高程	控制高度	离地高度	日平均值
1	吴庄	768	-308	52.33	52.33	0	19.1057
2	崔大庄	-662	-809	53.21	53.21	0	8.2584
3	孙沿村	-1441	-1753	54.75	54.75	0	28.1267
4	汪庄村	2012	-1965	52.62	52.62	0	7.0923
5	汝悦小区	586	1124	54.21	54.21	0	15.1808
6	任楼	-780	1823	58.57	58.57	0	15.1235
7	胡庄	-1002	-23	56.01	56.01	0	7.2218
8	汝南县第二	1940	2089	51.07	51.07	0	24.0995
9	屈庄村	762	-2405	56.42	56.42	0	23.1611
10	刘屯村	1548	142	54.74	54.74	0	16.0783
11	付楼村	697	1980	54.4	54.4	0	16.1339
12	宋庄村	-1188	2181	55	55	0	13.1009
13	廖庄	-2222	-372	53.64	53.64	0	8.0924
14	汝南县环保	2816	3014	49.29	49.29	0	24.0806

图 1-86　AERMOD 预测结果页

解决方法：重新计算并运行该预测方案，重新获得外部文件，然后进行背景浓度叠加即可。

（16）选择输出和不输出外部文件的结果差异。

设置两个相同的进一步预测方案 A 和 B，A 选择输出外部文件，B 选择不输出外部文件。分别计算后，在相同内容查看条件下，在选择“叠加上背景浓度”后，两者显示的结果不同，如图 1-88 所示。

此情况出现的原因是在输出外部文件时，在选择“叠加上背景浓度”时，第 8 大

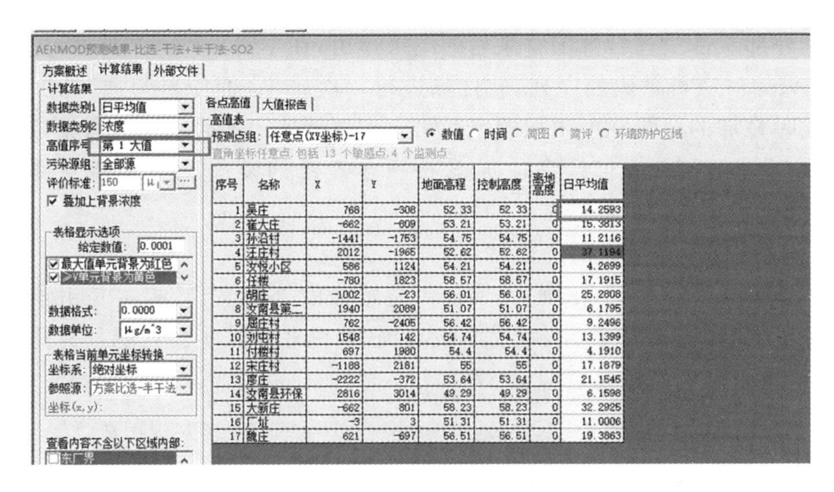

图 1-87　AERMOD 预测结果页

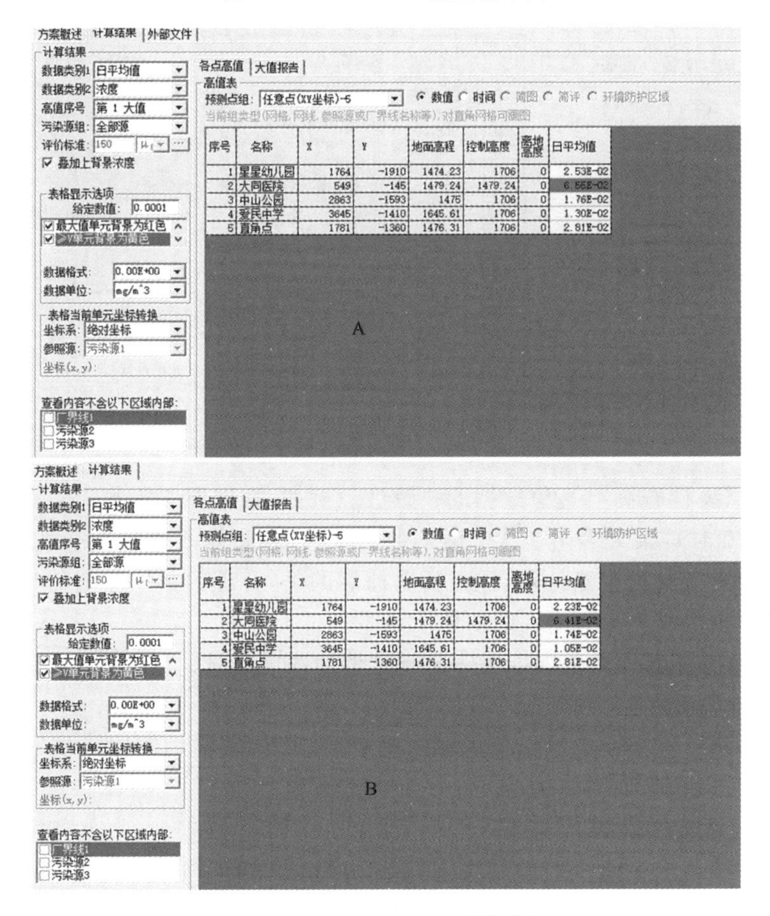

图 1-88　AERMOD 预测结果页

值会根据外部文件中逐日叠加背景后的结果排出；在不输出外部文件时，这里的第8大值就只是对应贡献值的序列，软件只进行一次排序，即使再勾选“叠加上背景浓度”，此时叠加的背景浓度值取的也是第8大贡献值出现时间下的背景浓度值。

因此，在进行第8大值计算时，应该按照方案A的设置，输出外部文件后叠加背景浓度值。

(17) 此文件不是适合的外部文件。

查看外部文件结果时，出现“此文件不是适合的外部文件”提示是由预测气象不完整造成的，如图1-89所示。例如，设置到12月31日，实际可能只有几个月就结束了，应检查预测气象是否包含8760个小时。

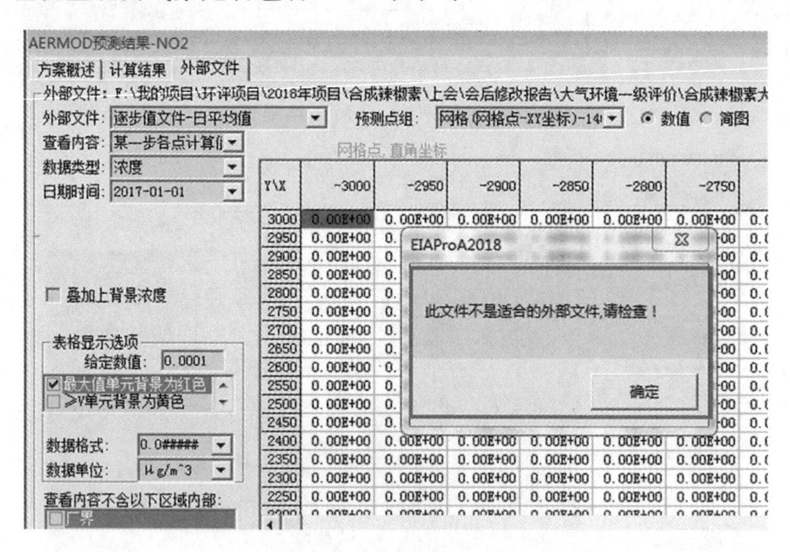

图1-89 错误提示信息

此外，需要检查高空气象数据的一致性。例如，数据原版为每天2次的气象数据(8时和20时)，某天多出一次2时的数据，那么需要修改原始高空气象数据，在重新生成预测气象后重新计算，这里需要注意的是，合理的数据序列的时间类型应是顺序定时自定义类型，如图1-90所示。

(18) 如何查看预测范围内大于某特定值的浓度区域。

① 通过表格查看。

在表格显示选项中的给定值内输入某一特定值，表格中阴影区域即为大于等于该值的区域范围，如图1-91所示。

② 通过浓度图查看。

在等值线属性中修改等值线级别划分，在输入级别划分处输入某一特定值，作为其中一个划分级别，点击“确定”按钮，设置填充色，即可显示大于等于该值的区域，如图1-92所示。

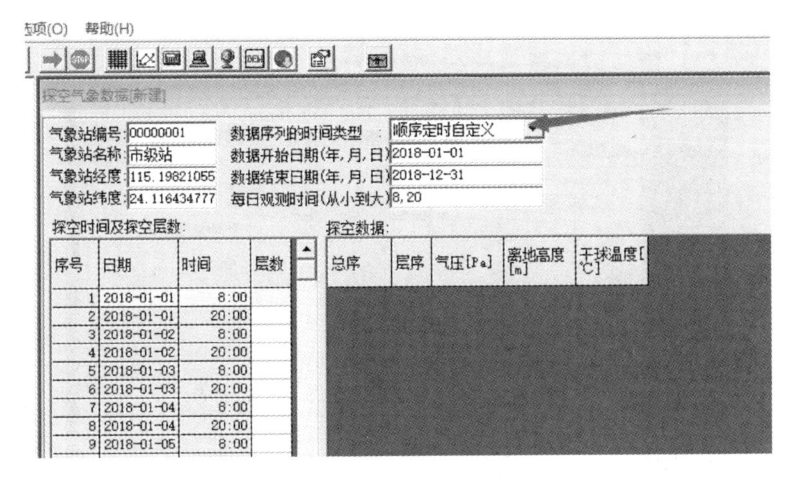

图 1-90　探空气象数据设置页面

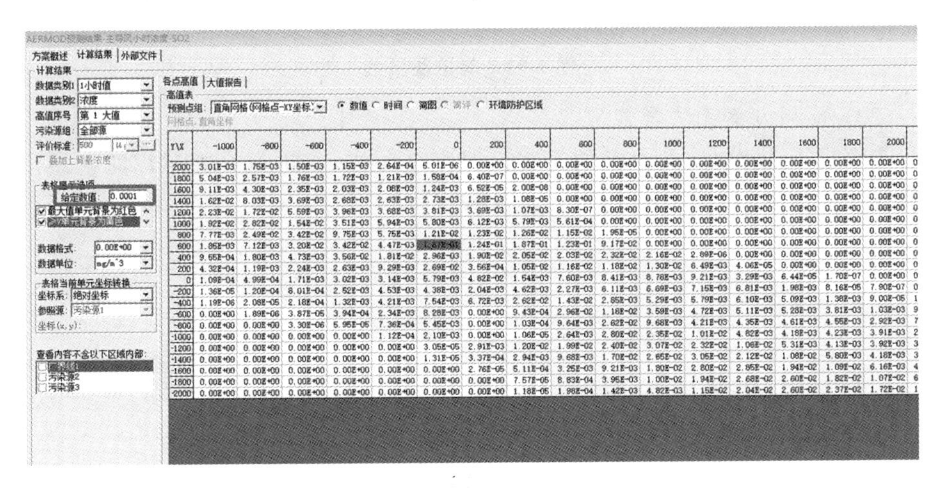

图 1-91　AERMOD 预测结果页

(19) 需要合并(含削减源)的方案在进一步预测时也可以直接实现。

对源强进行了削减的,削减部分可按负排放考虑。但这种方法不能考虑 NO_2 的化学反应。

要注意的是,计算结果中年平均值能完全反映浓度的增减(负值为减),但小时最大值和日平均最大值均不会出现负值,因为软件给出的都是最大值,且均不小于 0,即最大值是负值时,软件输出结果为 0。

要得到小时最大值和日平均最大值的负值,需要输出逐步值 POST 文件,然后在外部文件中查看;或者用该方案结果在 AERMOD 方案中合并,单独做加法得到一个 AERMOD 合并方案,在该合并方案中可得到小时最大值和日平均最大值的负值。

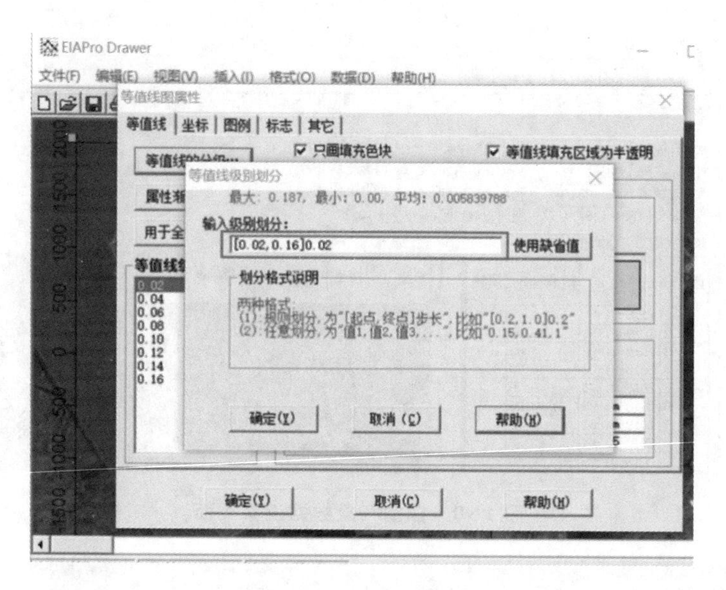

图 1-92　等值线属性

(20) 预测方案无法合并。

① 除了污染源外,待合并的方案设置完全一样,在进行合并运算时依然出现不能合并的情况,如图 1-93 所示。

图 1-93　错误提示信息

解决方法:首先要确保除了污染源外,待合并的方案设置完全一样。在确认无误后,仍出现上述问题的话,那就把原来待合并的方案重新计算一遍,再进行合并。这可能是受之前版本的限制,预测结果最好是在同一版本下的计算结果。

② 提示不能合并,预测点定义不同,如图 1-94 所示。

解决方法:此时应该按照提示检查预测点定义是否相同,如果不同,则修正一致后,重新运行 AERMAP、AERMOD,再合并。

③ 提示不能合并,没有输出外部文件,如图 1-95 所示。

解决方法:导致不能合并的原因如图 1-95 所示,需要在"AERMOD 预测方案—输出内容"中勾选"输出全部源叠加结果的逐步值文件(POST. BIN)",重新运行方案,再进行合并。

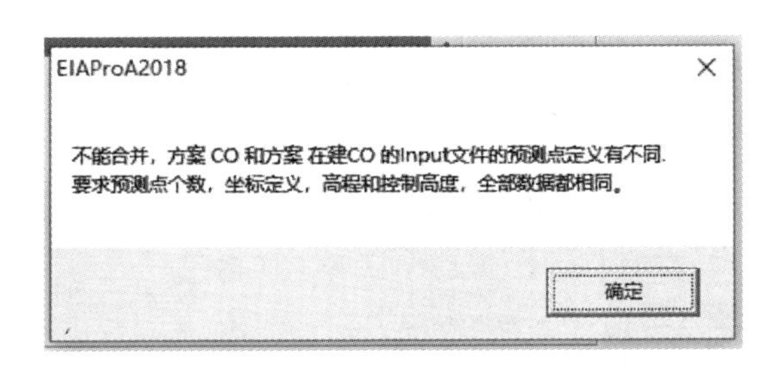

图 1-94　错误提示信息

图 1-95　错误提示信息

注意：在将 prj 文件拷贝到另一台电脑时，如果没有同步拷贝对应的 post 外部文件，则同样会出现上述提示，解决办法同上，或者把已生成的外部文件拷贝过来。

(21) 关于浓度图的编辑。

关于对浓度图的针对性编辑，建议鼠标点击浓度图，然后按“Ctrl＋E”，在 EIAPro Drawer 界面中双击浓度图，会出现该等值线属性，在此对该图形进行编辑，如图 1-96 所示。

(22) 输出浓度图时，底图显示不了或者背景颜色为灰色。

① 在导出 AERMOD 预测结果浓度图到 Word 时，明明已经勾选了“显示背景图”，但在复制时不显示背景图。

首先，检查下所提供背景图是否符合以下要求。

(a) 背景图是一个矩形图片，它的边应与本地坐标轴平行。

(b) 图片保存为常用图形格式的文件，如 JPG、GIF、BMP、EMF、DIB。

(c) 图片各方向比例尺均等，不能变形扭曲。

其次，查看背景图是否过大，尽量不要超过 1 MB，否则可能会导致底图无法复制，底图应尽量小。

② 复制浓度图到 Word 时，预测浓度图底色呈灰色，如图 1-97 所示。

解决方法：可以在图形缺省设置中，更换图形与背景混合算法。

(23) 去除预测浓度图中的网格线。

绘制预测浓度图时，图中会出现网格线，如图 1-98 所示。

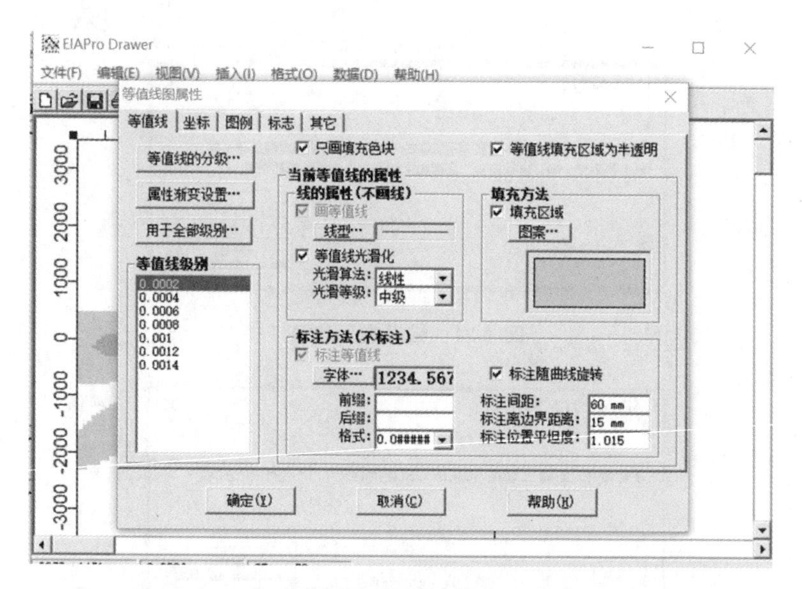

图 1-96　等值线属性

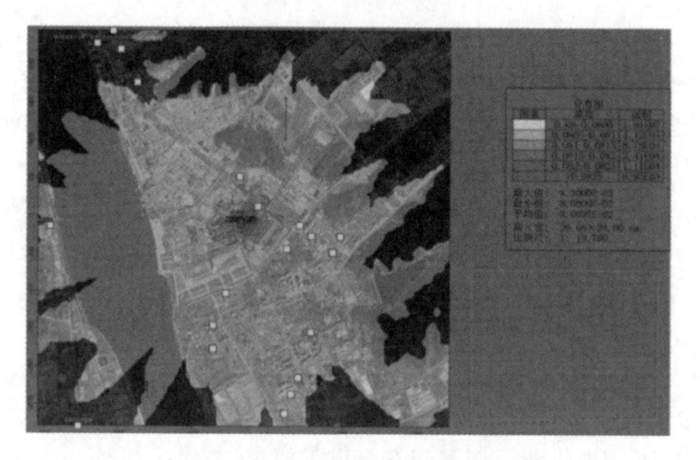

图 1-97　预测浓度图

解决方法:出现网格线的原因可能是勾选了“主要网格线可见”“次要网格线可见”或者“标记可见”,去掉勾选即可,如图 1-99 所示。

(24) 软件绘图时不显示浓度分布情况。

在编辑浓度图界面中(注意不是图形缺省界面),检查等值线分级设置是否处于生成的浓度结果范围内,如果不是,点击图 1-100 中的“使用缺省值”,再点击“确定”即可。

此外,若是生成结果只有一个值,即各个网格点浓度结果都是一样的,也会造成浓度分布显示异常。

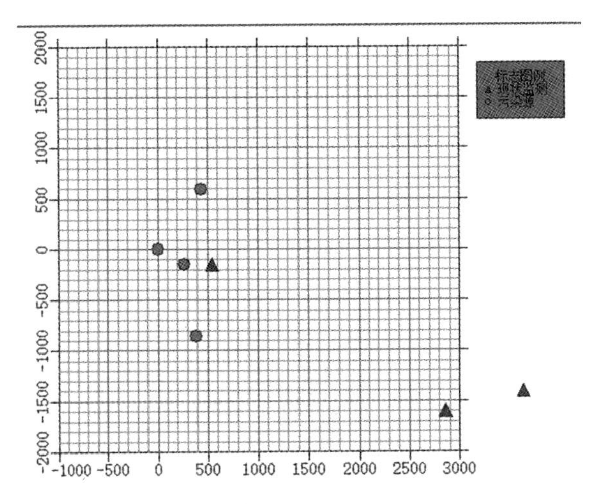

图 1-98　预测浓度图

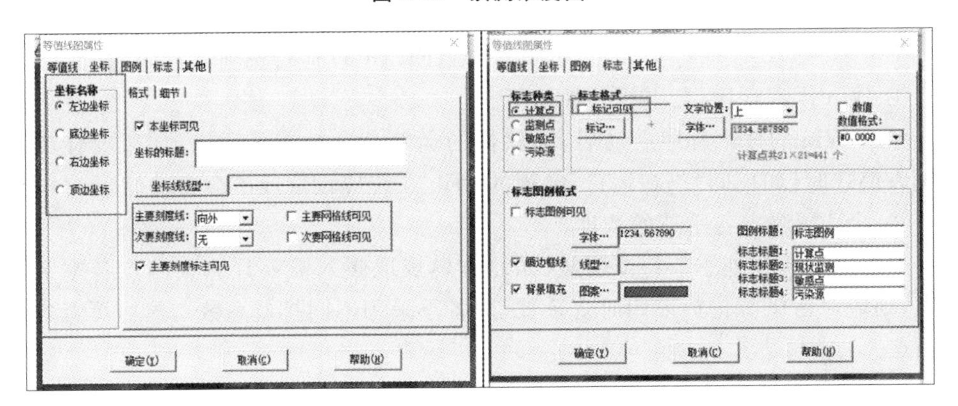

图 1-99　网格线设置页面

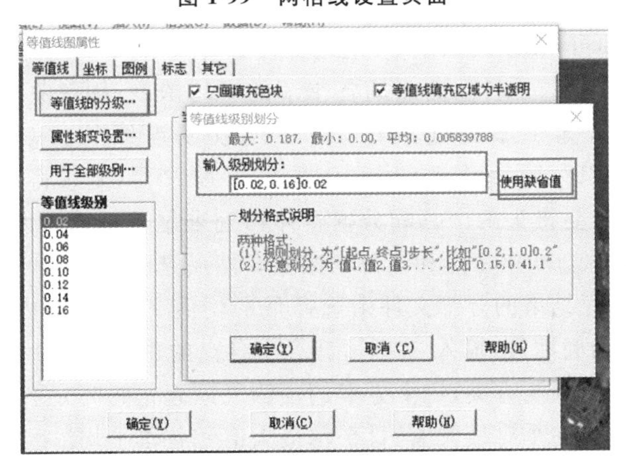

图 1-100　等值线属性

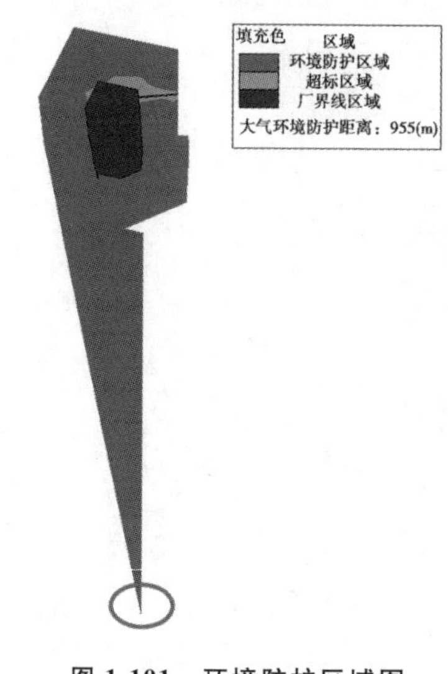

图 1-101 环境防护区域图

(25) 环境防护区域形状出现异常。

环境防护区域形状出现如图 1-101 所示的尖角时，原因可能是厂界线定义出现问题。

解决方法：在点选厂界线的时候，不要点最后一条厂界线，如果厂界线本来有 4 条的话，在底图上只点选 3 条，结束后，再设为封闭曲线。总之，厂界线定义原则是尽量减少不必要的拐点个数。

(26) 无法查看环境防护区域。

在 AERMOD 预测结果中，确定"数据类别 1"为"1 小时值"，且预测点组为网格点，环境防护区域呈灰色不可显示状态，原因可能是未定义厂界线，需重新定义厂界线。

(27) AERMOD 运行选项设置问题。

① Win 休眠程序，会干扰软件运行。

如果 Win 的休眠程序启动后，则软件的运算就会挂起。所以，如果要让程序在无人值守时(如夜间)仍在运行，电脑的 Win 系统应设置成不会自动休眠。

② 计算预测点各季节的浓度。

如果项目所在地季节特征明显(如北方燃煤取暖)，需要计算预测点各季节的浓度，则应对污染源排放采用时变系数(即各季采用不同排放系数)，然后可考虑以下两点。

(a) 若只需计算各季节的各小时(如 8 时、14 时、16 时)的平均值，则可在预测方案的输出内容中的"输出外部文件"中选择"输出…各季节各小时浓度(SEAHR. txt)"即可，在预测结果中，通过外部文件查看。

(b) 如果要计算的是各预测点的各季节的平均浓度，则气象数据必须是按各季节连续的方式，如果不是连续的，则必须改成连续的。如果已知气象为"2008/1/1—2008/12/1"，而冬季定义为 12 月、1 月、2 月，则须将气象改为"2008/3/1—2009/2/29"(要将头两个月的数据整体移到末尾)，也就是说 2008 年 1 月和 2 月的数据变成了 2009 年 1 月和 2 月的数据。然后选择计算月平均浓度，且输出逐步值文件，在计算结果的外部文件中选择月平均值文件，查看内容选择"各点第 N 大值"，滚动平均周期数，输入 3，则可计算出各点的季平均第 1 大值。另外一种方式为，可设置四个预测方案，每个方案的预测气象起止时间分别对应各季节的时间，可计算出各季节的小时最大值、日平均最大值和各季平均浓度。

③ 提高运算速度。

AERMOD 中对面源都是采用数值积分来计算的，速度较慢，AERMOD 开发者也注意到了这一点，因此在预测方案定义时，提供了常用模型选项：考虑对全部源速度优化，或考虑仅对面源速度优化。选择该选项后，可加速10～100倍。缺点是上风向浓度将不再计算。

建议对大区域评价范围采用粗网格，计算出结果后，对重点区域（应该是一个或几个小的区域）采取较细网格来计算，避免一个方案中网格点数量过多，最好要小于10000个网格点。

④ 制作局部超标范围浓度图。

根据超标范围制作一个预测点方案，以这个超标区域为网格的中心，网格取较小一点。这样用这个预测点方案算出的预测浓度图就是一个放大的局部浓度图。

这是一个子网格的问题。实际上一个计算方案可以同时设置几个网格，一般可设置一个整个评价范围的大网格和几个局部的加密的子网格。

⑤ POST文件的大小限制。

如果要求生成逐步值POST文件，则程序要求POST文件不能大于2.15 GB。POST文件长度超出长整数上限2147483647字节（约2.1 GB）后，受系统限制将无法读出超出的部分。

AERMOD的07026版保存为单精度数，所以运行8760小时一般是不会超出限制（但如果同时计算了总沉积、干沉积、湿沉积，计算时长为三年，并且预测点也多时，就可能超出）。AERMOD的09292以上版本采用双精度数保存，所以一年8760小时只计算浓度，4万多个点也会超出上限。一般建议采取较少的计算点方案。程序会预先计算文件的大小以给出提示。

(28) 预测结果评价相关问题。

① 计算网格的大小和密度，不同网格计算结果不同。

不同范围的网格，计算结果会不同。网格应在评价范围内，一般一个大网格与评价范围一样大。经初步计算，可在高浓度区设更小的网格，也可设疏密不一的网格。

在同一范围的网格，不同密度的网格计算出的最大值可能不同，越密的网格计算出的最大值可能越大，这是可以理解的。一般要求网格密度为100 m左右（最小为50 m），网格范围很大时可适当放宽网格密度。

② 典型小时和典型日。

选择一年气象，计算结果的综合最大值表中会给出各敏感点和网格的最大小时和最大日平均浓度，其发生时间可作为该点或网格的典型小时和典型日。典型日和典型小时都可以仅用贡献值来筛选出，也可以考虑背景值叠加后的情况。

典型小时和典型日的浓度分布图可在POST外部文件中找到相应的时间数据（最大值综合表中，有下划蓝色字体的时间参数，点击可转到外部文件中的相应小时/日期上)。

③ 浓度增量或削减量。

对源强进行了削减的,削减部分可按负排放考虑,但对 NO_2 不能考虑化学反应。

要注意的是,计算结果中,年平均值能完全反映浓度的增减(负值为减),但小时最大值和日平均最大值均不会出现负值,因为这里只给出最大值不能小于 0,所以如果最大值是负值(即最不利浓度也要下降)是表示不出来的。

要得到小时最大值和日平均最大值的负值,只能输出 POST 文件,然后在外部文件中查看;或者用该方案的结果生成一个 AERMOD 合并方案。某个点的小时最大值为负值,相当于该点的小时值的最小削减量。

④ 得出小时、日平均前 10 大值,且要求时间上不重复。

在 AERMOD 预测结果的大值报告中,直接列出了设定的前 *N* 个大值,但这里的最大值对应的时间可能存在重复,也就是可能前 1 大值、2 大值等都在同一小时发生,只是位置不同。

如果要求时间不重复的前 10 大小时值/日平均值,应生成 POST 外部文件,在外部文件中读入小时 POST 文件,查看内容选择“各步最大值及位置”,这样程序按时间顺序列出各个预测点组以及全部点组的最大值及位置。可复制全部点组(包括日期,用“复制(含表头)”命令)数据到 Excel 中,按浓度从大到小排序,即可得到前 10 大小时值及发生时间(时间不重复)。日平均值同理。

⑤ 预测结果中,最大值综合表与小时/日平均值表中的最大值位置、浓度不同。

最大值综合表中,如果小时值/日平均最大值均是未含背景值的贡献值,它与未叠加背景值的小时/日平均值表格中的最大值一定是相同位置、相同值的。如果不同,则可能是由后者采用的表达误差引起的,如采用“0.00E+00”只有三位有效数,采用更多有效数就可以看到两者完全相同。同样,如果都叠加了背景值,则两者也应相同。

⑥ AERMOD 模型中上风向有浓度吗?

在 AERMOD 任何风速下,其上风向也都会有浓度(风速较大时会表现为 0,但采用速度优化后不计算上风向),且风速越小时,同一上风向距离处的浓度会越大。但是 AERMOD 的上风向浓度并不是只与风速这个因素有关,还与源高等很多参数有关,有的情况下,风速达到 3 m/s,上风向浓度就趋于 0,有的要风速达到 5 m/s 才能接近 0。

⑦ AERMOD 模型中污染物需要输送时间吗?

AERMOD 是静态模型,是不考虑污染物的输送时间的。虽然用的是小时气象、小时排放率,但它最终算出的是这个状态(气象和源强等)永久存在的条件下,各预测点最终会达到的平衡浓度。从其模型技术说明中亦看不出有分段烟羽的概念。因此，不能认为某个小时 1 m/s 的风速下，3600 m 之外就不会有浓度(因为 3600 m/1 m/s=3600 s=1 h)，实际上无论多远都有浓度。

⑧ 将图形复制后在 Word 内粘贴时，不见图形或不见背景图。

这种情况一般是都是因为图形很大。

如果无法粘贴图形，说明图形未复制到内存中，要注意在按"Ctrl+C"复制图形时，要等待几秒钟，不要做任何工作(因为这时程序要在内存中重新生成图形，图形很大就需要一定时间)，等到图形发生抖动时，再到 Word 中粘贴。

如果能粘贴图形，则只是背景图不见，可以在 EIAProA 中双击图形，进入图形属性设置，选择"设置图形大小"，将图形设置到合适的大小。图形宽度不能大于 500 mm。

⑨ 计算结果和外部文件中，第 N 大值(给定保证率)有不同吗?

严格对比的话，条件必须一样。就是计算结果中如果采用第 8 大值，那么外部文件也必须采用第 8 大值。

98%相当于第 8 大值是有条件的。这个条件就是数据次数为 400 次。但是一年只有 365 天，在这样的条件下，98%相当于 3.73 天。但没有这样的天数，采用了一个代表值——第 8 大值。所以说，用第 8 大值代表 98%是有缺陷的，但是这是通常做法，大家都接受了。

而在外部文件中，保证率 98%，这里是计算出的数学准确值，会按实际数据次数进行插值(可以试一下，98%和 98.2%，结果不同)。

⑩ 计算结果最大值综合表中，对于同一个敏感点的日平均值，未叠加背景值时的最大值出现日期，与叠加后的最大值出现日期不同。

未叠加时，最大值出现日期是用贡献值排序后求出的日期。如果叠加背景值，则先叠加背景，再排序，如果有逐日的背景值，则最大值出现日期与直接用贡献值排序后的日期有可能不同。注意，如果没有外部 POST 文件存在，则无法进行逐日叠加背景后排序，只能采用未叠加背景时贡献值的日期取背景，这样日期就不会变。

⑪ 采用 AERMOD 进一步预测后，可求出多个源叠加后的 $D_{10\%}$。但不太好找，能否在修改软件时，考虑在简评中直接给出 $D_{10\%}$ 呢?

有以下两种方法。

(a) 所有源预测结果的网格表中，"数据类别 1"选择"1 小时值"，"数据类别 2"选择"浓度占标率"，查看简图，单点图形，按"Ctrl+E"进入图形编辑。双击图形，将等值线分级阈值设为 0.1。按"确定"退出到图形中，鼠标在 0.1 等值线上，移到明显离源最远的位置，可以看到左下角有坐标值，然后计算一下距离。

(b) 在项目特征中，设置一条厂界线，将所有参与计算的污染源围在里面，但区域尽量小。所有源预测结果的网格表中,“数据类别 1”选择“1 小时值”,“数据类别 2”选择“浓度”,图形图例(注意,要双击图形,在缺省设置中选择图例为可见)中的大气环境防护距离就是 $D_{10\%}$。

⑫ 出现敏感点比区域网格的小时最大值还大的预测结果,正常吗?

首先看一下敏感点有没有输入高程,区域网格有没有输入高程,两者应合理、可比。

一般来说这种结果是正常的,因为敏感点可能在区域外(区域没有覆盖最大点),或者虽然在区域里,但不在网格上,网格刚好错过了敏感点位置。

想象一下,网格设置如果很粗糙,是不是网格里一个小单元的空间可能有浓度更大的点?只有网格很细的时候,才能找出真正的最大点。

1.5 AFTOX/SLAB 风险扩散模型

对于风险事故预测,首先要分析风险泄漏的物质种类,查找危险物质临界量(可在本软件工具“风险模型一些参数查找和计算-临界量和终点浓度”中查找),确定主要的危险物质。在化学品数据库中查看是否有相关物质及其参数,若没有,先查找出该物质有关的化学参数(如在百度百科中查找),并输入完善数据库,方便后续计算时引用。

风险评价工作等级划分,可在本软件工具“风险模型一些参数查找和计算-风险评价工作等级划分”中确定。

风险预测所需的最常见气象条件,需按照“2018 风险导则”9.1.1.4 的要求进行统计。在本软件的“气象数据-气象统计分析”中,先将类型选择为“风频风速稳定度统计”,进行统计后查看统计结果小结,将直接得到符合这一要求的统计结果。

之后,在“风险源强估算”中,估算其气体源强参数,并得到扩散模型选择建议。

最后,按源强估算结果的建议,新建一个“AFTOX 烟团扩散模型”或“SLAB 重气体扩散模型”预测方案,按给定的气象条件,引用源强估算结果参数,进行扩散计算。

1.5.1 EIAProA 软件特点

1. 内置化学品数据库

EIAProA 软件内置了 400 多种化学品数据库。数据库参数来源如下。

(1) AFTOX(可从中提取 130 种物质)。

(2) SLAB。

(3) 工业气体手册。

另外,“2018 风险导则”中列出的危险物质临界量、大气毒性终点浓度值等评价标准数据也集成在软件中，方便引用。

2. 内置多种源强估算模型

EIAProA 软件内置了“2018 风险导则”推荐的各种源强估算模型，以及 AFTOX 自带的多种源强估算模型。

预设了不同事故情景，结合涉事的化学品参数和环境气象参数，自动推荐首选源强估算模型(并列出可选替代模型)。

EIAProA 软件会根据物质参数和环境参数自动计算出输入到预测模型中的某些参数。例如，压力容器泄漏情景下，喷口气流减压到常压后截面积和气温等模型需要的参数。

同时，EIAProA 软件自动计算理查德森数，用以判断并推荐后续的扩散模型。

3. 统一的输入和输出界面

AFTOX 和 SLAB 模型均采用相似的参数输入界面，以及几乎完全相同的计算结果输出和后处理界面。

EIAProA 软件已将用户需要输入的参数按照简单、方便、灵活、多样的原则重新设计。例如，云量统一设置为 10 分制；湍流参数，允许输入事故时间等参数供程序按热通量计算，也允许用户自己输入稳定度；地表粗糙度的取值，除按原模型本身提供的可选项外，也可按 AERMET 推荐的值进行取值。

输出方面，EIAProA 软件包含了轴线最大浓度(SLAB 还有质心浓度)、设定的关注阈值浓度的最大影响区域(和图形)和特定时间影响区域(和图形)、关心点时间变化曲线等。输出浓度均可用质量体积浓度(如 mg/m^3)或体积比例(如 ppm)表示。

4. 与大气预测采用相同的基础平台

由于程序建立在 EIAProA 软件平台上，因此其与建设项目的大气预测计算可共享基础数据平台，包括背景图与坐标系、地形高程、现状监测、敏感点、厂界线等。例如，只要在背景图上点出事故位置，就可自动取得该处经纬度、地形高程、气压。

同 AERMOD 一样，一个工程文件中支持多个化学品、多个事故源、多种模型的预测。

1.5.2 化学品数据库

点击目录树中“风险模型”下的“化学品数据库”，右边显示软件内置的物质参数数据库，在这里可以查看、增减或修改物质属性，如图 1-102 所示。

这些参数可用于不同的风险源强估算模型和扩散模型(当前为 AFTOX 或 SLAB 模型)。但实际上，不同的模型必需的参数有所不同，用户在录入数据时，只需先考虑输入手头已有的参数，在后续选择具体模型时，程序还会提醒缺少的参

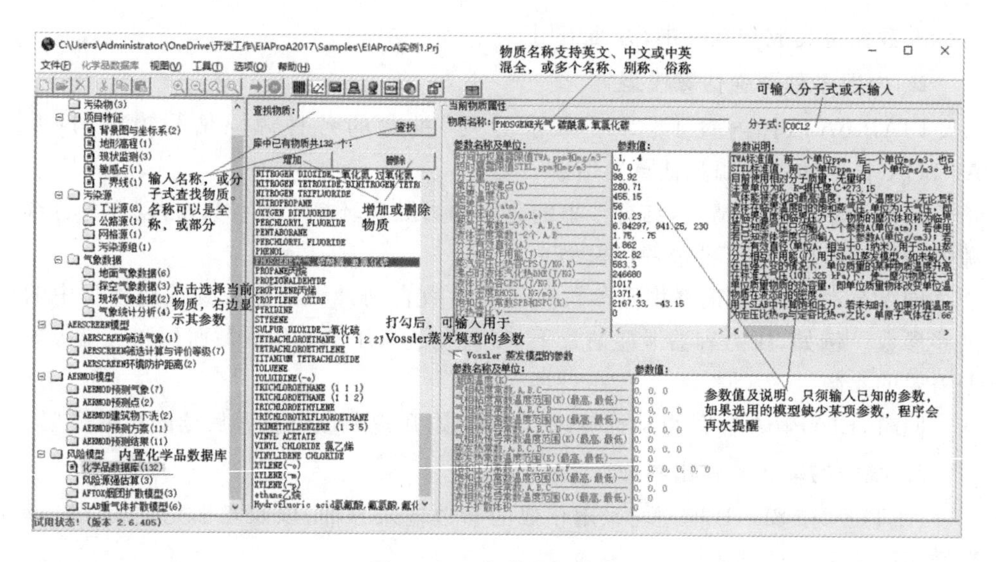

图 1-102　化学品数据库

数，再去查找后输入。

增加和编辑数据库：增加时，点“增加”按钮后输入相关参数；编辑时，查找或直接在左边选择“物质”后，在右边修改。然后，在左边项目树中点击“化学品数据库”之外的内容，程序会立即保存当前的修改（如果有删除，则该物质会永久从内置数据库中删掉）。

在数据库查找物质：输入要查找物质的名称（全称，或部分），或者分子式，再按“查找”按钮。如果输入的字符只是名称的一部分，则可能找到多个含有这种字符的物质，此时每再按一次“查找”按钮，就找到下一个符合要求的物质。如果用物质中文名找不到，建议用英文名查看，中文名换英文名可在网上搜索。

数据库文件：EIAProA 软件物质数据库完全开放，包括 CH. DAT 和 EVAP. DAT 两个文件。只有物质要用于 Vossler 蒸发模型时，才用到 EVAP. DAT 文件；其他情况下只用到 CH. DAT 文件。

对物质库中参数的说明如下。

这里虽然有 23 个参数（Vossler 模型还有另外 38 个参数），但多数参数并不是必需的。例如，时间加权平均暴露限值 TWA 和短时暴露限值 STEL（缺省提供的是美国的《职业安全与卫生条例（OSHA）》STEL 值），只是作为扩散模型计算时缺省的廓线阈值，也就是一种评价标准，这里可以不输入，也可以输入“2018 风险导则”中的大气毒性终点浓度值。

大部分参数其实是用于计算蒸发过程的，如果物质在可能遇到的环境温度下均为气态，则只需输入沸点等几个参数。若物质为液体，则必须有蒸气压参数，除非已有 Vossler 参数。数据库中只对 5 种物质（hydrazine、monomethylhydrazine

(MMH)、dimethylhydrazine(UDMH)、aerozine-50 和 nitrogen)有 Vossler 参数。

蒸气压参数可用三种方法定义：安托万方程，要求输入三个常数 A、B、C；Frost-Kalkwarf 方程，要求输入两个参数 A 和 B(此时临界压力和临界体积参数必须已知)，直接输入蒸气压 A，单位为 atm。要注意的是，模型会通过已输入非零参数的个数，来判断用哪种方法定义。如果只输入一个参数，则程序认为就是蒸气压，且单位为 atm。

液体密度对所有液态物质都是必需的，包括那些使用 Vossler 的物质。此参数可用两种方法定义：使用 Guggenheim 方程，必须有两个常数；直接输入，单位为 g/cm^3。与蒸气压力一样，模型用常数的个数来判断输入的方法。Guggenheim 方程要求已知临界温度和临界体积。如果未输入液体密度，则模型缺省采用水密度 $1\ g/cm^3$。

分子扩散常数包括分子有效直径(单位为 A，1 A 相当于 0.1 nm)和分子相互作用能(单位为 J)。此扩散用于 Shell 蒸发模型。如果两个参数中有无效参数，则采用 Clewell 蒸发模型。

蒸气定压比热容 CPS、汽化热 DHE 等 6 个参数是专门用于 SLAB 模型的，也是假定事故物质是液体的方式，需要计算蒸发过程。

1.5.3　风险源强估算

点击目录树中“风险模型”下的“风险源强估算”，右边显示已有的估算方案，可打开或新建一个方案，如图 1-103 所示。此模块通过设定参数估算泄漏或蒸发产生的气体源强，并查看源强结果。

首先选择“污染物质”，其次选择“事故情景”，再输入环境和事故参数，最后按“刷新结果”得到污染源强。

1. 污染物质

下拉列表已列出当前内置化学品库中的全部物质，从中选择一个，或者在查找物质输入框中输入物质的名称(部分或全部)或分子式，按“查找”，在化学品数据库中找出相关物质，在右边文字框内将显示当前方案内物质的参数。

使用查找功能时，如果找到一个匹配物质，则在下拉列表中显示，此时再按“查找”按钮，就会显示下一个匹配物质。如果找不到匹配物质，则弹出警示，并在下拉列表中显示空白。可按“化学品数据库…”按钮进入化学品数据库编辑窗口，添加本次要计算的污染物质相关参数。

风险源强估算方案，只保存对数据库中物质的引用，而不保存该物质的具体参数。对于已保存的方案(必定有计算过的物质)，如果本次打开时，该物质在化学品数据库中已删除，则污染物质下拉列表中显示为空白，原有方案已失效，必须引用其他物质。如果本次打开该物质仍存在，则会读取该物质在库中的最新版参数，需

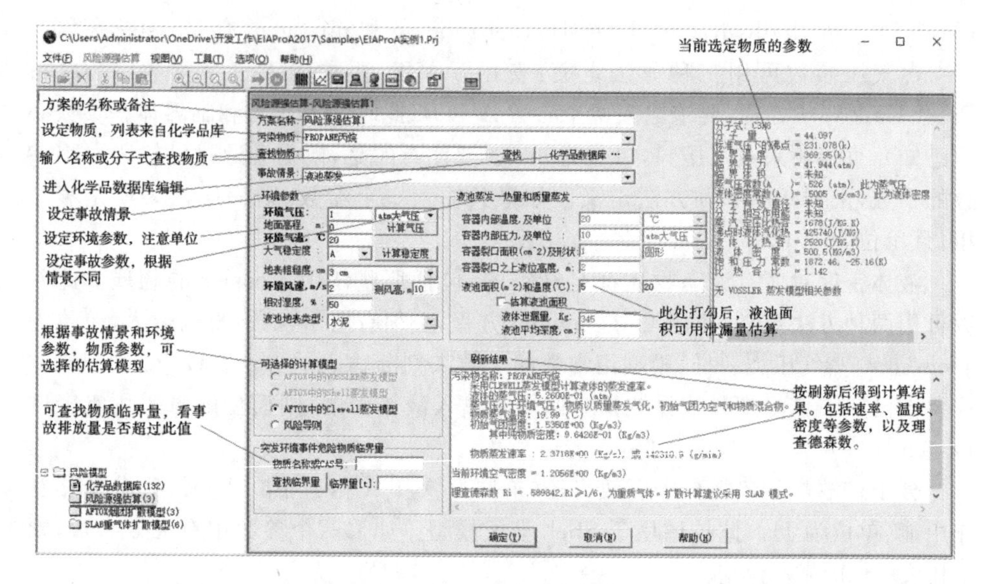

图 1-103　风险源强估算

重新估算后得到新的结果再保存。

2. 环境参数

环境参数选项卡输入的气象及环境参数均应是事故发生处的参数。如果该处没有对应的参数，则采用最近地面气象站的数据，该气象站的数据应能代表泄漏发生处的实际情况。

如果没有气压，可在输入地面高程后，按“计算气压”按钮进行估算。

稳定度为 PS 等级稳定度，如果没有，则可以按“计算稳定度”调用工具程序完成。

注意，环境风速必须大于 0.5m/s。

3. 事故情景

1）压力容器泄漏

根据物质参数，以及容器内的温度、压力，可以判断容器内物质的状态（判断是一般液体、过热液体，还是气体）。如果为一般液体，则要求输入裂口以上液位高度。

结合环境温度和压力，可以判断泄漏出的物质是纯气体，还是纯液体，或是两相混合物。对于不同的泄漏物质，程序会自动推荐合适的模型。

对于纯液体泄漏，泄漏物质为液态，不能作为大气扩散源，而是作为实际泄漏的液体量，后续再按液池蒸发计算出蒸发速率。

对于纯气体泄漏，可以直接作为大气扩散的源强。程序计算得出源强横截面积、喷射速度、气体温度和密度。根据理查德森参数，建议采用 SLAB 重气体模型或 AFTOX 模型。后续采用的模型中，可能对事故情景进一步细分，如 SLAB 模型中，要求区分泄漏口是朝上还是朝下喷射。

对于两相混合物泄漏，由于气体中夹带大量液滴，并且扩散过程中液滴会持续汽化，因此混合物温度保持很低，密度通常比环境空气大很多，一般建议采用 SLAB 模型。如果选择采用 AFTOX 模型，则只能考虑其气体部分，必然使计算结果大幅偏低。

两相：物质以液体方式保存在压力容器内，但其储存温度高于常压下的沸点，视为过热液体。当泄漏时，一部分闪蒸为气态，闪蒸比例小于等于 0 的，为纯液体方式排放；大于 1 的，为纯气体排放；大于 0 且小于等于 1 的，为两相排放，即一部分为气体，另一部分以液滴形式存在于气体中，此时气体温度为沸点，然后液滴吸收空气热量继续汽化（热量蒸发），边扩散边蒸发，气体内部温度很低（相当于沸点），且气体中有液滴，形成重气体扩散。

容器内为过热液体时，压力容器的泄漏多数情况下以两相方式泄漏，在同样的裂口下，两相的泄漏速率（kg/s）要比纯液体方式的低得多（因为气体占了较大体积）。容器内压力一般大于环境气压，在裂口处开始汽化的地方，其气压既小于容器内部，又大于外界环境（本软件中取为环境气压）。两相混合物的平均密度可取为蒸气密度（在裂口处压力和沸点温度下）与液体密度的加权平均值，其气体比例取决于闪蒸比例。

泄漏方式：程序总是假定容器内通过低温、高压的方式将物质以液体方式储存，因此容器内压力 P_i 应大于 1 个大气压，且应大于环境气压，否则没有泄漏的驱动力，容器内温度 T_i 通常小于环境气温 T_a。假定物质沸点 T_b、物质临界温度 T_c、临界压力 P_c 均有效，则有以下几种可能。

（1）当 $T_i \leqslant T_b$ 时，容器内应为纯液态，只计算物质以液态方式泄漏的速率，后续应按液池蒸发再计算一次。

如果 $T_b > T_a$，则蒸发只是质量蒸发，或者热量加质量蒸发。

如果 $T_b \leqslant T_a$，则可能发生闪蒸。但是，这样的情况是不合理的。低温保存是要成本的，而容器压力不会低于环境压力，所以对于 T_b 低于环境气温的情况，T_i 总会略大于 T_b，因而直接采用（2）计算两相流泄漏。

（2）当 $T_b < T_i < T_c$，且 $P_i > 1$ atm 时，容器内应为过热液体。如果 $T_b < T_a$，则泄漏方式为两相流泄漏。如果 $T_b \geqslant T_a$，则物质仍以液态方式泄漏，且后续只会发生质量蒸发，不过这种情况十分罕见。

（3）当 $T_i \geqslant T_c$，或者当 $T_b < T_i < T_c$ 且 $P_i \leqslant 1$ atm 时，认为容器内为纯气体，泄漏方式为纯气体泄漏。

如果不认可程序判定的泄漏方式，则用户可以通过了解以上规律，微调 T_i 和 P_i。

2）液池蒸发

用户需要给定液池的面积，当然，也可以给出泄漏量和平均深度以估算液池面积（需要已知液体密度）。液池的温度也需由用户输入。

液池蒸发可根据物质化学参数和环境条件，采用某种或某几种不同计算模式。

（1）VOSSLER 蒸发模型。

（2）SHELL 蒸发模型。

（3）CLEWELL 蒸发模型。

（4）风险导则附录 F 公式法。

前三种均是在 AFTOX 中所用的模型，第（4）种是根据“2018 风险导则”附录 F 有关公式进行的计算（相当于本软件 Ver1.1 下的“泄漏与蒸发”模块的算法的优化版）。程序根据物质已有参数，自动选定一种算法。

前三种算法一般适用于环境气温≤液体沸点的情况（只包括质量蒸发）。如果环境气温＞液体沸点（同时有热量蒸发及质量蒸发），一般会发生暴沸；此时如果液池温度高于其沸点（环境气压下的），实际会发生闪蒸，液池将瞬间汽化为两相混合物（气体中夹带液滴）的瞬时气团，这种情况一般只适用于第（4）种算法（但现实中不太可能存在这样的液池，因为它本身是不稳定的）。

公式法的蒸发结果（热量蒸发加质量蒸发，或仅有质量蒸发），与 AFTOX 中的参数最少（也就是最粗糙的）的 CLEWELL 蒸发计算相当。因此，以液态形式保存的物质大量泄漏后，即使环境温度高于沸点，也仍可能发生蒸发（气温大于沸点的蒸发，热量蒸发与质量蒸发同时进行），AFTOX 也能计算这个蒸发。

同样物质在相同环境下，采用不同蒸发模型，在有些情况下计算结果会有较大差距。软件会提醒明显不合理的结果，如图 1-104 所示。

污染物名称：PROPANE丙烷
采用CLEWELL蒸发模型计算液体的蒸发速率。
液体的蒸气压：5.2600E-01 (atm)
蒸气压小于环境气压，物质以质量蒸发气化，初始气团为空气和物质混合物。
物质蒸气温度：19.99 (C)

****物质沸点低于环境温度，理应暴沸，蒸气压却小于环境气压，不合理！建议采用其它模式重算！！

初始气团密度：1.5350E+00 (Kg/m3)
其中纯物质密度：9.6426E-01 (Kg/m3)

物质蒸发速率 ：2.3718E+00 (Kg/s)，或 142310.9 (g/mim)

当前环境空气密度 = 1.2056E+00 (Kg/m3)

理查德森数 Ri = .589842，Ri≥1/6，为重质气体。扩散计算建议采用 SLAB 模式。

图 1-104　相同物质相同环境，不同蒸发模型计算结果

对于过热液体，由于 CLEWELL 模型计算其蒸气压的结果不合理，程序建议采用其他模型重算。采用导则公式法重算后，结果如图 1-105 所示。

SLAB 模型的泄漏速率和蒸发速率：在 SLAB 模型 DOS 版本中，液池蒸发时，由用户输入泄漏速率和液池面积，且假定泄漏速率等于蒸发速率。但这个假设显

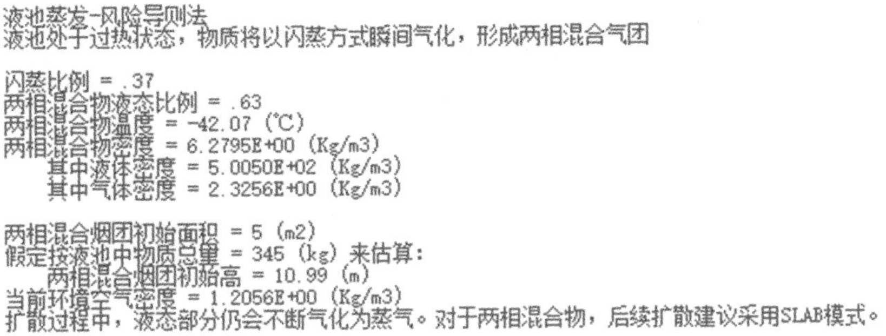

```
液池蒸发-风险导则法
液池处于过热状态，物质将以闪蒸方式瞬间气化，形成两相混合气团

闪蒸比例 = .37
两相混合物液态比例 = .63
两相混合物温度 = -42.07 (℃)
两相混合物密度 = 6.2795E+00 (Kg/m3)
    其中液体密度 = 5.0050E+02 (Kg/m3)
    其中气体密度 = 2.3256E+00 (Kg/m3)

两相混合烟团初始面积 = 5 (m2)
假定按液池中物质总量 = 345 (kg) 来估算:
    两相混合烟团初始高 = 10.99 (m)
当前环境空气密度 = 1.2056E+00 (Kg/m3)
扩散过程中，液态部分仍会不断气化为蒸气。对于两相混合物，后续扩散建议采用SLAB模式。
```

图 1-105　热液体蒸气压计算结果

然是不合理的。另外，蒸发速率要与液池面积相匹配。如果泄漏速率快，对应蒸发速率也快，则蒸气上升速度更快。如果面积很小，可能产生很高的上升速度、过高的蒸气压，则 SLAB 输出文件中不会有结果（计算页面在复述参数“Von Karman constant”这一行后就显示结束）。因此，应该由用户按 EIAProA 软件预先计算出实际蒸发速率作为泄漏速率来输入，以避免此类问题。

后续扩散模型的选择原则：如果烟团初始气体密度小于等于环境空气密度，则视其为轻质气体，宜采用 AFTOX 等模型进行扩散计算。如果是两相流物质，则一般视其为重质气体（实际为气液混合物），宜采用 SLAB 重气体模型。对于其他的情况，采用理查德森数来判断。

理查德森数按持续排放和瞬时排放两种情形分别计算，并采用不同的临界判断值，相关参数定义及计算公式见“2018 风险导则”附录 G.2.1。程序给出具体的数值，以及具体的判断结果建议。

1.5.4　风险扩散模型

1. AFTOX 模型和 SLAB 模型

对于污染物的扩散计算，目前 EIAProA 软件可选择 AFTOX 模型和 SLAB 模型。模型建议根据风险源强估算中理查德森数的计算结果选择。

美国空军有毒化学物扩散模型 AFTOX（Ver 4.1）基于多烟团高斯扩散模式，用于模拟中性气体和轻质气体排放以及液池蒸发的气体排放。其可模拟连续排放或瞬时排放、液体或气体排放、地面源或高架源排放、点源或面源排放。该模型内置了 Vossler、Shell 和 Clewell 蒸发模型，以估算液体泄漏的气体源强。若想进一步了解该模型可参考本软件“相关资料”目录下的“AFTOX 模型技术说明.pdf”。

SLAB 用于模拟重质气体或中性气体的扩散模型，基于稳定烟羽、瞬时烟团，或者两者联合的方式处理不同情况。模型处理的排放类型包括地面蒸发池、离地水平喷射、烟囱或离地垂直喷射、瞬时体源，其中地面蒸发池为纯气体源，其他可以是纯气体或气体和液滴的混合物。若想进一步了解该模型可参考 EIAProA 软件“相关资料”目录下的“SLAB 模型技术说明.pdf”。

AFTOX 模型和 SLAB 模型的说明、源代码、执行文件、用户手册以及技术文档可在“国家环境保护环境影响评价数值模拟重点实验室”网站下载。

点击目录树中“风险模型”下的“AFTOX 烟团扩散模型”，右边会显示已有的扩散计算方案，可打开或新建一个方案。如果想选择 SLAB 模型，则可点击目录树中的“SLAB 重气体扩散模型”执行同样的操作。

AFTOX 模型与 SLAB 模型的输入/输出界面十分相似，都由污染源及环境参数、计算内容、计算结果组成。下面将它们的共性一起描述，并分述各自特性。

注意：EIAProA 软件子目录“risk\”下的文件为运行风险模型必需的文件，不可自行移除或修改，否则可能导致不可预见的错误。

2. AFTOX 模型污染源及环境参数

AFTOX 模型窗口的首页为污染源及环境参数，在这里设定环境参数和污染源参数，如图 1-106 所示。

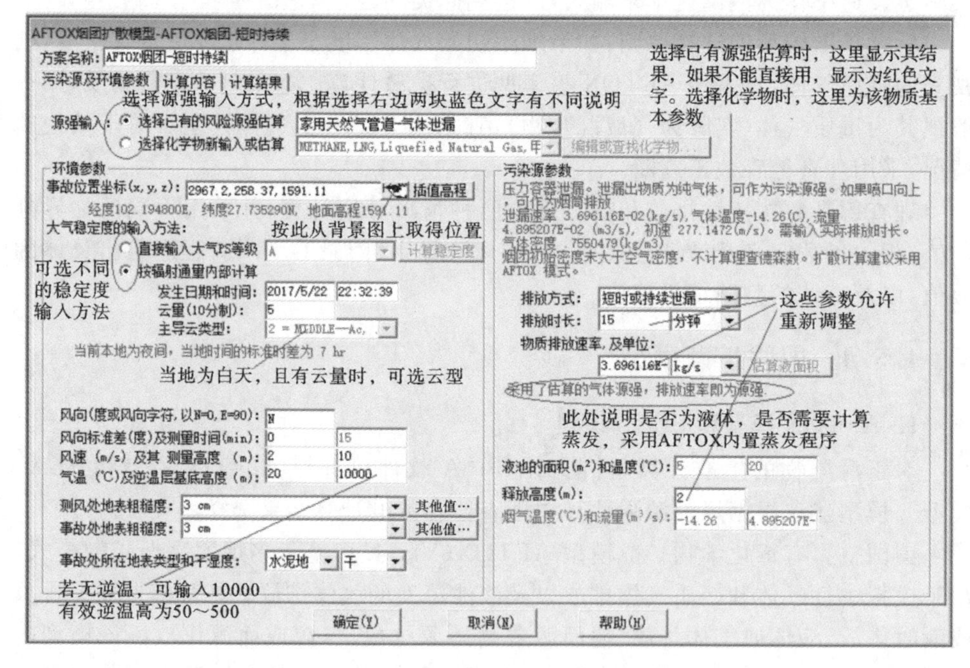

图 1-106　AFTOX 模型的污染源及环境参数输入

方案名称：定义方案的名称。最好有能代表该方案特征的备注文字。

1）环境参数

这里输入的气象及环境参数均应是泄漏发生处的参数。如果该处没有对应的参数，则采用最近地面气象站的数据，该气象站的数据应能代表泄漏发生处的实际情况。

事故位置坐标：输入事故发生处（污染源位置）中心点的坐标(x,y,z)，z为地面高程。缺省为项目坐标的全球定位点。如果项目文件中已有底图，则坐标位置可从底图上直接点出。如果已确定了坐标位置，且项目文件中已有地形高程 DEM 文件，则可直接插值计算出事故处的地面高程（按“插值高程”按钮）。输入框的下一行，用经纬度的方式标出当前的坐标。

大气稳定度的输入方法：可选择直接输入帕斯卡稳定度等级（A～F），或选择按辐射量进行内部计算。若选择后者，则要输入发生时间、云量和云型（白天时）。

泄漏时间只要求输入北京时间。云量按 10 分制云量输入；如果有两个云层，则应使用大云量的云层。如果两层的云量相同，则应选择低云层。程序计算出当地时间和 GMT 时差，用蓝色文字标出当地是白天还是夜间，以及时差。如果当地为白天且云量非零，则可输入主导云类型。

程序根据以上信息计算出的稳定度等级，用户也可以修改。

风的参数：风向可按字符（如 N 为自北向南吹的风，E 为自西向东吹的风，中文也可接受，如“北”代表 N，“东南”代表 SE）或角度值（N 风向相当于 0°或 360°，E 风向为 90°，S 风向为 180°）输入。

如果有风向标准差，则风的参数可用于计算稳定度（MITCHELL 方法）和污染走廊宽度（最小阈值 90%保证率时对应的最大廓线范围）。如果无风向标准差，则模型会借助风速和光照条件计算稳定度和走廊宽度。如果输入了风向标准差，则还需输入风向标准差平均时间（单位为 min）。

风速不可输入静风，若输入风速为 0，则程序将自动改为 0.5 m/s。实际上大多数源强估算程序都要求风速大于 0.5 m/s。风速测量高度只要是常规测量都是 10 m，如果不是 10 m，则模型会将此风速转换为 10 m 处风速，因扩散计算均用 10 m 处风速。因此，烟羽可能会采用比测量风速更快的速度向下风向移动。

气温及逆温层基底高度：输入环境干球气温。逆温层底高相当于混合层顶高。如果气温为 20℃及以上，则逆温层底低于 500 m 的，必须要输入环境干球气温。高于 500 m 的，也可输入环境干球气温，但对烟羽没有影响。如果逆温基点低于 50 m，则模型会假定没有逆温，且设定稳定度等级为 6。有逆温时，模型假定污染物会在其基点以下空间中扩散。极少情况下，污染物释放在逆温层以上，且会保持在逆温层之上的空间扩散。

如果没有逆温，则可以输入 10000 m。但如果输入 0 m，则代表有接地逆温层，整个扩散将在稳定的大气层内进行。

测风处/事故处地表粗糙度：对于无浮力释放，必须要输入事故处粗糙度的值。对于浮力烟羽，则假定抬升烟羽受地表粗糙度（设为 3 cm）的轻微影响。对地表粗糙度的取值，用户可从下拉列表中选择模型自带的推荐值，也可按“其他值…”按钮，采用 AERMET 对不同地表的推荐值。如不能确定事故处粗糙度的值，则应尽量选择低的数值，以避免产生更大的危害距离。如果此值输入小于 0.5 cm 或大于 100 cm，则会重置为 0.5 cm 和 100 cm。

事故处所在地表类型和干湿度：在下拉列表中选择地表类型和干湿类型。如果不能确定干湿状态，则应选择潮湿状态，这样不会导致更严重的危害距离。

2）污染源参数

（1）源强输入：选择已有的风险源强估算；选择化学物新输入或估算。

若选择“选择已有的风险源强估算”，则可在下拉列表中选择一个已有的风险源强估算方案，导入这个估算方案的气体源强估算结果（同时导入该估算方案所用的环境气象参数），放到污染源相关输入框中，且允许对数值进行修改。如果数据修改后想恢复，则可以在下拉列表中再点一下这个估算方案，重新导入全部数据。在污染源参数上方的蓝色说明文字中，列出这个估算方案的结果说明。如果无有效参数可用，则这些说明文字会显示为红色。图 1-107 所示的两种情况都说明不宜进行扩散计算。

若选择“选择化学物新输入或估算”，则下拉列表中列出化学品数据库中所有化学物，但第一个为“临时物质（气体）”，若选择此物质，则没有相关参数，当作纯气体处理，直接输入气体源强；若选择其他物质，则根据其沸点、环境气温等，判断是否为气体，若是液态，则要输入液池面积/温度等参数，用以计算蒸发速率（右边下侧文字说明是否需计算蒸发），作为气体源强。但是，即便是液态物质，如果排放方式选择“浮力气体从烟囱排出”，则默认物质为纯气体，源强直接作为气体源强（需另输入烟囱高、烟气温、烟气量等计算抬升的参数）。

强烈建议选择“选择已有的风险源强估算”方式，也就是先在风险源强估算中计算好源强参数，再引用。这样可有更多的选择（源强计算方式），判断是否合理、是否适合采用 AFTOX 模型等。选择“选择已有的风险源强估算”时，还会导入该源强估算方案中有关的气象参数。

源强输入的进一步说明如下。

选择“选择已有的风险源强估算”时，由于已经有气体源强，不再对蒸发相关参数提供输入；除非原结果是液体。但仍可输入类型选择（若为闪蒸的，缺省设为瞬时源，其他为短时持续源），即时长、释放高度，如类型为浮力烟囱时，需要输入烟囱高、烟气流量、烟气温度。

选择“选择化学物新输入或估算”时，根据选择的化学物质参数和输入的气象参数，判定化学物质是否为液体，是液体的要计算蒸发，需要输入相关蒸发参数。化学物质必须是化学品数据库中已有的物质（必须已有分子量和沸点）。如果临时要计算一种气体，且无任何相关物性参数，其分子量未明，沸点未确定，则可以选择

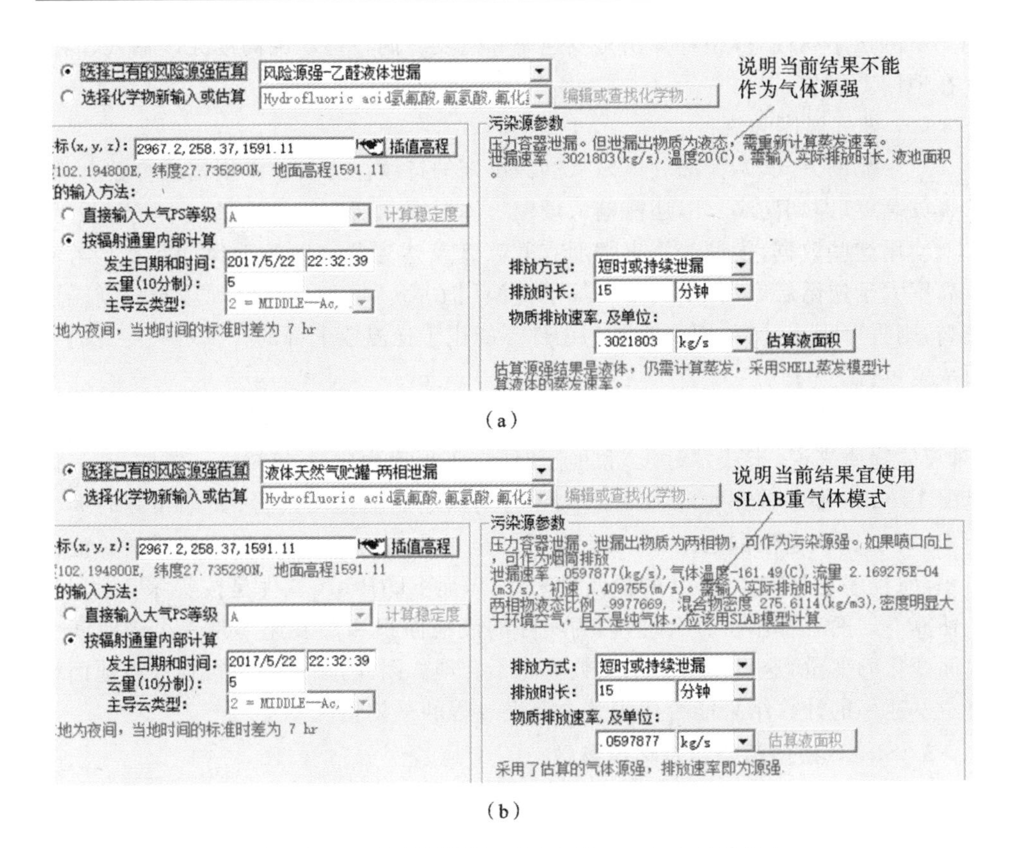

图 1-107　AFTOX 模型污染源参数——不合适的源强

“临时物质(气体)”。由于计算结果中需要有 mg/m³ 与 ppm 的转换，对于临时物质，分子量假定为空气(29)，转换因子按环境气压计算得出。

(2) 排放方式和排放时长。

排放方式有 3 种：① 瞬时泄漏；② 短时或持续泄漏；③ 浮力气体从烟囱排出。

①排放时长内定为 15 s，不可变动。②和③时长均应大于 15 s。

AFTOX 内核实际可处理 5 种泄漏方式，除以上①②③外，还有④瞬时液体、⑤持续液体泄漏方式。对于③和④，程序内部启动蒸气程序先计算出气体源强，再计算扩散。

(3) 泄漏量或泄漏速率。

泄漏方式①要输入泄漏量(单位为 kg 或 g)；方式②和③要输入泄漏速率(单位为 kg/s、g/s 或 g/min)。

(4) 液池面积和液池温度。

对于气态物质，要输入释放离地高度(单位为 m)。

对于液态物质，因要计算蒸发，需要输入液池面积和液池温度，借助这些参数和物质的化学属性，模型计算出蒸发速率和蒸发时间。但泄漏高度无须输入，因假定在地面上释放。

(5) 烟气温度和流量。

对于泄漏方式③，泄漏气体是从烟囱出来的持续浮力气体。因需计算抬升，除了释放高度(即烟囱高)外，还需输入烟囱气体温度和烟囱气体流量。

使用这些数据，模型计算出烟羽有效高度及达到此高度的下风向距离。若有效高度大于逆温层底高，则调整为等于逆温层底高。但如果排气筒本身比逆温层底高，则程序中止计算，因为输入的条件不能用于逆温层上部的计算(注意，此时地面浓度可视为 0)。

对于“是否仍在泄漏”这个参数，与原程序不同，EIAProA 软件根据泄漏时长(对液体物质来说，指蒸发时长)和预测时间，由程序内定这个参数。例如，某气体泄漏 10 min，如果预测时间为 0～10 min，则认定泄漏仍在进行；如果预测时间大于 10 min，则认定泄漏已结束，没有进行。至于液态物质，如果要用程序估算液池面积，原程序总是按 10 min 的泄漏量来计算，而 EIAProA 软件是按实际已泄漏量来估算。这两者都不十分合理，因为实际的液池面积和蒸发速率是一个随时间变化而变化的变量，这里作为恒定参数显然不合理。因此，用户应自行检查液池面积和蒸发速率的计算结果能否代表整个蒸发过程的平均情况。

3. SLAB 模型污染源及环境参数

SLAB 模型窗口首页为污染源及环境参数，在这里设定污染源及环境参数。SLAB 模型的污染源及环境参数输入如图 1-108 所示。

方案名称：定义方案的名称。最好有能代表该方案特征的备注文字。

1) 环境参数

这里输入的气象及环境参数均应是泄漏发生处的参数。如果该处没有对应的参数，则采用最近地面气象站的数据，该气象站的数据应能代表泄漏发生处的实际情况。

SLAB 模型环境参数的输入内容与 AFTOX 模型环境参数的输入内容基本相同。下面只说明不同之处。

(1) 此处的大气稳定度等级输入有三种，即增加了“直接输入莫奥长度”的方法。另外，计算辐射通量时，稳定度等级也是通过计算出莫奥长度来确定的。

(2) 不需要输入逆温层基底高度，但需要输入大气相对湿度。

(3) 对于环境地表粗糙度，只需输入事故处的参数。

(4) 无须输入地表类型和干湿度。

2) 污染源参数

源强输入：选择已有的风险源强估算；选择化学物，自行输入。若选择“选择已有的风险源强估算”，则可在下拉列表中选择一个已有的风险源强估算方案，导入

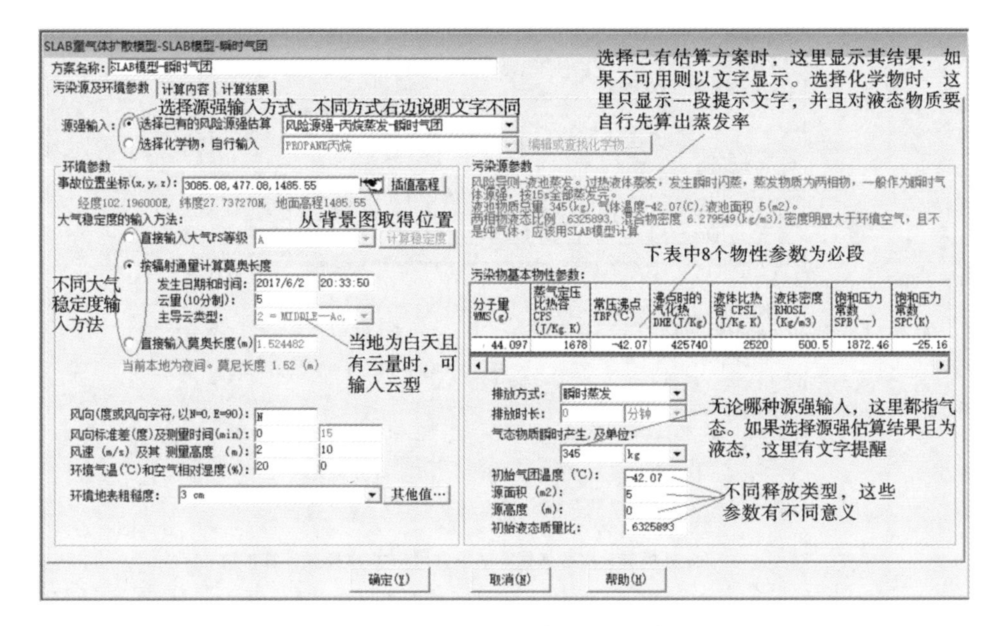

图 1-108　SLAB 模型的污染源及环境参数输入

这个估算方案的气体源强结果(同时导入该估算方案所用的环境气象参数)，放到污染源相关输入框中，且允许对数值进行修改。如果数据修改后想恢复，则可以在下拉列表中再点一下这个估算方案，重新导入全部数据。在污染源参数上方的说明文字中，列出这个估算方案的结果说明。如果无有效参数可用，则会显示说明文字。图 1-109 所示的上半部分情况说明不宜进行扩散计算。

若选择"选择化学物，自行输入"，则下拉列表中列出化学品数据库中所有化学物，但第一个为"临时物质(气体)"，若选择此物质，则没有相关物性参数；若选择其他物质，则会引用其物性参数到下方的表格中。

无论何种物质(包括临时物质)，物性参数表格中的 8 个参数都必须输入，最后 2 个参数可采用缺省值(−1，0)。

选择"选择化学物，自行输入"后，污染源的全部参数都要用户自行输入。

无论选择"选择已有的风险源强估算"还是"选择化学物，自行输入"，源强参数均是指气态物质的排放。如果物质是液体的，则用户必须自行用其他程序算出气体的排放量，计算出来的气体排放量才能作为源强排放输入。与 AFTOX 模型不同，SLAB 模型内部是没有蒸发模块的，完全不能估算液体的源强。

强烈建议选择"选择已有的风险源强估算"的方式，也就是先在风险源强估算中计算好源强参数，再引用。这样可有更多的选择(源强估算方式)以判断该估算方式是否合理、是否适合采用 SLAB 模型等。选择"选择已有的风险源强估算"时，还会导入该源强估算方案中有关的气象参数。

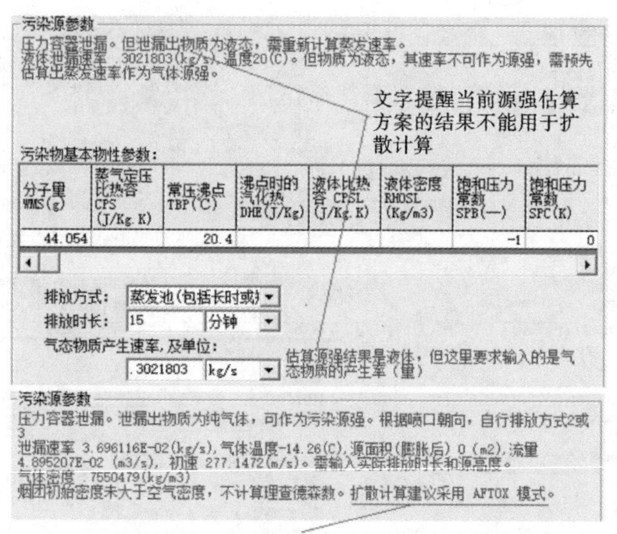

图 1-109　SLAB 模型污染源参数——不合适的源强

排放方式：① 蒸发池（包括长时或短时）；② 水平喷射；③ 垂直喷射或烟囱；④ 瞬时蒸发。如果选④，则排放时长为 0。这个分类与原模型稍有不同，原模型中将短时蒸发池归类为④，而这里归为①，输入后，由 SLAB 模型内部判断，如果时间过短，则会重归类为 SLAB 模型的第④类源（短时或瞬时蒸发）。

如果是蒸发池，则同时计算出蒸气上升速度 WS（先计算蒸气密度），用文字显示出，无须让 SLAB 计算。

排放时长：瞬时蒸发为 0，其他排放方式按实际输入，单位为 min 或 s。

气态物质产生速率（或气态物质瞬时产生量）和单位：特别提醒，这里为气态物质的排放量（但对两相蒸发，包括蒸气中气、液两相物）。对于排放方式④，排放量为瞬时产生量，单位为 kg 或 g；对于其他三种方式，排放量则为产生速率，单位为 kg/s、g/s、kg/min 或 g/min。

源面积：对于不同类型的释放，此参数有不同的定义。

对于蒸发池（排放方式①和④），AS 为池面积。池面积一般由用户根据事故特征输入（不建议用蒸发速率倒推，因为蒸发速率才是需要求出的重要参数）。

当源为压力容器喷射源时（源类型为②或③），AS 为物质充分膨胀到压力减至环境压力后的面积。利用源强估算程序可算出这个面积。

初始气团温度：依释放类型不同而不同。若为蒸发池，则为沸点温度 TBP。若为瞬间释放，则可能为释放瞬间物质的温度。若为爆炸释放，则为物质充分膨胀并减压到环境气压后的温度。压力容器泄漏时的温度也是指物质充分膨胀并减压到环境气压后的温度（源强估算程序会算出）。

源高度：对于不同类型的源有不同的含义。对于蒸发池，源高度取 0。对于水平喷射，源高度取喷口中点高度。对于垂直喷射，源高度取喷口或烟囱实际高。对于瞬时源，源高度取物质的实际高，HS×AS×Pm 为物质的泄漏量。源强估算程序会导入一个估算值。

初始液态质量比：排放率假设为纯物质，若以液滴存在的液相比例为 CMEDO，则气相比例为 1－CMEDO。蒸发池认为是纯气相（CMEDO＝0），而喷射和瞬时源可包含液体。因此，本参数只有在排放方式为②或③时才可用。

4. 计算内容

扩散模型的计算内容定义页面如图 1-110 所示。

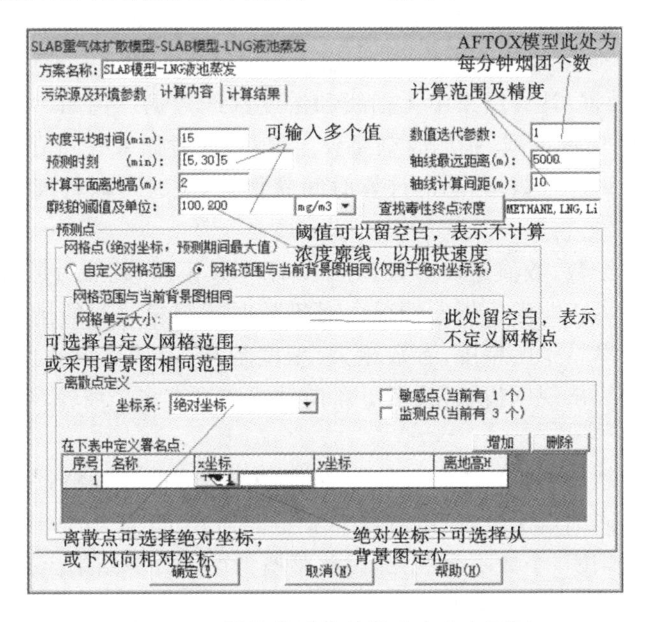

图 1-110　扩散模型的计算内容定义页面

浓度平均时间：一般取评价标准的平均时间。如果不确定，则取 15 min。

但对于 AFTOX 模型，如果释放时长小于 15 min，则平均时间等于释放时长（但不能小于 1 min）；如果是瞬时源（15 s），则应为 1 min。

平均时间影响扩散因子，平均时间越长，扩散因子越大，导致更短但更宽的烟羽。平均时间和扩散因子相关乘数因子为 1/5 次方。

预测时刻：要计算的时刻，指距气体源开始排放时的时间，单位为 min，必须大于等于 1。可以输入多个值，以逗号分开，或以“[开始，结束]间隔”的格式输入多个值，最多不超过 200 个值。

显然，在不同的预测时刻，浓度的分布是不同的。对于瞬时或有限时长的持续释放，当预测时刻为泄漏时长时，会达到自污染源处的最长烟羽，这个预测时刻通常会有最大危害距离。但对于小型释放，烟羽可能在 10 min 之内就消散，可输入更短的时刻。对于持续释放，一个较长的预测时刻（如 30 min）才能确保已经有一个稳定状态烟羽（可得到最大危害距离）。

计算平面离地高：绘制浓度影响范围的廓线、轴线的最大值和预测期间各时刻的网格点最大值，它们均在这个平面上算出。注意，如果离地高与烟团质心的高（一般在释放高度上）不同，则计算结果可能显著偏小。在离源较近处，不同离地高的平面上，轴线最大浓度差别很大，可以分别计算几个高度，找出主要污染层。

廓线的阈值及单位：廓线的阈值一般是评价标准，可以输入多个值，以逗号分开，或以“[开始，结束]间隔”的格式输入多个值，最多不超过 12 个值，单位可选择 mg/m^3 或 ppm。如果阈值输入空白（不输入任何字符），则表明不计算任何影响区域/范围方面的数据，计算结果中无轴线和浓度廓线数据。例如，为了计算某几个关心点处的浓度-时间曲线，预测时刻要设定很多，此时如果有阈值数据，则每一个时刻都要同时计算廓线数据，总的计算时间就很长，此时可以将阈值输入清空（可将网格点也清空）后再算。

每分钟烟团个数/数值迭代参数：对于 AFTOX 模型，此处为每分钟烟团个数，缺省值为 20 个，用于非浮力烟囱情况。对于瞬时或很短时间的排放，这个参数将敏感地影响到计算结果的精度，参数越大，精度越高，但计算量越大。如果计算结果廓线图形的边缘出现锯齿状，或者下风向轴线浓度有多个波峰，可加大每分钟烟团数，再重算。

原 AFTOX 程序中烟团个数按排放方式（瞬时、短时还是持续）、距离远近、风速大小等采用不同的烟团数量，以减少计算量。而在 EIAProA 软件中，一个计算方案采用预设的烟团，个数不会变化，因此某些情况下计算结果会有所差异。

对于 SLAB 模型，此处为数值迭代参数，缺省值为 1。如果遇到数值稳定性问题，则可增加为 2、3 等。这个数值增大，计算子步增多，积分步数变少，计算时间增多。

轴线最远距离：计算轴线最大浓度和最大影响区域时考虑的最远距离，范围为 100～50000 m。

轴线计算间距：计算轴线最大浓度或最大影响区域时，在轴线上所用的点间距，范围为 1～999 m。程序将在下风向轴线上（离地高为计算平面离地高），从离源为 10 m 处开始，以此间距设置计算点，直到不大于轴线最远距离。如果预测点数量大于 3000 点，则程序要求缩小最远距离，或增大间距。

预测点-网格点：采用绝对坐标定义，对于有多个预测时刻的，计算出各网格点最大值（及对应的时间）。离地高为廓线平面离地高。可选择自定义网格范围和间距，或选择范围与背景图的相同（只确定网格间距）。

网格点计算结果为各点在所给的时刻序列中的最大值，同时给出相应的出现时刻，而不是同一时刻下的浓度分布。注意，对于瞬时排放，由于计算出了一系列时刻的浓度，而不同的时刻烟团的具体位置是变化的，大体是从离源近的地方随时间向下风向移动，所以在这个网格上会出现具有多个浓度闭合线的情况，反映出烟团在不同时刻的位置。

如果输入框中为空白(不输入任何字符)，则表明不定义网格，不计算任何网格点，计算结果中无网格点计算结果。例如，为了计算某几个关心点处的浓度-时间曲线，预测时刻要设定很多，此时如果有阈值数据和网格点，则对于每一个时刻都要同时计算廓线数据和网格点，总的计算时间就很长，此时可以将阈值输入和网格点输入都清空后再计算。

离散点：包括项目中的敏感点和监测点，同时再定义一系列的署名点。署名点的定义可采用下风向相对坐标或绝对坐标，若选择后者，则坐标可从背景图上点出。与网格点不同，离散点可设置各点的离地高(而不限于在计算平面上)。

与网格点只保存最大时刻浓度不同，离散点的计算会保存每一个时刻的浓度，因此，可以得出每个离散点的浓度-时间变化曲线图。

5. 计算结果

进入"计算结果"，点击左上角的"刷新结果"按钮，程序开始计算。左下角状态条中提示计算步骤。

模型计算结果分影响区域、网格点和离散点三页显示，如图 1-111 和图 1-112 所示。

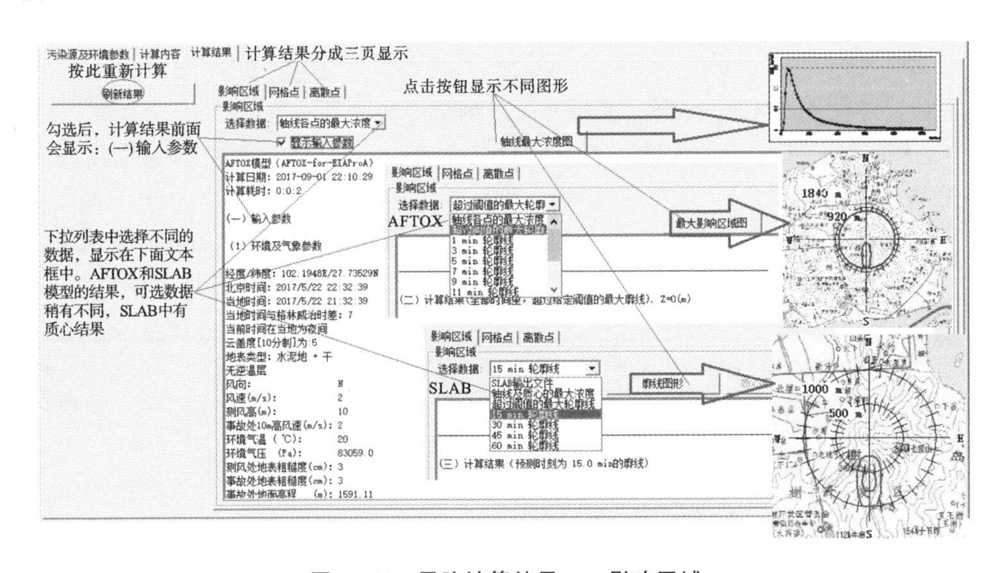

图 1-111　风险计算结果——影响区域

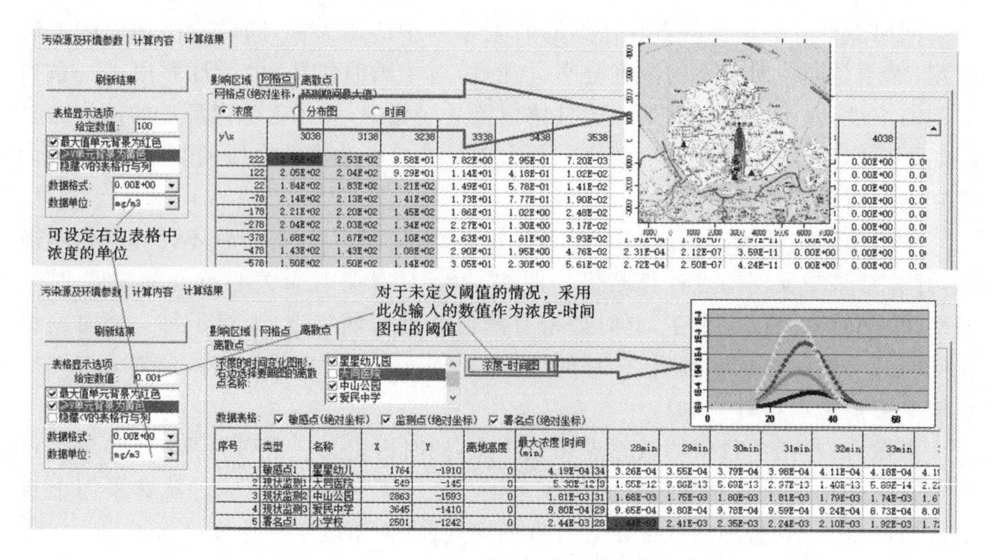

图 1-112　风险计算结果——网格点和离散点

1）影响区域

如果在计算内容中输入了阈值，则会影响区域相关计算结果，包括三类数据：轴线各点的最大浓度、超过阈值的最大轮廓线、设定的不同预测时间的轮廓线。SLAB 模型结果还有质心浓度和 SLAB 模型输出文件。

显示计算结果时，如果"显示输入参数"是勾选的，则在显示的数据文本的前部分会显示本计算方案的相关输入参数（这些参数是已计算的方案采用的参数和设置，与当前窗口中"污染源与环境参数"和"计算内容"中的参数和设置无关），否则只显示计算结果相关数据。

（1）轴线各点的最大浓度/轴线及质心的最大浓度。

AFTOX 模型输出的为轴线各点的最大浓度，SLAB 模型输出的为轴线及质心的最大浓度。

轴线是指在离地高为预设值的廓线平面上的，相对横风坐标 Y 为 0 的下风向直线。程序计算给出轴线各点的最大值（在给定高度上恒定，在时间维度上搜索）及其出现时间，对 SLAB 模型同时给出相应 X 位置的质心最大浓度/出现时间/高度。

注意，轴线的计算长度由"轴线最远距离"参数控制，计算间距（也就是计算精度）由"轴线计算间距"控制，而在时间方向的搜索精度为 1 min 间距。按"轴线最大浓度图"按钮，可以得到"各点最大浓度-轴线距离"图。

通过轴线最大浓度曲线图，可以看浓度是否存在超阈值区域，是否需要调整轴线最远距离。此图上除浓度曲线外，同时可给出最多三个阈值水平线。如果计算时阈值只有一个，则此线为红色；如果有两个，则从大到小为红色和黄色；如果有三个或以上的，则取出其中最小的三个，按从大到小的顺序依次画红色、黄色和蓝色。

如果在此图上,浓度曲线与至少一个阈值线相交,则说明应有超过阈值的影响区域廓线存在。

举一个例子:阈值输入为 200 和 400,假定计算最远距离为 1000 m,如果轴线最大浓度如图 1-113(a)所示,在 1000 m 处轴线值仍大于虚线(即阈值中较小值),则说明给定的最远距离太小,未能计算出最小阈值的最远距离。但 400 这个阈值线与曲线有两个交点,说明已找出此值的影响区域。

如果将最远距离调成 2000 m 后,轴线最大浓度如图 1-113(b)所示,轴线最大浓度曲线与较小阈值线有两个交叉,说明这个距离已经能够计算出最小阈值到达的最远距离,所以就能得到最大超标区域了。

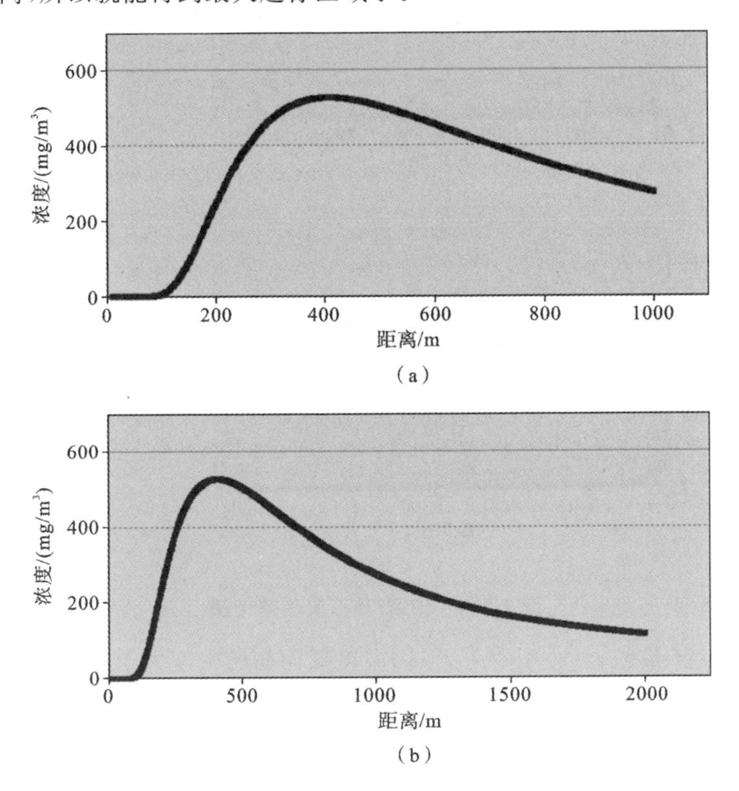

图 1-113　不同轴线最远距离的轴线浓度

对 SLAB 结果来说,可以绘制轴线/质心最大浓度图和质心高度变化图。

所谓质心,是指烟羽(烟团)在任一下风向距离处的质量中心。质心一定位于 $Y=0$ 的中线上,但是其高度可能是变化的(大多数情况下质心高度恒定为 0)。同一 X 处,质心的浓度应大于或等于轴线最大浓度。按“轴线/质心最大浓度图”按钮,可以得到轴线/质心最大浓度图。

图 1-114 所示的为一个轴线/质心最大浓度图((a)、(b)两图除平面离地高外,

所有输入条件相同,蒸发池源高为 0 m。图 1-114(a)中轴线高 2 m,图 1-114(b)中轴线高 0 m)。

图 1-114(a)中近距离处的质心浓度明显高于轴线最大浓度,因为轴线高于质心所在地面,烟团尚未扩散到轴线所在高度。而图 1-114(b)中轴线高与源高相同,两者完全重合。

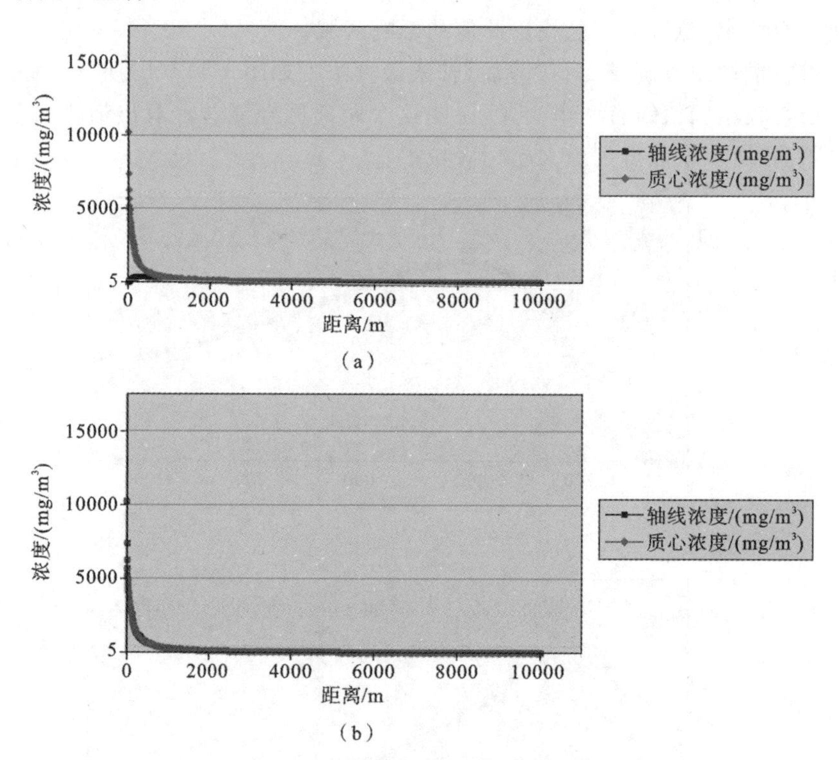

图 1-114　轴线/质心最大浓度图

当物质分子量较轻(小于空气,但因温度低而初始密度大于空气),且地面粗糙度很高时,质心高度可以沿下风距离升高,如图 1-115(a)所示;相反,对于重于空气的物质,如果它们在高于地面处排出,则质心有一个下降的过程,不过一般这个过程较短,通常在 10 m 内完成,而 EIAProA 软件是不计算 10 m 内的过程的,所以只能从“SLAB 的输出文件”中看出(图 1-115(b)所示为 11 m 高向上喷气重气体在 10 m 内的质心高变化过程,图 1-116 所示为 SLAB 输出文件截图)。

(2) 超过阈值的最大廓线。

在全部时间里超过给定阈值的最大廓线,即为最大影响区域。计算的范围由“轴线最远距离”参数控制,计算的精度在 X 方向由“轴线计算间距”控制,在 Y 方向内置为 2 m,而在时间方向上的搜索精度为 1 min 间距。按下“最大影响区域图”按钮,可以得到所有时间里在下风向下超过给定阈值区域的分布图形,以源为

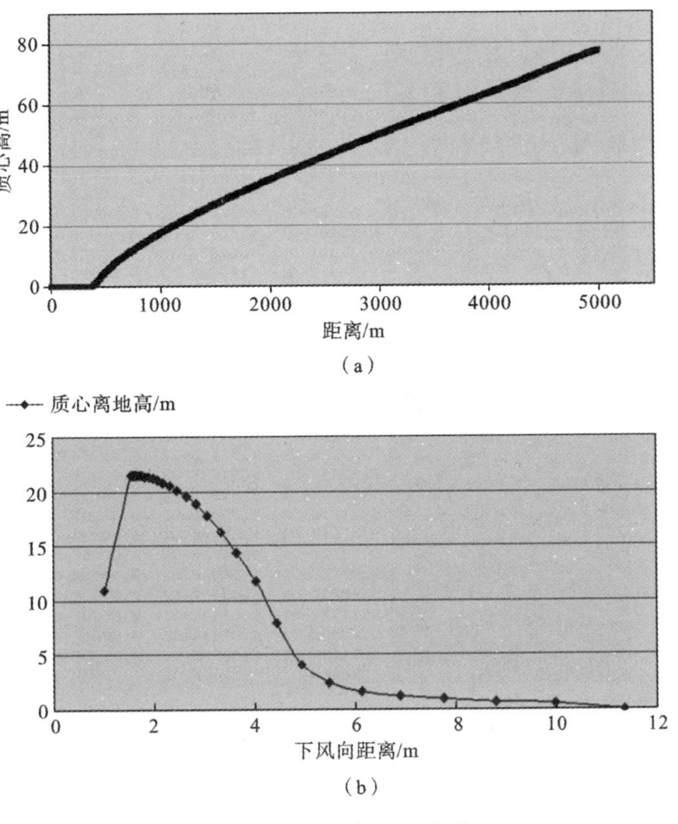

图 1-115　质心高-距离曲线

中心、影响距离为半径的圆形(见图 1-117,代表最大范围的影响区域)。但此图上最多可同时给出三个阈值的图形。如果计算时阈值只有一个,则图形线为红色;如果有两个,则按阈值从大到小为红色和黄色;如果有三个或以上的,取出其中最小的三个,按阈值从大到小依次画红色、黄色和蓝色。

如果出现如图 1-118 所示的"＊＊＊特别注意＊＊＊ 实际廓线可能超过设定的轴线最远距离,建议增大这个距离后重算!",则说明给定的"轴线最远距离"参数不够大,可将它改大后重算。

注意:对于 SLAB 模型来说,采用不同的轴线最远距离,其他所有参数不变,计算出的结果可能有微小差异。这是因为,采用不同的轴线最远距离运行 SLAB 得到的结果中,下风向轴线距离各节点的位置有所不同,最终插值出的结果就有差异。此外,SLAB 的计算结果中,烟团质心的位置可能在高度上是随下风向距离 X 的增加而变化的,理解这一点非常重要,由于超标影响区域是在给定的高度上(通常地面上为 0)计算出的,如果给定的高度离质心高度较远,则可能浓度较低,显示为没有超标区域。

downwind distance x (m)	height z (m)	maximum concentration c(x,0,z)	time of max conc (s)	cloud duration (s)
1.0000E+00	1.0990E+01	1.0000E+00	4.5000E+02	9.0000E+02
1.5505E+00	2.1490E+01	9.3634E-01	4.5060E+02	9.0000E+02
1.5753E+00	2.1489E+01	9.3621E-01	4.5063E+02	9.0000E+02
1.6042E+00	2.1485E+01	9.3607E-01	4.5066E+02	9.0000E+02
1.6376E+00	2.1477E+01	9.3590E-01	4.5070E+02	9.0000E+02
1.6764E+00	2.1464E+01	9.3571E-01	4.5074E+02	9.0000E+02
1.7215E+00	2.1442E+01	9.3548E-01	4.5079E+02	9.0000E+02
1.7737E+00	2.1408E+01	9.3522E-01	4.5085E+02	9.0000E+02
1.8344E+00	2.1357E+01	9.3492E-01	4.5092E+02	9.0000E+02
1.9047E+00	2.1283E+01	9.3456E-01	4.5099E+02	9.0000E+02
1.9864E+00	2.1178E+01	9.3416E-01	4.5108E+02	9.0000E+02
2.0811E+00	2.1028E+01	9.3368E-01	4.5119E+02	9.0000E+02
2.1909E+00	2.0817E+01	9.3313E-01	4.5131E+02	9.0000E+02
2.3184E+00	2.0524E+01	9.3250E-01	4.5145E+02	9.0000E+02
2.4664E+00	2.0118E+01	9.3176E-01	4.5161E+02	9.0000E+02
2.6380E+00	1.9559E+01	9.3090E-01	4.5180E+02	9.0000E+02
2.8372E+00	1.8792E+01	9.2991E-01	4.5202E+02	9.0000E+02
3.0682E+00	1.7744E+01	9.2877E-01	4.5227E+02	9.0000E+02
3.3363E+00	1.6317E+01	9.2744E-01	4.5257E+02	9.0000E+02
3.6474E+00	1.4382E+01	9.2590E-01	4.5291E+02	9.0000E+02
4.0083E+00	1.1720E+01	9.2643E-01	4.5330E+02	9.0000E+02
4.4270E+00	7.9267E+00	9.3291E-01	4.5376E+02	9.0000E+02
4.9129E+00	4.0483E+00	9.3352E-01	4.5430E+02	9.0000E+02
5.4766E+00	2.4573E+00	9.3222E-01	4.5492E+02	9.0000E+02
6.1307E+00	1.6699E+00	9.2875E-01	4.5564E+02	9.0000E+02
6.8896E+00	1.2164E+00	9.1907E-01	4.5647E+02	9.0000E+02
7.7701E+00	9.3160E-01	8.9588E-01	4.5744E+02	9.0000E+02
8.7917E+00	7.4290E-01	8.3428E-01	4.5856E+02	9.0000E+02
9.9771E+00	5.1152E-01	7.0614E-01	4.5986E+02	9.0000E+02

图 1-116　SLAB 输出文件截图

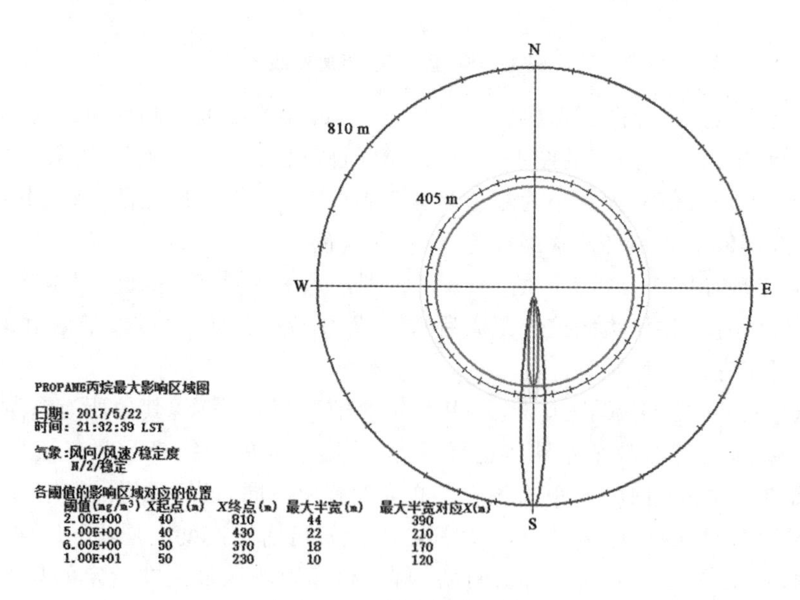

图 1-117　最大影响区域

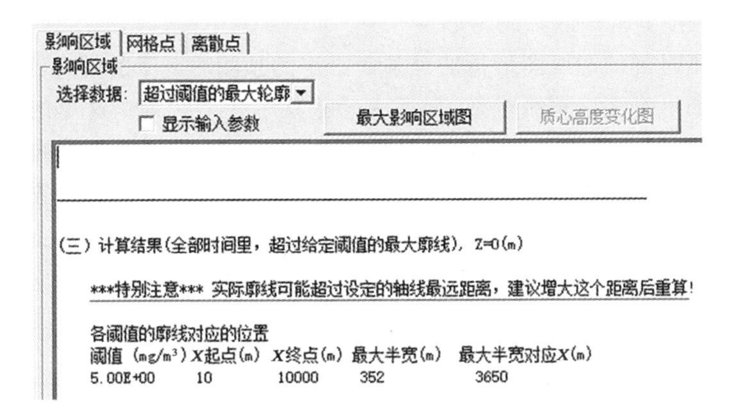

图 1-118　提示轴线最远距离太小

影响区域图便捷界面如图 1-119 所示。可在右上角的输入框中调整外部大圆圈的数值，以缩放图形大小。另外，可以设置是否显示背景图、是否显示说明文字等。对于说明文字的内容，可以在输入框中进行编辑、修改，其在图形中的位置可以在图形中点击文字后进行移动。可以点击“复制图形”将图形放到环境影响评价报告中。

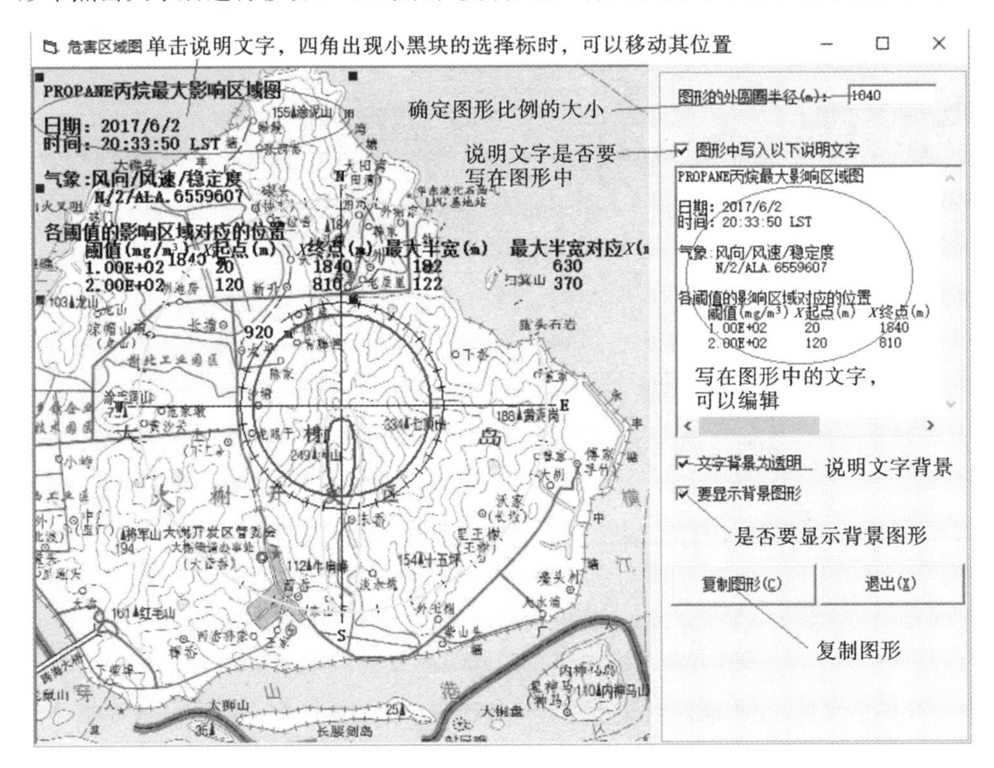

图 1-119　影响区域图便捷界面

(3) 某一预测时刻的廓线图形。

某一预测时刻的廓线图形指的是某一给定的预测时刻下的超过给定阈值的浓度轮廓线。如果有多个预测时刻,则每次选择其中一个时刻。这里的计算范围是内部控制的,最远 100 km,X 方向的搜索精度是 10～100 m,Y 方向的是 2 m。

计算结果的第(1)部分为给定高度和时刻下的最大浓度及其位置。如果是持续排放,并且正在排放,且给定高度为释放高度,则最大浓度就是源本身。在这种情况下,程序计算离源 30 m 处浓度。若设定高度不同于释放高度,或计算时刻大于释放时长,则最大浓度大多发生在离源 30 m 以上区域。最大浓度的位置精度为 X 方向 ±5 m,在给定高度的中轴线上。

如果最大浓度大于给定阈值,则计算结果会有第(2)部分,为超过各阈值的廓线的坐标。

若按下"廓线图形"按钮,则为给定时刻下超过给定阈值的浓度轮廓线(见图 1-120)。与(2)中的最大轮廓线不同,这里还可以选择绘出 90%危害区(勾选"要画出 90%危害区"),即以源为中心(所有时间的)、以最大影响距离的 2.1 倍为半径的圆形(代表 90%保证率的影响区域)。此图上同时画出全部阈值的影响区域图形。

图 1-120 所示的为一个预测时刻的廓线图形(未显示背景图)。图 1-120(a)不显示 90%危害区,图 1-120(b)显示。

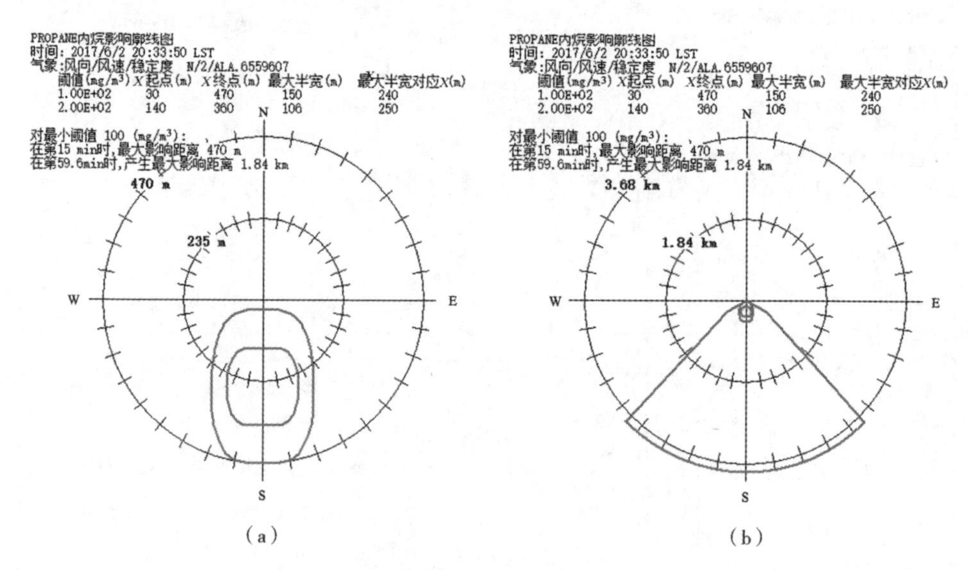

图 1-120　给定时刻下超过给定阈值的浓度轮廓线

90%危害区:由于廓线代表的是平均距离,意味着实际距离超过此值或小于此值的时间概率均为 50%。90%时间概率区代表产生高于该阈值的情况有 90%的概率发生在此区域内。

浓度廓线图展示了给定的预测时间下的污染区域的位置和大小。依预测时间的不同，这个区域可能并不是污染能达到的最大距离，尤其是对于瞬时释放的情况。90％危害区代表污染达到最大下风向距离时的区域，它的预测时间，可能是也可能不是用户给定的时间。程序会给出 90％危害区的产生时间，即产生最低阈值的最大下风向距离的时间。

90％危害区的长度为取给定阈值能达到的最大距离值乘以 2.1。

90％危害区的宽度的计算方法为：如果测量风速小于 1.8 m/s，危害区为一个半径等于 2.1 倍预测危害距离的圆；如果风向标准差 SD 已知，且风速大于 1.8 m/s，有害轨迹宽为 $W=6\mathrm{SD}$。SD 按泄漏时长（最大为 1 小时）的 1/5 次方的因子调整。若计算出的宽度小于 30°，则置为 30°。

若 SD 未知，则使用以下规则。

① 对于中性和稳定条件，即稳定度等级≥3.5，当风速为 1.8～5.15 m/s 时，宽度为 90°；当风速＞5.15 时，宽度为 45°。

② 对于不稳定气象，宽度为稳定度的函数。稳定度参数为 STB，计算式为

$$W=165-30\mathrm{STB} \tag{1-5}$$

宽度为 60°（中性条件下）到 150°（极不稳定条件下）。

2）网格点和离散点

（1）网格点。

对自行设定的一个预测点网格，在给定的廓线平面高度上，在给定的预测时间里，保存最大的浓度和出现时间。如果时间间隔足够密，且起止时间足够长，则网格点的给定阈值的浓度分布图会非常接近于给定阈值的最大廓线。

结果按浓度值、分布图、产生时间分页显示。分布图由绘图员绘制（双击进入缺省设置，按“Ctrl＋E”进入编辑环境）。这个结果与 AERMOD 模型的小时最大值和日平均最大值相仿，网格中不同点可能对应不同的时间，图 1-121 所示是一个瞬时泄漏 1～60 分、间隔 5 分计算出的最大浓度分布图，图中有多条封闭线，显然这是一个烟团从源处向下风向移动的过程图，离源越远的封闭线，其发生的时间越晚。另外，图形也可以采用色块图形式展示。

计算结果的浓度转换说明如下。

计算结果表格浓度的单位有两类：质量浓度（单位为 $\mathrm{mg/m^3}$ 或 $\mu\mathrm{g/m^3}$）和体积浓度（单位为 ppm 或 ppb）。可通过改变窗口左边的“表格显示选项”中的“数据单位”来转换。

AFTOX 模型的结果本身就是质量浓度，只要有分子量，就很容易转换成体积浓度。无分子量的，按空气分子量转换。

但 SLAB 模型的结果均为体积比，乘以一百万即为 ppm，乘以含污染物的混合气体密度（在起始处为 rhos，$\mathrm{kg/m^3}$），即可换为 $\mathrm{mg/m^3}$。另一种换算方法是采

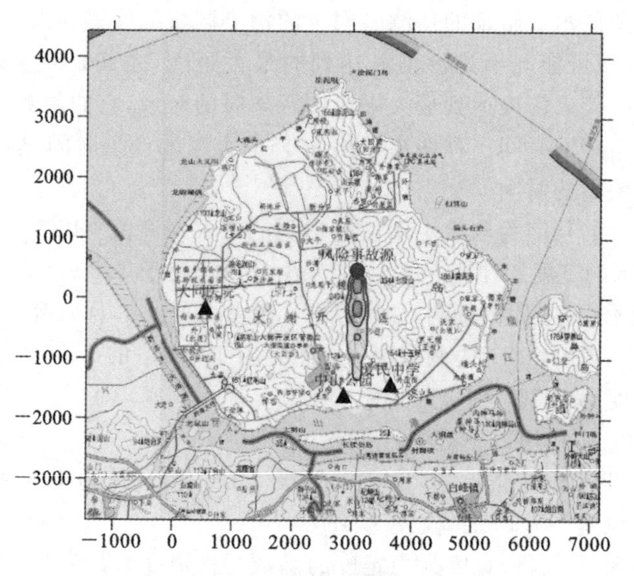

图 1-121　网格点的浓度图

用 mg/m^3 与 ppm 的转换系数 con(mg/m^3 乘以 con,转成 ppm)。

但气体密度或 con,都与空气和污染物的分子量、气压、气温有关。因此,不同的位置,转换系数不同。但实际混合烟团的温度,在开始阶段可能远低于环境气温(特别是两相气体,在相当长距离后仍可能因蒸发导致温度低),如果采用环境气温计算,则 con 会被高估,导致从 SLAB 结果的 ppm 转换出的 mg/m^3 被低估。

从这里看出,SLAB 的结果是用 ppm 表示的,无法用 mg/m^3 精确地等同表示,若转换成 mg/m^3,则会产生较大误差(特别是在扩散过程有剧烈的温度变化的情况下)。

(2) 离散点。

表格和图形显示各离散点的浓度随时间变化而变化。

表格中的数据可分别选择显示敏感点、监测点、署名点(如有),或它们的一个组合。其中的署名点如果采用下风向相对坐标输入,则只显示相应的绝对坐标。表格中会显示各预测时刻的浓度,以及最大浓度及产生时刻。

要画浓度-时间图形,可在列表中选择一个或几个画在一个图上的离散点(勾选),然后点击“浓度-时间图”,显示浓度-时间曲线。图中有必要时,会画出最多三个阈值的水平线,方法与轴线最大浓度相同。图 1-122 所示为只画出一个 2.0 的阈值的离散点的浓度-时间曲线。

注意,计算的具体的时间序列(起止和时间间隔)在计算方案的“计算内容”中设置。如果设置不当,可能会错过该位置的最大浓度时间。可以适当加密计算时间数,但最多不超过 200 个时间数。

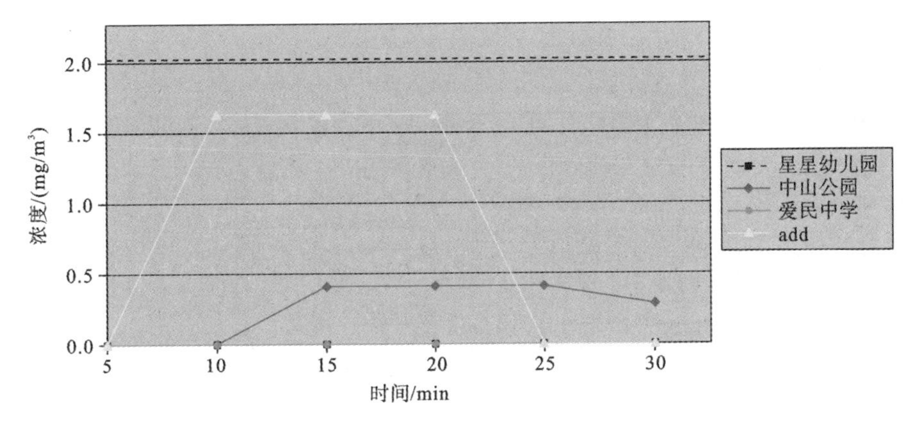

图 1-122　离散点的浓度-时间曲线

如果要计算的时间数量太多，程序会对每一个时刻搜索影响区域和计算网格点浓度，则计算量很大，时间很长。如果只是为了详细计算几个关心点的浓度时间曲线，则可以不设置廓线阈值和网格点，表示不计算影响区域和网格点浓度。这样能很快得到结果。这时，绘制的浓度-时间曲线将采用窗口左边的"表格显示选项"中"给定数值"的数据，作为图形中的水平线的阈值。例如，图 1-123 中给定数值输入了 0.001，则浓度-时间曲线图上画出了一条 0.001 的水平虚线。

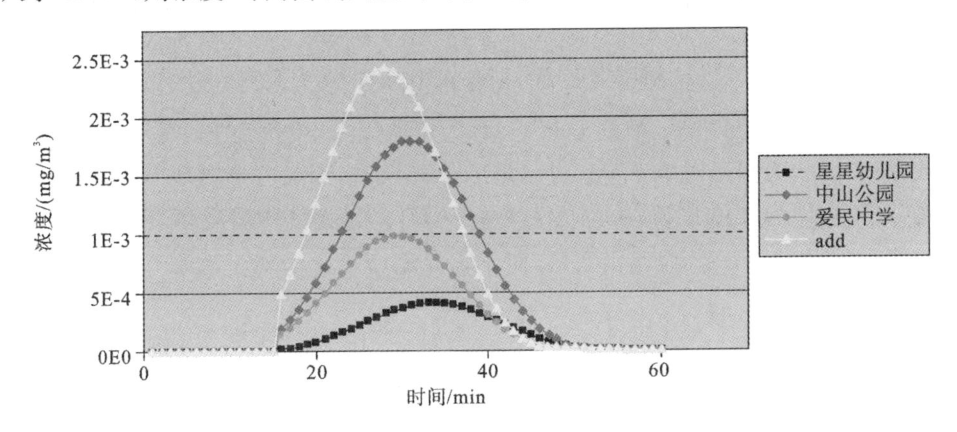

图 1-123　计算次数较多的离散点浓度-时间曲线

1.5.5　常见问题

(1) 估算风险源强时，出现溢出。

估算风险源强时，在液池蒸发情景下，如要估算液池面积，输入的液池平均深度如果小于 1 cm，则程序会出现溢出错误，并且已输入的液体泄漏量也不能正确显示，如图 1-124 所示。该问题在 Ver2.6.496 及以后的版本中进行了更正，可更新版本解决。

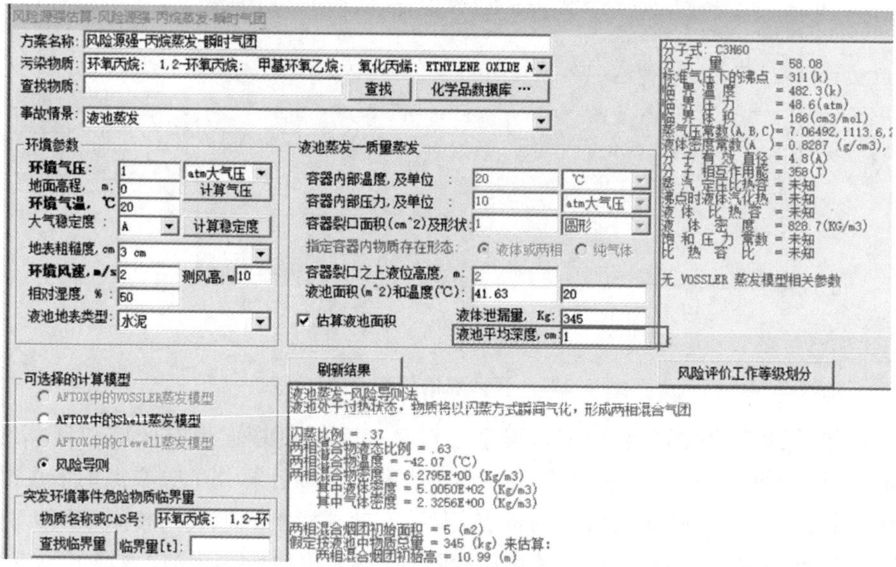

图 1-124　风险源强估算

软件中所采用的“纯气体泄漏方程”参照的是“2018 风险导则”中的相关方程：

$$Q_G = YC_d AP\sqrt{\frac{M\gamma}{RT_G}\left(\frac{2}{\gamma+1}\right)^{\frac{\gamma+1}{\gamma-1}}} \tag{1-6}$$

式中：Q_G 为气体泄漏速率，单位为 kg/s；P 为容器压力，单位为 Pa；C_d 为气体泄漏系数，裂口形状为圆形时取 1.00，为三角形时取 0.95，为长方形时取 0.90；M 为物质的分子量；R 为气体常数，单位为 J/(mol · K)；T_G 为气体温度，单位为 K；A 为裂口面积，单位为 m^2；Y 为流出系数，对于临界流，$Y=1.0$，对于次临界流，按

$$Y=\left[\frac{P_o}{P}\right]^{\frac{1}{\gamma}}\times\left\{1-\left[\frac{p_o}{p}\right]^{\frac{(\gamma-1)}{\gamma}}\right\}^{\frac{1}{2}}\times\left\{\left[\frac{2}{\gamma-1}\right]\times\left[\frac{\gamma+1}{2}\right]^{\frac{(\gamma+1)}{(\gamma-1)}}\right\}^{\frac{1}{2}} \tag{1-7}$$

计算。

注意导则提供的公式中的气体温度指的是出口温度，这个是需要计算的，并非软件中的容器内部温度(见图 1-125)，根据空调原理，压力势能转为动能的过程中，温度必然下降，也就是出口温度要低于内部温度。有用户反映，通过其他方式计算的结果与软件计算的结果有出入，原因是因为混淆了出口温度和容器内部温度。

(2) SLAB 模型预测时，下标越界。

在用 SLAB 模型进行风险预测时，点击刷新结果，出现图 1-126 所示的错误提示信息。

解决方法：在 SLAB 模型“污染物与环境参数”选项卡的右侧“污染物基本物

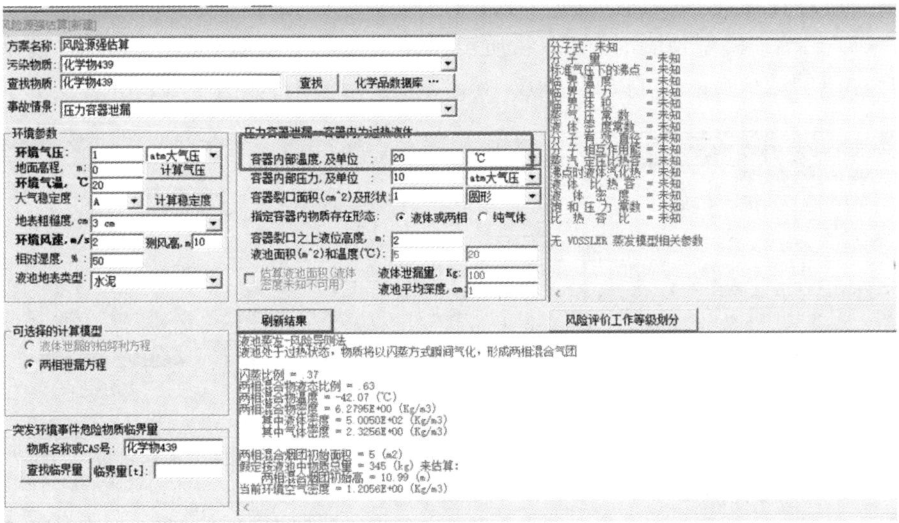

图 1-125　风险源强估算

性参数”中输入物质参数(见图 1-127),表格中空白代表没有参数,不能改为零。没有的参数都应想办法补齐。

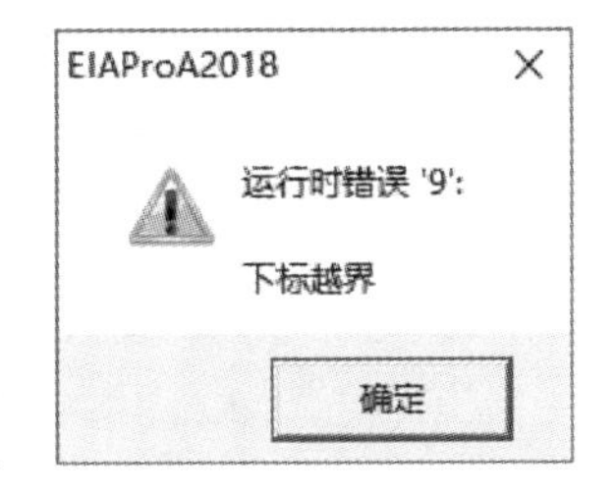

图 1-126　错误提示信息

注意:输入物性参数时,要特别注意单位,且应与当前的环境、气温和气压相适应。软件提供的数据库中,有一些污染物的物性参数不全,有些只适用于 AFTOX 模型,如果用于 SLAB 模型会缺少某些参数,需

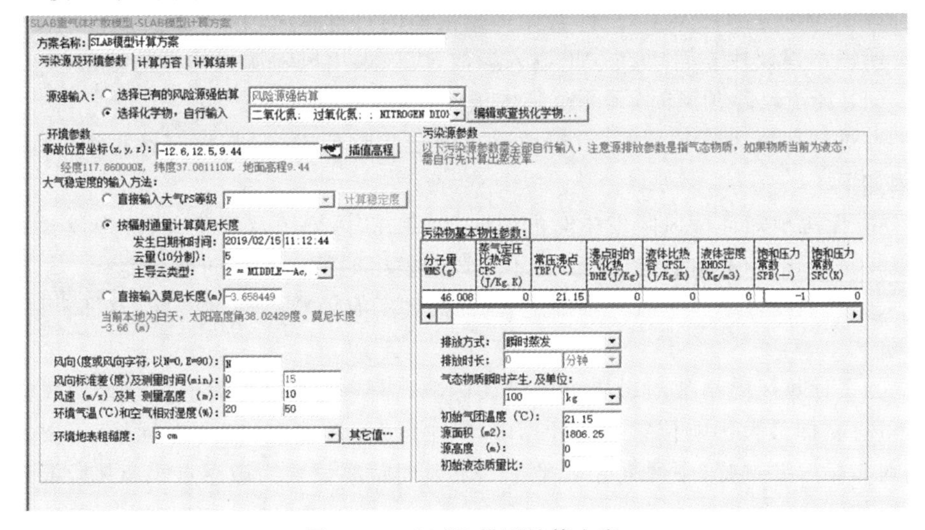

图 1-127　SLAB 模型计算方案

要用户自行补齐，但切记不可用“0”代替。

（3）SLAB 模型预测时，气态物质产生速率过小导致溢出。在 SLAB 模型预测时，速率为 1000 g/s 可以算，改成 10 g/s 就提示溢出，如图 1-128 所示。

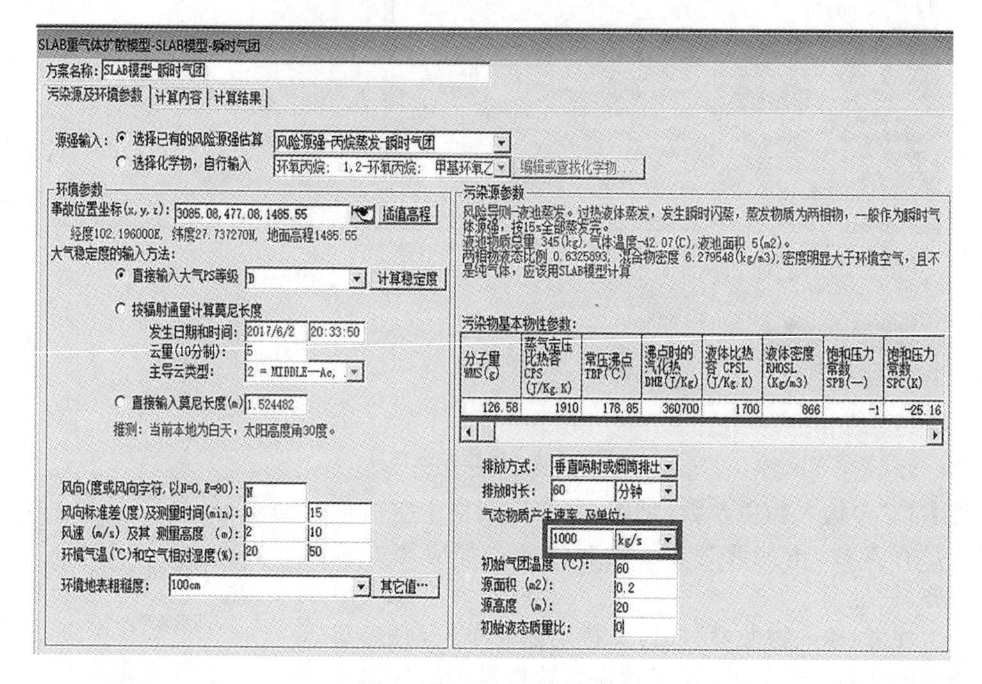

图 1-128　风险源强估算

这是因为排放速率不是单独存在的，不可以单独任意改变。如果发生改变，则污染源面积也应随之发生改变，否则根据模型的自身算法，软件会识别该参数不合理。所以不建议用户自己在这里输入参数，应该采用风险源强估算的结果。

（4）环境风险预测时，预测范围内敏感点处浓度均为 0。

在进行环境风险预测时，有时敏感点处于影响范围内，却没有计算浓度，主要原因如下。

① 无法预知环境风险发生时的风向，因此在“污染源及环境参数”中设置的风向仅仅是个预设值，如设置为 N，并不是风险发生时的实际风向就是北。

② 由于风险事故时风向不确定，因此周围所有敏感点都可能处于风险事故的下风向。

为了计算风险事故对敏感点的最大影响，需要假定所有敏感点都处于风险源的下风向，即最大影响位置，在“计算内容”中的“离散点定义”，“坐标系”不要选择“绝对坐标”，要选择“下风向相对坐标”，下风向距离设置为敏感点距离风险源点的距离，如图 1-129 所示。

（5）环境风险部分距离较近敏感点没有计算结果，或较近敏感点计算结果比

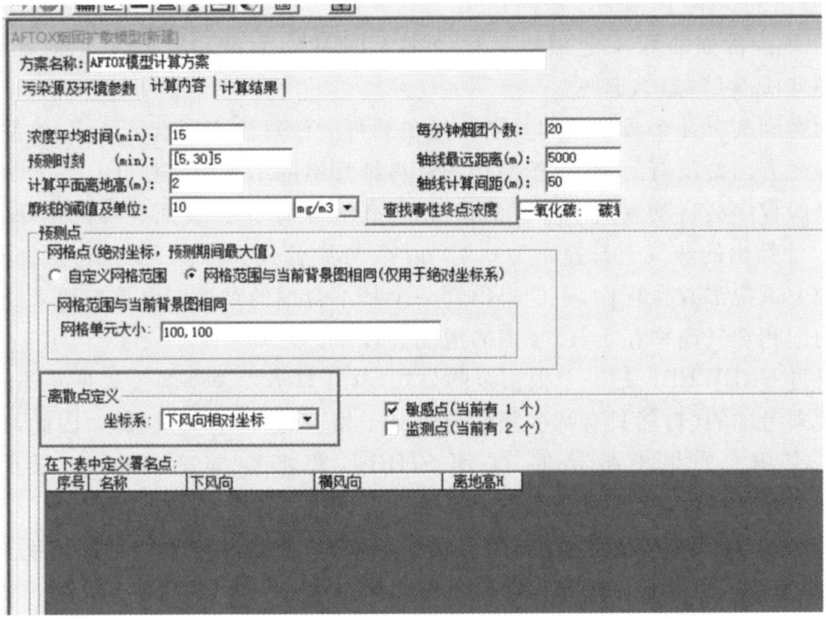

图 1-129 AFTOX 模型计算方案

较远敏感点结果更小。

在风险预测方案——计算内容中，取消“1”中的选择，“2”中选择“下风向相对坐标”，表格中的“在下表中定义署名点”位置填敏感点距离风险源的距离，横风向填 0，如图 1-130 所示。

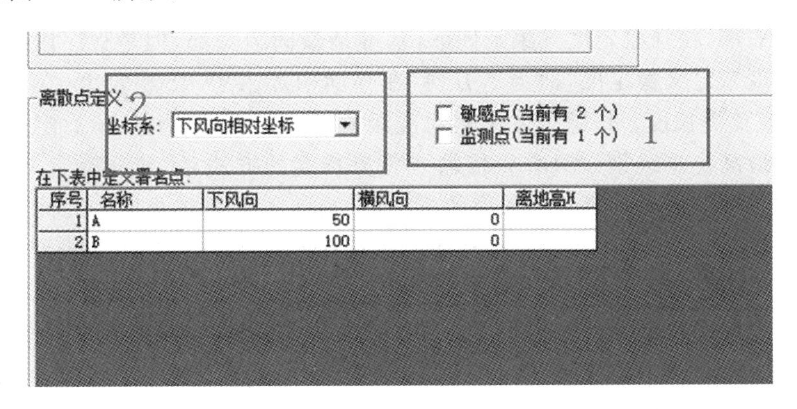

图 1-130 风险模型计算方案中离散点定义界面

这样设置的原因是，SLAB 模型和 AFTOX 模型不考虑地形影响，风险的影响大小只与距离有关，但由于无法确认风险发生时的风向，所以就将所有敏感点都设置在下风向。

(6) 关于风险预测的一些问题。

① 风险源强估算，CS_2 液池蒸发，可选 CLEWELL 法和导则法，但前者与后者结果相差 200 倍，怎么选呢？

两者确实有几个数量级的差别。但我们再次认真检查了有关公式、单位等，确认在程序方面是没有问题的，按照相关资料计算出的结果确实如此。

一般程序会自动判断不合理的情况，并给出提示。但按照这样的结果，CLEWELL 计算出的蒸气上升速率为 0.42 m/s，导则公式为 0.002 m/s。这样的结果从物理上来说都有合理性，不能得出哪一个是不合理的结论。但是一般来说，质量蒸发的饱和蒸气速率在 1 cm/s 内的情况会较多。

不过 CLEWELL 是一个很初级的公式，其计算蒸发速率的公式是参照肼分子的物性来考虑的(自然只有那些物性与肼分子相近的，才会较准确)。因此，其准确性并不突出。如果参数足够，采用 SHELL 模型会准确很多；如果能采用 VOSSLER 模型，那就更为准确了。

总之，CLEWELL 模型与导则公式相差太大，而且程序不能判断出明显不合理时，我们建议采用导则的结果。

② 在绘制 H_2S 超过阈值最大影响区域图时，出现的污染物扩散等值线图在影响范围图的边缘戛然而止，而不是我们通常认知的“下风向污染物扩散等值线图也应该是一个闭合完整的长椭圆”。也就是说，最不利影响等值线图的边缘是平的。出现这样的结果是因为哪里设置错了？还是出于其他原因呢？

确实会出现这样的情况，原因如下。

(a) 与气象有关，在中性及不稳定度条件下，下风向污染物扩散等值线图容易出现平的头部，在强稳定度气象条件下，基本是长椭圆头部，但是程序内部实际采用莫奥长度来定义稳定度，而为了方便，在界面中加入了 PS 稳定度，在内部也要将 PS 换成莫奥长度。F 稳定度虽然对应级别 6，但是经过测试，F 稳定度在模型里不属于最高稳定级别。只有直接输入莫奥长度的方法，才能准确定义强稳定。建议采用按辐射通量计算莫奥长度的方法(或直接输入莫奥长度)，时间只要在夜间，莫奥长度就应在 1～2 之间，这样才会达到真正的强稳定(比 F 还要强)。

(b) 同样的输入参数，在设置不同阈值时计算结果不同。也许换一个阈值后，其图形就变成了长椭圆。对于很小的阈值或较大的阈值，比较容易出现平的头部。

③ 评价范围中的敏感点是一个区域，而软件中仅仅能用一个坐标点表示。风险模式与大气预测模式不同的是，风险模式需要手动设置风向，这就导致一个风向设置不能覆盖村庄的情况，预测成果表达时，针对评价范围内的敏感点，需要不断调整风向才能得到敏感点的预测浓度。对于这样的情况，是不是还有自动的解决方案？软件能不能像大气预测一样，直接给出对每个村庄的预测值呢？

首先需要知道每个敏感点离源的直线距离，这个要自己测量出来。然后输入这些敏感点，采用下风向相对坐标，下风向距离为敏感点离源直线的距离，横风向为0。

1.6 工具

“工具”菜单栏包括了几十种工具程序。工具的输入/输出均不保存，但公式计算器、环境容量分析和绘图员等本身有界面的工具可以保存。

用户在软件集成界面的主窗口中任何时候都可以调用工具程序(通过工具条按钮或工具菜单)。工具中的程序输入窗口可以与集成界面主窗口同时存在，但如果点击了主窗口，工具窗口将隐藏在主窗口后面，实际并未关闭，可以通过再次点击工具条按钮或工具菜单将其弹出。

1.6.1 表格

“表格”选项卡提供了一个399列×799行的表格工具，主要用作一个数据综合集中的平台。例如，一些计算结果可能是文本格式(特别是风险模型中的结果)，可以复制到这里，变成表格方式，经过初步整理，再复制到Word中；也可能数据来自不同方案的计算，在这里组合成一个完整的表格，最后复制到Word中；也可能不同来源的数据在这里组成表格后，再通过弹出菜单进入绘图。

关于表格的基本操作详见1.1.4节。

1.6.2 绘图员

绘图员用于绘制等值线图、*X*-*Y*图和玫瑰图。

在EIAProA中，在图形上按“Ctrl＋E”键可进入图形编辑界面，即绘图员窗口。可编辑、修改图形的属性，以便最终输出所需要的图形。

在图形上双击鼠标或点取“格式”菜单下的“图形属性”，就可打开当前图形的属性窗口。也可按“Ctrl＋P”键进入属性窗口。修改完成后，按“确定”键退出属性窗口，则图形按新的设置重画。

可用“数据”菜单中的“查看数据”命令或按“Ctrl＋D”键进入数据窗口，以查看或修改图形的原始数据。

在“视图”菜单中，可选择是否显示工具条、状态条和页面。如果当前图形为等值线图，则状态条中有三栏内容，分别是当前鼠标所在位置在等值线图上的坐标(*X*,*Y*)、高度(或浓度范围)、位置，其他图形只有最后一项内容。只有当鼠标在等值线图内部移动时，前两项才会显示。

当图形移到其他位置，不易查看时，可利用“视图”菜单中的“窗口大小”命令，将图形缩放到窗口大小，同时将图形移动到绘图区的左上角。

鼠标点击图形的任一部分，可选择该图形，这时该图形的边角会出现 4 个（或 8 个）拉伸点（黑色小方块）。当鼠标移到拉伸点时，鼠标图标变成拉伸图标，可对图形进行拉伸/缩放。按下鼠标左键的同时移动鼠标，可以移动选中的图形。有的图形只在四个角上有拉伸点，只允许同比例缩放；有的图形在四条边上也有拉伸点，可以在某一方向缩放。

当要取消选择一个图形时，可点击鼠标的右键，或直接点击其他图形。

需要保存改变时，要用“文件”菜单中的“保存”命令，或按“Ctrl＋S”，或按工具栏中的相应按钮。

从 Drawer 中复制等值线图到 Word 中时，可以采取矢量格式（EMF 格式）或位图格式（BMP，JPEG）。缺省采用“自动”的格式，即如果无背景，则采用 EMF 矢量格式；如果有地图背景，则采用 JPEG 压缩格式。缺省时复制范围为图形绘制区（即坐标线以内）。可在“编辑”菜单下手动设置图形的格式，并设置要复制的图形范围（复制的图形范围一旦设置后，除非用户手动删除，否则一直存在）。当然也可以直接输出数据文件，用其他专业绘图软件来绘图（如 Surfer）。

1.6.3　小计算器

用于四则运算的简易计算器。

1.6.4　公式计算器

一个可以简单编程的计算器工具，能够输入常用的公式，识别变量和数组。安装程序已输入了一些源强估算的公式，可以打开查看。

1. 主要功能

（1）定义计算公式，公式中可包含变量。

（2）变量中可以包含其他变量。

（3）变量可以是一个数或一个一维的数组，相应计算结果为一个数或一个数组（一维或者二维）。

（4）程序内含有大量常用的数学函数以供调用，常用变量可定义成常数，常用的公式可保存在程序中。

2. 使用方法

（1）首先在公式输入框中输入公式。

（2）如果公式中有变量，在变量表中定义各变量的值或表达式。

变量的值可能是一个数，如 1.23，也可能是一个数组，如“1.23，2.34，5，10”，或“[1，10]2”。前者代表这个变量可取 1.23、2.34、5 和 10 这 4 个数，后者说明这个变量取值从 1 开始，间隔 2，直到 10，共 6 个数（1，3，5，7，9，10）。

变量的表达式，可以是一个计算式，也可以包含其他变量。如“sin(35′)×

cos(35′)×e^1.24”,“y^2+x^2×k−sqrt(mg)+max(x1,x2,x3,x4)”。

(3) 按“=”键,或者按“Enter”键(即回车键),程序进行计算,界面转换到计算结果表格中。

3. 计算符号

注意以下符号都是半角符号。

(1) +,加法符号。

(2) −,减法符号。

(3) ×,乘法符号。

(4) /,除法符号。

(5) ^,乘方符号,如 x^y,代表 x 的 y 次方。

(6) %,百分号,如 20%,实际数值为 0.2。

(7) ′,度数,如 60′,代表 60 度,′是单引号。

(8) (,左括号。

(9)),右括号。

4. 常用快捷键

(1) F1,使用说明。

(2) F2,内部函数说明。

(3) F5,显示变量表。

(4) F6,显示计算结果表。

(5) F7,显示常数表。

(6) F9,鼠标返回到公式输入框。

(7) Shift+Tab,鼠标在公式输入框和表格之间转换。

(8) Enter,执行计算,并显示计算结果表格。

(9) Ctrl+N,新建一个公式,或者把当前公式作为新公式保存。

(10) Ctrl+O,打开以前保存的公式。

(11) Ctrl+S,保存当前的公式。

(12) Ctrl+Q,退出公式计算器。

5. 限制

(1) 本程序需要 MS Excel95 以上版本作为支持平台。

(2) 内部最多可保存 1000 个公式,每个公式最多可有 64 个变量,常数最多为 128 个。

(3) 公式和变量定义式最大长度为 256 字节。

(4) 一个公式中最多可以接受两个一维数组的变量。

6. 其他说明

(1) 角度、数值代表弧度如果是度数,则要在数值后加“′”作标记,如sin(30′),

相当于 sin(π/6)。

(2) 变量不区分大小写，变量只能由 26 个英文字母或数字 0～9(第一个不能为数字)组成，也可以是中文的文字或希腊字母，但不能是其他符号。

(3) 变量名或常数名不应与内部函数名相同。

(4) 有关函数说明，详见帮助菜单下的“函数说明”。

1.6.5 坐标转换器

关于坐标的详细概念参见技术说明。EIAProA 软件采用基于 WGS84 的通用精确算法，精度为 1 m。通用精确算法也可用于 NAD83、WGS72，但用于 NAD27 时误差较大。

如果有打开的项目文件，则这里的参照点缺省取为该项目的项目坐标系的全球定位点。

经纬度输入数据可用“DD. DDDD”或“DEG°MIN′SEC″”两种格式。经度可用负数或“W”后缀表示西经、正数或“E” 后缀表示东经，纬度可用负数或“S” 后缀表示南纬、正数或“N” 后缀表示北纬。

若采用“DEG°MIN′SEC″”来输入，为方便输入，度、分、秒之间的分隔符非常灵活而且多样化：“。”或“，”或“ ”均可，甚至“°”“’”“”“′”“″”“，”“,”“；”“;”和空格均被认为是度、分、秒的分隔符。甚至小数点“. ”也可以当作分隔符，只是最右侧的一个“. ”被当作小数点。例如，经度输入“123. 33”，程序认为是“123. 33E”度，但“123. 33. 45”认为是“123°33. 45′E”，而“123. 33. 45. 12”则解读成“123°33′45. 12″E”。

LL 输入的格式举例：

经度：120. 334＝120. 334 E 度
经度：－120. 334＝120. 334 W 度
纬度：30. 334＝30. 334 N 度
纬度：－30. 334＝30. 334 S 度
经度：120，23. 34＝120°23. 34′E
经度：120，23. 34＝120°23. 34′E
经度：120。23. 34＝120°23. 34′E
经度：120　23. 34＝120°23. 34′E
经度：120，23，34. 34＝120°23′34. 34″E
经度：120。23。34. 34＝120°23′34. 34″E
经度：120′23′34. 34＝120°23′34. 34″E
经度：120，23，34. 34＝120°23′34. 34″E
经度：120　23　34. 34＝120°23′34. 34″E
经度：120。23。34。34＝120°23′34″E

此外，输出的LL坐标可选择“DD.DDDD”或“DEG°MIN′SEC″”格式。例如，对于输出的“120.891514E”，如果选择“DEG°MIN′SEC″”，则表示成“120°53′29.4504″E”。

1. 直角坐标与相对坐标

本地坐标点之间的相对坐标关系。

输入一个参照点的本地坐标（直角本地，正Y与正N可有夹角）；输入关心风向。

(1) 求一系列本地坐标点相对参照点的相对坐标、下风向坐标（基于关心风向）、相对极角（基于正Y）和风向角度（基于正N）。

(2) 求一系列下风向（基于关心风向）坐标点的本地坐标。

2. 全球坐标与本地坐标

确定一个参照点。可以用UTM或LL定义，并定义它的本地坐标（X,Y）以及本地坐标Y轴与N的夹角。

(1) 一系列UTM点转成本地坐标。

(2) 一系列LL点转成本地坐标。

(3) 一系列本地坐标点转成UTM。

(4) 一系列本地坐标点转成LL。

这里的UTM均认为是位于北半球（不用输入南北半球参数）的，这里认为本地坐标（项目）是位于北半球的。

3. UTM与LL

适用于全球（包括南半球）的UTM和LL坐标之间的互换。可输入一系列点进行互换。

从UTM转到LL。对于UTM要求输入UTMx、UTMy、UTMz（经度区，1～60）和南北半球参数（S代表南半球，除此之外的任何字符，包括空白，都认为是N）4个参数。

从LL转到UTM。输出的UTM除X、Y和经度区号（1～60）外，还包括UTM的纬度区符号。

全球一共有20个UTM的纬度区，每个区的南北跨度为8°；使用字母C到X标识（其中没有字母I和O）。A、B、Y、Z区不在系统范围以内，它们覆盖了南极和北极区。位于北半球的区符为“N P Q R S T U V W X Z”，对应纬度区间为“0,8,16,24,32,40,48,56,64,72,84”；位于南半球的区符为“A C D E F G H J K L M”，对应纬度区间为“－90，－84，－72，－64，－56，－48，－40，－32，－24，－16，－8”。

1.6.6 DEM文件生成器

通过DEM文件生成器，用户可以直接使用源头数据方便、快速、无缝地生成任何一个评价区域的单一 DEM 文件、经纬度坐标、WGS84 坐标系、3 秒(约 90 m)精度。如果项目要求精度高于 90 m,则用户必须采用其他途径。注意,这里所说的精度是指原始测量数据的精度,如果允许采用插值处理,则任何数据都可以处理成任何要求的精度。

数据源采用 csi. cgiar. org 提供的 srtm 免费数据,覆盖全球南北纬 60 度之间全部陆地面积,分成 5 度×5 度的单元片(约合 25 万平方千米),每片一个文件(压缩后在几个 MB 到 100 多 MB 之间),南北向有 24 格,东西向有 72 格。程序根据项目位置即时提供所需文件下载链接。一般一个省只需 3～5 个单元片,一次下载后,以后本省内所有的项目 DEM 文件都可以直接从本机数据上生成。

这个工具的特点是方便(由用户直接使用源头数据)、快速(一般比 GlobalMapper等软件要快)、不失真(直接使用原始数据,不插值),并且可以从多个 srtm 文件无缝合成(对于 srtm 文件之间可能存在的缝隙,如纬度 06、07 行之间的缝隙,自动插补),并且兼容 AERMAP 格式(AERMAP 有大小和格式方面的特殊要求)。对于 AERMOD 模型,全球任何位置的项目都只需生成一个 DEM 文件。

程序分成三部分:DEM 文件的范围;所需的 srtm 资料文件;DEM 文件的生成。

1. DEM 文件的范围

定义所要生成的 DEM 文件需覆盖的区域。可以直接输入起止经纬度,允许选择“DD. DDDD”或“DEG°MIN′SEC″”,格式非常灵活,详见第 1. 6. 5 节坐标转换器说明;也可选择采用 UTM 坐标输入。此外,如果当前已有项目文件打开,则允许“设为当前背景图范围”,或在当前背景图上“画出一个范围”。由于 AERMAP 运行时要求边界留有余地,可以选择范围外延,在以上确定的范围再外延几分(默认为 2 分,1 分约相当于 1800 m),以确保以上确定的范围能直接用于预测点定义。用户自行输入值的范围为－9～99,在高纬度区(如“35”以上),如有必要可输入 3 或 4。在高纬度区,即使选择了“50 km×50 km”区并外延 2 分,也可能出现“AERSCREEN 运行出错或用户中断”的提示,需要将外延适当扩大。不过范围过大将使运行速度明显变慢,所以有必要使输入值尽量小。

DEM 文件的范围最小为 1 分×1 分(约合 1. 8 km×1. 8 km),最大为 10 度×10 度(约合 1100 km×1100 km)。当然,生成最大文件时还需要电脑有足够的内存和硬盘。

2. 所需的 srtm 资料文件

若按“刷新资料文件列表”,则按 DEM 文件的范围,生成所需下载的 srtm 资源文件列表。要求这些资源文件(一个文件代表一个 5 度×5 度的单元片)已经下载,并解压在本软件所在的子目录“\srtmASC”下。

所需 srtm 资料文件列表中,黑色字体的文件表示已找到,红色字体的文件表明还未下载,只需点击下载地址,即将地址复制到剪贴板,然后用自己熟悉的工具下载(如复制到 IE 的地址栏后按回车键可直接下载)。

文件下载后,解压到目录"\srtmASC"中,注意不要改变文件名称。

软件提供的安装盘中有"全国地形"目录,已保存有全国的 srtm 文件,可从此处直接复制,一般无须再行下载。

3. DEM 文件的生成

给定所要生成的 DEM 文件的名称,即可点击"生成 DEM 文件",生成结束,可以在"生成文件信息"中看到所生成 DEM 文件的基本信息。

如果选择"与 AERMAP 兼容格式",则生成的文件不能大于 1.1 度×1.1 度,且不可采用缩写格式,以保证 AERMAP 运行能通过。

如果所需资源文件没有全部下载,仍要生成 DEM 文件,则生成的 DEM 文件范围会比原来预定的要小一些,因为有些区域的数据没有找到,但这个 DEM 文件仍是一个标准可用的文件。

如果当前项目文件已打开,则可点击"将生成的 DEM 文件导入项目",立即将生成的 DEM 文件导入项目中。

与 GlobalMapper 等软件不同,EIAProA 软件生成的 DEM 文件过程不采用插值处理,而是完全遵从原始数据,因此实际生成的区域位置与用户最终给定的区域位置有不大于 3 s 的位移。这在基本信息中可以看得非常清楚。这一方法使原始数据不受影响(因为任何插值处理都会导致数据失真),并且速度要快得多。

注意:地形资源 srtm 数据文件由 csi. cgiar. org 版权所有,由其解释数据的准确性并负责更新。

1.6.7　高空气象数据下载程序

通过高空气象数据下载程序,用户可以直接从 NOAA/ESRL Radiosonde Database 查询到所需的免费高空气象数据。这个数据库中有全球 929 个站(国内 93 个站)的高空气象数据,而且时间上也更新到了最近日期。只是 5000 m 以下的层数比较少,只有一些低海拔地区的重要城市所在的站点数据才多一些,因此数据是否能够直接应用,要由用户根据项目和数据情况而定。

程序使用分成三步:定义项目位置和数据起止时间;生成最近探空站列表;点击查询数据。在点击查看所得到的数据后,应将数据保存成扩展名为 FSL 的文本文件,才能在基础数据—气象数据—探空气象数据中直接读入。

1. 定义项目位置和数据起止时间

输入项目所在位置,可以直接输入经纬度,允许选择"DD. DDDD"或"DEG°MIN′SEC″"格式,格式非常灵活,详见 1.6.5 节坐标转换器说明;也可选择采用 UTM 坐标输入。此外,如果当前已有项目文件打开,则允许"取出全球定位点"的坐标。

此外,需输入数据起止时间。

2. 生成最近探空站列表

点击"刷新探空站列表",找到全球离所定义项目位置最近的 5 个探空站,按大地线距离从近到远排列,根据具体情况选择其中某一个。大地线采用简化算法,在 1000 km 内,误差在 0.3%以内。

3. 点击查询数据

点击各行的"点击此取得数据",使用浏览器查询并显示所需数据。在得到数据后,应将数据保存成扩展名为 FSL 的文本文件,才能在基础数据—气象数据—探空气象数据中直接读入。

需要注意的是,个别站上的数据无法查到,如 WMO 编号为 56294 的 CHENGDU(成都)站,就查不到相关数据。

1.6.8　地面特征参数生成器

地面特征参数生成器采用 AERSURFACE 的 Ver13016 版本生成地面特征参数表。如果本程序上一次成功运行,则本程序打开时会读入其相关设置和参数。这里关键是要有合适的覆盖数据文件。

地表覆盖数据文件:按"浏览文件…"按钮定位该文件。

AERSURFACE 接受 GeoTIFF(tif)或二进制(bin)两种格式的覆盖数据文件,并要求单个文件能包纳整个研究区域,地面气象站(或项目全球定位点)要位于研究区域的中心,使用大小为 10 km×10 km 的区域,因要求留有余地,覆盖数据文件大小建议为 15 km×15 km 的正方形。

文件中的代码分类方法要求采用 USGS NLCD92 定义的 21 分类方法。AERSURFACE 中,对于不同代码,查出每块网格(30 m×30 m)对应的地表特征参数,再采用算术平均和几何加权平均,计算出整块区域(不同角度和时间下)的地表参数。

由中国国家基础地理信息中心(National Geomatics Center of China,NGCC)提供的全球 30 m 地表覆盖数据(GlobeLand30-2010)采用的是 10 个分类代码,因此,如果采用 GlobeLand30-2010 格式的数据文件(tif),则不能直接用于 AERSURFACE,需要将分类代码预先转成 NLCD92 分类代码。另外,GlobeLand30-2010 是按将全球分成 5 度(纬)×6/12 度(经度)的方式(分成 853 幅),每次根据需要调用其中一幅或几幅数据。但是,这对于 AERSURFACE 来说,很难直接应用,当关心的气象站位于分幅的边界时更是如此,AERSURFACE 本身也仅能支持一个数据文件,而不是多个。

所以，在采用 GlobeLand30-2010 数据来运行 AERSURFACE 时，需要数据提供方根据需求方提供的中心位置，截出一块 15 km×15 km 的区域(类似于 MRLC 程序提取 USGS NLCD92)，生成一个 TIF(或 bin)格式的数据文件，同时还要将 GlobeLand30-2010 代码换成 NLCD92 分类代码。

研究区域中心坐标：可采用项目地面气象站或全球定位点。在项目打开的情况下，缺省采用全球定位点。这里输入的坐标，应当位于上面所述的数据文件的中心附近，以保证每一个方向离边界至少有 10 km(加上一定的余地，应为 11 km)，可采用经纬度和 UTM 方式，西经采用负数或加后缀“W”的方式。

程序内部计算时，粗糙度对应范围为中心坐标周边半径 1 km 范围，Albedo 和 Bowen(波文)率为 10 km×10 km 区域。

地面分扇区数/扇区分界度数：详见 AERMOD 预测气象中的地面特征。

冬季地面是否覆雪：如果有覆雪(指地表全面盖上，看不到泥土的情况)，则可勾选。如果选择年或月周期，则只要一个月有全面覆雪，就可勾选。而对于季周期，勾选该选项意味着冬季的三个月都有全面覆雪。

是否要设定每一个月所属的季节：如果选择年或月周期，可以重新分配每一月份所属季节。若无冬季覆雪，则可选四个季节；若有冬季覆雪，则可选五个季节。在每个季节中，输入所属的月份序号，以逗号分隔，该季节没有任何月份的，不输入(或输入 0)。

是否位于机场：若勾选，则采用更能代表运输的地表，即更小的地表粗糙度。

是否位于干旱区：是否位于气候上的干旱区。有冬季覆雪的不算。

气象观测年气候相对本地历史平均的干湿程度：可选平均、偏湿、偏干。影响 Bowen 率的取值。比较气象观测年与 30 年的气象记录，观测年降水落在前 30% 区间为“偏湿”，落在后 30%区间为“偏干”，否则为“平均”。

程序运行成功后，只保留 AERSURFACE. DAT 文件，这个为输入参数的记录；同时会将运行结果文件(OUT)读入，显示在窗口左边，上面为表格，下面为该文件的全部文本。若要将计算结果返回，则只需复制表格中的数据，然后回到“AERSCREEN 筛选气象”或“AERMOD 预测气象”程序界面，设置相同的分扇区和时间周期的表格，粘贴上即可。

1.6.9　一些参数计算

1. 点源烟气抬升高度

按“1993 大气导则”(HJ/T 2.2—1993，现已被 HJ/T 2.2—2008 替代)中的方法计算某个点源的烟气抬升高度，要求输入污染源参数和环境参数。

环境参数中的大气稳定度和烟囱出口风速也可由其他参数计算得到。计算结果中给出计算所用的公式和主要参数。

2. 混合层高度

计算某种气象条件下的混合层高度。要输入地面 10 m 高处的风速和大气稳定度级别，以及其他判断选项(地理位置数据)。给出计算结果和计算时所用的混合层系数。

混合层系数从“1993 大气导则”附录 C 中选取，对于表中没有的数据(如 C～D 稳定度)，则以线性内插法求出。

3. 烟囱出口风速

按照幂指数法计算烟囱出口风速。如果输入地面 10 m 高处风速、烟囱物理高度和风速幂指数，则程序给出计算结果。也可以让程序自动查找国标中的风速幂指数，此时要输入稳定度级别和烟囱位置。

4. 稳定度等级

输入某时刻的日期、时间、地面 10 m 高处风速、总云量和低云量等参数以判别该时刻的大气稳定度。

北京时间为 24 小时制，有效时段为 00:00～23:59。10 m 风速即为地面 10 m 高处 10 min 内的平均风速。总云量和低云量为 10 分云量制，有效数据为 0～10。

5. 卫生防护距离

卫生防护距离算法按《制定地方大气污染物排放标准的技术方法》(GB/T 3840—1991)中有害气体无组织排放控制与工业企业卫生防护距离标准的制定方法计算，与“2018 大气导则”要求不同，这里不再赘述。

6. 一些其他参数

颗粒沉降系数和湿沉积清除系数。

(1) 用 Stocks 公式计算粒子(d>10 μm)在空气中的沉降速度。

(2) 用降雨量估算 SO_2 的湿沉积清除速度。

1.6.10　风险模型一些参数查找和计算

“风险模型一些参数查找和计算”工具提供风险模型相关的一些参数的查找和计算。

1. 临界量和终点浓度

按“2018 风险导则”附录 B 查找危险物质临界量，或者按附录 G 查找大气毒性终点浓度值。

输入物质的名称(部分或全部)或 CAS 号，查找出危险物质临界量，或大气毒性终点浓度值 1 和终点浓度值 2。如果有多个匹配的，则弹出下拉列表以供选择。

2. 大气伤害概率估算

按"2018 风险导则"附录 I 估算大气伤害概率(暴露于有毒有害物质气团下、无任何防护的人员,因物质毒性而导致死亡的概率)。

输入接触毒性物质的浓度和时间,以及与毒性物质有关的三个参数 At、Bt 和 n 后,点击"刷新"得到大气伤害概率 PE(%)和中间量 Y。

关于毒性物质有关的三个参数,"2018 风险导则"中提供了部分物质的相关参数,可从下拉列表引用。

3. 理查德森数估算

按"2018 风险导则"附录 G.2 估算理查德森数,判断是否为重气体并推荐风险模型。

设定排放方式(连续还是瞬时)、初始气团、空气密度、排放率(或排放量)、初始气团直径、风速,计算出理查德森数。根据相关标准,判定是否为重气体,以及宜采用的扩散模型。

需要注意的是,只有当初始气团密度大于空气密度时,才会估算理查德森数,否则直接认定其为轻质气体。

4. 危险性(P)分级

按"2018 风险导则"附录 C 计算危险物质及工艺系统危险性(P)的分级。

输入危险物质个数、工艺单元套数。在表格中输入每个物质的最大存在总量和临界量(临界量可用本工具中的"1. 临界量和终点浓度"查找),以及每一个工艺单元的分类码,点击"刷新"计算出危险性分级。

5. 风险评价工作等级划分

按"2018 风险导则"4.3 及附录 C 和 D 计算风险评价的工作等级。

首先要设定危险物质及工艺系统危险性(P)等级;然后确定环境敏感性(E)的分级,分别按大气环境、地表水环境、地下水环境分级;再点击"刷新结果",得到风险评价的工作等级。

如果项目同时污染大气环境、地表水环境、地下水环境这三个环境中的两个级以上的,要逐个确定敏感性,并逐个"刷新结果",得出最终的评价等级,然后取其中等级最高者。

1.6.11　按"2018 大气导则"附录 C 输出 Excel 表

按"2018 大气导则"附录 C 格式,将项目文件有关参数生成 Excel 表格。要求程序执行文件所在目录下有模板文件"导则附录 C 表格.xls",如果丢失,则需重新安装。

打开已有项目文件，可以选择只输出部分表格。对于有些表格（如环境空气保护目标表），需要输出相对方位和相对距离，需要预先定义参照点（即生成相对这个参照点的距离和方位），缺省为背景图中的全球定位点，用户也可从背景图上定位其他点。

按“输出到 Excel 表”，即生成 Excel 相关表格并打开。注意，这个 Excel 文件里含有多个表格放在不同页中，可从表格最下面的页标中选择查看不同页的表格。

生成的表格中，有一些项目未能填出，有一些数据需要用户审核。应仔细检查这些表格后，才能将它们应用到报告书中。

(1) 各类污染源参数表为表 C. 9～C. 12、表 C. 15～C. 17。点源参数表包括普通出口点源和加盖/水平出气源，但火炬源单独放在表 C. 17 中。矩形面源参数表包括露天坑面源。圆形面源顶点数默认取 20。体源边长取长与宽的平均值，且多边形的体源按矩形考虑，初始扩散参数根据是否在高地上、建筑上而有区别。工业线源和交通公路源均输出到线源参数表中，但前者编号为 L 开头，后者编号为 R 开头。污染源参数表的年排放小时数和排放工况都需要用户确定。

(2) 表 C. 1 为评价因子和评价标准表。项目中全部污染物输出到评价因子表中，平均时段为：1 小时/日平均/年平均，标准值为 1 级和 2 级（以“/”分隔），标准来源需用户自行输入。

(3) 表 C. 2 和表 C. 3 为估算模型参数和结果表。只能生成指定筛选方案所用的估算模型参数表，部分参数仍需用户确定。估算模型结果表完全由用户自己完成，可从多个筛选方案的结果表中复制到 Excel 中。

(4) 环境质量现状相关表：表 C. 4～C. 8。表 C. 4（环境空气保护目标）采用项目已输入的敏感点，保护内容和环境功能由用户自行确定，注意相对厂址方位采用的是方位角，N 为 0°，E 为 90°（下同）。用项目中已输入现状监测的污染物，生成表 C. 5（区域空气质量现状评价表），标准采用二级，但百分位上日平均或 8 h 平均质量需用户自行输入（软件中并不处理现状监测结果，而只是接受监测结果作为背景值）。凡有 7 天现状监测数据的认定为其他污染物，而无须补充监测的都作为基本污染物。对于基本污染物，只有输入了逐日数据，才会输出日平均浓度的范围/最大值占标率/超标概率。其他污染物的监测方法/检出限，需要用户确定。

表 C5 为百分位上的日平均（或 8 h 平均）表，仅当用户输入年平均浓度和保证率日平均这两个监测浓度时，才会导出这个用户输入的保证率日平均浓度（或 8 h 平均）表。对于用户输入了逐日（365 天）或 7 天补充的情况，不会导出该值，需用户自行输入。

表 C6：如果输入逐日数据，年评价指标为日平均和年平均，前者浓度为一个范围，后者为一个值。如果输入的是保证率日平均值和年平均值两个数值，则年评价指标为保证率日平均和年平均，都为一个值。

（5）表C.24～C.25为气象数据信息表。如果项目文件中有多套数据，则需指定一套。气象站等级、气象要素等需用户自行确定。软件默认高空站数据来自模拟站，但实际情况可能也是观察站，需要用户自行核查。

（6）表C.26～C.28为预测结果表，只填上污染物名称（如超过10个，只填前10个）。表中具体内容可能来自“AERMOD预测结果”或“AERMOD方案合并”，通常来自多个方案，需用户自行填写，数据可复制于相关表格。

（7）大气排放口和排放申报表为表C.32～C.36。其包括工业源中的点、面、体、线和公路源，但网格（区域）源和工业浮力线源暂不输出。点源（含普通点源、水平出气源、加盖源、火炬源，共4类）作为有组织排放，输出到表C.32（其中，污染物种类为该排放口的全部污染物，以逗号分隔，按排放强度从大到小排列）。其他各类面源、体源、线源和公路源均作为无组织源，不在表C.32中输出。

表C.33为主要排放口，软件默认取污染物排放强度最大的两个源（不重复），且只显示对应排放强度最大的污染物排放情况。在主要排放口合计中，污染物按主要排放口各污染物总排放强度从大到小的顺序排列。一般排放口中列出主要排放口之外的点源和排放强度最大的污染物排放情况。在一般排放口合计中，污染物按一般排放口各污染物总排放强度从大到小的顺序排列。最后，根据主要排放口和一般排放口合计，计算出全厂有组织排放总计。在表C.34无组织排放申报表中，防治措施和排放标准需用户自行输入。表3.35所示的为软件自行计算的各污染物有组织和无组织排污总量。表C.36需用户填写，因为软件中未标识污染源的排放状态。

1.6.12　常见问题

（1）ActiveX部件不能创建对象。

点击“按导则附录C输出Excel表”时，出现如图1-131所示的提示，原因是安装EIAProA2018的电脑未安装MS Office。

解决方法：安装MS Office，如果还是继续出现上述提示，请检查软件是否以管理员身份运行，如果不是，请以管理员身份运行。

（2）EIAProA如何输出导则要求的表格？

在软件的工具菜单下，点击“按导则附录C输出Excel表”，可生成导则附录C中的几十个表格。但有些表格仍需用户输入，其他已经输入数据的表格也要用户检查与核对。

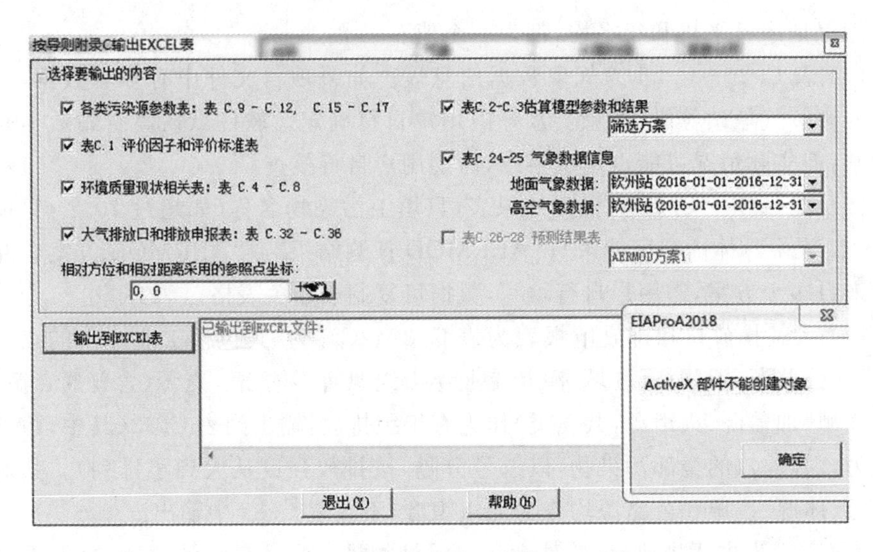

图 1-131　按导则附录 C 输出 Excel 表

第 2 章　EIAProA2018 应用案例

本书中所选择的案例为位于山西省的一个煤化工项目，建设规模为 100 万吨的煤制油，污染源主要为供热锅炉、煤汽化等装置排放的污染物，本案例中大气的案例选择供热锅炉烟囱作为点源，排放 SO_2、NO_2、$PM_{2.5}$ 和 NH_3；汽化炉作为面源，排放 NH_3。环境风险案例考虑液氨储罐泄漏和苯储罐泄漏两种事故情景。项目及周边示意图如图 2-1 所示。本案例的案例数据可以到 www. eiacloud. com 网站下载获取。

图 2-1　项目及周边示意图

2.1　基础数据

大气模拟预测中所需要的基础数据包括地形数据、气象数据、环境现状质量数据、环境保护目标、污染源数据和风险源参数。

2.1.1　地形数据

根据“2018 大气导则”中的要求，报告书项目评价等级计算和所有项目进一步模拟预测均需要地形数据，且分辨率不小于 90 m。

本案例中所用地形数据为 SRTM3 数据，分辨率为 90 m，文件名为“srtm_59_05.zip”，格式为 ASC。案例项目附近的地形示意图如图 2-2 所示。

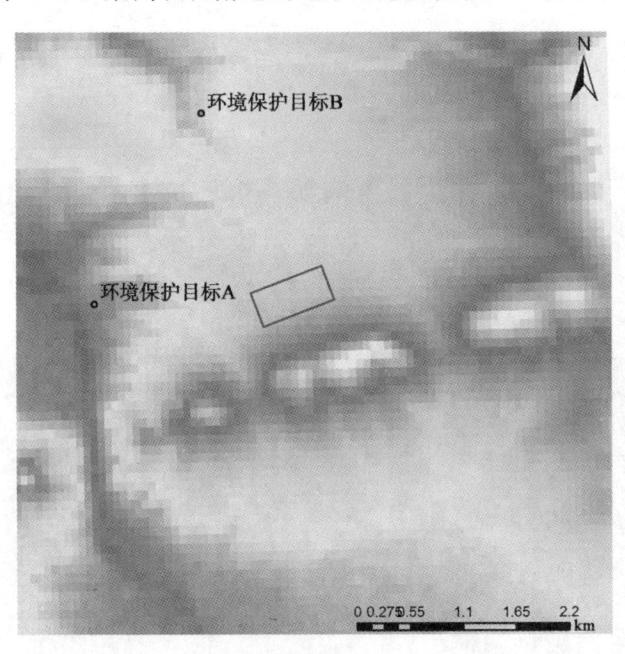

图 2-2　案例项目附近的地形示意图

2.1.2　气象数据

大气评价所需要的气象数据包含近 20 年统计数据、基准年地面和高空气象数据。其中，评价等级和范围计算需要近 20 年统计数据中的气温极值，进一步模拟预测需要基准年逐时的地面和高空气象数据。

基准年地面数据的要素一般包括风向、风速、总云、低云、气温、相对湿度、气压、降水量等，最基本的气象数据需求为前五个，如果要考虑干湿沉降计算，则前述所有要素都需要。高空气象数据需要各高度层气压、距离地面高度和干球温度。

案例中的气象数据包含了距离本项目最近的某气象站点 2017 年地面逐时气象数据和高空气象数据，地面气象数据文件名为“地面气象. QOA”，文件格式为 OQA，高空气象数据文件名为“高空气象. OQA”，文件格式为 OQA，具体参数如表 2-1 所示。

表 2-1　气象站参数表

数据类型	站点编号	站点坐标	海拔高度/m	与本项目距离/km	要　素
地面气象数据	53874	36.25N，113.13E	897	25.1	风向、风速、总云、低云、气温
高空气象数据	99999	36.62N，113.25E	905	21.5	各高度层高度、气压、干球温度、露点温度、风向、风速

2.1.3　环境质量现状数据

环境质量现状数据分为两类：一类是基本污染物（SO_2、NO_2、PM_{10}、$PM_{2.5}$、CO、O_3）基准年逐日的环境质量数据；另外一类是补充监测点数据。

案例中为简化起见基本污染物数据采用 NO_2 逐日数据，其他污染物补充监测数据选择 NH_3，监测点信息如表 2-2 所示。

表 2-2　监测点信息

监测点名称	坐　标	监测因子
长期监测点	−1649，1298	NO_2
补充监测点	−409，637	NH_3

2.1.4　环境保护目标

“2018 大气导则”中规定的环境保护目标指的是评价范围内 GB 3095 规定划分为一类区的自然保护区、风景名胜区和其他需要特殊保护的区域，二类区的居住区、文化区和农村地区中人群较集中的区域。本案例中的环境目标设置两个居民点，如表2-3 所示。

表 2-3　环境保护目标信息

监测点名称	坐　标
敏感点 A	−2258，−81
敏感点 B	−1143，1880

2.1.5 污染源数据

污染源数据的类型包含点源、面源、体源、线源等，种类包含新建源、拟建源和削减源等，大气预测需要准备满足模型模拟预测需要的污染源参数，具体可以参考“2018 大气导则”附录 C.4。本案例中准备了 1 个点源、1 个面源和 1 个削减源，点源和面源具体参数如表 2-4 和表 2-5 所示。

表 2-4 点源参数表

参　　数	点源 A	削减源 A
坐标	0,0	1735,−1564
烟囱高度/m	120	60
烟囱出口内径/m	3.0	1
烟气温度/℃	110	40
烟气出口速率/(m/s)	10	10
NO_2 排放速率/(kg/h)	18	12
SO_2 排放速率/(kg/h)	12	—
一次 $PM_{2.5}$ 速率/(kg/h)	10	—
NH_3 排放速率/(kg/h)	4	—

表 2-5 面源参数表

参　　数	值
中心点坐标	—190,—70
面源长度/m	120
面源宽度/m	50
面源旋转角度/(°)	79
面源高度/m	15
NH_3 排放速率/(kg/h)	1.5

2.1.6 风险源参数

本风险案例中设置两种事故情景：液氨储罐泄漏和苯储罐泄漏。

(1) 液氨储罐泄漏事故情景。

事故情景设定为液氨储存状态为常温高压储存，泄漏后液氨会发生快速蒸发，液氨储罐泄漏事故情景的参数如表 2-6 所示。

表 2-6　液氨储罐泄漏事故情景的参数

要　　素	值
压力容器温度/℃	25
压力容器压力/atm	10
容器裂口面积/cm^2	1,圆形
容器裂口上液位高度/m	2
地表类型	水泥地
泄漏时间/min	10

（2）苯储罐泄漏事故情景。

苯的沸点为 80 ℃,泄漏后在储罐下的围堰里形成液池,蒸发进入大气,因此苯储罐泄漏后主要考虑液体在围堰内形成液池的影响。苯储罐泄漏事故情景的参数如表 2-7 所示。

表 2-7　苯储罐泄漏事故情景的参数

要　　素	值
围堰长/m	10
围堰宽/m	20
围堰高/m	1.2
蒸发时间/min	30
围堰内土地类型	水泥地

（3）风险气象参数。

风险事故情境下气象参数选择“2018 风险导则”中规定的最不利气象条件的参数,即 F 稳定度、1.5 m/s 风速、25 ℃气温、50%相对湿度。

2.2　评价等级和评价范围计算

在开展大气环境影响评价时,首先需要判断评价工作等级和评价范围,然后根据“2018 大气导则”中不同工作等级要求来开展大气环境影响评价。

完成评价工作等级和评价范围的计算需要用到 EIAProA2018 中的计算模块,如表 2-8 所示。

表 2-8 评价等级计算模块

<table>
<tr><td rowspan="5">基础数据</td><td colspan="2">污染物</td></tr>
<tr><td rowspan="3">项目特征</td><td>背景图与坐标系</td></tr>
<tr><td>地形高程</td></tr>
<tr><td>厂界线</td></tr>
<tr><td>污染源</td><td>工业源</td></tr>
<tr><td rowspan="2">AERSCREEN 模型</td><td colspan="2">AERSCREEN 筛选气象</td></tr>
<tr><td colspan="2">AERSCREEN 筛选计算与评价等级</td></tr>
</table>

2.2.1 基础数据模块

1. 污染物模块

污染物模块主要设置模拟预测的污染因子，还有污染因子对应的标准、沉降参数等。

软件预先内置了 10 种污染物（SO_2、NO_2、TSP、CO、O_3、PM_{10}、$PM_{2.5}$、NO_x、Pb、苯并芘）和它们对应的参数，而案例中的污染物包含 SO_2、NO_2、$PM_{2.5}$ 和 NH_3，因此污染物模块中，需要补充 NH_3，并删除其他不需要的污染因子，输入 NH_3 的空气质量标准（1 小时平均 200 $\mu g/m^3$），如图 2-3 所示。

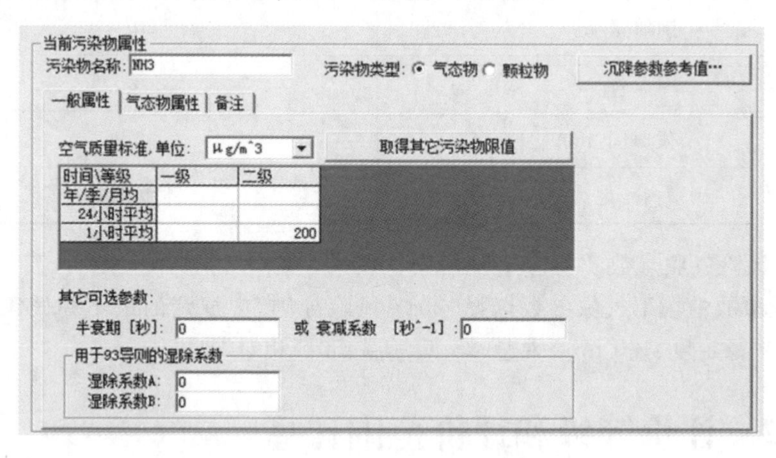

图 2-3 补充污染物 NH_3

2. 背景图与坐标系

在背景图与坐标系中导入项目所需要的背景图并对其进行配准，同时设置全球定位点。

案例底图设置界面如图 2-4 所示，图中有两个“×”符号，坐标分别为

(－1000,－1000)、(1000,1000),导入底图后,采用两点坐标法分别点选这两个位置,输入对应的坐标,实际的项目中一般不会有这类已经定好坐标的点,需要用户自己来确定两个已知坐标的配准点。

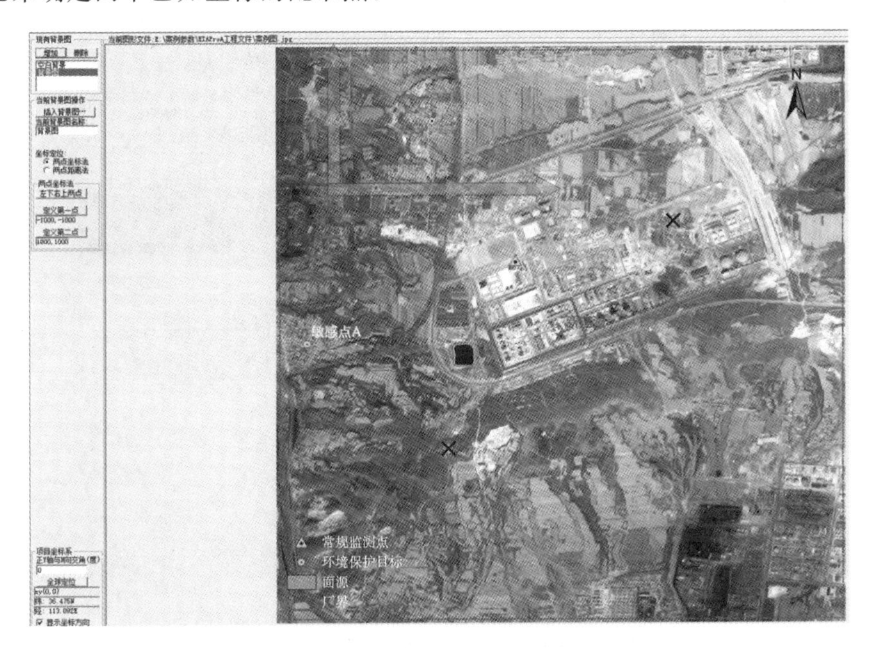

图 2-4　案例底图设置界面

在图中心位置处有个三角形,该点中心位置的经纬度坐标为(36.475N,113.092E),点击"全球定位"按钮,点选该位置,在弹出的对话框中输入该点经纬度坐标。

这里需要注意的是,每次配准在鼠标点选的时候都会有误差,这是无法消除的,因此两个配准点位置应尽量远,减少误差的影响。

3. 地形高程

进一步模拟预测和报告书评价等级计算均需要考虑地形影响,案例文件中准备了 ASC 格式的 SRTM 地形数据压缩包,文件名称为"srtm_59_05.zip",采用软件的"自己动手生成 DEM 文件"功能来生成 DEM 文件。

打开"自己动手生成 DEM 文件"功能,界面如图 2-5 所示,设置地形文件范围,范围要确保包含所有计算的网格点和离散点。设置地形文件的裁剪范围后,"刷新资源文件列表"会提示所需要的地形文件为"srtm_59_05.ASC"文件,文字显示为红色,并显示未下载。

将案例提供的地形数据解压后得到所需的地形文件,将其拷贝至软件安装目录下的 srtmASC 的文件夹,再次点击"刷新资源文件列表",地形文件文字会变成

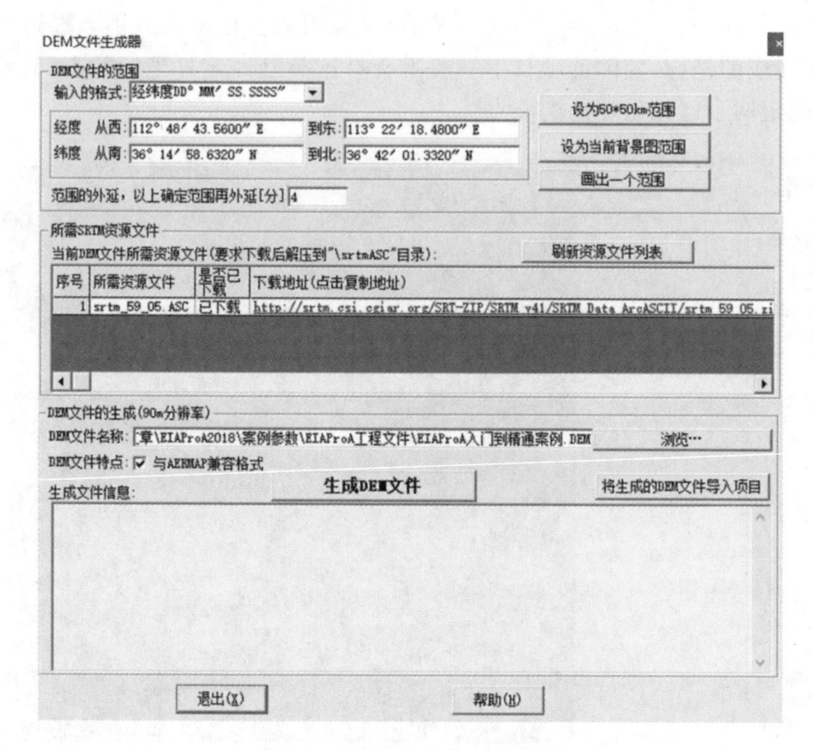

图 2-5　DEM 文件生成器界面

黑色，并显示已下载，依次点击“生成 DEM 文件”和“将生成的 DEM 文件导入项目”，即可完成地形文件的生成和导入工作。

4. 厂界线

在评价等级和评价范围计算阶段设置厂界线的原因是，按照“2018 大气导则”中的规定，评价范围要从厂界线外延 $D_{10\%}$。

厂界线的设置可以直接输入厂界线各拐点坐标，或者直接在已经配准好的底图上绘制厂界线。图 2-4 上的阴影框即为厂界线，点击界面中的“ ”，依次点击厂界各个拐点，然后点击鼠标右键，选择“结束”，软件会自动设置厂界拐点坐标，如图 2-6 所示。需要注意的是，设置完成后要点击“设为封闭线”以将厂界设为封闭区域。

5. 工业源

在工业源位置新建一个污染源，污染源类型设置为“点源”，在“一般参数”和“排放参数”中依次输入点源的参数和污染物排放参数，如图 2-7 所示。如果建设项目的排放参数是随时间变化而变化的，则在排放参数中可以选择“排放强度随时间变化”选项，以设置变化因子。

按照相同的方法依次设置其他点源和面源。

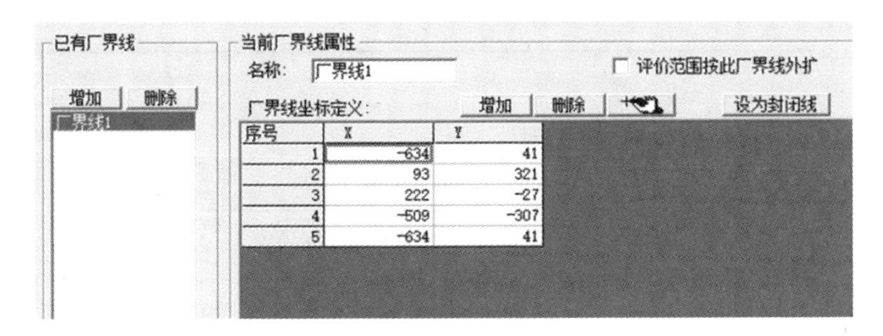

图 2-6　厂界线设置

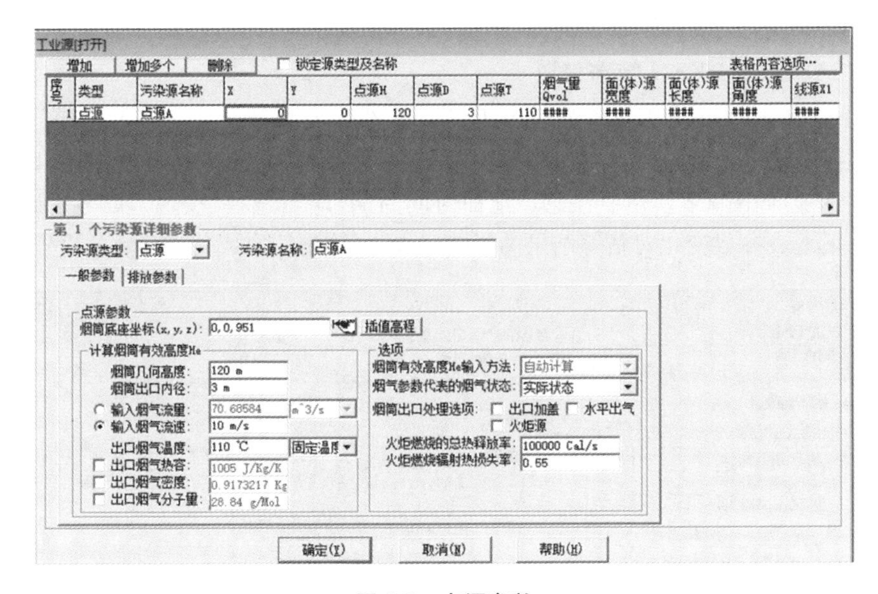

图 2-7　点源参数

2.2.2　AERSCREEN 模型

AERSCREEN 模型参数设置如表 2-9 所示。

表 2-9　AERSCREEN 模型参数设置

参　　数		取　　值
城市/农村选项	城市/农村	农村
	人口数(城市选项时)	—
最高环境温度/℃		40
最低环境温度/℃		−10
土地利用类型		耕地

续表

参　数		取　值
区域湿度条件		中等湿度
是否考虑地形	考虑地形	■是　□否
	地形数据分辨率/m	90
是否考虑岸线熏烟	考虑岸线熏烟	□是　■否
	岸线距离/ km	—
	岸线方向/(°)	—

1. ASERSCREEN 筛选气象

ASERSCREEN 筛选气象模块用于设置筛选气象条件。在 AERSCREEN 筛选气象界面新建一个筛选气象，依次输入表 2-9 中的环境温度、土地利用类型、区域湿度条件选项，如图 2-8 所示。注意，“地面时间周期”应当选择“按季”，以考虑不同季节条件下地表参数变化对估算结果的影响。点击“确定”，完成估算参数的设置。

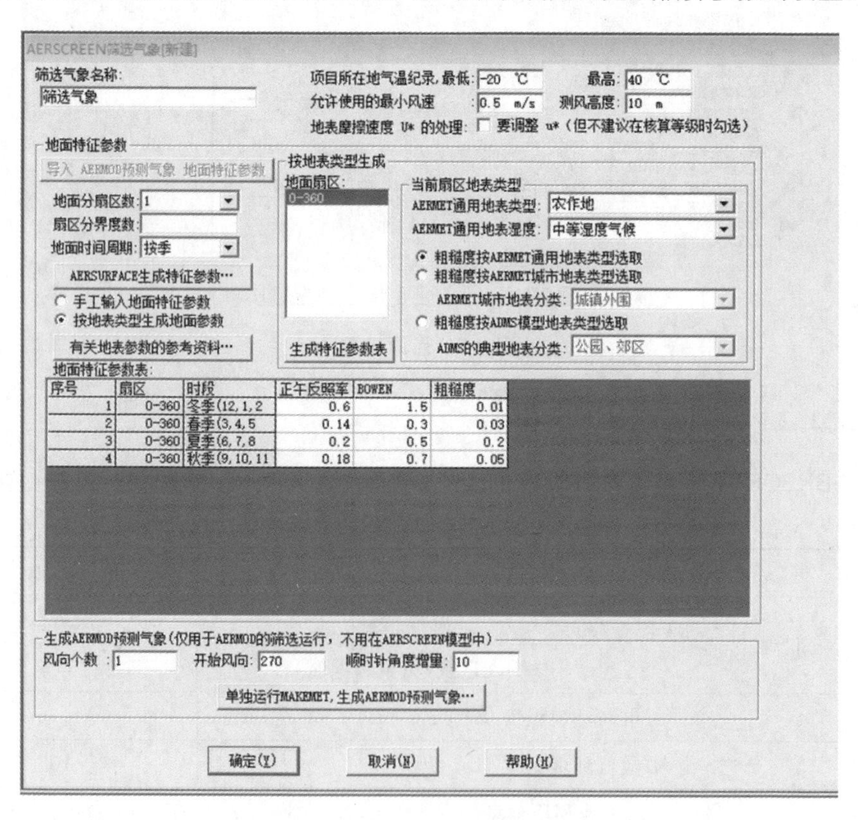

图 2-8　AERSCREEN 筛选气象设置

2. AERSCREEN **筛选计算与评价等级**

AERSCREEN 筛选计算与评价等级模块用于运行 AERSCREEN 模型，计算 $P_{\max}$ 和 $D_{10\%}$。

在筛选方案定义中，依次设置筛选气象、污染源，逐一设置每个污染源的计算范围，设置城市/农村选项，设置是否考虑地形高程等。按照“2018 大气导则”，在需要考虑岸线熏烟计算时，还应设置岸线距离和方位角。筛选方案定义如图 2-9 所示。其中，“多个污染源采用同一坐标原点”选项按照“2018 大气导则”中的 B. 6. 3. 2来判断是否选择，这个选项会影响预测结果。

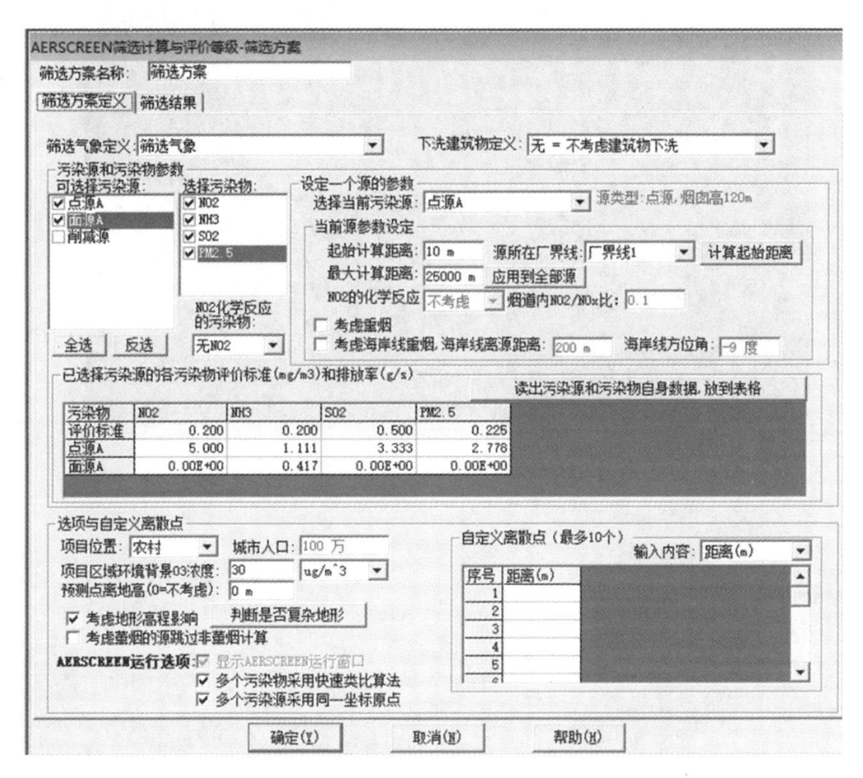

图 2-9　筛选方案定义

设置完筛选方案定义中的参数后，在筛选结果界面点击“刷新结果”，即开始计算，注意计算所需要的时间受计算污染源、污染因子、计算范围影响较大，受电脑性能影响也较大，计算时间可能为十几分钟到十几小时。AERSCREEN 运行界面如图 2-10 所示。

预测结束后，AERSCREEN 筛选计算结果界面如图 2-11 所示，案例评价等级计算结果如表 2-10 所示。

```
D:\Program Files (x86)\EIAPro\EIAProA2018\AERMOD\AERSCREE...
+Now Processing Receptor     345 of    10837
+Now Processing Receptor     346 of    10837
+Now Processing Receptor     347 of    10837
+Now Processing Receptor     348 of    10837
+Now Processing Receptor     349 of    10837
+Now Processing Receptor     350 of    10837
+Now Processing Receptor     351 of    10837
+Now Processing Receptor     352 of    10837
+Now Processing Receptor     353 of    10837
+Now Processing Receptor     354 of    10837
+Now Processing Receptor     355 of    10837
+Now Processing Receptor     356 of    10837
+Now Processing Receptor     357 of    10837
+Now Processing Receptor     358 of    10837
+Now Processing Receptor     359 of    10837
+Now Processing Receptor     360 of    10837
+Now Processing Receptor     361 of    10837
+Now Processing Receptor     362 of    10837
+Now Processing Receptor     363 of    10837
+Now Processing Receptor     364 of    10837
+Now Processing Receptor     365 of    10837
+Now Processing Receptor     366 of    10837
+Now Processing Receptor     367 of    10837
+Now Processing Receptor     368 of    10837
+Now Processing Receptor     369 of    10837
+Now Processing Receptor     370 of    10837
+Now Processing Receptor     371 of    10837
+Now Processing Receptor     372 of    10837
+Now Processing Receptor     373 of    10837
```

图 2-10　AERSCREEN 运行界面

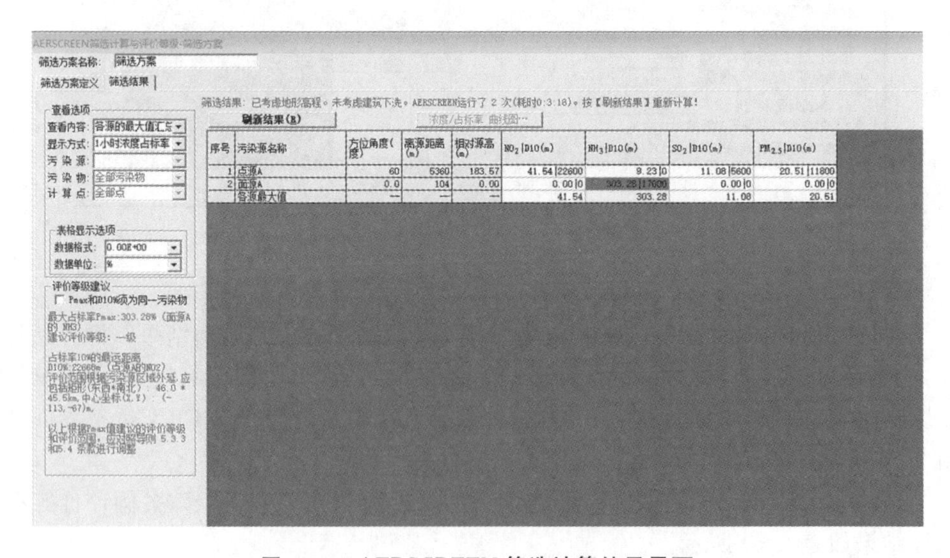

序号	污染源名称	方位角度(度)	离源距离(m)	相对源高(m)	NO_2 |D10(m)	NH_3 |D10(m)	SO_2 |D10(m)	$PM_{2.5}$ |D10(m)
1	点源A	60	5360	183.57	41.54 |22600	9.23 |0	11.08 |5600	20.51 |11800
2	面源A	0.0	104	0.00	0.00 |0	303.28 |17000	0.00 |0	0.00 |0
	各源最大值	—	—	—	41.54	303.28	11.08	20.51

图 2-11　AERSCREEN 筛选计算结果界面

表 2-10　案例评价等级计算结果

序号		1	2	3
污染源名称		点源 A	面源 A	各源最大值
NO_2	浓度/(μg/m³)	83.08	—	83.08
	占标率/(%)	41.54	—	41.54
	$D_{10\%}$/m	22600	—	22600
SO_2	浓度/(μg/m³)	55.38	—	55.38
	占标率/(%)	11.08	—	11.08
	$D_{10\%}$/m	5600	—	5600
$PM_{2.5}$	浓度/(μg/m³)	46.15	—	46.15
	占标率/(%)	20.51	—	20.51
	$D_{10\%}$/m	11800	—	11800
NH_3	浓度/(μg/m³)	18.46	606.55	606.55
	占标率/(%)	9.23	303.28	303.28
	$D_{10\%}$/m	0	17000	17000

评价等级建议提示案例项目 P_{max}＝303.28%，建议的评价等级为一级，$D_{10\%}$＝22668 m，并提供了评价范围的建议，因此，根据预测结果，本项目的大气评价等级为一级，评价范围为 46.0 km×45.5 km。

当“查看选项”中的“查看内容”选择“一个源的简要数据”时，还可以显示某个污染源下风向的所有浓度和占标率，如图 2-12 所示，点击“浓度/占标率　曲线图…”后，还能查看下风向浓度分布结果，如图 2-13 所示，本次 AERSCREEN 模型计算过程中考虑了地形的影响，因此图中浓度值因地形影响出现了比较剧烈的变化。如果建设项目周围地形起伏较大，即使污染源排放比较小，也会有比较高的评价等级和评价范围。

AERSCREEN筛选计算与评价等级-筛选方案

筛选方案名称: 筛选方案

筛选方案定义 筛选结果

查看选项
查看内容: 一个源的简要数据
显示方式: 1小时浓度
污染源: 点源A
污染物: 全部污染物
计算点: 全部点

表格显示选项
数据格式: 0.00E+00
数据单位: mg/m^3

评价等级建议
Pmax和D10%须为同一污染物
最大占标率Pmax: 303.28% (面源A的 NH3)
建议评价等级: 一级

占标率10%的最远距离
D10%: 22668m (点源A的NO2)
评价范围根据污染源区域外延,应包括矩形(东西*南北): 46.0 * 45.5km, 中心坐标(X,Y): (-113, -67)m,

以上根据Pmax值建议的评价等级和评价范围,应对照导则 5.3.3 和5.4 条款进行调整

筛选结果: 已考虑地形高程。未考虑建筑下洗。AERSCREEN运行了 2 次(耗时0:3:18)。按【刷新结果】重新计算!

刷新结果(R) 浓度/占标率 曲线图…

序号	方位角(度)	相对源高(m)	离源距离(m)	NO2	NH3	SO2	PM2.5
203	60	183.57	5360	8.31E-02	1.85E-02	5.54E-02	4.62E-02
204	60	187	5400	8.09E-02	1.80E-02	5.39E-02	4.50E-02
205	50	182.09	5600	8.00E-02	1.78E-02	5.33E-02	4.44E-02
206	70	188.57	5800	7.48E-02	1.66E-02	4.98E-02	4.15E-02
207	50	209.38	6000	5.64E-02	1.25E-02	3.76E-02	3.13E-02
208	30	173.8	6200	5.50E-02	1.22E-02	3.67E-02	3.05E-02
209	30	180.36	6400	5.74E-02	1.27E-02	3.82E-02	3.19E-02
210	60	172.35	6600	5.96E-02	1.32E-02	3.97E-02	3.31E-02
211	50	183.69	6800	6.79E-02	1.51E-02	4.53E-02	3.77E-02
212	20	170.4	7000	5.44E-02	1.21E-02	3.63E-02	3.02E-02
213	50	161.26	7200	4.63E-02	1.03E-02	3.09E-02	2.57E-02
214	30	166.03	7400	5.10E-02	1.13E-02	3.40E-02	2.83E-02
215	20	180.47	7600	6.12E-02	1.36E-02	4.08E-02	3.40E-02
216	60	195.36	7800	5.24E-02	1.16E-02	3.49E-02	2.91E-02
217	20	185.37	8000	5.86E-02	1.30E-02	3.91E-02	3.26E-02
218	60	199.17	8200	4.64E-02	1.03E-02	3.09E-02	2.58E-02
219	60	237.72	8400	3.22E-02	7.15E-03	2.14E-02	1.79E-02
220	20	201.93	8600	4.32E-02	9.60E-03	2.88E-02	2.40E-02
221	40	207.62	8800	4.08E-02	9.05E-03	2.72E-02	2.26E-02
222	40	168.47	9000	4.37E-02	9.71E-03	2.91E-02	2.43E-02
223	50	184.36	9200	5.20E-02	1.16E-02	3.47E-02	2.89E-02
224	40	193.48	9400	4.56E-02	1.01E-02	3.04E-02	2.53E-02
225	20	160.53	9600	3.48E-02	7.73E-03	2.32E-02	1.93E-02
226	30	242.96	9800	2.72E-02	6.05E-03	1.82E-02	1.51E-02
227	30	215.36	10000	3.44E-02	7.64E-03	2.29E-02	1.91E-02
228	30	177.93	10200	4.59E-02	1.02E-02	3.06E-02	2.55E-02
229	50	165.28	10400	3.63E-02	8.06E-03	2.42E-02	2.02E-02
230	50	199.62	10600	3.69E-02	8.19E-03	2.46E-02	2.05E-02
231	30	188.17	10800	4.36E-02	9.68E-03	2.90E-02	2.42E-02
232	30	159.97	11000	3.01E-02	6.69E-03	2.01E-02	1.67E-02
233	50	191.84	11200	3.96E-02	8.80E-03	2.64E-02	2.20E-02
234	30	186.91	11400	4.20E-02	9.33E-03	2.80E-02	2.33E-02
235	120	174.49	11600	3.24E-02	7.20E-03	2.16E-02	1.80E-02
236	130	184.57	11800	4.13E-02	9.17E-03	2.75E-02	2.29E-02
237	130	178.12	12000	3.96E-02	8.79E-03	2.64E-02	2.20E-02
238	30	194.38	12200	3.54E-02	7.88E-03	2.36E-02	1.97E-02
239	130	188.75	12400	3.80E-02	8.44E-03	2.53E-02	2.11E-02
240	130	207.53	12600	2.90E-02	6.44E-03	1.93E-02	1.61E-02
241	40	161.11	12800	2.69E-02	5.98E-03	1.79E-02	1.50E-02
242	360	190.2	13000	3.53E-02	7.84E-03	2.35E-02	1.96E-02
243	130	226.5	13200	2.24E-02	4.97E-03	1.49E-02	1.24E-02
244	130	197.64	13400	3.07E-02	6.81E-03	2.04E-02	1.70E-02
245	360	178.48	13600	3.50E-02	7.78E-03	2.33E-02	1.94E-02
246	40	211.66	13800	2.58E-02	5.73E-03	1.72E-02	1.43E-02
247	40	236.6	14000	1.97E-02	4.37E-03	1.31E-02	1.09E-02
248	140	199.56	14200	2.25E-02	5.00E-03	1.50E-02	1.25E-02
249	60	182.19	14400	3.41E-02	7.58E-03	2.27E-02	1.89E-02
250	30	200.43	14600	2.73E-02	6.06E-03	1.82E-02	1.52E-02
251	30	181.03	14800	3.31E-02	7.34E-03	2.20E-02	1.84E-02
252	360	194.6	15000	2.89E-02	6.43E-03	1.93E-02	1.61E-02
253	360	235.36	15200	1.72E-02	3.82E-03	1.15E-02	9.55E-03
254	120	170.05	15400	2.06E-02	4.58E-03	1.37E-02	1.14E-02

图 2-12 一个源的简要数据显示结果

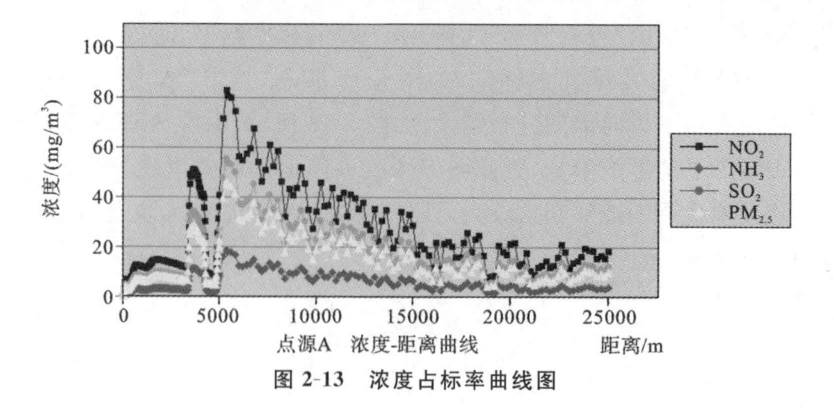

图 2-13 浓度占标率曲线图

2.3　进一步模拟预测

进一步模拟预测需要用到的“污染物”“背景图与坐标系”“地形高程”“厂界线”“工业源”，在 2.2 节已经设置，具体介绍请见前述内容。

2.3.1　现状监测

现状监测需要在现状监测点位置输入基准年逐日的基本污染物浓度和补充监测点的其他污染物浓度。

在“监测点名称及坐标”中输入常规监测点和补充监测点的名称及坐标，然后点击“插值地面高程”，获得监测点的地面高程，如图 2-14 所示。

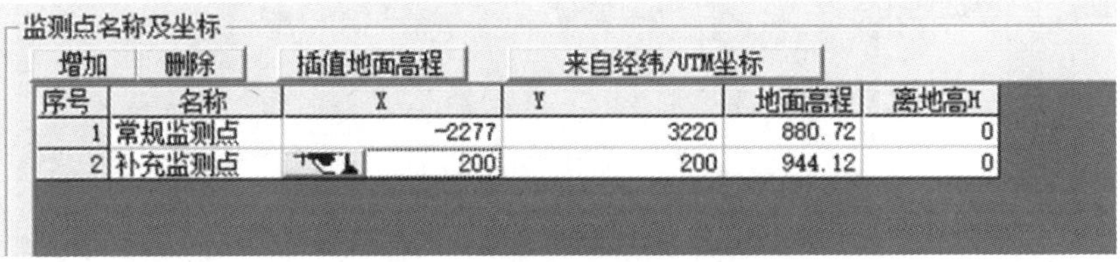

监测点名称及坐标

增加　删除　插值地面高程　来自经纬/UTM坐标

序号	名称	X	Y	地面高程	离地高H
1	常规监测点	-2277	3220	880.72	0
2	补充监测点	200	200	944.12	0

图 2-14　设置监测点名称和坐标

(1) 输入基准年的逐日基本污染物浓度。

在“现状监测浓度”处，按照以下顺序依次进行设置。

① 择当前污染物：NO_2。

② 当前污染物的监测数据：长期监测数据序列(365/366 d)，日平均。

③ 监测点位：常规监测点位。

将长期逐日监测数据输入“监测浓度”位置，如图 2-15 所示。当输入其他污染因子的浓度时，也需要按照上述顺序依次选择和输入。

(2) 输入补充监测的其他污染物。

补充监测数据的输入方法类似长期逐日监测数据的输入方法，但监测数据类型应当选择“补充监测数据序列(7 d)，日均或最大小时”；然后点击“逐时数据…”，输入补充监测数据，如图 2-16 和图 2-17 所示。

2.3.2　敏感点

在敏感点中输入拟预测的环境保护目标，并设置环境质量标准。环境保护目标的名称和坐标参见表 2-3。输入完成后，点击“导入二级质量标准”，设置环境保护目标的环境质量标准，如图 2-18 所示。

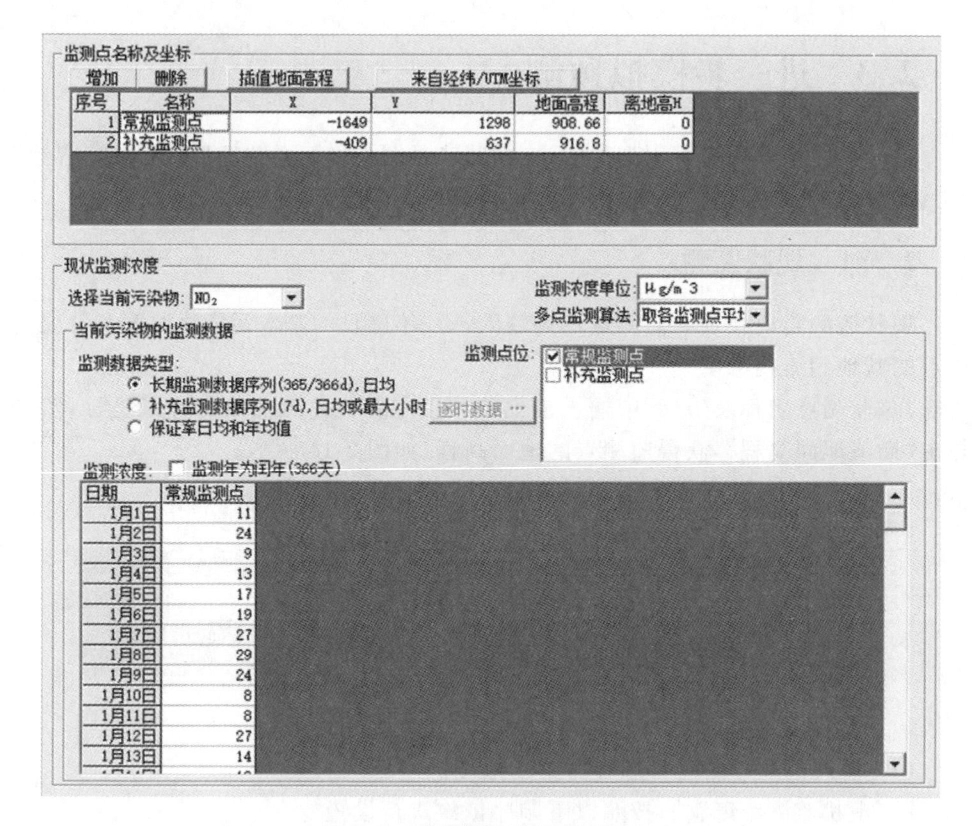

图 2-15　长期逐日监测数据输入

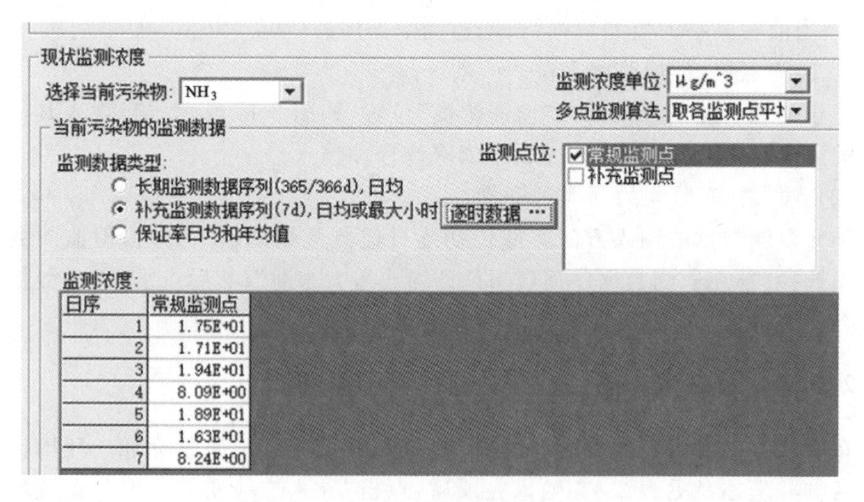

图 2-16　NH_3 补充监测数据输入界面

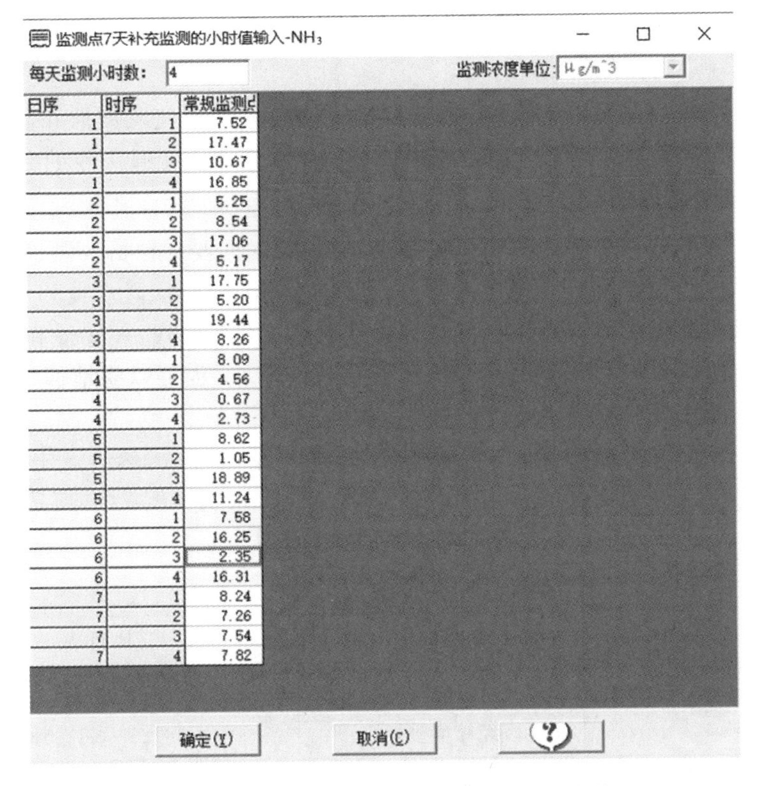

图 2-17　NH_3 监测点 7 天补充监测的小时值输入

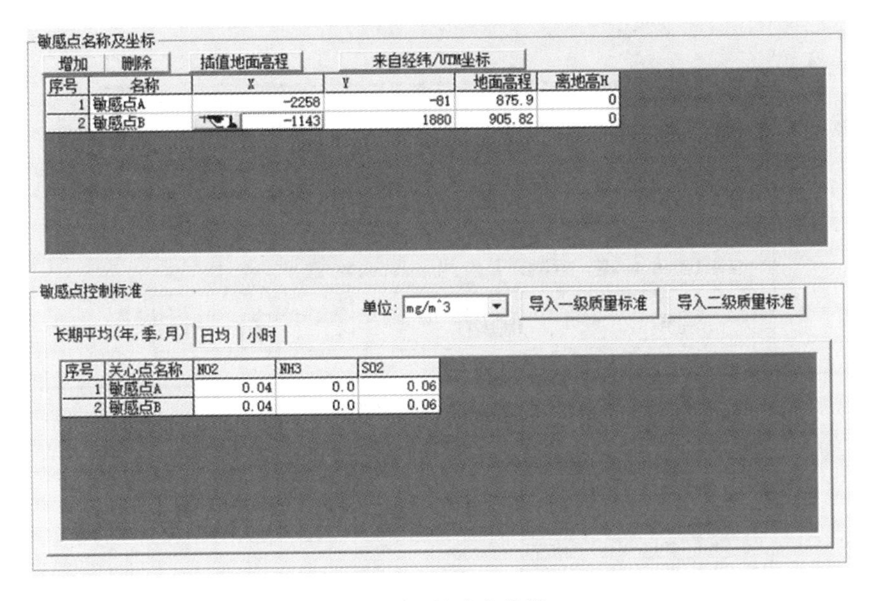

图 2-18　敏感点设置

2.3.3　气象数据

在进一步模拟预测时，气象数据需要输入逐时的地面气象数据和高空气象数据。按照“2018 大气导则”，气象数据需要近三年中连续 1 个日历年的数据。

1. 地面气象数据

地面气象数据需要输入逐时气象数据，必须输入的要素包括气温、风向、风速、总云和低云。当需要计算干湿沉降时，还需要输入相对湿度、降水量和气压。

地面气象数据可以直接读入的数据格式包括 OQA 格式、A 文件和 calpuff 的 smerge 生成的 dat 文件格式。当没有上述格式的时候，也可以将地面气象数据手动输入到模型中。

首先在地面气象数据界面中依次输入表 2-11 中的参数，然后点击“从文件读入”，读取案例文件中提供的一年逐时的 OQA 气象数据，如图 2-19 所示。

表 2-11　地面气象站参数

序　　号	要　　素	值
1	站点名称	地面站
2	站点编号	53874
3	经纬度坐标	36.25N，113.13E
4	海拔高度/m	897
5	频次	全年逐时

地面气象数据[新建]

气象站编号：53874　　数据序列的时间类型：顺序逐时24次/天
气象站名称：地面站　　数据开始日期(年,月,日)：2017/1/1
气象站经度：113.03E　　数据结束日期(年,月,日)：2017/12/31
气象站纬度：36.52N　　每日观测时间(从小到大)：00:00,01:00,02:00,03:

查找风速<=0.5m/s最大持续时间　　生成AUSTAL2000气象文件…

序号	日期	时间	风向[度,或字符]	风速[m/s]	总云[10分制]	低云[10分制]	干球温度[℃]
1	2017/1/1	00:00	140	1.5	0	0	0.9
2	2017/1/1	01:00	150	1.4	0	0	0.7
3	2017/1/1	02:00	140	1.4	0	0	0.4
4	2017/1/1	03:00	150	1.4	0	0	-0.6
5	2017/1/1	04:00	140	2.2	0	0	-0.2
6	2017/1/1	05:00	130	1.2	0	0	-0.9
7	2017/1/1	06:00	70	1.2	0	0	-1.6
8	2017/1/1	07:00	60	1.3	0	0	-1.9
9	2017/1/1	08:00	20	0.9	0	0	-1.7
10	2017/1/1	09:00	90	0.8	1	1	-0.2
11	2017/1/1	10:00	120	1.2	1	1	2.3
12	2017/1/1	11:00	130	1.6	7	7	4.2

图 2-19　地面气象数据设置

2. 高空气象数据

高空气象数据应当一天监测至少 2 次(北京时间 8 时和 20 时),要素至少包含各层气压、离地高度和干球温度。

高空气象数据支持 FSL 格式和 OQA 格式,需要注意的是,高空气象数据的 OQA 格式和地面气象数据的 OQA 格式并不一样。另外,由于国内高空气象站点相对较少。因此,多数情况下,高空气象数据是采用中尺度气象模型(如 WRF 等)模拟获得的,这符合“2018 大气导则”的要求。

在高空气象数据设置界面(见图 2-20)依次输入表 2-12 中的内容,点击“从文件读入…”,选择拟导入的高空气象数据,完成导入。导入时,可选择只读入 5000 m 以下高度的数据。

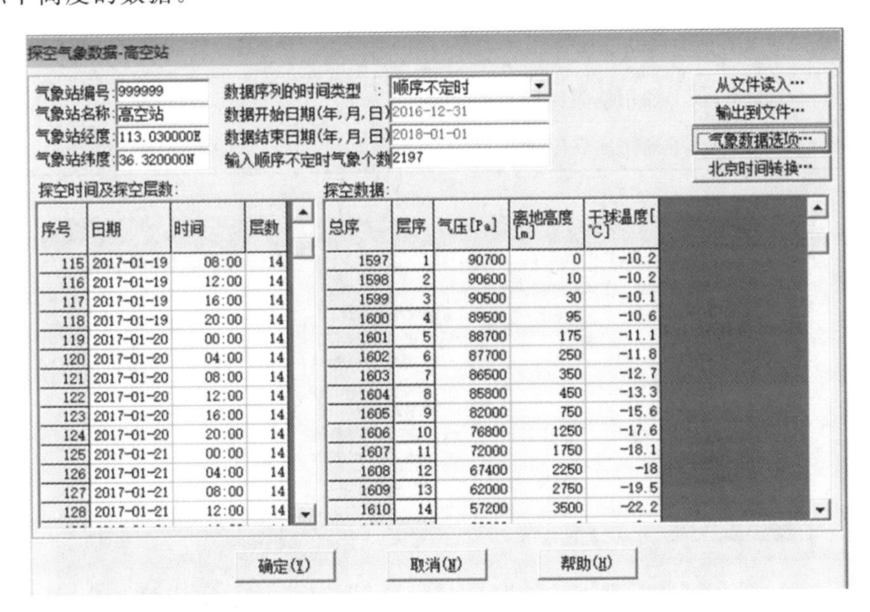

图 2-20　高空气象数据设置

表 2-12　高空气象站参数

序　　号	要　　素	值
1	站点名称	高空站
2	站点编号	99999
3	经纬度坐标	36.62N,113.25E
4	海拔高度/m	905
5	频次	全年每日 6 次(0 时,4 时,8 时,12 时,16 时,20 时)

2.3.4 AERMOD 预测气象

1. 地面特征参数界面

AERMOD 预测气象设置预测范围的地表特征参数，利用前面输入的地面和高空气象数据，生成 AERMOD 模拟预测所需要的地面气象参数和廓线数据。按照表 2-13 设置地面特征参数，点击“生成特征参数表”来生成地面特征参数，包括正午反照率、BOWEN、粗糙度，如图 2-21 所示。

表 2-13 AERMOD 地面特征参数

参　数	值
地面分扇区数	1
地面时间周期	按季
AERMET 通用地表类型	农作地
AERMET 通用地表湿度	中等湿度气候

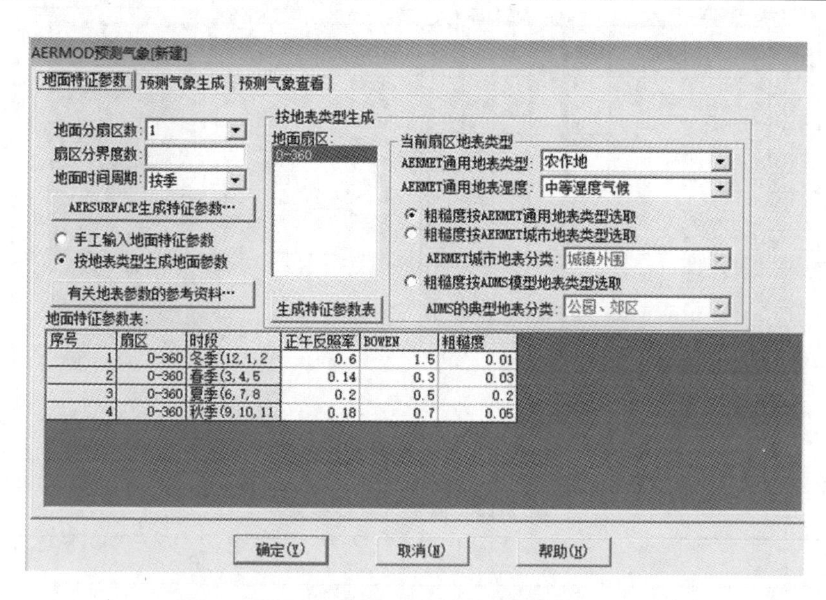

图 2-21 地面特征参数设置

2. 预测气象生成

在预测气象生成界面，分别设置源坐标，选择拟处理的地面气象数据、探空气象数据、数据起止日期，然后点击“生成预测气象”，如图 2-22 所示。

3. 预测气象查看

预测气象生成后，可以点击“预测气象查看”，查看预测气象结果，如图 2-23 所示。

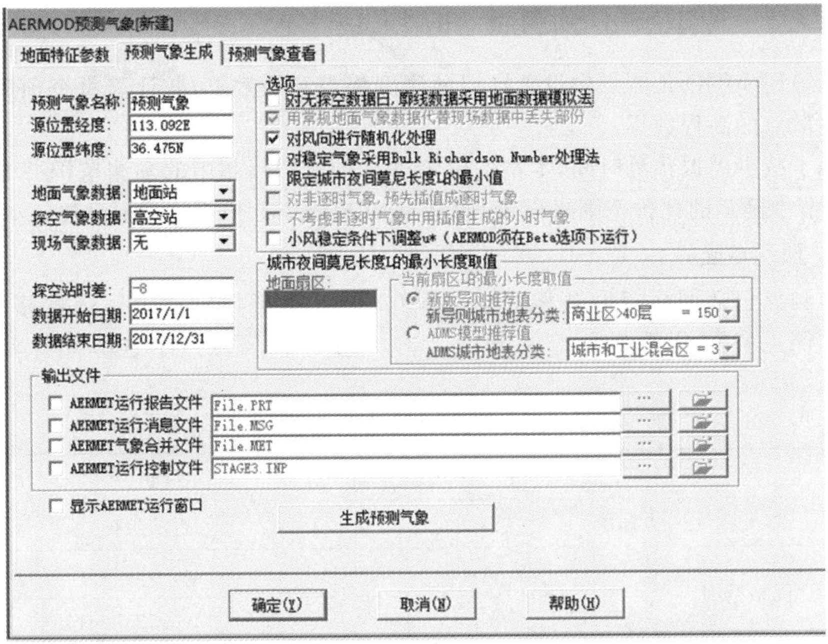

图 2-22　预测气象生成设置

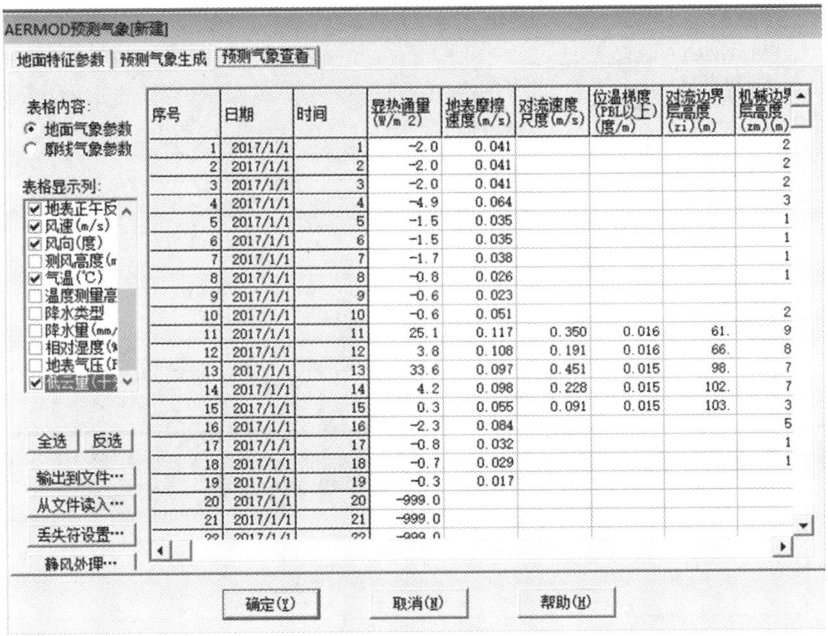

序号	日期	时间	显热通量(W/m 2)	地表摩擦速度(m/s)	对流速度尺度(m/s)	位温梯度(PBL以上)(度/m)	对流边界层高度(zi)(m)	机械边界层高度(zm)(m)
1	2017/1/1	1	-2.0	0.041				2
2	2017/1/1	2	-2.0	0.041				2
3	2017/1/1	3	-2.0	0.041				2
4	2017/1/1	4	-4.9	0.064				3
5	2017/1/1	5	-1.5	0.035				1
6	2017/1/1	6	-1.5	0.035				1
7	2017/1/1	7	-1.7	0.038				1
8	2017/1/1	8	-0.8	0.026				1
9	2017/1/1	9	-0.6	0.023				
10	2017/1/1	10	-0.6	0.051				2
11	2017/1/1	11	25.1	0.117	0.350	0.016	61.	9
12	2017/1/1	12	3.8	0.108	0.191	0.016	66.	8
13	2017/1/1	13	33.6	0.097	0.451	0.015	98.	7
14	2017/1/1	14	4.2	0.098	0.228	0.015	102.	7
15	2017/1/1	15	0.3	0.055	0.091	0.015	103.	3
16	2017/1/1	16	-2.3	0.084				5
17	2017/1/1	17	-0.8	0.032				1
18	2017/1/1	18	-0.7	0.029				1
19	2017/1/1	19	-0.3	0.017				
20	2017/1/1	20	-999.0					
21	2017/1/1	21	-999.0					
22	2017/1/1	22	-999.0					

图 2-23　预测气象查看

2.3.5　AERMOD 预测点

在 AERMOD 预测点中设置模拟预测网格点和离散点，并计算每个预测网格点和离散点的高程数据。

为了减少模拟预测时间，本案例中的进一步模拟预测中的预测范围并非按照 2.3.2 节中确定的评价范围来设置，而是按照“5 km×5 km”的范围设置。

1. 预测点坐标

预测点包括网格点和离散点，EIAProA2018 支持设置近密远疏网格，案例中的预测点参数设置如表 2-14 和图 2-24 所示。在任意点中选择要计算的敏感点。

表 2-14　预测点参数设置

参　数		值
坐标系		直角坐标
网格范围	X,m	[−2500,2500]100
	Y,m	[−2500,2500]100

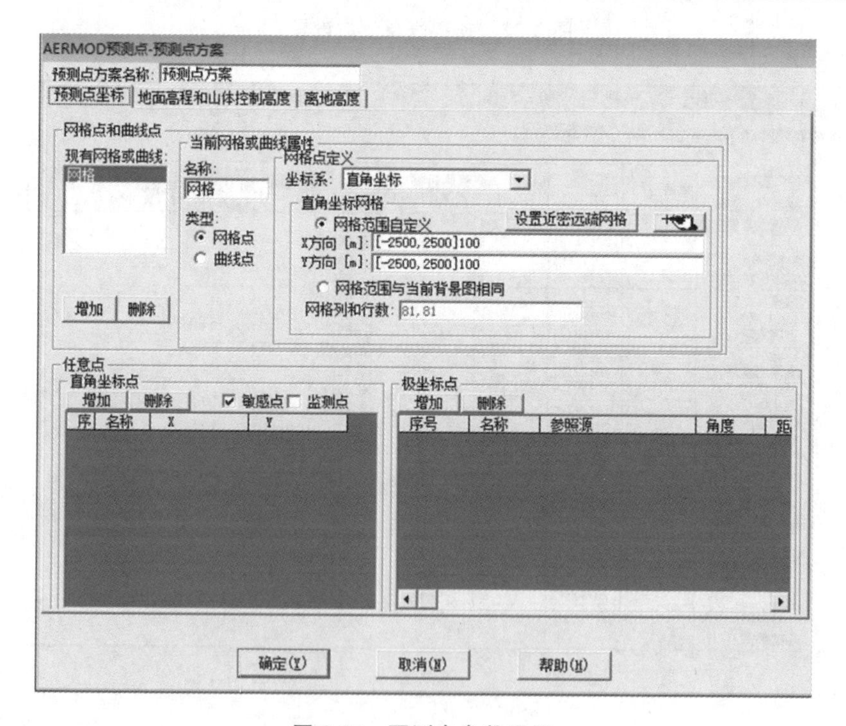

图 2-24　预测点参数设置

2. 地面高程和山体控制高度

设置完预测网格后，在地面高程和山体控制高度中点击“运行AERMAP”来生成每个预测网格点和离散点的高程数据。AERMAP运行界面如图2-25所示。运行结束后，可以选择“预测点”中的任意点或者网格点查看运行结果，如图2-26所示，预测结果中地面高程是预测点的海拔高度，而山体控制高度是根据预测点海拔高度、预测点坐标等参数，由AERMAP计算获得的。

```
D:\Program Files (x86)\EIAPro\EIAProA2018\AERMOD\AERMAP.exe
+Now Processing Receptor      165 of      2603
+Now Processing Receptor      166 of      2603
+Now Processing Receptor      167 of      2603
+Now Processing Receptor      168 of      2603
+Now Processing Receptor      169 of      2603
+Now Processing Receptor      170 of      2603
+Now Processing Receptor      171 of      2603
+Now Processing Receptor      172 of      2603
+Now Processing Receptor      173 of      2603
+Now Processing Receptor      174 of      2603
+Now Processing Receptor      175 of      2603
+Now Processing Receptor      176 of      2603
+Now Processing Receptor      177 of      2603
+Now Processing Receptor      178 of      2603
+Now Processing Receptor      179 of      2603
```

图2-25 AERMAP运行界面

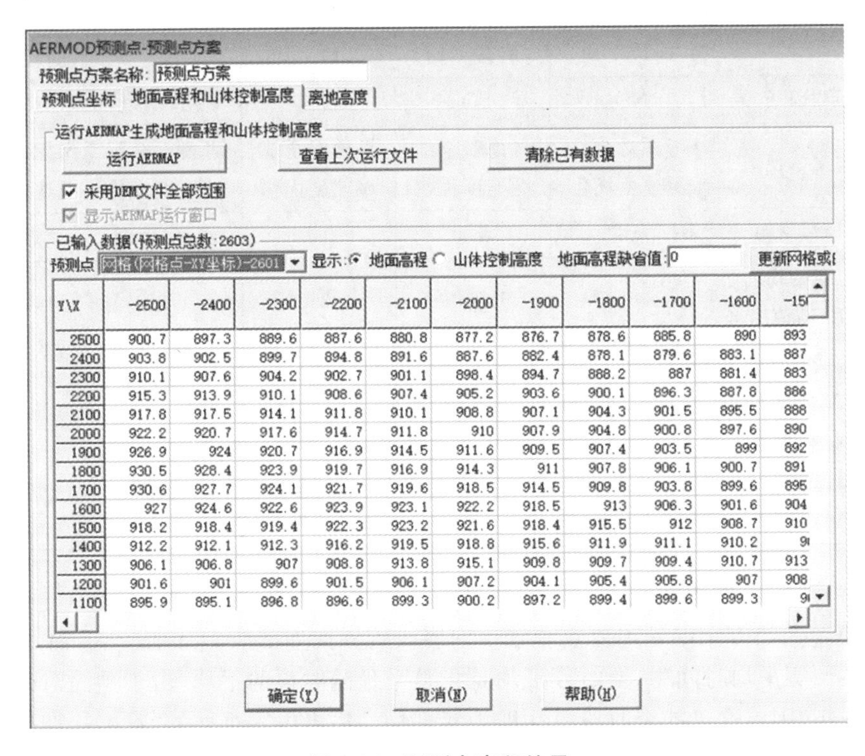

Y\X	-2500	-2400	-2300	-2200	-2100	-2000	-1900	-1800	-1700	-1600	-15
2500	900.7	897.3	889.6	887.6	880.8	877.2	876.7	878.6	885.8	890	893
2400	903.8	902.5	899.7	894.8	891.6	887.6	882.4	878.1	879.6	883.1	887
2300	910.1	907.6	904.2	902.7	901.1	898.4	894.7	888.2	887	881.4	883
2200	915.3	913.9	910.1	908.6	907.4	905.2	903.6	900.1	896.3	887.8	886
2100	917.8	917.5	914.1	911.8	910.1	908.8	907.1	904.3	901.5	895.5	888
2000	922.2	920.7	917.6	914.7	911.8	910	907.9	904.8	900.8	897.6	890
1900	926.9	924	920.7	916.9	914.5	911.6	909.5	907.4	903.5	899	892
1800	930.5	928.4	923.9	919.7	916.9	914.3	911	907.8	906.1	900.7	891
1700	930.6	927.7	924.1	921.7	919.6	918.5	914.5	909.8	903.8	899.6	895
1600	927	924.6	922.6	923.9	923.1	922.2	918.5	913	906.3	901.6	904
1500	918.2	918.4	919.4	922.3	923.2	921.6	918.4	915.5	912	908.7	910
1400	912.2	912.1	912.3	916.2	919.5	918.8	915.6	911.9	911.1	910.2	9
1300	906.1	906.8	907	908.8	913.8	915.1	909.8	909.7	909.4	910.7	913
1200	901.6	901	899.6	901.5	906.1	907.2	904.1	905.4	905.8	907	908
1100	895.9	895.1	896.8	896.6	899.3	900.2	897.2	899.4	899.6	899.3	9

图2-26 预测点高程结果

2.3.6 AERMOD 预测方案

本案例的预测方案共设置了 5 个，其中，NO_2 新增方案用于演示基本污染物预测结果的处理，NH_3 新增方案用于演示其他污染物预测结果的处理，SO_2 新增方案和 $PM_{2.5}$ 一次方案用于 AERMOD 方案合并中的一次和二次 $PM_{2.5}$ 计算演示，NO_2 削减方案用于 AERMOD 方案合并中的预测结果环境影响叠加和区域环境质量评价演示。

在 AERMOD 预测方案中设置模拟预测的参数，每个预测方案可以同时模拟多个源叠加情形，但只能同时模拟一个因子。预测方案主要参数表如表 2-15 所示，其余参数均采用默认值。

表 2-15 预测方案主要参数表

参数 \ 方案名称	NO_2 新增方案	SO_2 新增方案	NO_2 削减方案	NH_3 新增方案	$PM_{2.5}$ 一次方案
污染源	点源 A	点源 A	削减源	点源 A、面源 A	点源 A
AERMOD 运行方式	一般方式	一般方式	一般方式	一般方式	一般方式
预测平均时间	1 小时、日平均、全时段平均	1 小时、日平均、全时段平均	1 小时、日平均、全时段平均	1 小时	1 小时、日平均、全时段平均
预测因子	NO_2	SO_2	NO_2	NH_3	$PM_{2.5}$
常用模型选项	考虑对全部源速度优化	考虑对全部源速度优化	考虑对全部源速度优化	考虑对全部源速度优化	考虑对全部源速度优化
选择污染源	点源	点源	点源	点源、面源	点源
输出短期平均的各点高值、高值序号	1,8,19	1,8,19	1,8,19	1	1,8,19
输出短期平均浓度的前 N 个最大值	50	50	50	50	50
输出全部源叠加结果的逐步值文件(POST. BIN)	选择	选择	选择	选择	选择

1. NO_2 新增方案

NO_2 新增方案的基本要素和输出内容设置界面如图 2-27 和图 2-28 所示。

在预测平均时间中，全时段平均是指整个预测时长的平均，由于预测时长是完整的一年，因此这里的全时段平均即为年平均。输出内容页面的“输出短期平均的各点高值，高值序号”参数中设置的 1、8 分别代表最大值和每个预测点的第 8 高

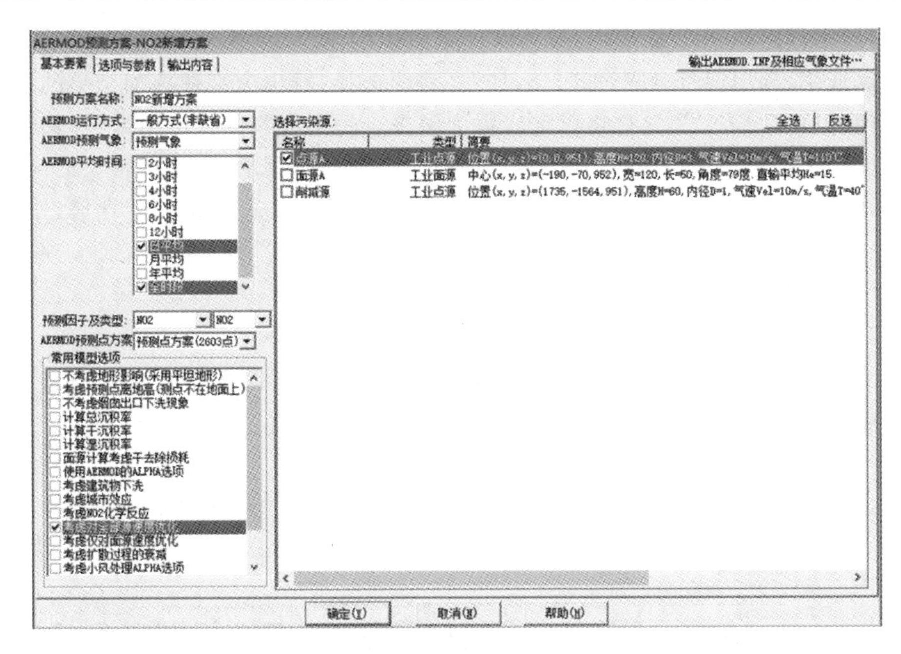

图 2-27　NO_2 新增方案的基本要素

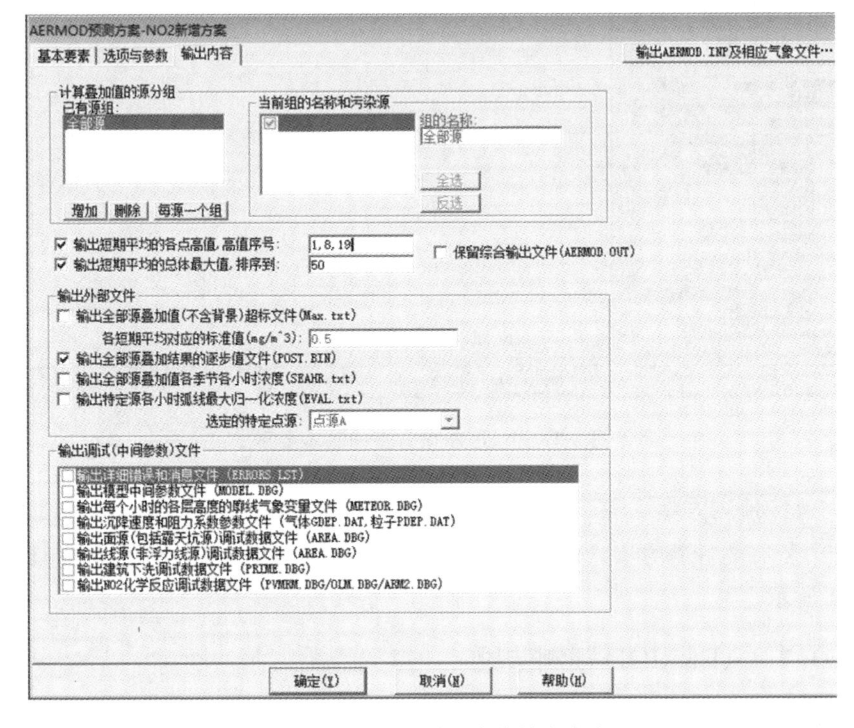

图 2-28　NO_2 新增方案的输出内容

值，即导则规定的 98%保证率；95%保证率对应的则是 19 高值；如果要同时输出多个保证率，则用逗号分隔，如"1,8,19"。需要选择"输出全部源叠加结果的逐步值文件(POST.BIN)"，这样可以生成每个网格点每个时刻的浓度结果，叠加现状时可以实现相同时刻叠加。但需要注意的是，选择该选项后，会生成很大的文件，如果计算方案很多，则需要预留足够的硬盘空间(可能几百 GB)用于存储。设置完成后，点击"确定"，保存预测方案。

SO_2 新增方案和 NO_2 削减方案的设置与本方案相同。

2. NH_3 新增方案

NH_3 新增方案的基本要素和输出内容设置界面如图 2-29 和图 2-30 所示。设置完成后，点击"确定"，保存预测方案。

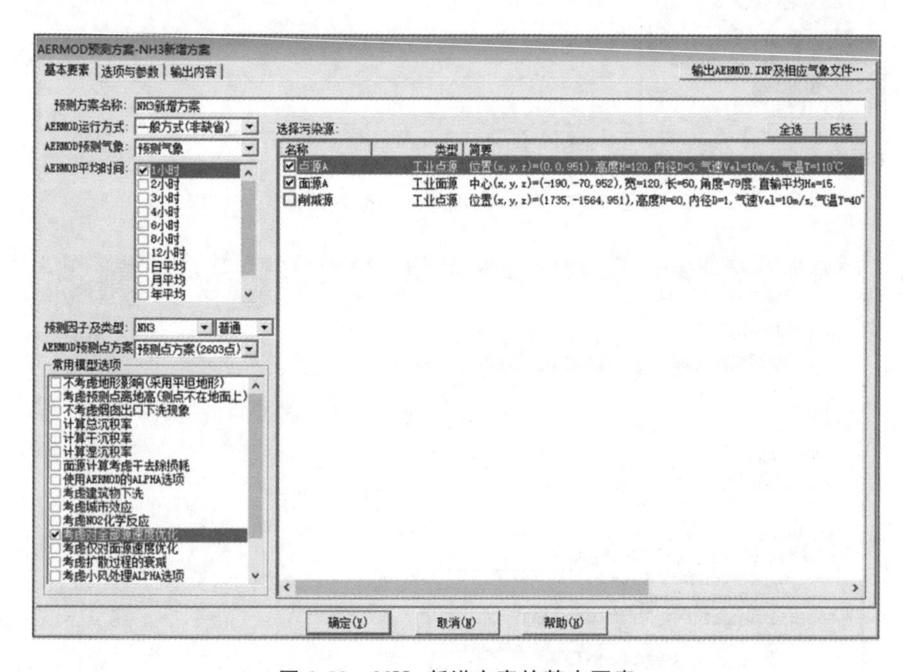

图 2-29　NH_3 新增方案的基本要素

3. 运行预测方案

选中所有的计算方案，选择"运行"，EIAProA2018 开始逐一运行，运行界面如图 2-31 所示。

2.3.7　AERMOD 预测结果

预测方案运行完成后，可以在 AERMOD 预测结果中查看和处理预测结果。

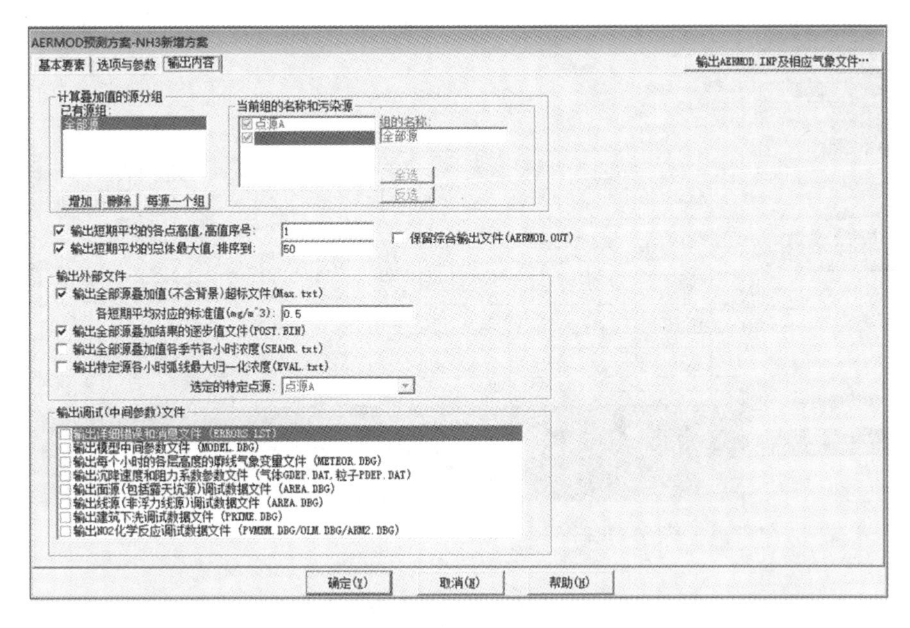

图2-30　NH_3新增方案的输出内容

```
D:\Program Files (x86)\EIAPro\EIAProA2018\AERMOD\AERMOD.exe
+Now Processing Data For Day No.  275 of 2017
+Now Processing Data For Day No.  276 of 2017
+Now Processing Data For Day No.  277 of 2017
+Now Processing Data For Day No.  278 of 2017
+Now Processing Data For Day No.  279 of 2017
+Now Processing Data For Day No.  280 of 2017
+Now Processing Data For Day No.  281 of 2017
+Now Processing Data For Day No.  282 of 2017
+Now Processing Data For Day No.  283 of 2017
+Now Processing Data For Day No.  284 of 2017
+Now Processing Data For Day No.  285 of 2017
+Now Processing Data For Day No.  286 of 2017
+Now Processing Data For Day No.  287 of 2017
+Now Processing Data For Day No.  288 of 2017
+Now Processing Data For Day No.  289 of 2017
+Now Processing Data For Day No.  290 of 2017
+Now Processing Data For Day No.  291 of 2017
```

图2-31　运行界面

1. NO_2新增方案预测结果

双击打开预测结果后，默认直接显示预测结果最大值综合表，如图2-32所示，根据图中表格的数据，选择所有数据，点击鼠标右键，选择“复制”(含表头)，整理后即可获得预测污染源的最大贡献值预测结果。NO_2最大贡献值预测结果如表2-16所示。

选择“叠加上背景浓度”后，EIAProA2018就可以按照“2018大气导则”规定的方法叠加背景浓度。由于NO_2是基本污染物，按照“2018大气导则”中的规定，日平均保证率浓度应选取98%保证率浓度以进行评价，因此，在左侧“高值序号”

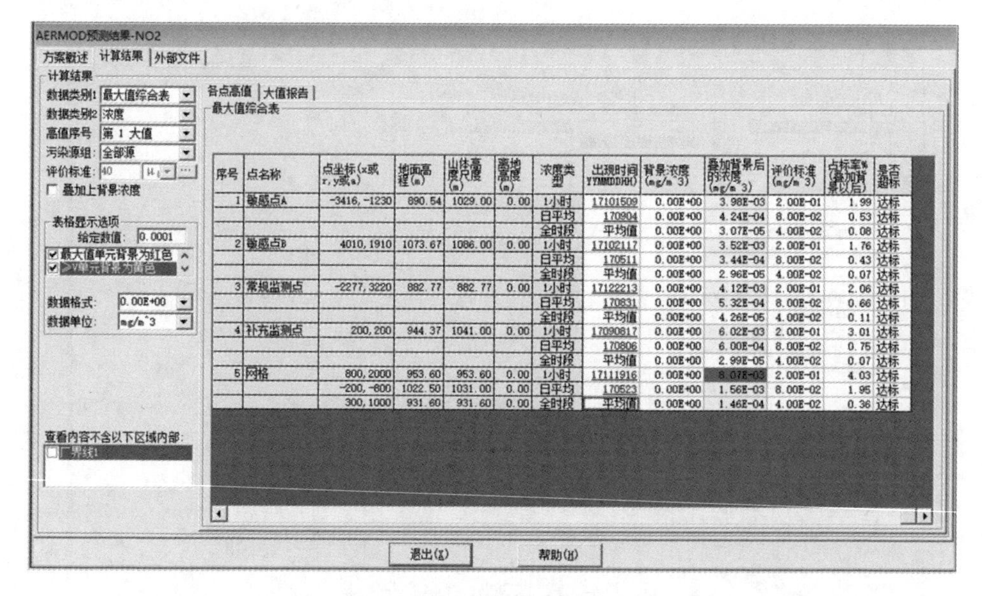

图 2-32　预测结果最大值综合表

位置，应当选择第 8 大值，表格中对应的日平均浓度即为 98%保证率浓度，叠加后的结果如表 2-17 所示。

浓度结果图需要绘制叠加背景值后的保证率日平均网格浓度图和年平均网格浓度图，在“数据类别 1”中分别选择对应的平均时间，在“预测点组”中选择网格点，点击“简图”，软件即可自动绘制网格浓度图，结果如图 2-33 和图 2-34 所示。

表 2-16　NO_2 最大贡献值预测结果

序号	点名称	平均时间	贡献值/(μg/m³)	出现时间	占标率/(%)	是否超标
1	敏感点 A	1 h	4.083	2017/10/28 13 时	2.04	达标
		24 h	0.585	2017/9/4	0.73	达标
		年平均	0.038	—	0.09	达标
2	敏感点 B	1 h	6.321	2017/12/22 14 时	3.16	达标
		24 h	0.574	2017/8/31	0.72	达标
		年平均	0.066	—	0.17	达标
3	区域最大落地浓度	1 h	8.661	2017/11/19 16 时	4.33	达标
		24 h	1.561	2017/5/23	1.95	达标
		年平均	0.146	—	0.36	达标

表 2-17　NO_2 叠加背景值后预测结果表

序号	点名称	平均时间	贡献值/(μg/m³)	占标率/(%)	出现时间	背景浓度/(μg/m³)	叠加后的浓度/(μg/m³)	占标率/(%)	是否超标
1	敏感点 A	98%保证率日平均	0.133	0.167	2017/4/4	31.00	31.13	38.92	达标
		年平均	0.038	0.095	平均值	18.15	18.19	45.46	达标
2	敏感点 B	98%保证率日平均	0.273	0.342	2017/8/17	31.00	31.27	39.09	达标
		年平均	0.066	0.165	平均值	18.15	18.21	45.54	达标
3	网格最大值	98%保证率日平均	0.729	0.911	2017/8/17	31.00	31.73	39.66	达标
		年平均	0.146	0.365	平均值	18.15	18.29	45.73	达标

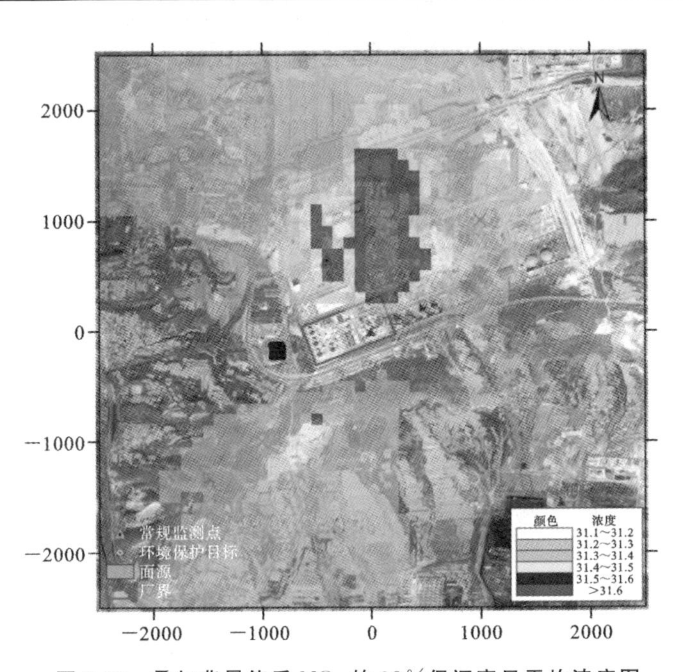

图 2-33　叠加背景值后 NO_2 的 98%保证率日平均浓度图

2. NH_3 新增方案预测结果

双击打开预测结果中的 NH_3 新增方案，我们在计算方案中只设置了平均时间为 1 h，所以在最大值综合表中只显示了 1 h 的结果，整理后 NH_3 最大贡献值预测结果如表 2-18 所示，叠加背景值后预测结果如表 2-19 所示，叠加背景值后平均浓度分布如图 2-35 所示。

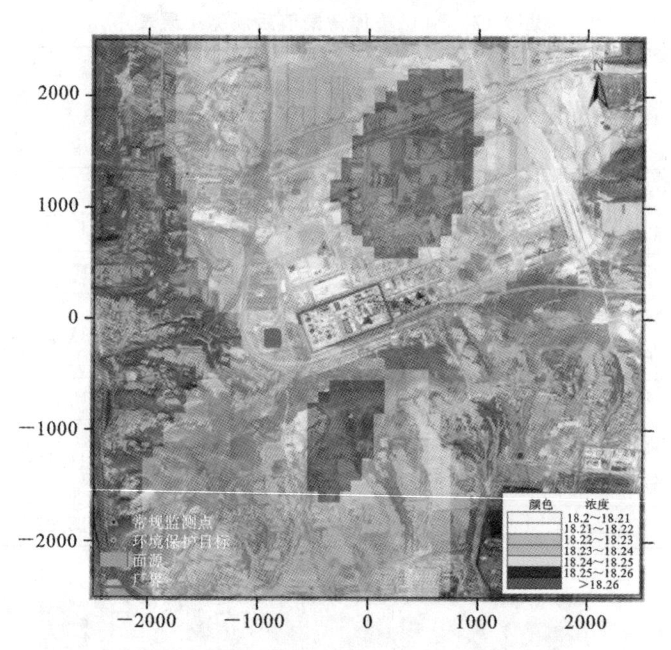

图 2-34　叠加背景值后 NO_2 的年平均浓度图

表 2-18　NH_3 最大贡献值预测结果

序号	点名称	平均时间	贡献值/(μg/m³)	出现时间	占标率/(%)	是否超标
1	敏感点 A	1 h	41.19	2017/08/17 19	20.6	达标
2	敏感点 B	1 h	29.84	2017/07/24 06	14.92	达标
3	网格	1 h	2154.48	2017/12/29 04	1077.24	超标

表 2-19　NH_3 叠加背景值后预测结果

序号	点名称	平均时间	贡献值/(μg/m³)	占标率/(%)	出现时间	背景浓度/(μg/m³)	叠加后的浓度/(μg/m³)	占标率/(%)	是否超标
1	敏感点 A	1 h	41.19	20.60	2017/08/17 19	19.4	60.59	30.30	达标
2	敏感点 B	1 h	29.84	14.92	2017/07/24 06	19.4	49.24	24.62	达标
3	网格	1 h	2154.48	1077.24	2017/12/29 04	19.4	2173.88	1086.94	超标

从结果看，案例项目排放的 NH_3 最大落地浓度超标，此时有两种方案可用来处理这种超标情况：一是按照“2018 大气导则”要求绘制环境防护区域，二是采用更严格的污染控制措施来降低污染物的排放量。本案例中采用绘制环境防护区域的方法，根据计算，案例项目的大气环境防护距离为 791 m，软件绘制环境防护区

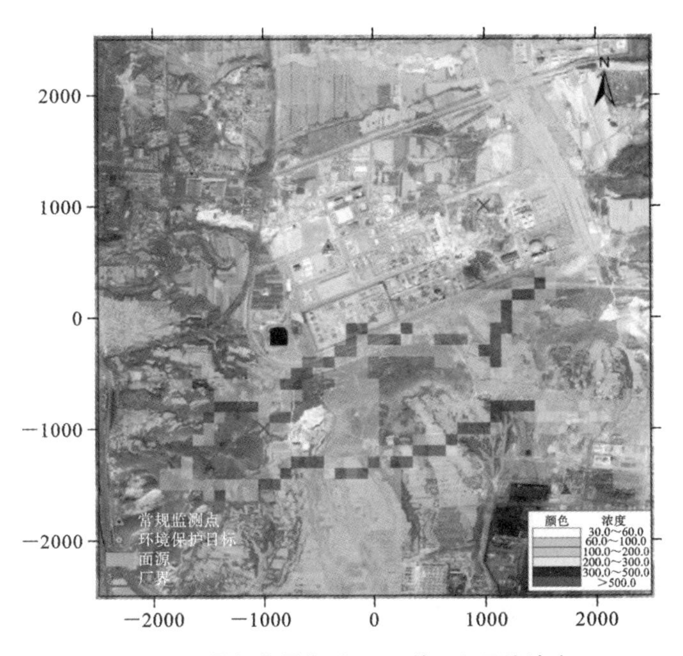

图 2-35　叠加背景值后 NH_3 的 1 h 平均浓度

域，如图 2-36 所示，用户可根据“2018 大气导则”规定进行调整。

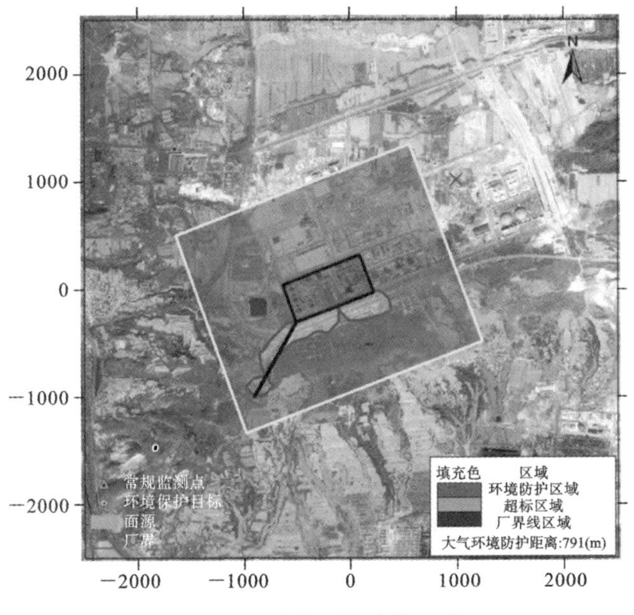

图 2-36　大气环境防护区域

2.3.8 AERMOD 预测方案合并

AERMOD 预测方案合并有三种合并类型：预测结果的环境影响叠加，$PM_{2.5}$二次污染的计算和叠加，区域环境质量变化评价。

预测方案合并中所需的方案均必须在“AERMOD 预测方案”中设置并完成模拟预测。

1. 预测结果的环境影响叠加

预测结果的环境影响要求各计算方案除污染源不同外，其他参数必须完全相同。

案例中选择 NO_2新增方案和 NO_2削减方案来进行叠加，然后点击“进行合并运算”完成合并计算，如图 2-37 所示。合并后结果处理方法与 2.3.7 节中的处理方法类似。

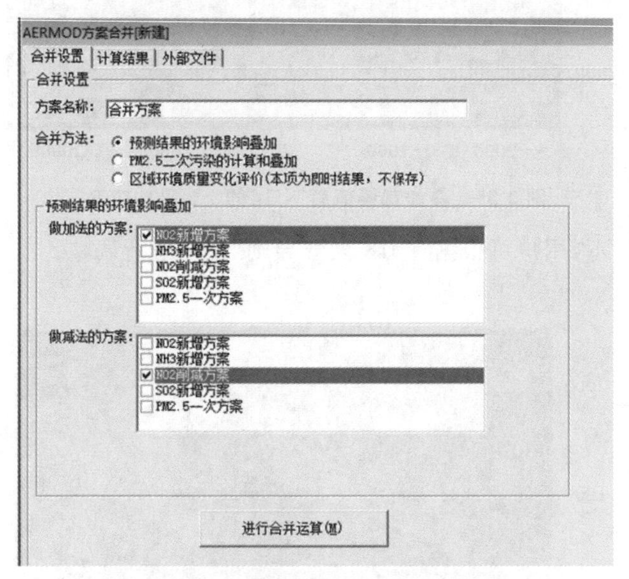

图 2-37 预测结果的环境影响叠加

2. $PM_{2.5}$二次污染的计算和叠加

一次和二次 $PM_{2.5}$计算所需的方案包括 $PM_{2.5}$一次方案、SO_2新增方案和 NO_2新增方案，这些方案要求污染因子必须分别为 $PM_{2.5}$、SO_2和 NO_2，另外，除污染源外，其余的参数设置必须完全相同。一次和二次 $PM_{2.5}$合并计算方案设置如图 2-38 所示，合并后结果处理方法与 2.3.7 节中的处理方法类似。

3. 区域环境质量变化评价

区域环境质量变化评价按照“2018 大气导则”中 8.8.4 节的计算方法来评价区域环境质量变化率，即 k 值。在“本项目贡献值的计算方案”中选择“NO_2 新增

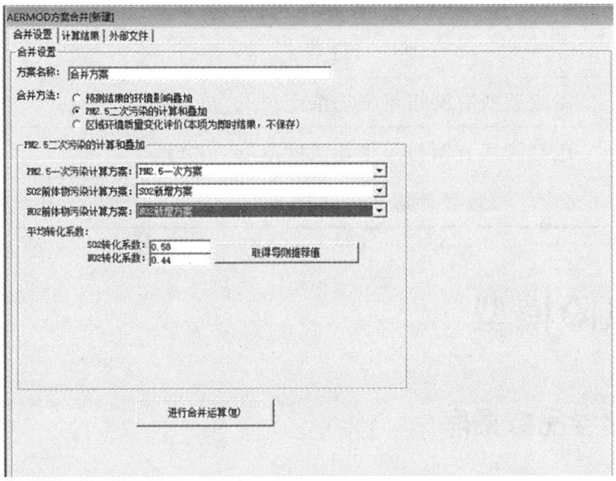

图 2-38　一次和二次 $PM_{2.5}$ 合并计算方案设置

方案”，在“区域削减源贡献值计算方案”中选择“NO_2 削减方案”，然后点击“变化评价”进行计算，如图 2-39 所示。计算得 $k=-80.59\%$，小于 -20%，可以判定项目建设后区域环境质量得到整体改善，如表 2-20 所示。

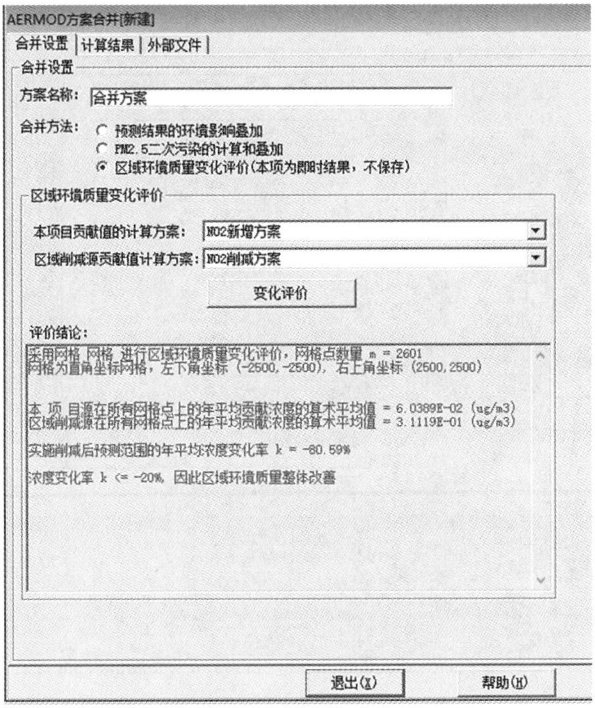

图 2-39　区域环境质量变化评价

表 2-20　区域环境质量变化表

序号	项　　目	计 算 结 果
1	本项目所有网格年平均浓度/($\mu g/m^3$)	0.060
2	削减源所有网格年平均浓度/($\mu g/m^3$)	0.311
3	区域环境质量变化/k	−80.59%

2.4　风险模型

2.4.1　化学品数据库

EIAProA2018 内置的化学品数据库包含 439 种常见化学品的沸点、熔点、临界温度、临界压力等数据，用于风险源强计算、AFTOX 模型扩散计算和 SLAB 模型扩散计算。用户也可以对数据库进行增加、修改和删除等编辑操作。本书案例中选择的化学品为液氨和苯，在化学品数据库中包含对应的性质，因此不需要进行单独编辑。

化学品数据库图如图 2-40 所示。

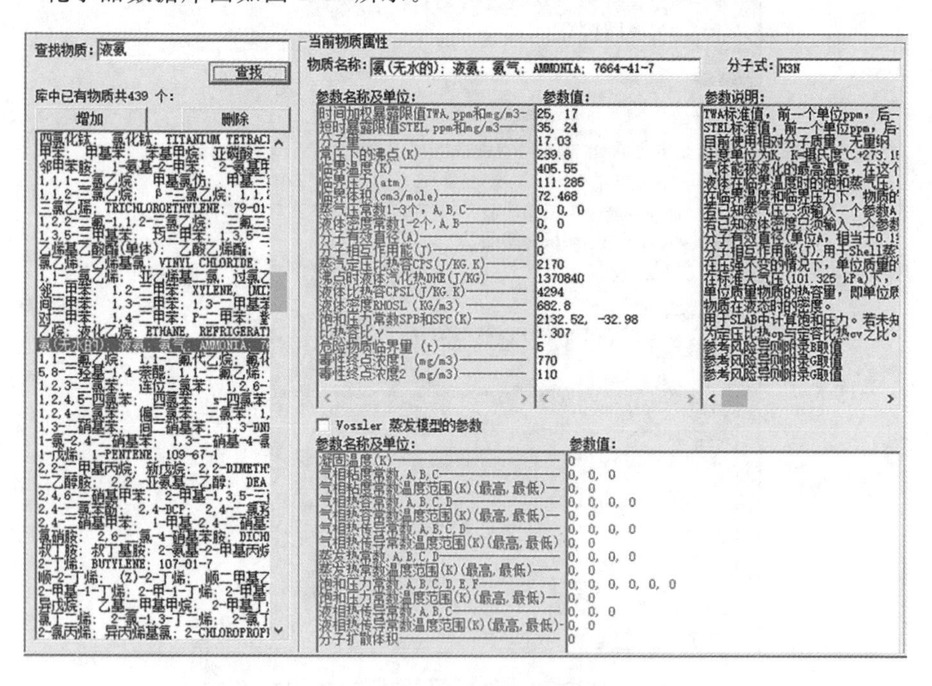

图 2-40　化学品数据库图

2.4.2 风险源强计算

风险源强计算适用于纯物质的压力容器泄漏和液池蒸发两种事故情景。

1. 液氨储罐泄漏风险源强计算

液氨储罐泄漏的事故情景为压力容器泄漏，环境参数设置选择最不利气象条件，液氨储罐泄漏风险源强计算参数如表 2-21 所示。液氨泄漏源强估算界面如图 2-41 所示。计算结果显示，两相混合物泄漏速率为 0.23444 kg/s，温度为－33.35 ℃。

表 2-21 液氨储罐泄漏风险源强计算参数

要 素		值
方案名称		液氨泄漏
污染物物质		液氨
事故情景		压力容器泄漏
环境参数	环境气压/atm	1
	地面高程/m	0
	环境温度/℃	25
	大气稳定度	F
	地表粗糙度/cm	3
	环境风速/(m/s)	1.5
	相对湿度/(%)	50
	液池地表类型	水泥
压力容器泄漏	容器内部温度/℃	25
	容器内部压力/atm	10
	裂口面积/cm^2	1
	裂口形状	圆形
	容器内物质存在的形态	液体或者两相
	容器裂口以上液位高度/m	2
可选择的计算模型		两相泄漏方程

依次选择菜单栏中的“工具”“风险模型一些参数查找和计算”“理查德森数估算”，将源强计算结果中的参数输入，如图 2-42 所示。计算的理查德森数 Ri＝3.394006，Ri≥1/6，为重质气体，因此按照“2018 风险导则”的要求，需要采用 SLAB 模型来计算扩散影响。

2. 苯储罐泄漏源强计算

苯储罐泄漏进入围堰后形成液池，蒸发进入大气环境，因此事故情景选择为液

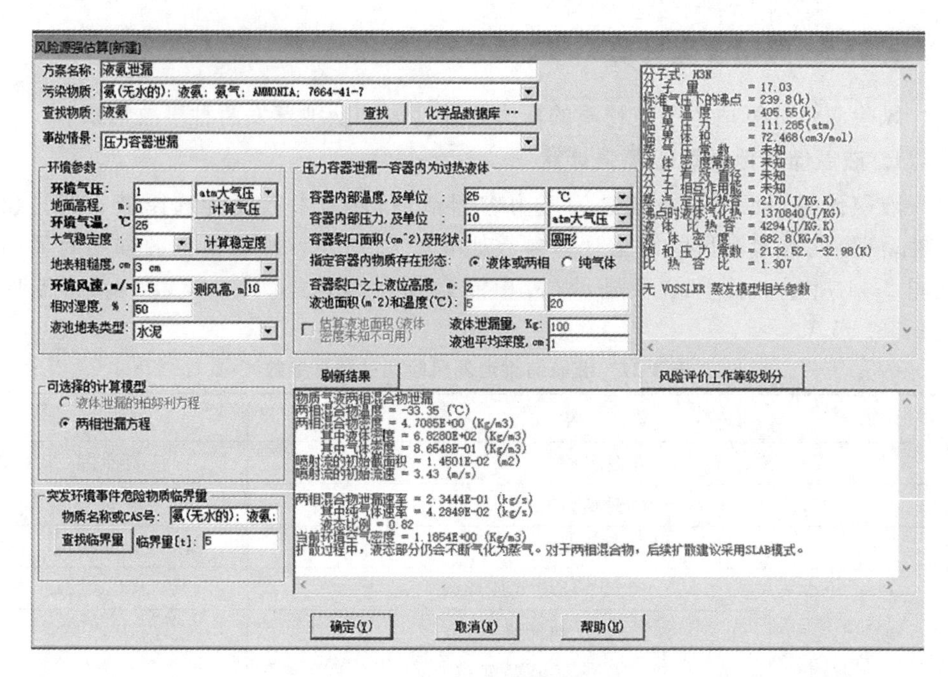

图 2-41 液氨泄漏源强估算界面

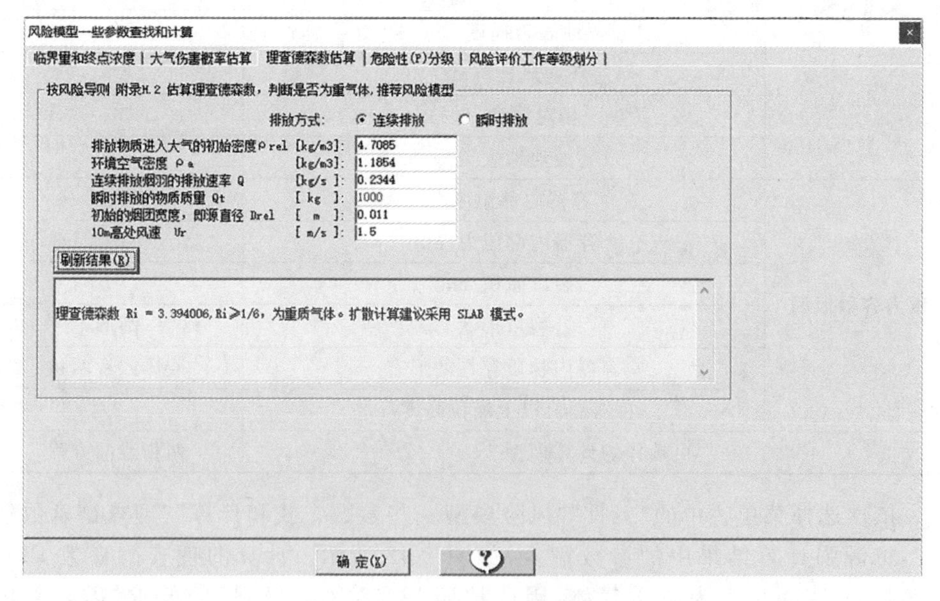

图 2-42 液氨泄漏理查德森数

池蒸发,为压力容器泄漏,环境参数设置选择最不利气象条件,苯储罐泄漏风险源强计算参数如表 2-22 所示。

表 2-22　苯储罐泄漏风险源强计算参数

要　　素		值
方案名称		苯泄漏
污染物物质		苯
事故情景		液池蒸发
环境参数	环境气压/atm	1
	地面高程/m	0
	环境温度/℃	25
	大气稳定度	F
	地表粗糙度/cm	3
	环境风速/(m/s)	1.5
	相对湿度/(%)	50
	液池地表类型	水泥
液池蒸发	液池面积/(m^2)	200
	温度/℃	25
可选择的计算模型		风险导则

苯储罐泄漏源强估算界面如图 2-43 所示。计算结果显示，两相混合物泄漏速率为 0.13832 kg/s，温度为 25 ℃。源强计算结果中同时显示了理查德森数的结果：理查德森数 Ri=0.1548983，Ri<1/6，泄漏气体为轻质气体。扩散计算建议采用 AFTOX 模式。

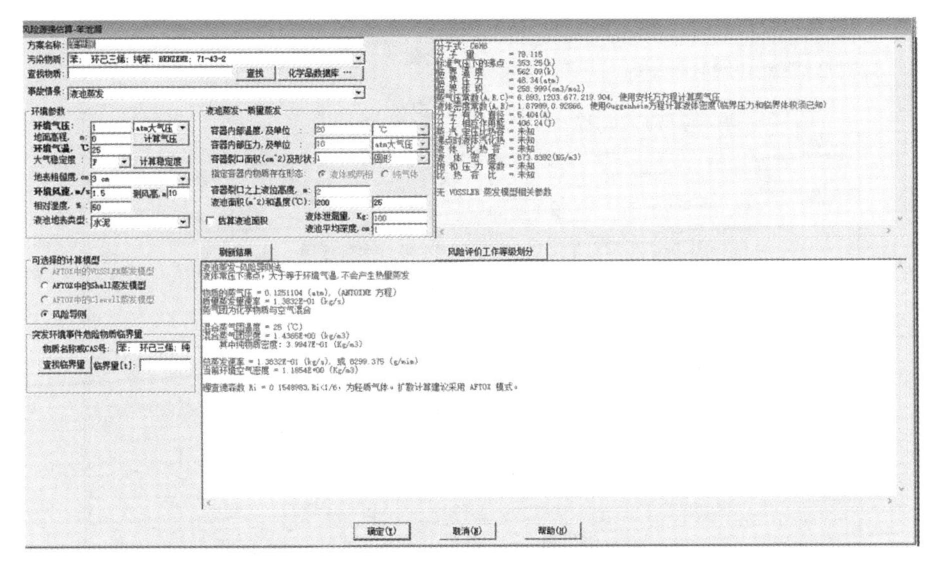

图 2-43　苯储罐泄漏源强估算界面

2.4.3 AFTOX 烟团扩散模型

AFTOX 模型适用于平坦地形下轻气体和中性浮力气体的扩散，按照“2018 风险导则”采用理查德森数 Ri 进行选择，连续排放时 Ri＜1/6 或瞬时排放时 Ri≤0.04，两种情况均为轻质气体，采用 AFTOX 模型。

本案例中，苯储罐泄漏情景下应当选择 AFTOX 模型。污染源及环境参数设置如表 2-23 和图 2-44 所示，计算内容设置如表 2-24 和图 2-45 所示。

表 2-23 污染源及环境参数设置

要素		值
方案名称		苯泄漏预测
源强输入		选择已有的风险源强估算：苯泄漏
环境参数	事故位置	0,0
	大气稳定度	直接输入大气 PS 等级：F
	风向	N
	风速/(m/s)	1.5
	气温/℃	25
污染源参数	排放方式	短时或持续泄漏
	泄漏时长/min	30
	排放速率/(kg/s)	0.1383229
	释放高度/m	1.2

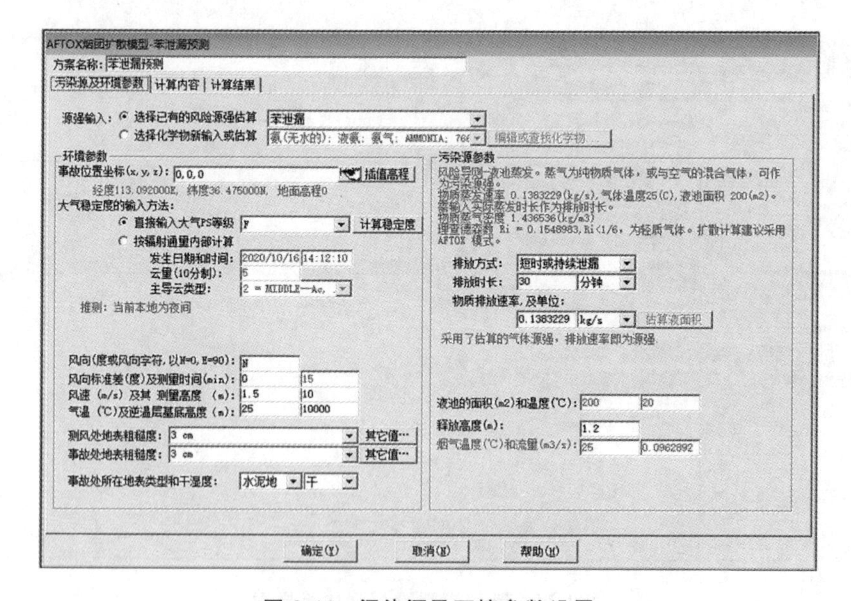

图 2-44 污染源及环境参数设置

表 2-24　计算内容设置

<table>
<tr><th colspan="2">要　　素</th><th>值</th></tr>
<tr><td colspan="2">浓度平均时间/min</td><td>15</td></tr>
<tr><td colspan="2">预测时刻/min</td><td>[1,60]1</td></tr>
<tr><td colspan="2">计算平面离地高/m</td><td>1.5</td></tr>
<tr><td colspan="2">廓线的阈值及单位</td><td>13000,2600</td></tr>
<tr><td colspan="2">轴线最远距离/m</td><td>1000</td></tr>
<tr><td colspan="2">轴线计算间距/m</td><td>5</td></tr>
<tr><td colspan="2">坐标系</td><td>下风向相对坐标</td></tr>
<tr><td rowspan="2">敏感点信息</td><td>风险敏感点 A</td><td>下风向距离:100
横风向:0
离地高度:1.5</td></tr>
<tr><td>风险敏感点 B</td><td>下风向距离:200
横风向:0
离地高度:1.5</td></tr>
</table>

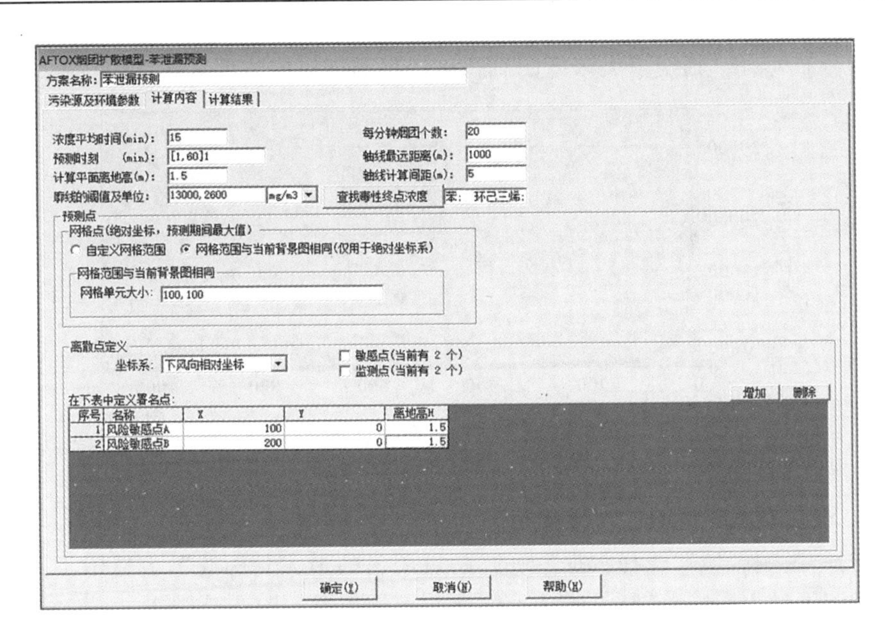

图 2-45　计算内容设置

参数设置完成后，在计算结果中点击“刷新结果”，开始模型计算，计算可以很快完成。AFTOX 模型计算结果如图 2-46 所示。

1. 下风向不同距离处苯的分布

选择“影响区域”“选择数据”中的轴线各点最大浓度可以获取下风向不同距离

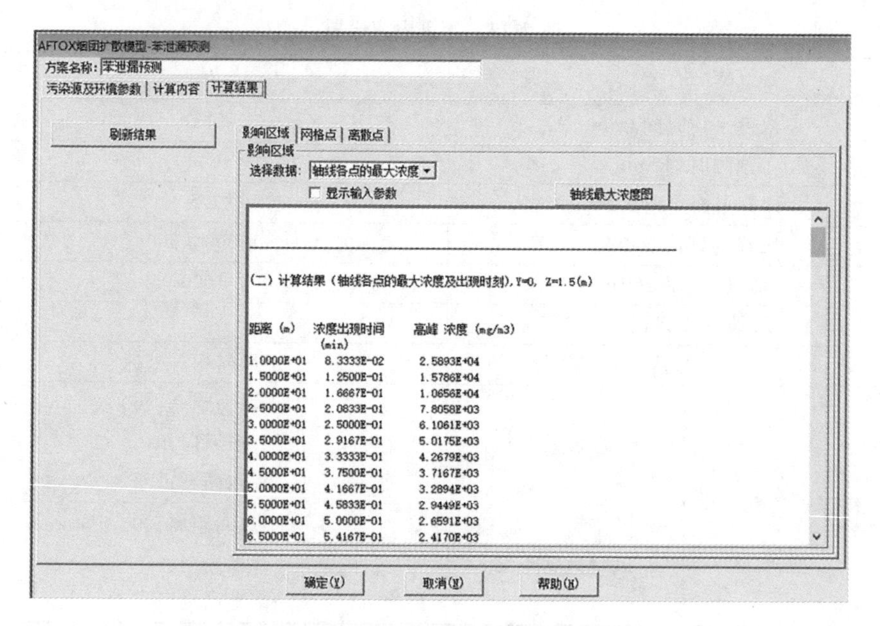

图 2-46　AFTOX 模型计算结果

处苯的分布,点击“轴线最大浓度图”后,可以得到下风向浓度分布图(见图 2-47)。

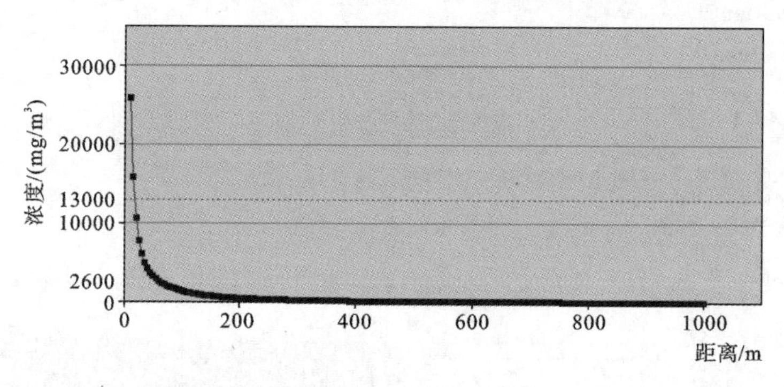

图 2-47　下风向浓度分布图

2. 不同终点浓度的最大影响范围

选择“影响区域”“选择数据”中的“超过阈值的最大轮廓线”,会显示不同阈值的终点浓度最大影响范围(见表 2-25),影响区域设置如图 2-48 所示。

表 2-25　终点浓度最大影响范围

终 点 浓 度	浓度/(mg/m^3)	最大影响距离/m
终点浓度 1	13000	15
终点浓度 2	2600	60

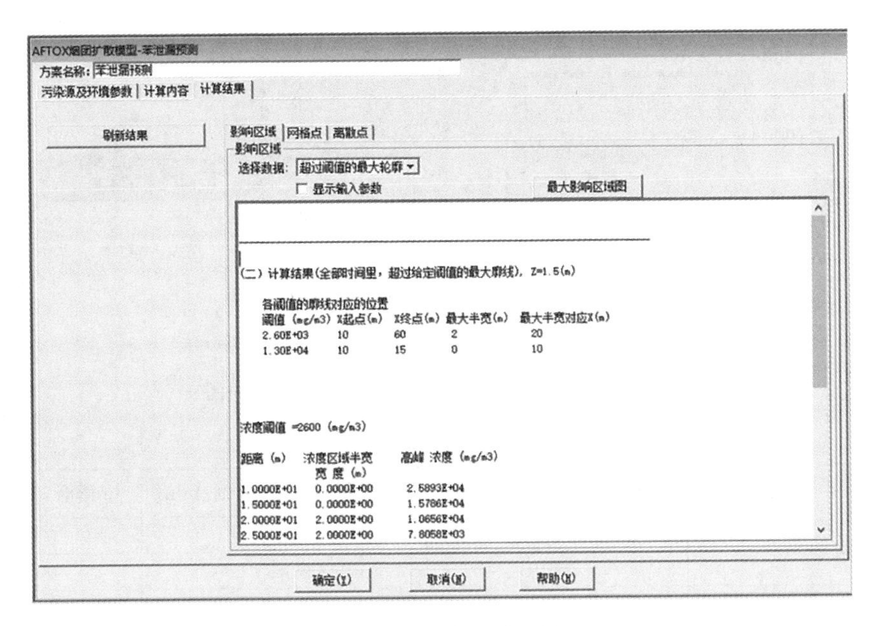

图 2-48　影响区域设置

3. 关心点浓度情况

关心点浓度在离散点界面查看(见图 2-49)。点击“浓度-时间图”,生成各关心点浓度随时间变化而变化的图(见图 2-50)。关心点浓度表如表 2-26 所示。

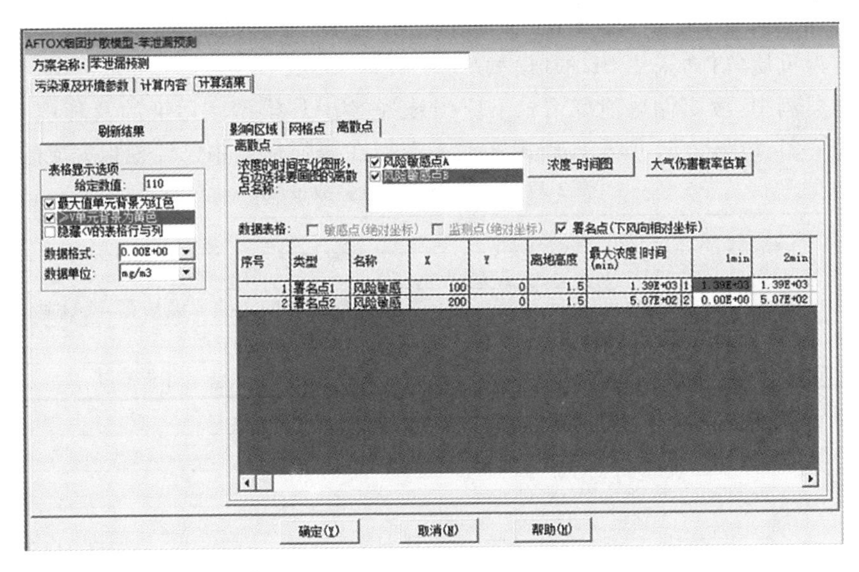

图 2-49　离散点界面

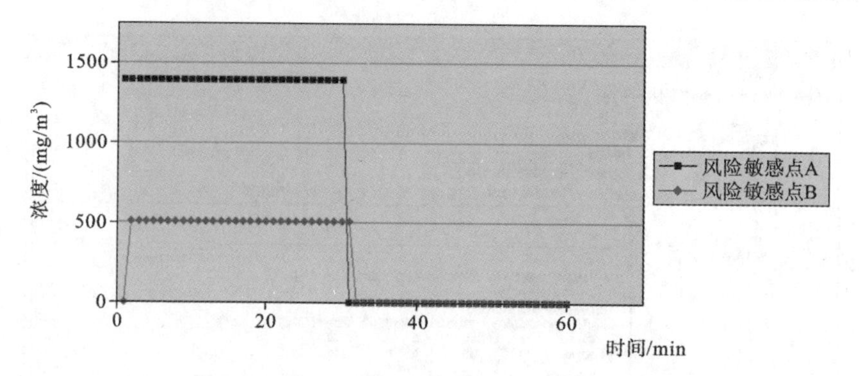

图 2-50　各关心点浓度随时间变化而变化的图

表 2-26　关心点浓度表

名　　称	终点浓度/(mg/m³)	超过标准开始时刻/min	持续时间/min
风险敏感点 A	13000	0	0
	2600	0	0
风险敏感点 B	13000	0	0
	2600	0	0

2.4.4　SLAB 重气体模型

SALB 重气体模型适用于平坦地形下的重气体扩散，按照"2018 风险导则"，采用理查德森数 Ri 进行选择，连续排放时 Ri≥1/6 或瞬时排放时 Ri>0.04，两种情况均为重质气体，采用 SLAB 模型。

本案例中，液氨储罐泄漏情景下应当选择 SLAB 模型。污染源及环境参数设置如表 2-27 和图 2-51 所示。当源强输入选择在源强估算中已经模拟完成的液氨

表 2-27　污染源及环境参数设置

要　　素		值
方案名称		液氨泄漏预测
源强输入		选择已有的风险源强估算：液氨泄漏
环境参数	事故位置	0,0
	大气稳定度	直接输入大气 PS 等级：F
	风向	N
	风速/(m/s)	1.5
	环境气温/℃	25
污染源参数	排放方式	水平喷射
	排放时长/min	15
	排放速率/(kg/s)	0.2344376
	释放高度/m	1.2

续表

要　　素		值
污染源参数	初始气团温度/℃	−33.35
	源面积/m^2	1.450134E-02
	初始液态质量比	0.8172253

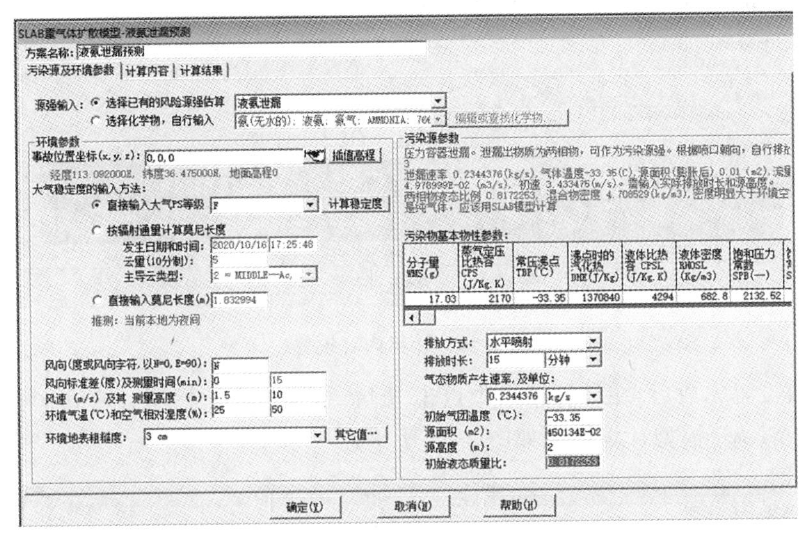

图 2-51　污染源及环境参数设置

泄漏方案后，计算结果会自动导入模型，计算内容设置如表 2-28 和图 2-52 所示。

表 2-28　计算内容设置

要　　素		值
浓度平均时间/min		15
预测时刻/min		[1,30]1
计算平面离地高/m		1.5
廓线的阈值及单位		770,110
轴线最远距离/m		3000
轴线计算间距/m		10
坐标系		下风向相对坐标
敏感点信息	风险敏感点 A	下风向：100 横风向：0 离地高：1.5
	风险敏感点 B	下风向：200 横风向：0 离地高：1.5

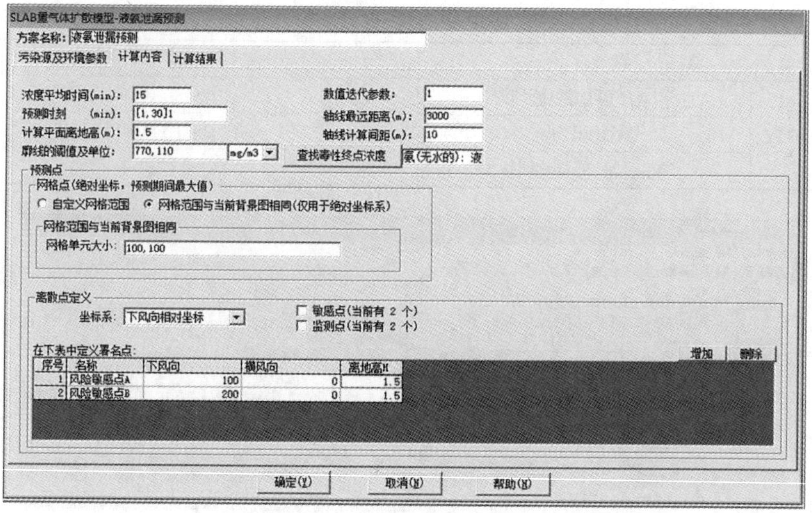

图 2-52　计算内容设置

参数设置完成后，在计算结果中点击“刷新结果”，开始模型计算，计算可以很快完成。SLAB 模型计算结果如图 2-53 所示。

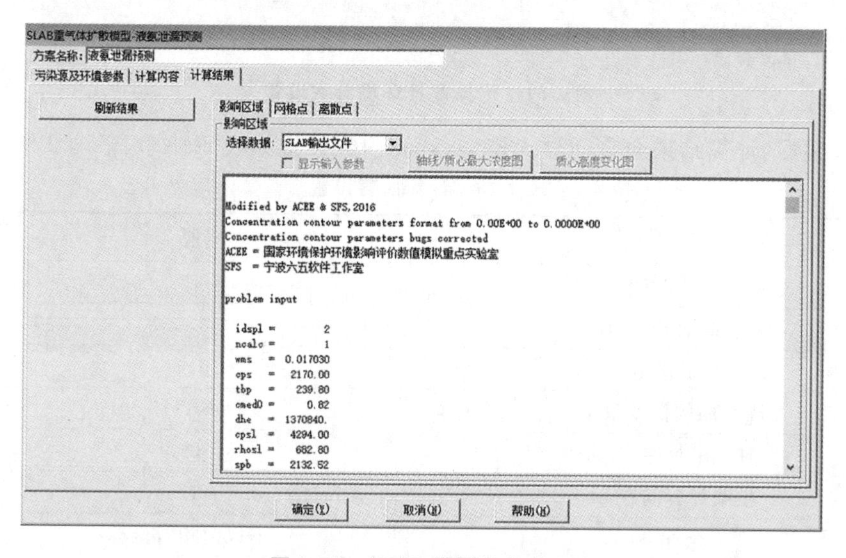

图 2-53　SLAB 模型计算结果

1. 下风向不同距离处 NH_3 的分布

选择“影响区域”“选择数据”中的“轴线及质心的最大浓度”，可以获取下风向不同距离处 NH_3 的分布，如图 2-54 所示。点击“轴线/质心最大浓度图”后，可以得到下风向浓度分布图（见图 2-55），其中，轴心浓度为计算内容中设置的“计算平面离地高 1.5 m”的浓度，质心浓度为重气体团质量中心的浓度。

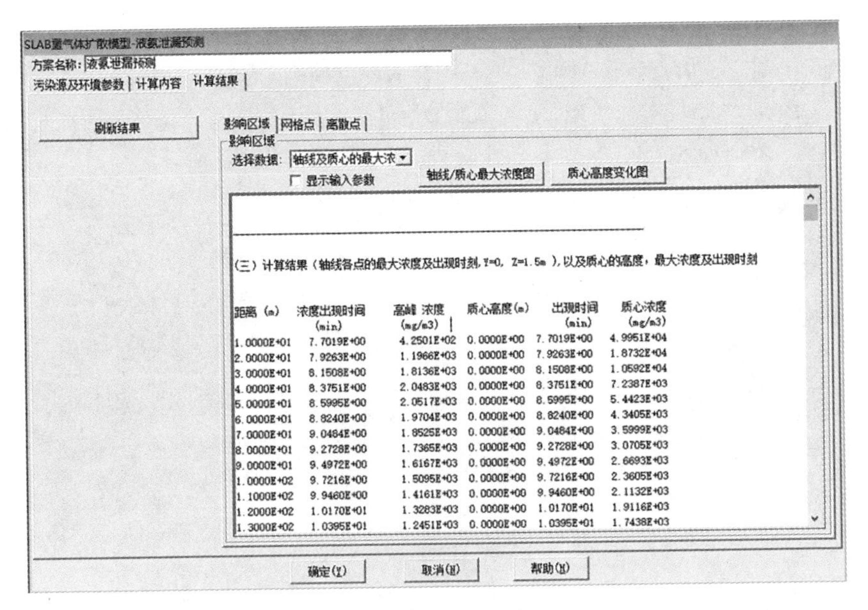

图 2-54　轴线及质心的最大浓度

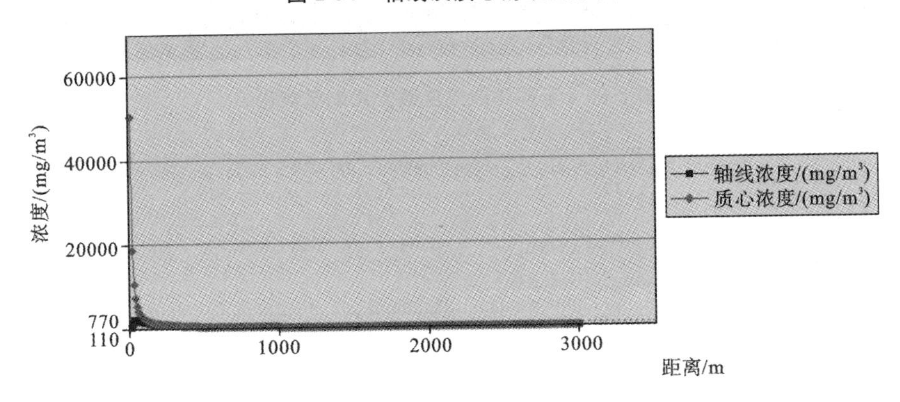

图 2-55　下风向浓度分布图

2. 不同终点浓度的最大影响范围

选择“影响区域”“选择数据”中的“超过阈值的最大轮廓线”，会显示不同阈值的最大影响范围(见表 2-29)，点击“最大影响区域图”后，可以显示不同终点浓度最大影响区域图(见图 2-56)。最大影响区域设置界面如图 2-57 所示。

表 2-29　终点浓度最大影响范围

终点浓度	浓度/(mg/m³)	最大影响距离/m
终点浓度 1	110	1041
终点浓度 2	770	226

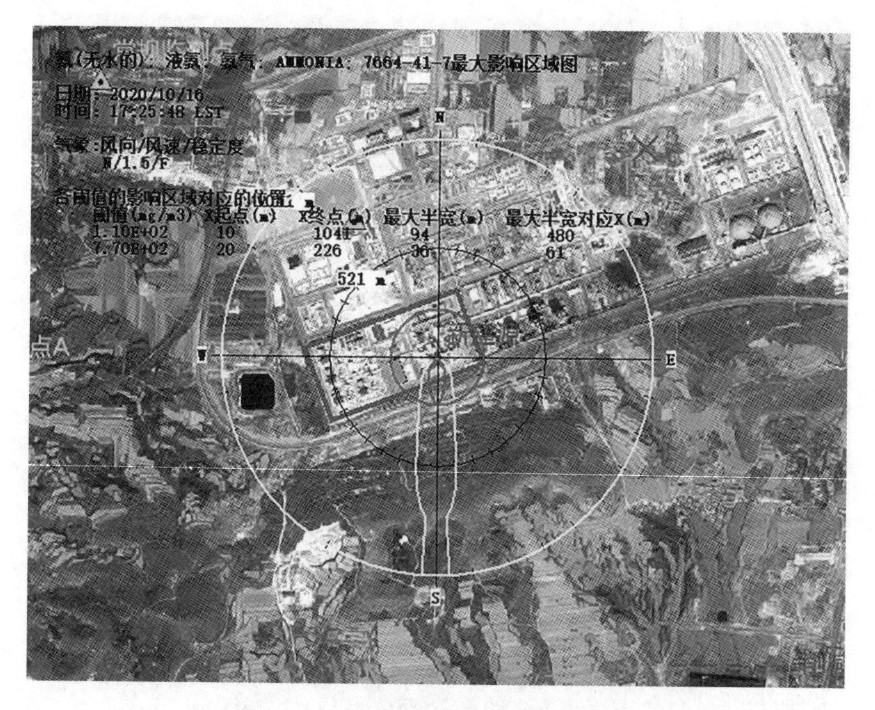

图 2-56 不同终点浓度最大影响区域图

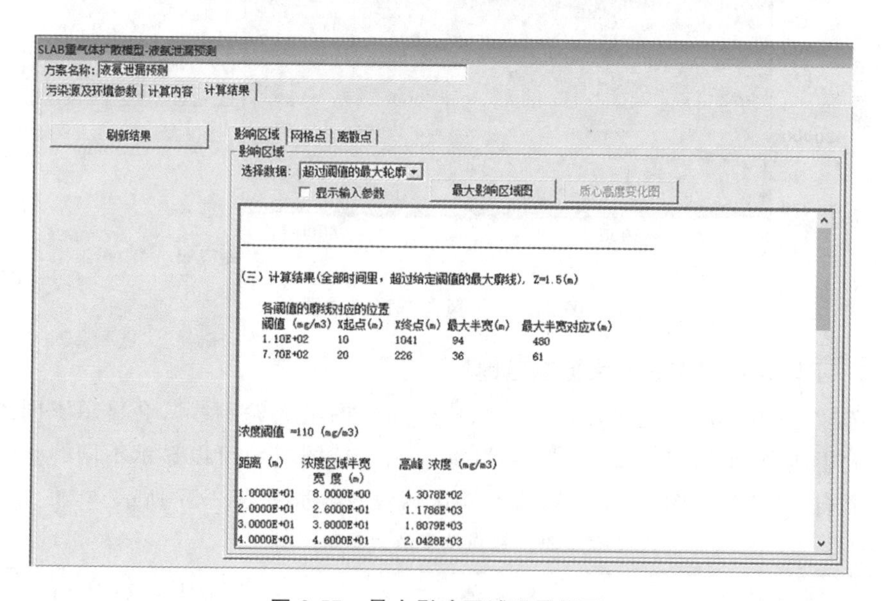

图 2-57 最大影响区域设置界面

3. 关心点浓度情况

关心点浓度在离散点界面查看(见图 2-58)。点击“浓度-时间图”,生成各关心点浓度随时间变化而变化的图(见图 2-59)。关心点浓度表如表 2-30 所示。

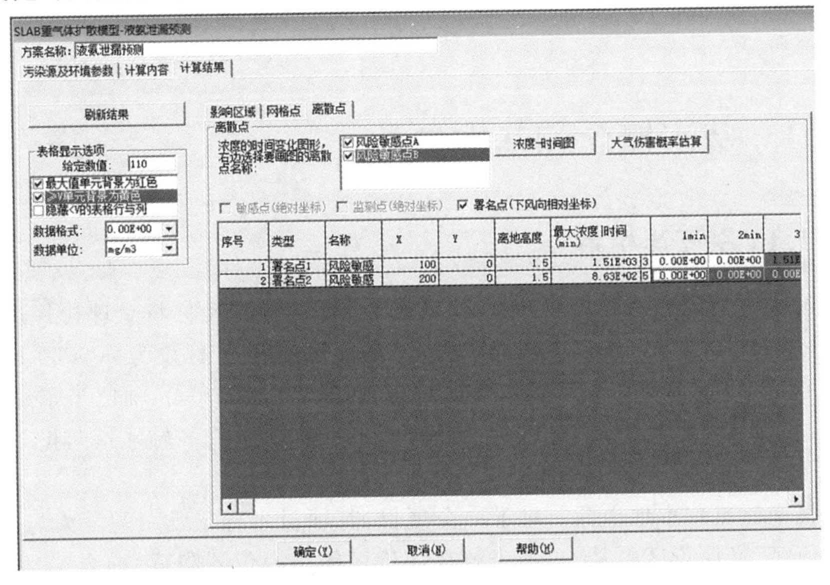

图 2-58　离散点界面

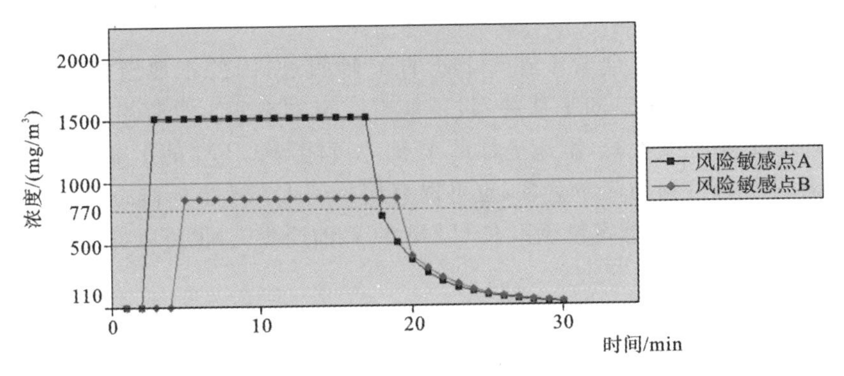

图 2-59　各关心点浓度随时间变化而变化的图

表 2-30　关心点浓度表

名　　称	终点浓度/(mg/m³)	超过标准开始时刻/min	持续时间/min
风险敏感点 A	110	3	21
	770	3	14
风险敏感点 B	110	5	19
	770	5	16

第3章　技术说明——AERMOD模型

3.1　基本概念和基本参数

3.1.1　关于坐标系

全球坐标常用LL(经纬度)或UTM来表示。UTM坐标将全球按经度分60区，每6度为一区，每区中以中间经线为Y轴，Y轴的X坐标设为500000 m，Y坐标则以赤道为0。例如，第51区覆盖区域为东经120°～126°，Y轴位于东经123°。很明显，在UTM坐标中，只有X坐标等于500000的点，其Y轴才指向正N，越是远离这个X坐标的点，其Y轴与正N越有大的偏离。

项目坐标也称本地坐标。对于一个项目，其项目坐标是唯一的。为与全球坐标相对应，定义评价区内某一点(一般在评价区的中心位置附近)的全球坐标(LL或UTM)，正N方定义为穿过这个全球定位点的经线。但项目坐标系的正Y方不一定是正N方，可以与N成一定夹角。

由于项目所在位置通常不在UTM的Y轴附近，因此本地坐标与所在区的UTM坐标通常不是简单的平移关系，可能有一定的夹角。只有当全球定位点位于UTM的Y轴经线上时，本地坐标的Y轴才可能与UTM的Y轴平行，这时两个坐标具有平行位移的简单关系，也可以直接采用UTM坐标作为项目坐标。如果误差允许，则即使全球定位点不在UTM的Y轴经线上，也可以将UTM坐标直接作为本地坐标。

一般情况下，根据全球定位点的信息，可将坐标换成LL坐标，再根据需要将其换成UTM坐标，用于DEM文件处理等。

在评价区中，如果两个点有相同的UTM-X坐标，并不意味着它们位于同一经线上，这两个点的连线并不一定与正N方平行。因此，通常可得到评价区中某些点的全球坐标(LL或UTM)，需要求得这些点的本地坐标时，宜采用工具中的“坐标转换器”，而不宜直接手动转换。

3.1.2　关于DEM文件

DEM称为数字高程模型，是一种地形高程文件标准格式。

DEM文件可以是UTM坐标，也可以是LL坐标。如果是LL坐标，标准格式为:西半球为负值,东半球为正值。LL 坐标的 DEM 文件可以是 1 度的(约 90 m 的分辨率,面积约为 110 km×110 km,点数大约有 120 万个)或 7.5 分的(约 30 m 的分辨率,面积约为 13 km×13 km,点数大约有 15 万个)。

1°DEM:1°DEM 数据是从 1∶250000 地形图上的数字化高程点(如等高线、山脉线等)按 3 s 的地球表面弧度间距内插出来的。3 s 的弧度在南北坐标线上(经线上)代表大约 90 m 的长度,而在东西坐标线上(子午线上)是一个变量(在 0 纬度的赤道上大约为 90 m,在 50 纬度上大约为 60 m),所以子午线是向两极收敛的。为了更好地容纳海量数据,将每张高宽比为 1∶2 的地形图分成东、西两半。

7.5 分 DEM:7.5 分 DEM 是 7.5 分×7.5 分地球表面弧度间距数据,可以用已数字化的等高线来生成,或者从平均 4 万英尺(1 英尺=0.3048 米)航拍照片(比例尺相当于 1∶80000)上通过自动或手动扫描获得。这些数据经处理后生成 30 m 间距的 DEM 数据。

地形高程原始文件可通过 www.usgs.gov 下载,也可访问国内网站 www.gscloud.cn 下载。如果项目允许接受 3 s(约 90 m)精度的数据,最好的办法是使用 EIAProA 软件工具“DEM 文件生成器”生成适于本项目使用的一个标准 DEM 文件。这是一个非常方便、实用的方法,具体过程详见第 1.6.6 节。

3.1.3 沉降与衰减参数

1. 单位转换因子计算公式

在通常情况下,大气环境中污染物浓度的表示方法主要有两种:每立方米大气中所含污染物的质量数,单位为 mg/m^3;一百万体积的大气中所含污染物的体积数,单位为 ppm。

使用 mg/m^3 表示大气污染物浓度,其数值会随着温度、气压等条件的变化而变化,但是使用 ppm 描述污染物浓度时,采取的是体积比,就不会出现这个问题。

ppm 为体积数量比,也即分子数量比。1 ppm 代表该气体(或液体,固体较少用)在每一百万个体积(分子)中有一个。

(空气密度/空气分子量)×(1/1000000)×污染物分子量×1000000=空气密度/空气分子量×1×污染物分子量。如果空气按标准大气压(20 ℃,密度为1.205 kg/m^3,分子量为 29 kg/kmol),则 ppm→mg/m^3(或 ppb→$\mu g/m^3$)的转化系数为

$$1.205/29 \times 污染物分子量 = 0.04155 \times 污染物分子量$$

例如,SO_2 的分子量为 64 g/mol,则 ppm→mg/m^3 系数为 2.6592,mg/m^3→ppm 系数为 0.376。

2. 污染物的指数衰减参数

可输入指数衰减的半衰期 HAFLIF(单位为 s)或衰减系数 Decay(单位为

s^{-1})。两者的关系式为

$$DECAY = 0.693/HAFLIF$$

只需定义其中一个参数。

3. AERMOD 模型中用于气体沉降的参数

AERMOD 模型中,如果要考虑气体的干湿沉降,则必须输入其气体沉降参数。气体沉降参数包括地表面反应因子 f_0,季节 2、季节 5 的最大绿叶面积指数(LAI)的占比(F),以及污染物在空气中的扩散系数(D_a,cm^2/s)、污染物在水体中的扩散系数(D_w,cm^2/s)、单个叶面表面反弹阻力(rcl,s/cm)和 Henry 定律常数($Pa \cdot m^3/mol$)。常见污染物的这些物性参数可见 ANL 报告(Wesely 等,2002 年)。

缺省条件下有:一般污染物 React f_0、F_Seas2 和 F_Seas5 分别为 0、0.5 和 0.25(对于季节 1、3、4,采用 $F=1.0$);对于 O_3、$TiCl_4$、Hg^{2+},f_0 为 1;对于 NO_2,f_0 为 0.1。

4. 用于粒子沉降的参数

粒子干沉降有两种处理方法。方法 1 用于质量百分比在 10%以上且粒径在 10 μm 及以上的情况,该方法要求有详细的粒径分布情况。方法 2 用于粒径分布不是很清楚、粒径在 10 μm 及以上、粒子质量占比较小(小于 10%)的情况。对于方法 2 的沉降速度,为细粒子(2.5 μm 以下)和粗粒子(2.5～10 μm 粒子)的沉降速度的加权平均值。

对于同一个污染物,可同时有这两种粒子属性,以应用于不同的源。

5. AERMOD 清除系数

运用清除系数来模拟气态物和颗粒物的除湿过程。在这个方法中,污染物到地面的通量 F_W 是清除率与浓度的积在垂直方向的积分:

$$F_W(x,y) = \int_0^{\infty} \Lambda X(x,y,z)\mathrm{d}z \tag{3-1}$$

式中:清除率 Λ 的单位为 s^{-1}。

清除率 Λ 可用清除系数 λ 和降水量 R 计算出来(Scire 等,1990):

$$\Lambda = \lambda \cdot R \tag{3-2}$$

式中:清除系数 λ 的单位为 $(s\text{-}mm/hr)^{-1}$,降水量 R 的单位为 mm/hr。清除系数 λ 与污染物的属性(如气态物的溶解性和化学反应,颗粒物的粒径分布)和降水的性质有关(如是液态水还是冰)。

3.1.4 气象参数

1. 最小莫奥长度

莫奥长度用来度量大气的稳定程度。在白天,由于地表受热使得大气不稳定,这时它是负值；而在夜间，地表冷却(使得大气处于稳定状态)，这时它是正值。如果它的绝对值接近于零，表明气象非常不稳定(负值时)或非常稳定(正值时)。Hanna 和 Chang(1991 年)指出，在城市区域，由于地表障碍物(如建筑物)产生的机械扰动会使得边界层趋向中性，因此，在城市区域的稳定时间段(夜间)估算的莫奥长度值可能比实际情况要偏小，即偏稳定。考虑到这个因素，他们建议在稳定时间段设置一个最小的莫奥长度值。根据障碍物高度与流场影响区域的大体关系，他们提出以下不同类型地表的最小莫奥长度值。

(1) 农业区，2 m。

(2) 居住区，25 m。

(3) 居住和工业混合区，50 m。

(4) 商业区(19～40 层)，100 m。

(5) 商业区(＞40 层)，150 m。

2. 云底高

全部有云覆盖的天空，其最低云层(不管是离散的还是完整的)的离地高称为云底高。这意味着云底高是一个动态参数。

在 AERMET 中，每小时的大气稳定度等级用 Turner(1964 年)方法来估算，即用当地时间、地面风速、观察云量和云底高来估算。

3. 人为热通量

人为热通量是因人类活动(包括机动车和取暖系统)引起的地表热量。对于城区之外的区域，此值可设为 0。美国环保署推荐，对于农村地区，人为热通量可取 0 W/m^2，而对于洛杉矶这样的大城市，人为热通量年平均值可取 20 W/m^2。

4. 混合层高度

混合层高度是污染物得到混合、分散的大气层的高度，由当地的地表粗糙度、风速和太阳辐射强度决定。它的数值越大，表明污染物的稀释空间越大。最大混合层高度(max mixing depth，MMD)可用大气温度的绝热递减率(dry adiabatic lapse rate，DALR)和温度递减率曲线(d_t/d_z)的交点来估算。

对于 AERMET 来说，如果有晨间温度探空数据，则可采用此方法来查找白天对流混合层高度，否则只能采用估算法计算。

5. 风向插值

当进行风向插值时，首先将字符表示的风向都转换成角度数值。

但风向角度的插值不同于一般的数据插值，这是因为角度是循环的，即 0°-360°-0° 循环。如果第 1 小时和第 3 小时相差 a°，那么插值出的第 2 小时风向应在 1、3 小时夹角的中间，但 1、3 小时的夹角有两个，一个是 a°，另一个是 360°－a°，这里采用的是两者中的较小值，即 min(a°，360°－a°)的中间。

例如,如果第 1 小时、第 3 小时风向对应为 90°、180°,则第 2 小时为:90°+(180°−90°)/2=135°。

如果第 1 小时、第 3 小时风向对应为 90°、300°,则第 2 小时为:90°−[360°−(300°−90°)]/2=15°。

再例如,第 1 小时、第 3 小时风向为 NE 和 NW,则第 2 小时应是 N,而不是 S。

6. 稳定度判断方法

对应不同情况,可选择不同的 PS 稳定度判断方法,以下为各方法的说明。

(1) Pasquill 法("1993 大气导则"推荐)。

由时间、风速和云量(总云、低云,10 分云量制)三个数判定。具体可参见"1993 大气导则"附录 A。

(2) 温度梯度法。

可用 10 m 和 40 m 高度处的气温差计算的温度梯度(K/100 m)ΔT 来判定。

$\Delta T < -1.9$,A;$-1.9 \leqslant \Delta T < -1.7$,B;

$-1.7 \leqslant \Delta T < -1.5$,C;$-1.5 \leqslant \Delta T < -0.5$,D;

$-0.5 \leqslant \Delta T < 1.5$,E;$\Delta T \geqslant 1.5$,F。

(3) 水平风向标准差。

由 10 m 和 50 m 高处的水平风向的平均标准偏差(角度)σ_θ 来决定稳定度等级。

$\sigma_\theta > 22.5°$,A;$22.5° \geqslant \sigma_\theta > 17.5°$,B;

$17.5° \geqslant \sigma_\theta > 12.5°$,C;$12.5° \geqslant \sigma_\theta > 7.5°$,D;

$7.5° \geqslant \sigma_\theta > 3.75°$,E;$3.75° \geqslant \sigma_\theta > 2.0°$,F;

$\sigma_\theta \leqslant 2.0°$,F。

(4) 风速幂指数法。

用风速幂指数 m 判定。

$m \leqslant 0.08$,A;$0.08 < m \leqslant 0.14$,B;

$0.14 < m \leqslant 0.23$,C;$0.23 < m \leqslant 0.40$,D;

$0.40 < m \leqslant 0.50$,E;$m > 0.50$,F。

(5) 温度梯度和风速法。

用 40 m 处风速 u,以及 30 m 和 100 m 处的温差计算的温度梯度 ΔT 来判定:如果气象记录中输入的风速不是 40 m 处的,则要求同时输入风速幂指数(用于计算出 40 m 处风速)才能判别。污染系数算法如下:设 $f_i(i=1,2,3,\cdots,16)$ 为从 N 到 NNW 的 16 个风方位的风频(%),$v_i(i=1,2,3,\cdots,16)$ 为各相应风向的平均风速(m/s),则各风向的污染系数 $K_i(i=1,2,3,\cdots,16)$ 为

$$K_i=\frac{\frac{f_i}{v_i}}{\sum_{1}^{16}\frac{f_i}{v_i}}\times 100\% \quad (3\text{-}3)$$

这种算法称为风频除以风速再归一化，计算结果实质为百分率，平均都是 6.25%，但也有的资料用

$$K_i=\frac{f_i}{v_i} \quad (3\text{-}4)$$

计算。

在 EIAProA 中，可以任意选择这两种方法。

7. 平均风速统计方法

在统计一个时段的平均风速时，是考虑了静风频次的。例如，对于某个月的 744 小时，如果 700 小时为非静风，44 小时为静风，则该月的平均风速是这样计算的：各风向的平均风速按该风向的风出现的次数求平均；该月的平均风速按 744 次风速求平均（包括 44 次静风），包括了静风的平均风速可能会有所降低。

3.1.5　地形类型与预测点坐标

“2018 大气导则”已经不再对地形类型进行划分，这里仅做简单描述。

1. 简单地形

当模拟简单地形时，可用以下两个选项。

简单平地：这时计算点的地面高程假定与烟囱基底相同，即计算点地面相对烟囱基底的高度为 0，如图 3-1 所示。

简单高地：这时计算点的地面高程高于烟囱基底，但小于烟囱出口。

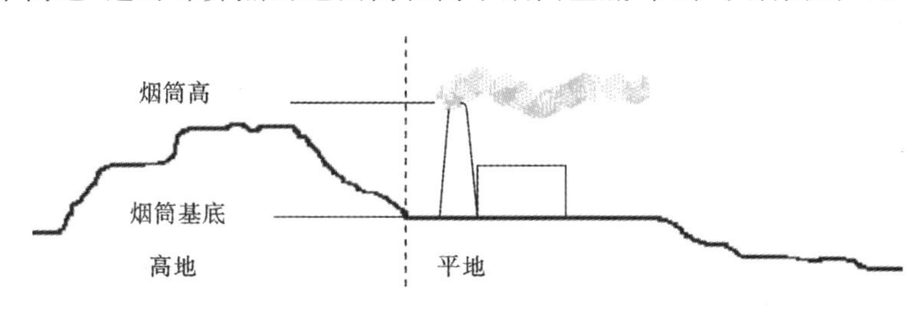

图 3-1　简单地形示意图

2. 复杂地形

当地形中有高于烟囱出口高度的高地时，认为其是复杂地形。图 3-2 描述了复杂地形中常用参数的意义。

3. 预测点坐标

在 EIAProA2018 中，一个预测点的坐标用五维表示（X，Y，Z_L，H，H_t）。

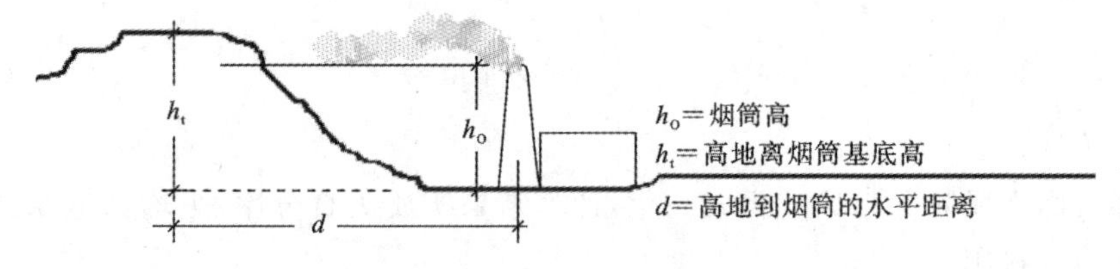

图 3-2　复杂地形示意图

(X,Y)为该点在平面投影响上的位置，Z_L 为该点所在地面的高程，H 为该点离地面的高度，H_t 为影响到该点的最大山体高度(以下称山体控制高度或控制高度)。在平地上，可以简单化为$(X,Y,0,H,0)$，如果为地面上的点，则可以再简化为$(X,Y,0,0,0)$或写成(X,Y)。

(X,Y)和 H 要由用户定义。而 Z_L 和 H_t 可以通过运行 AERMAP 从 DEM 文件中插值得到。在通常情况下都是预测地面上点的浓度，因此 H 通常都可忽略。

但在风险模型中，不考虑 H_t 参数。

3.2　AERMOD 各模块说明

3.2.1　AERSURFACE 简要技术说明

1. 关于 AERSURFACE

AERSURFACE 是一个工具程序，可使用项目区域的土地覆盖数据文件，自动生成合适的地表特征参数(地表粗糙度、波文率、反照率)供 AERMET 运行时使用。

AERSURFACE 可识别 GeoTIFF(tif)或二进制(bin)格式的土地覆盖数据文件，并要求单个文件能包纳整个研究区域，气象站位于研究区域的中心，使用大小为 10 km×10 km 区域，因要求留有余地，所以土地覆盖数据文件大小建议为 15 km×15 km 的正方形。

但 AERSURFACE 要求数据文件必须是美国地质勘探局(United States Geological Survey,USGS)的 NLCD92 定义分类方法，这里分成 21 类，如表 3-1 所示。

在 AERSURFACE 中，采用表 3-1 中的 21 个代码查出每块地表(30 m×30 m)对应的地表特征参数，再采用算术平均和几何加权平均，计算出整块区域的地表参数。

而由中国国家基础地理信息中心(NGCC)提供的全球 30 m 地表覆盖数据(GlobeLand30—2010)采用 10 个分类代码，如表 3-2 所示。

表 3-1　USGS NLCD92 类型定义

分　类	代码	地表覆盖分类
water(水域)	11	open water(开放水域)
	12	perennial ice/snow(终年冰/雪)
developed(人类活动区)	21	low intensity residential(低强度居住区)
	22	high intensity residential(高强度居住区)
	23	commercial/industrial/transportation(商业/工业/运输)
barren(裸地)	31	bare rock/sand/clay(裸露的石/砂/土)
	32	quarries/strip mines/gravel pits(采石场/露天矿/砂石坑)
	33	transitional(过渡区)
forested upland (森林高地)	41	deciduous forest(落叶林)
	42	evergreen forest(常绿林)
	43	mixed forest(混合林)
shrubland(灌木丛)	51	shrubland(灌木丛)
non-natural woody (非天常木本林)	61	orchards/vineyards/other (果园/葡萄园/其他)
herbaceous upland (草本高地)	71	grasslands/herbaceous(草地/草本)
herbaceous planted/cultivated (草本种植/耕地)	81	pasture/hay(牧场/干草场)
	82	row crops(行栽作物)
	83	small grains(小粒果实作物)
	84	fallow(休耕地)
	85	urban/recreational grasses(城市/休闲草地)
wetlands 湿地	91	woody wetlands(木本湿地)
	92	emergent herbaceous wetlands(草本湿地)

表 3-2　GlobeLand30—2010 类型定义

代码	类型	内　容
10	耕地	用于种植农作物的土地，包括水田、灌溉旱地、雨养旱地、菜地、牧草种植地、大棚用地、以种植农作物为主间有果树及其他经济乔木的土地，以及茶园、咖啡园等灌木类经济作物种植地
20	森林	乔木覆盖且树冠盖度超过 30%的土地，包括落叶阔叶林、常绿阔叶林、落叶针叶林、常绿针叶林、混交林，以及树冠盖度为 10%～30%的疏林地

续表

代码	类型	内　容
30	草地	天然草本植被覆盖且盖度大于 10％的土地，包括草原、草甸、稀树草原、荒漠草原，以及城市人工草地等
40	灌木地	灌木覆盖且灌丛覆盖度高于 30％的土地，包括山地灌丛、落叶和常绿灌丛，以及荒漠地区覆盖度高于 10％的荒漠灌丛
50	湿地	位于陆地和水域的交界带，有浅层积水或土壤过湿的土地，多生长有沼生或湿生植物，包括内陆沼泽、湖泊沼泽、河流洪泛湿地、森林/灌木湿地、泥炭沼泽、红树林、盐沼等
60	水体	陆地范围液态水覆盖的区域，包括江河、湖泊、水库、坑塘等
70	苔原	寒带环境下地衣、苔藓、多年生耐寒草本和灌木植被覆盖的土地，包括灌丛苔原、禾本苔原、湿苔原、裸地苔原等
80	人造地表	由人工建造活动形成的地表，包括城镇等各类居民地、工矿、交通设施等，不包括建设用地内部连片绿地和水体
90	裸地	植被覆盖度低于 10％的自然覆盖土地，包括荒漠、沙地、砾石地、裸岩、盐碱地等
100	冰川和永久积雪	由永久积雪、冰川和冰盖覆盖的土地，包括高山地区永久积雪、冰川，以及极地冰盖等

因此，采用 GlobeLand30—2010 格式的数据文件（tif）不能直接用于 AERSURFACE，需要将表 3-2 中的代码预先转成表 3-1 所示的代码。

另外，GlobeLand30—2010 按将全球分成 5 度（纬）×6/12 度（经度）的方式分成 853 幅，每次根据需要调用其中一幅或几幅的数据。但是，这对于 AERSURFACE 难以直接应用，如果关心的气象站位于分幅的边界时更是如此，AERSURFACE 本身也仅能支持一个数据文件，而不是多个。

因此，如果采用 GlobeLand30—2010 来运行 AERSURFACE，需要有一个类似于 MRLC 提取 USGS NLCD92 的程序，根据气象站的位置，以气象站为中心，提供 15 km×15 km 区域生成一个 TIF（或 bin）格式的数据文件，同时还要将表 3-1 所示的 GlobeLand30 中的地表代码换成表 3-2 所示的 NLCD92 中的地表代码。

2. AERSURFACE 的算法

地表覆盖分为 21 类。地表网格划分为 30 m×30 m，以源为中心。

AERSURFACE 以每一个地表单元（30 m×30 m）的覆盖类型，查出不同时间段的地表参数，再按以下算法计算出整个区域的加权平均参数。

(1) 地表粗糙度：采用测量点上风向距离（缺省 1 km）内各单元的数据，以距离的倒数为权重的几何平均数。此数据可按扇区变化，但扇区宽度不能小于 30°。

(2) 波文（bowen）率：采用不加权的简单几何平均（即与方位和距离无关）来计算，缺省为以测量点为中心的 10 km×10 km 的正方形区域。

(3) 反照（albedo）率：采用关心区域（缺省 10 km×10 km，气象测量点为中心）的简单算术平均法（即与方位和距离无关）计算。

关于 AERSURFACE 的详细使用和技术说明，参见《AERSURFACE User's Guide》。

3.2.2　AERMET 气象参数推荐值

地表粗糙度与阻挡风流动的障碍物高度有关，为平均水平风速为 0 处的高度，范围为从平静水面的小于 0.001 m 到森林或城市的 1 m 及以上。

波文率为地表湿度的一个指标，是显热通量（sensible heat flux）与潜热通量（latent heat flux）的比值，用于计算对流条件下的行星边界层参数。在一日之内，该值变化很大，通常在白天可取得一个相对稳定的值，在正午变化范围为水面的 0.1 到沙漠的 10.0。

反照率为总的太阳入射辐射中被地面反射回空中的部分的比率。典型值范围为浓密的落叶林的 0.1 到新雪地的 0.90。这个值是太阳高度角的函数。一般可通过正午的反射率来求其他时间的反射率。

下面一些表格提供了这些参数的一些取值参考。这些表中的季节不是对应于特定的月份，而是对应于该地区的纬度和年植物生成周期。春季对应植物开始出现或部分绿化时期，用于最后一次严寒后的 1～2 个月；夏季对应植物茂盛时期；秋季为霜冻常出现、落叶林已落叶、庄稼已收割、草已发黄但尚无雪的时期；冬季应用于被雪覆盖和气温零度以下的时期。例如，三月在南方为春天，但在北方很多地方仍为冬天。所以用户应根据实际情况确定季节信息。

1. 粗糙度参数

粗糙度的选择与地表类型和季节有关，各地表类型在各季的粗糙度如表 3-3 所示。

城区的细化值可参见表 3-4。

2. 波文率参数

波文率的选择与地表类型、季节和空气湿度有关，如表 3-5～表 3-7 所示。关于冬季取值，如果冬天很少有雪覆盖（或没有完全覆盖），则取秋季和冬季的中间值更合适；如果完全被雪覆盖，则可取冬季值；对于水体，冬季假定水面为冰冻状态。

表 3-3　各地表类型在各季的粗糙度

季节 粗糙度/m 地表类型	春季	夏季	秋季	冬季
水面	0.0001	0.0001	0.0001	0.0001
落叶林	1.0000	1.3000	0.8000	0.5000
针叶林	1.3000	1.3000	1.3000	1.3000
湿地或沼泽地	0.2000	0.2000	0.2000	0.0500
农作地	0.0300	0.2000	0.0500	0.0100
草地	0.0500	0.1000	0.0100	0.0010
城市	1.0000	1.0000	1.0000	1.0000
沙漠化荒地	0.3000	0.3000	0.3000	0.1500

表 3-4　各类城区环境地表粗糙长度(from Stull, 1988 年)

环　境	地表粗糙长度/m
多树和树篱,少有建筑物	0.2～0.5
城镇外围	0.4
小城镇中心	0.6
大城镇中心和小城市	0.7～1.0
大城市中心,有高建筑物	1.0～3.0

表 3-5　各地表类型在各季的白天波文率(干燥条件)

季节 波文率 地表类型	春季	夏季	秋季	冬季
水面	0.10	0.10	0.10	2.00
落叶林	1.50	0.60	2.00	2.00
针叶林	1.50	0.60	1.50	2.00
湿地或沼泽地	0.20	0.20	0.20	2.00
农作地	1.00	1.50	2.00	2.00
草地	1.00	2.00	2.00	2.00
城市	2.00	4.00	4.00	2.00
沙漠化荒地	5.00	6.00	10.00	10.00

表 3-6　各地表类型在各季的白天波文率(中等湿度条件)

季节 / 波文率 / 地表类型	春季	夏季	秋季	冬季
水面	0.1	0.1	0.1	1.5
落叶林	0.7	0.3	1.0	1.5
针叶林	0.7	0.3	0.8	1.5
湿地或沼泽地	0.1	0.1	0.1	1.5
农作地	0.3	0.5	0.7	1.5
草地	0.4	0.8	1.0	1.5
城市	1.0	2.0	2.0	1.5
沙漠化荒地	3.0	4.0	6.0	6.0

表 3-7　各地表类型在各季的白天波文率(潮湿条件)

季节 / 波文率 / 地表类型	春季	夏季	秋季	冬季
水面	0.1	0.1	0.1	0.3
落叶林	0.3	0.2	0.4	0.5
针叶林	0.3	0.2	0.3	0.3
湿地或沼泽地	0.1	0.1	0.1	0.5
农作地	0.2	0.3	0.4	0.5
草地	0.3	0.4	0.5	0.5
城市	0.5	1.0	1.0	0.5
沙漠化荒地	1.0	1.5	2.0	2.0

3. 正午反照率参数

正午反照率的选择与地表类型和季节有关,如表 3-8 所示。

表 3-8　各地表类型正午反照率参数

季节 / 正午反照率 / 地表类型	春季	夏季	秋季	冬季
水面	0.12	0.10	0.14	0.20
落叶林	0.12	0.12	0.12	0.50

续表

地表类型 \ 正午反照率 \ 季节	春季	夏季	秋季	冬季
针叶林	0.12	0.12	0.12	0.35
湿地或沼泽地	0.12	0.14	0.16	0.30
农作地	0.14	0.20	0.18	0.60
草地	0.18	0.18	0.20	0.60
城市	0.14	0.16	0.18	0.35
沙漠化荒地	0.30	0.28	0.28	0.45

3.2.3 AERMET 简要技术说明

本节提供 AERMET 处理方法的简要技术说明。包括质量评估方法(变量是否超出上下限的简单检查,用一小时内有多次观测的现场观测数据来计算小时数据的平均方法),以及对美国国家海军和大气局(national weather service,NWS)探空数据的修正方法,另外还包括边界层参数估算的方法。

1. 质量评估程序

所有类型数据的主要质量评估程序均相似。每个变量检查是否丢失(是否等于丢失码),如果未丢失,则检查是否在上下边界内。附录 B 列出了每种类型数据的变量、单位、缺省的上下边界和丢失码。超出边界并不意味着数据有错误。例如,可能是在某些时间或某些地方边界值设置不合理,需要用户检查其是否真的有错误。

对 NWS 地面数据和几个变量之间进行额外检查。例如,露点温度是否超过干球温度(DPTP>TMPD),是否有风速为 0(WSPD=0,表示静风)而风向不为 0(WDIR≠0)的情况,或是否有风速不为 0(WSPD≠0)而风向为 0(WDIR=0,表示静风)的情况。静风的次数也要报告。

AERMET 计算探空层的高度为

$$z_2 = z_1 + (R_d T_V / g)\ln(p_1/p_2) \tag{3-5}$$

式中:z_1 和 p_1 为下层的高度和气压;z_2 和 p_2 为上层的高度和气压;R_d 为干气体常数;T_V 为层内平均有效温度;g 为重力加速度。将计算出的高度与实测中的高度进行对比。如果相差超过 50 m,则写一个消息到 message 文件。如果地面高度(探空站地面高度)丢失,则不进行这项检查。

NWS 探空数据包括多层,因此,将检查的 4 个不同的相邻层梯度都表达成每

100 m 的变化，当改变缺省的上下限时要注意这一点。4 个主要梯度参数及相应的变量名称和上下限如表 3-9 所示。

表 3-9　4 个主要梯度参数及相应的变量名称和上下限

参　数	变量名称	缺省下限	缺省上限
温度梯度/℃	UALR	−2.0	5.0
风速切变/(m/s)	UASS	0.0	5.0
风向切变/(°)	UADS	0.0	90.0
露点温度梯度/℃	UADD	0.0	2.0

风速的垂直梯度(即风切变)是一个矢量。在 AERMET 中这个切变分别用风速切变(UASS)和风向切变(UADS)来计算。风速切变、风向切变均采用相邻层的风速绝对差值计算，因此为非负值。

露点温度的垂直梯度与其他梯度不同，其是用连续三层数据来计算的。中间层高度处的露点计算是用上层和下层的露点线性内插出来的。露点温度梯度定义为，中间层的露点温度估算值与观测值的差的绝对值除以上下两层的高度差。

2. 现场数据——小时内数据的平均

默认假定 AERMET 每小时进行一次观测，但现场数据(ONSITE)允许一小时内进行一次以上观测(最多 12 次)。AERMET 只计算一小时平均的边界层参数，需要将小时内的数值转换成小时平均。通过 OBS/HOUR 参数设定一个小时内的观测次数。《现场气象指南文件》(EPA，1987 年)建议至少要有一半以上的观测次数有数据时，才能计算该小时平均。AERMET 遵守此指南，只有在一半或一半以上次数的数据未丢失时，才计算该小时平均。

对于多数变量，小时值以算术平均来计算。但对于风速和风向的处理则不同，要区分数据丢失和数据虽存在但低于检出限的两种情况。风速小于检出限时，设为该检出限的一半，并将风向设为丢失，然后用算术平均计算出小时平均风速。小时风向的计算按照《现场气象指南文件》(EPA，1987 年)中第 6.1 节的方法综合考虑 0°～360°的取值。

为取得一小时平均的水平风向标准偏差 σ_θ，采用《空气污染测量系统质量评估手册卷Ⅳ》(EPA，1989 年)中规定的程序。这个程序考虑了小时内各次测量的标准差，以及整个小时风向的变化过程。小时平均计算式为

$$\sigma_\theta^2 = \frac{1}{n}\sum_{i=1}^{n}(\sigma_{\theta i}^2 + WD_i^2) - \overline{WD}^2 \tag{3-6}$$

式中：$\sigma_{\theta i}$ 为时段 i 水平风向的标准差，WD_i 为时段 i 的平均风向，$\overline{WD}$ 为小时内各时段的总体平均风向，n 为 OBS/HOUR 定义的时段数。

3. NWS 探空数据修正

在从原始的数据文件中提取探空数据时，AERMET 可检查可能的错误，减少每个探测中强梯度的影响。若使用了 MODIFY 命令，则将进行以下修订。

(1) 标准层(mandatory level)相对于重大层(significant level)，气压变化在1%以内的应删去。

(2) 风向非零而风速为零，则风向置为零。

(3) 丢失的干球温度和露点温度，如果相邻的上下层相应数据存在，则用上下层的值线性内插出来。

这几个修订必须同时进行，如果有修订，则会给出警告消息。

(1) 标准层。

若一个标准层相对于重大层气压变化在1%以内，则应删去，因其无法提供足够的大气层结构信息。若已提取出最多层数据(当前通过 UA1.INC 中的 UAML 变量设为 30)，则提取出的数据层数因为执行删除处理后可能小于这个层数。删除后，AERMET 不会再去读取更多层数。

(2) 静风条件。

每一层的风速和风向都要检查，确保没有风速为 0 而风向不为 0 的情况。如果有这种情况，则风向也置为 0 以代表静风。

(3) 干球温度和露点温度丢失。

若某层的干球温度或露点温度丢失，则进行线性内插来补充。上下两层相邻数据用于线性内插。如果相邻数据也有丢失，则不进行线性内插。

4. 边界层参数估算

AERMOD 使用几种不同边界层参数来模拟污染物如何在大气中扩散。其中许多边界层参数是不能由观测得到的，要由其他容易直接观测的变量估算出来。为了进行这些估算，需要有近地面风速和温度(即“参考”风速和温度)与现场地面特征数据。因其重要性，下面重新对地面特征进行回顾，首先要讨论如何来定义参考风速和参考温度。

如果在 STAGE3 中输入的气象数据有现场观测数据，则 AERMET 将从中搜索近地风速和温度，用来估算(如摩擦速度和热通量等)边界层参数。

一个有效的参考风速定义为：在 $7z_0$～100 m(包含)之间，最低一层的未丢失风速和风向。z_0 为地表粗糙度。如果未丢失的有效风仅有一个静风，则该小时的风作为静风处理，参考层为该静风所在层。

如果找不到有效参考风，则最低层作为参考层，但参考风为丢失。然而，如果设置了替代为 NWS 数据的选项，则 AEMET 会将该小时的 NWS 风速观测值作为参考风速，用 NWS_HGT 命令定义的 NWS 测风高度作为参考高度。如果未定义 NWS 替代，则参考风定义为丢失。

参考温度的选择独立于参考风的选择。一个有效的参考温度定义为：在 z_0～100 m(包含)之间，最低一层的未丢失温度。如果现场观测数据中无有效参考温度，并且定义了 NWS 替代，则 AERMET 将该小时的 NWS 环境温度作为参考温度。

在无现场观测数据时，必须设置 NWS 替代选项，让 AERMET 采用 NWS 风速和温度数据作为参考层数据。当前对 NWS 数据无须采用上面所说的筛选方法来查找风速和温度数据。

1）地面特征

大气边界层位于地球表面和上部自由流动(平流)层之间。热通量和动量决定边界层的产生和结构。层高及污染物在其中的扩散情况受当地地面特征的影响，如地表粗糙度、反照率和地表湿度。根据输入参数和大气变量，AERMET 计算出对评估边界层以及污染物扩散都很重要的几个边界层参数，包括地表摩擦速度 u_*(水平动量的垂直传输的度量)、显热通量 H(指温度变化引起大气与下垫面之间发生湍流形式的热交换量)、莫奥长度 L(与 u_* 和 H 有关的稳定度参数)、白天混合层高度 z_i 和夜间地面层高度 h、对流速度尺度 w_*(结合了 z_i 和 h)。这些参数都由下垫面的特征决定。

通常 AERMET 内部有缺省值，用户仍应自行定义：太阳辐射的地表反照率；白天波文率(B_O，显热通量与潜热通量之比)；地表粗糙度 z_0。这些参数由土地类型决定，并随季节和风向的变化而变化。

(1) 不同方向的地面特征参数的选择。

地面特征参数最多可分为 12 个扇形，每扇形 30°。

对于每一个扇形方向，可能会跨越各种土地类型，该方向输入的地面特征应为该方向中各类型土地的特征值按面积加权的平均值。扇形的长度(半径)一般取为 3 km，对于不稳定的白天气象和粗糙度较大的地面，这个值还可以取小一些。

(2) 不稳定条件下边界层参数的估算。

正如 AERMET 中所定义的，如果地表显热通量是向上的，则大气是不稳定的，时间段大体为日出和日落之间的白天。在白天的对流状态，地球表面被加热，导致产生一个向上的热传输，需要逐时计算这个热通量，以计算白天的混合层高度。下文根据 Holtslag 和 Van Ulden(1983 年)的研究计算，从地表能量平衡开始，显热通量可用每一小时的净辐射和波文率来计算。AERMET 首先检查净辐射(从现场实测数据)，如果有净辐射实测值就直接应用；如果没有净辐射实测值，则检查太阳辐射(从现场实测数据)，如果有太阳辐射实测值，就用它和气温、低云量(从 NWS 数据)计算净辐射；如果没有太阳辐射实测值，则用云量、地表温度(如果有现场实测，则用现场实测值，否则用 NWS 常规站数据)、波文率、正午反照率来估算。一旦热通量计算出，u_* 和 L 可用地表层相似理论的一个迭代过程求出。

迭代过程中 u_* 和 L 是每次变化的，而小时热通量保持不变。

对于农村区域，地表的能量平衡为

$$R_n = H + \lambda E + F_G \tag{3-7}$$

式中：R_n 为净辐射；λE 为潜热通量；F_G 为地表热通量。根据 Holtslag 和 Van Ulden(1983 年)，$F_G = 0.1R_n$，而波文率可用 $B_O = H/\lambda E$ 表示。将 F_G 和 B_O 代入式(3-7)，得

$$H = 0.9R_n/[1+(1/B_O)] \tag{3-8}$$

净辐射 R_n 如果有现场实测值（变量名 NRAD），则可用式(3-8)直接求出 H。否则，可用总入射的太阳辐射 R（变量名 INSO）来估算：

$$R_n = [1-r(\phi)]R - I_N \tag{3-9}$$

式中：$r(\phi)$ 为地表反照率与太阳高度角(ϕ)的函数；I_N 为地表的净长波辐射。

R 如果有实测值，则可直接使用，否则按以下方法估算。通常有云量时，R 可用 Kasten 和 Czeplak(1980 年)方法估算：

$$R = R_0(1+b_1 n^{b_2}) \tag{3-10}$$

式中：R_0 为晴天地面总太阳辐射；n 为低云量（变量名 TSKC）；经验系数 b_1 和 b_2 分别设为 -0.75 和 3.4(Holtslag 和 Van Ulden，1983 年)。如果某一小时的云量和实测净辐射丢失，则不能进一步计算。这时会生成一个警告消息。

晴天地面总太阳辐射 R_0 为

$$R_0 = a_1 \sin\phi + a_2 \tag{3-11}$$

式中：ϕ 为太阳高度角；常数 a_1 和 a_2 代表短波辐射被水蒸气和空气中灰尘的衰减，$a_1 = 990\ \mathrm{W/m^2}$，$a_2 = -30\ \mathrm{W/m^2}$。AERMET 所用的缺省值适于中纬度地区(Holtslag 和 Van Ulden，1983 年)。

将式(3-10)和式(3-11)代入式(3-9)，并将净长波辐射参数化为温度和云量，可得

$$R_n = \frac{[1-r(\phi)]R + c_1 T^6 - \sigma_{SB} T^4 + c_2 n}{1+c_3} \tag{3-12}$$

式中：σ_{SB} 为 Stefan-Boltzmann 常数，$\sigma_{SB} = 5.67\times10^{-8}\ \mathrm{W/(m^2 \cdot K^4)}$；其他经验常数 $c_1 = 5.31\times10^{-13}\ \mathrm{W/(m^2 \cdot K^6)}$，$c_2 = 60\ \mathrm{W/m^2}$，$c_3 = 0.12$。

由用户提供的地表反照率应为太阳高度角在 30°以上时的数据，这时它是一个相对恒量，但是高度角小时反照率增加(Coulson 和 Reynolds，1971 年；Iqbal，1983 年)。Paine(1987 年)给出经验公式：

$$r(\phi) = r' + (1-r')e^{a\phi+b} \tag{3-13}$$

式中：r' 为正午反照率，由用户作为现场地面特征参数输入；ϕ 为太阳高度角；$a = -0.1$；$b = -0.5(1-r')^2$。

计算出热通量以后，下一步采用迭代法计算出对流边界层(convective boundary layer,CBL)的地表摩擦速度 u_* 和莫奥长度 L(Paine,1987 年)。迭代中用到以下两个公式:

$$u_* = \frac{ku}{\ln(z_{\text{ref}}/z_0) - \Psi_{\text{m}}(z_{\text{ref}}/L) + \Psi'_{\text{m}}(z_0/L)} \tag{3-14}$$

$$L = -\frac{\rho c_{\text{p}} T u_*^3}{kgH} \tag{3-15}$$

式中:k 为 Von Karman 常数,取 0.4;u 为测风高度位置的风速,单位为 m/s;z_{ref} 为风速和风向的测量高度;z_0 为地表粗糙度,单位为 m;ρ 为干空气密度,单位为 kg/m^3;c_{p} 为大气定压比热容,单位为 J/(kg · K),可取 1005;T 为环境气温,单位为 K;g 为重力加速度,单位为 m/s^2;Ψ_{m} 用下式计算:

$$\Psi_{\text{m}}(z_{\text{ref}}/L) = 2\ln\left(\frac{1+\mu}{2}\right) + \ln\left(\frac{1+\mu^2}{2}\right) - 2\tan^{-1}\mu + \pi/2 \tag{3-16}$$

$$\Psi_{\text{m}}(z_0/L) = 2\ln\left(\frac{1+\mu_0}{2}\right) + \ln\left(\frac{1+\mu_0^2}{2}\right) - 2\tan^{-1}\mu_0 + \pi/2 \tag{3-17}$$

$$\mu = (1 - 16z_{\text{ref}}/L)^{1/4} \tag{3-18}$$

$$\mu_0 = (1 - 16z_0/L)^{1/4} \tag{3-19}$$

迭代过程需要 u_* 的一个初值,可将初始项 Ψ_{m} 设为 0 来取得。迭代进行到相邻两次 L 的变化小于 1%时为止。

对流生成的混合层高度(Z_{ic})的计算基于 Carson(1973 年)公式,以及 Weil 和 Brower(1983 年)的修正公式。Carson 模型基于一维(高度)的能量平衡方法,其中,CBL 地表面的热通量和上部稳定层空气的热流出导致了垂直混合,形成了上部逆温层下边界的抬升和边界层空气能量的增加。原始的 Carson 模型基于一个初始(早晨)位温廓线,假定为随高度线性变化。Weil 和 Brower(1983 年)扩展了 Carson 模型,使之可为任意的非线性初始温度廓线,并允许考虑行星边界层(planetary boundary layer,PBL)顶部的压力引起的混合。当热通量较小时(如凌晨或阴天),考虑 PBL 混合显得尤为重要。在当前 AERMET 版本,混合层顶部的压力引起的混合被忽略。采用任意温度分布曲线的优点是可方便应用不规则的初始温度廓线,这种情况通常发生在早晨。

Weil 和 Brower 发现 z_{ic} 隐含于下式中:

$$z_{ic}\theta(z_{ic}) - \int_0^{z_{ic}} \theta(z)\,\mathrm{d}z = (1+2A)\int_0^t \frac{H(t')}{\rho c_{\text{p}}}\,\mathrm{d}t' \tag{3-20}$$

式中:$\theta(z)$ 为初始位温分布(从 12Z,即当地晨间探测中得到);式子右边代表 $z=0$ 处的累积热通量输入;$A=0.2$(Deardorff,1980 年)。AERMET 将对流混合层高度限制为 4000 m。

一旦 z_i 计算出,湍流速度尺度 w_* 为

$$w_* = (gHz_{ic}/\rho c_p T)^{1/3} \tag{3-21}$$

2) 稳定条件下边界层参数的估算

稳定边界层(stable boundary layer,SBL)参数采用 Venkatram(1980 年)描述的方法计算是最直接的,无须迭代计算。u_* 和温度尺度 θ_* 可用云量、风速和气温来计算,反过来计算结果可用来计算热通量,然后用式(3-15)直接计算出 L。

在式(3-15)中采用 $H=-\rho c_p u_* \theta_*$,以及

$$k\frac{u}{u_*} = \ln\left(\frac{z_{ref}}{z_0}\right) + \beta_m \frac{z_{ref}}{L} \tag{3-22}$$

计算莫奥长度。

摩擦速度为

$$u_* = C_D u/2[1+(1-(2u_0/C_D^{1/2}u)^2)^{1/2}] \tag{3-23}$$

式中:C_D 为中性拖曳系数,计算式为

$$C_D = \frac{k}{\ln(z_{ref}/z_0)} \tag{3-24}$$

u_0 计算式为

$$u_0 = (\beta_m z_{ref} g\theta_*/T)^{1/2} \tag{3-25}$$

式中:$\beta_m=4.7$,为无因次常数。温度尺度 θ_*(K)的计算式为

$$\theta_* = 0.09(1-0.5n^2) \tag{3-26}$$

式中:n 为低云量。

为取得 u_* 的实解,必须满足

$$4u_0^2/(C_D^2 u^2) \leqslant 1 \tag{3-27}$$

式(3-27)的相等对应于一个最小(临界)风速 u_{cr}。当风速大于等于 u_{cr} 时,式(3-23)可得到实解。这个临界风速为

$$u_{cr} = (4\beta_m z_{ref} g\theta_*/(TC_D))^{1/2} \leqslant 1 \tag{3-28}$$

这个风速有一个相应的摩擦速度 u_{*cr},即

$$u_{*cr} = C_D u_{cr}/2 \tag{3-29}$$

对于风速小于临界值的情况,式(3-23)不能得到实解。可以理解为当 $u\to 0$ 时,$u_*\to 0$,因此,当 $u<u_{cr}$ 时,u_{*cr} 可用 u/u_{cr} 来调整,因此 u_* 为

$$u_* = u_{*cr}\frac{u}{u_{cr}} \tag{3-30}$$

对于 $u<u_{cr}$ 的情况,van Ulden 和 Holtslag(1985 年)显示 θ_* 和 u_* 均呈线性变化,因此,类似地,θ_* 可调整为

$$\theta_* = \theta_{*cr}\frac{u}{u_{cr}} \tag{3-31}$$

式中:θ_{*cr} 由式(3-26)计算。

由式(3-23)或式(3-30)计算出 u_*,由式(3-26)或式(3-31)计算出 θ_*,然后可

用下式计算出稳定气象的热通量：

$$H=-\rho c_p u_* \theta_* \tag{3-32}$$

最后，将计算出的 u_* 和 H 代入式(3-15)计算出 L。

在强风条件下，H 会变得过大。因此，设定 H 上限为 $-64\ \mathrm{W/m^2}$，这样对 $u_* \theta_*$ 乘积产生一个限制。这将产生一个 u_* 的三次方程（用式(3-15)，L 和 H 已知），解得一个新的 u_*。将这个新的 u_* 和 $H=-64\ \mathrm{W/m^2}$ 代入式(3-15)重新算 L（反过来还得重新算一次 u_*）。

机械生成的混合层高度（z_{im}）可用 Venkatram(1980 年)的诊断式表示为

$$z_{im}=2300 w_*^{3/2} \tag{3-33}$$

式中：w_* 为对流条件的尺度参数，在稳定气象下不计算。

3) 关于混合层高度的更多内容

AERMET 中混合层高度特别受关注。在稳定状态下（$L>0$），要计算出机械混合层高度。在不稳定状态下（$L<0$），要计算出对流混合层和机械混合层高度。只要计算所需的数据没有丢失，就将计算出连续的机械混合层高度，而对流混合层高度只限于有向上热通量的白天的几个小时。

对机械混合层高度进行平滑，以消除计算地表摩擦速度时因每小时计算结果波动较大产生的影响。对全部小时进行平滑化（包括稳定和不稳定状态）。当前小时（$t+\Delta t$）平滑化的机械混合层高度为

$$\overline{z_{im}(t+\Delta t)}=\overline{z_{im}(t)}\mathrm{e}^{-\Delta t/\tau}+z_{im}(t+\Delta t)\left[1-\mathrm{e}^{-\Delta t/\tau}\right] \tag{3-34}$$

式中：

$$\tau=\frac{\overline{z_{im}(t)}}{\beta_\tau u_*(t+\Delta t)} \tag{3-35}$$

式中：β_τ 取 2.0。

式(3-34)右边有上划线的项为前一小时(t)平滑后的机械混合层高度，$z_{im}(t+\Delta t)$为当前小时($t+\Delta t$)未平滑的机械混合层高度（由式(3-33)计算），$u_*(t+\Delta t)$为当前小时的地表摩擦速度。如果($t+\Delta t$)为数据中的第一个小时，则不进行平滑。此外，如果在时间 t 时未有混合层高度，则平滑从($t+\Delta t$)时重新开始。

平滑后的机械混合层高度与对流混合层高度都写到输出文件中，用于 AERMOD 预测浓度计算。

对流混合层高度基于 1200GMT（当地凌晨）的探空数据。AERMET 获取从下往上的数据，直到 5000 m 以上第一层为止。有些时候，探测只在 5000 m 以下有数据，这时可能没有足够上部探测数据允许 AERMET 计算全部白天（特别是下午、晚间）的对流混合层高度。为缓解这个问题，AERMET 采用计算最上面的 500 m 探测数据的位温梯度的方法，将探测数据上延到 5000 m：

$$\theta(5000)=\theta(z_{top})+\left.\frac{\mathrm{d}\theta}{\mathrm{d}z}\right|_{500}(5000-z_{top}) \tag{3-36}$$

式中：z_{top}为原探测的高度，$\left.\frac{d\theta}{dz}\right|_{500}$为探测出的最上面的 500 m 的位温梯度。在以下几个阶段中都有消息写入消息文件：在 STAGE 1 QA 中，报告探测没有达到 5000 m 高；在 STAGE3 中，报告原探测高度和用于外延探测的位温梯度，以及需要用外延探测来计算对流混合层高度的小时。

3.2.4 AERMET 增强功能

本节讨论 AERMET 气象预处理器可能的增强内容。包括白天混合层高度调整、波文率的客观确定、城市效果影响、城市混合层高度估算。

1. 白天混合层高度调整

AERMET 当前使用的混合层高度计算使用晨间(12Z)探空和累积显热通量来决定对流边界层的高度。这个方案中没有考虑到白天探空数据的变化。目前忽略了一半的常规探空数据(即 00Z 的数据)。通过使用 00Z(对 USA)来调整基于晨间探空数据的计算结果，下午混合层高度的预测精度将提高。

为进行这个调整，需要设计出一个客观的算法来找出 00Z 探测线发生上部逆温的高度位置。如果探测时间在日落前后，这个算法应忽略刚形成的近地逆温。搜索并检查一定的高度间距的位温梯度是否超过用户给定的梯度。检查的高度间距应跨越至少三层探测点，这样一个坏点不至于导致错误的检查结果。初步高度间距建议设为 200 m。对应于上部逆温的位温梯度应至少如中性一样稳定。

如果按以上方法能得到有效的下午混合层高度，则 AERMET 用它来调整从晨间探测和各小时显热通量估算出的混合层高度。若不能从 00Z 探测取得有效的下午混合层高度，就不进行调整，仍按当前计算值。否则，以 00Z 取得的混合层高度作为下午最大混合层高度(时间大约为日出到日落之间、离日出 75%的位置)，这个高度将保持到日落。最大混合层高度出现以前，用线性调整：早晨首次向上显热通量出现时不调整，到下午最大混合层出现时调整为 00Z 探测中得到的混合层高度。调整限制于两因素之一。

2. 波文率的客观确定

当前版本的 AERMET 中，用户按干燥、中等湿度和湿润三种气候选出各月的白天波文率。这些值是由特定扇形区域那个月的地表覆盖类型决定的。“干燥”的波文率代表植物受影响的水汽缺失状态；“中等湿度”的波文率是一种平均降水状态，有足够的水汽支持植物进行正常生产所需的蒸发率；“湿润”的波文率为过量湿气状态，导致正常蒸发之外的额外地表蒸发。假定长期状态下，蒸发引起的水量损失与得到的降雨量大体相等，并且维持这种稳定状态的植物覆盖已经建立。各个月的波文率是植物种类和成熟度(即春季绿叶出现，到夏季完全成熟，再到秋季落叶)的函数。

每一个月定义一个波文率不能反映其快速变化。在一个月内湿度可能变化很大。这里所说的修订算法假定每个月提供给 AERMET 三个不同湿度的波文率（干燥、中等湿度、湿润），修订后的方法将为每一天选出最合适的数值。

AERMET 的这个新的方法基于从标准气象测量数据估算白天显热通量的概念（Holtslag 等，1980 年）。荷兰的 Cabauw 应用一个修订过的 Priestly-Taylor 能量方程发现，有效湿度是前五天降雨量的函数。该区域覆盖了大约 8 cm 高的草地。当少雨或无雨时，蒸发率显著减少，对应一个高度的波文率。在中等降雨期，对应中等蒸发率。

AERMET 选择湿润、干燥还是中等湿度波文率与 Holtslag 等人选择有效湿气值相似。对于每一天的选择，将按此前五天的总降水量与这五天的历年平均降水量的比较结果而定。历年平均降水量可以是 30 年内的平均值或其他合适时段的平均值。与 METPRO（Paine，1987 年）方法相似，若前五天总降水量是历年平均降水量的两倍以上则为"湿状态"，若小于历年平均降水量的一半则为"干状态"，其他的为"中性状态"。对于每一天，都要有一个程序计算前五天的降水量总和，以及历年平均降水量。这样，波文率就会按每天干湿情况波动。但对于每一天内，波文率全天都是一样的。

AERMET 要求的输入数据应包括逐时降水、每月平均降水，以及每月三个波文率数据（对应干燥、中等湿度和湿润）。

3. 城市效果影响

AERMET 使用一个能量平衡公式来决定：当前是稳定状态还是不稳定状态；若为不稳定状态，则定量计算出地表热通量和其他边界层参数。适用于农村地区的一个简单公式为

$$R_n = Q_h + Q_e + Q_g \tag{3-37}$$

式中：R_n 为净辐射率；Q_h 为显热通量；Q_e 为潜热通量；Q_g 为土壤热通量。

在 AERMET 中，目前 Q_g 由 $0.1R_n$ 表示，Q_h 和 Q_e 用白天波文率（为 Q_h/Q_e）计算。净辐射的符号用于决定莫奥长度的符号。这个选择对于 AERMOD 很重要，因为需由此选择扩散算法。

对式(3-37)，若附带考虑人为热通量（Q_a）的影响，并考虑 Q_g 为 R_n 的一个可变部分（通过乘数因子 c_g 来体现），得到变形之后且更通用的能量平衡方程为

$$R_n + Q_a = Q_h + Q_e + c_g R_n \tag{3-38}$$

白天地表热通量可用净辐射率的一个分部（范围为 0～1.0）来表示。Oke（1982 年）指出 c_g 的典型范围：乡村为 0.05～0.25，城郊为 0.20～0.25，城市为 0.25～0.30。Holtslag 和 Van Ulden（1983 年）在荷兰得到草地覆盖面 c_g 取值 0.1。

除了高度城市化区域，人为热通量可忽略。表 3-10 来自 Oke（1978 年），提供

了一些城市的估算值。

表 3-10　几个城市的平均人为热通量(Q_a)和净辐射率(R_n)

城　　市	纬度	时段	人口/(百万)	人口密度/(人/km^2)	人均能耗/(MJ×10^3/年)	Q_a/(W/m^2)	R_n/(W/m^2)
Manhattan(曼哈顿)	40°N	年平均	1.7	28810	128	117	93
		夏季				40	
		冬季				198	
Montreal(蒙特利尔)	45°N	年平均	1.1	14102	221	99	52
		夏季				57	92
		冬季				153	13
Budapest(布达佩斯)	47°N	年平均	1.3	11500	118	43	46
		夏季				32	100
		冬季				51	−8
Sheffield(谢菲尔德)	53°N	年平均	0.5	10420	58	19	56
West Berlin(西柏林)	52°N	年平均	2.3	9830	67	21	57
Vancouver(温哥华)	49°N	年平均	0.6	5360	112	19	57
		夏季				15	107
		冬季				23	6
Hong Kong(香港)	22°N	年平均	3.9	3730	34	4	～110
Singapore(新加坡)	1°N	年平均	2.1	3700	25	3	～110
Los Angeles(洛杉矶)	34°N	年平均	7.0	2000	331	21	108
Fairbanks(费尔班克斯)	64°N	年平均	0.03	810	740	19	18

除人为热通量以外,适用于城市的地表粗糙度的准确定义,也会得到莫奥长度增加的效果,从而考虑建筑物阻挡对近地的剪切效应。各类城市环境的粗糙度代表值参见表 1-6。

4. 城市混合层高度估算

对于城市区域,人类活动导致的额外热量在白天会产生更高的对流混合层。这一效应将在未来的AERMET版本中考虑,通过在改进的Carson模型中输入一个更高的显热通量。在夜间(此时净辐射为负值),在各种大小城市的建成区上面都可观察到充分混合层的存在。这是由于建筑物的存在减少了向上热辐射以及人类热通量的共同作用产生的。观察到的这个混合层的高度,在小城市为50～100 m,在中等城市为150～200 m,在大城市为300～400 m。这一结果与Summers(1965年)提出的公式符合:

$$h_{\mathrm{urban}}=\{2H_{\mathrm{a}}x/[c_{\mathrm{p}}\rho(\mathrm{d}\theta/\mathrm{d}z)]\}^{1/2} \tag{3-39}$$

式中:H_{a}为人为热通量;x为生成混合层高的城区上风向长度;$\mathrm{d}\theta/\mathrm{d}z$为混合层顶的垂直位温梯度。

在AERMET未来版本中,H_{a}和x由用户按月和风向扇形(对于x)输入。$\mathrm{d}\theta/\mathrm{d}z$值可用边界层参数化方法,由城外(农村)稳定的$\theta_*$值导出。

3.2.5 AERMET没有探空数据时的运行

1. 探空数据的作用

探空数据至少要有一次晨间探空数据(1200Z)(目前AERMET只用到这一次,下午的一次还未用到,但将在未来版本中采用)。这个数据用于计算白天各小时的对流混合层高度,以及对流速度尺度和温度梯度三个参数。

如果没有任何探空数据,这时白天各小时段的对流混合层高度、对流速度尺度和温度梯度都无有效值,无法计算浓度,而其他数据以及PFL文件都不影响。

因此,要设法在没有探空数据的情况下比较合理地估算出白天这几个小时的对流混合层高度。这里所谓的白天,定义为显热通量大于0的小时数。

2. 对流混合层高度的AERMET估算法

可由AERMET在缺省探空数据的条件下,先计算出其他边界层参数(SFC),再以日出前最后一个稳定气象小时的尺度参数为基础来估算对流混合层高度。

具体为按日出前的最后一个小时(即最后一个地面为稳定气象的小时区段)的参考温度、机械混合层高度、温度测量高度、莫奥长度和地面摩擦速度,来模拟白天各小时区段的位温廓线,进而按AERMET的方法,结合白天各小时区段地面气象参数,求得温度梯度、对流混合层高度和对流速度尺度。

计算各高度处位温的公式为

$$\theta\{z+\Delta z\}=\theta\{z\}+\overline{\frac{\partial\theta}{\partial z}}\Delta z \tag{3-40}$$

式中:Δz为两层位温的高度差,单位为m;$\overline{\frac{\partial\theta}{\partial z}}$为$\Delta z$内的平均位温,单位为K/m。

参考高度的位温为

$$\theta\{z_{\text{Tref}}\}=T_{\text{ref}}+\frac{g(z_{\text{Trefl}}+z_{\text{base}})}{C_{\text{p}}} \tag{3-41}$$

式中：z_{Trefl}为测温高度，单位为 m；z_{base}为基准高度，单位为 m。

各高度层的位温梯度的拟合公式为

$$\frac{\partial\theta}{\partial z}=\frac{\theta_*}{2k}\left[1+5\,\frac{2}{L}\right],\quad z\leqslant 2 \tag{3-42}$$

$$\frac{\partial\theta}{\partial z}=\frac{\theta_*}{kz}\left[1+5\,\frac{z}{L}\right],\quad 2<z\leqslant 100 \tag{3-43}$$

$$\frac{\partial\theta}{\partial z}=\frac{\partial\theta\{100\}}{\partial z}\exp\left[-\frac{(z-100)}{0.44z_{i\theta}}\right],\quad z>100 \tag{3-44}$$

$$\theta_*=\frac{u_*^2}{\dfrac{gkL}{T_{\text{ref}}}} \tag{3-45}$$

式中，k 为 Von Karman 常数，通常取 0.4；L 为莫奥长度，单位为 m；θ_* 为温度尺度，单位为 K；$z_{i\theta}=\max(z_{im},100)$，单位为 m；$u_*$ 为地面摩擦速度，单位为 m/s。

流混合层高度(z_{ic})的计算公式为

$$z_{ic}\theta\{z_{ic}\}-\int_0^{z_{ic}}\theta\{z\}\mathrm{d}z=(1+2A)\int_0^t\frac{H\{t'\}}{\rho C_{\text{p}}}\mathrm{d}t' \tag{3-46}$$

式中：θ 为位温，单位为 K；z 为高度，单位为 m；A 为常量，取 0.2；H 为显热通量，单位为 W/m^2；t 为发生对流的时间，单位为 s；ρ 为空气密度，单位为 kg/m^3；C_{p} 为大气定压比热容，单位为 J/(g·K)。

从理论上来说，在没有探空数据时是不可能求得准确的混合层高度值的，为此，我们决定在 EIAProA 中也内置一种估算对流混合层高度的方法。经过多次对比测试，最终选用了 AERMET 估算法，缺省计算层数为 200 层，高度达 5000 m。

目前已经有人采用 AERMET 随带的试验场案例进行过对比分析研究，证明采用 AERMET 估算法拟合的位温和实测位温从统计上来说符合理想情况，尤其是在 2000 m 以内的低空，而一般大气扩散基本在 1000 m 以内。

3.2.6 AERMOD 建筑物下洗

这里介绍 BPIPPRM 的一些概念及 EIAProA 软件采取的一些处理方法。

1. 建筑物下洗的概念

周围建筑物引起的空气紊流导致高烟囱排出的污染物迅速扩散至地面的情况称为建筑物下洗。它导致地面出现高浓度，如图 3-3 所示。

对新建或已建的烟囱，如果发现其高度小于 GEP 高度(用 EPA 修正公式计

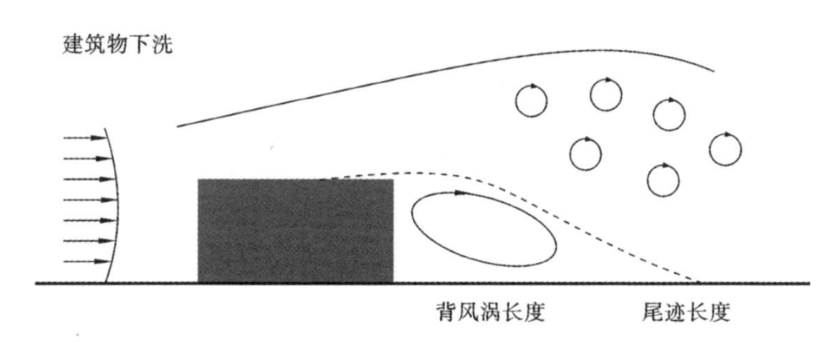

图 3-3 建筑物下洗示意图

算),则计算其对空气质量的影响时必须考虑周围建筑物引起的背风涡及伴流尾迹的影响。

EPA 计算 GEP 高度的修正公式为

$$\text{GEP 烟囱高度} = H + 1.5L \tag{3-47}$$

式中:H 为从烟囱基座地面到建筑物顶部的垂直高度;L 为 BH 和 PBW 中的小者,BH 为建筑物高度,PBW 为建筑物投影宽度(在垂直风向上);GEP 为优良工程规范。

位于 GEP 的 $5L$ 影响区域内的点源,应考虑建筑物下洗影响,这时相关的信息(与风向相关的建筑物高度和宽度)应输入到 ISC3 模型中。可用 BPIP VIEW 来计算出这些与风向相关的建筑物高度和宽度。GEP 的 $5L$ 影响区域的定义如下。

GEP 的 $5L$ 影响区域:每个建筑物在背风面产生一个尾迹影响区,影响区最远处离建筑背风面为 $5L$(L 见上文定义)。当风向转一圈时,不同风向下的影响区是不同的,它们结合成一个完整的影响区域,称为 GEP 的 $5L$ 影响区域。对于某些风向或风向范围,在这个区域内(包括区域线上)的所有烟囱都将受下洗影响。

2. 关于坐标定义

采用 GRID 命令,UTMP 参数为 UTMN 或 UTMY。

如果是 UTMY,则说明输入的坐标为 UTM 坐标,程序将会以第一个读入的 UTM 坐标为原点,换成本地 XY 坐标。

输入的坐标可能与实际的正 N 有一定的角度。这个角度是这样定义的:正 N 顺时针转这个角度后,与输入坐标的正 Y 相同。程序将输入的坐标换成以正 N 为正 Y 的新坐标。

例如,命令为 GRID 'UTMY' 210, 读入的第一个点为(-10,-20),第二个点为(-10,80),则在“SUMMARY FILE”中有如下结果:

```
X坐标      Y坐标
-10.00    -20.00    '用户输入的坐标
```

```
-10.00    -20.00     '单位转成 m 的坐标
(0.00     0.00)      'UTM 转成当地 XY 的坐标
[0.00     0.00]      采用正 N 为正 Y 后的坐标
-10.00    80.00      '用户输入的坐标
-10.00    80.00      '单位转成 m 的坐标
(0.00     100.00)    'UTM 转成当地 XY 的坐标
[-50.00   -86.60]    '采用正 N 为正 Y 后的坐标(即新原点后的坐标顺时针转 210 度)
```

在 EIAProA 软件中，使用 UTMY，且角度均为 0。即使图形正 Y 与实际 N 方向有角度 α，仍使用 0 度。这是因为，当 EIAProA 软件的 AERMOD 运行时，风向将采用一个调整角度，如给定一个 N 风，实际输入模型采用 $0+\alpha$。

3. 关于相邻建筑物合并

在某一个风向时，如果两个建筑物的 L($L=\min$(BH，PBW))分别为 L_1、L_2，且如果两个建筑物的最近距离(轮廓线上任意两点之间的距离的最小值)小于 $\max(L_1, L_2)$，则在这个风向时，要把这两个建筑物当作一个建筑物处理。缺口的填充建筑(GFS)由这两个建筑物的顶点与顶点连线或顶点与边的垂线组成(这些线都不能穿越两个建筑物本身)，高度则以较低建筑物的高度为准。

缺口的填充建筑(GFS)外围线由两类线组成。A 线为连接两建筑物的最近距离线，可能为顶点到顶点或顶点到边的垂线。A 线一定小于 $\max(L_1, L_2)$，否则无须构成一个建筑物。如果其他连接两建筑物的顶点到顶点的线也小于 $\max(L_1, L_2)$，则称为 B 线，B 线不一定存在。A 线和 B 线组成的轮廓的最外围称为 GFS 的外围线。GFS 外围线与两建筑物形成的外围线组成了合并建筑物的总外围线。需要注意的是，如果只有一条连线，则 GFS 是一个二维的建筑物(即无厚度)。

4. 最大 GEP 烟囱高度

在每一个风向下有相应的 BH(一般不随风向变化)和 PBW。这个风向的 L 取 min(PH，PBW)。由 GEP 技术文档(式(3-47))可计算出这个风向的 GEP H。在 $5L$ 区内，烟囱有效高度小于这个 H 时会受尾迹影响。

如果下一个风向得到的 GEP H 大于上一个风向的，则用这个 GEP H 作为最大 GEP H，并保存 BH 和 PBW。如果两个 GEP H 相同，则保存较小的那个 PBW(这样做相对保守)。

对于高建筑，由于 L 决定于 PBW，PBW 随风向变化而变化，因此 GEP 的 $5L$ 影响区也随风向变化而变化，而最大 GEP H 则出现在 L 最大的那个风向处，只要烟囱位于这个 $5L$ 区内。

BPIP 采用每 $\frac{1}{4}$°计算一次 $5L$ 区域，得到一个该风向的 GEP H。对每一个源来说，只有该源位于 $5L$ 区内的那些风向的 GEP H 才用来比较，其中的最大者作为该源的 GEP H,同时保存这个最大 GEP H 的 BH 和 PBW;如果该烟囱有效高度小于这个 GEP H,则会受影响;若大于这个 GEP H,则这个源不受建筑物影响。但是因烟囱有效高度是一个变量,因此 BPIP 不考虑这个因素,而是由后续计算模型(如 AERMOD)来判断是否采用建筑物下洗影响。

5. 关于 SIZ 区

建筑物影响区 SIZ 定义为上风向 $2L$,左右 $0.5L$,下风向 $5L$ 的范围。与同一风向下 GEP 的 $5L$ 区域相比,SIZ 左右范围要大一些。因此,对于某一个源来说,按 SIZ 算出的最大尾迹影响高度可能要大于其 GEP 高度。目前不再用 SIZ 高度。例如,对于某个源,当风吹向 78.23°时得到其 GEP 高度为 66.92 m(此时烟囱刚好在 $5L$ 区边界上);而对于 SIZ 区域,当风吹向 30°时达到最大 H_{WE}(尾迹影响高度),为 99.5 m。如果该烟囱高度为 80 m,按 GEP 高度不会受尾迹影响,但按 H_{WE} 仍会受尾迹影响。

6. 屋顶烟囱

BPIP 程序将检查每个烟囱是否位于建筑物顶部。如果位于建筑物顶部,且离迎风向边界的距离在 $5L$ 之内,程序将进行相关处理,但如果超出 $5L$ 范围,则不进行处理。

第 4 章　技术说明——风险模型

4.1　AFTOX 模型

4.1.1　结构

AFTOX 模型含 5 个执行程序、6 个数据文件(4 个为输入数据文件,2 个为输出数据文件)、3 个附加文件(执行程序用于编辑 3 个输入数据文件的数据)。CHAIN 声明语句用于连接各个程序文件。AFTOX 文件列表如表 4-1 所示。

表 4-1　AFTOX 文件列表

文　件	名　称	说　明
执行程序文件	AFTOX. EXE	介绍
	DSP1. EXE	定义化学属性和气象条件
	DSP2. EXE	定义源参数(即排放率、泄漏时长、泄漏面积)
	DSPHP. EXE	定义源参数,仅为烟囱浮力烟羽源
	DSP3. EXE	计算危害面积、最大浓度、给定点给定时间下的浓度
数据文件	SD. DAT	站点信息
	CH. DAT	化学物名称和参数、有毒物限值
	EVAP. DAT	Vossler 蒸发模型的化学物参数
	AFT. DAT	用于存放所有输入和输出的数据(当无打印机时)
	CONCXY. DAT	保存 x, y 坐标,用于分布图
	DEVICE. DAT	保存电脑配置信息
附加文件	SETUP. EXE	设置电脑和屏幕信息
	SDFIL. EXE	编辑站点信息 (SD. DAT)
	CHFIL. EXE	编辑化学物参数文件 (CH. DAT)

1. 附加文件

1) SETUP. EXE

AFTOX 模型首次运行前,必须运行 SETUP. EXE 以设置电脑和屏幕信息,程序设置界面如图 4-1 所示。输入信息保存于 DEVICE. DAT。

```
                    A F T O X
     AIR FORCE TOXIC CHEMICAL DISPERSION MODEL
          SET UP FOR GRAPHICS PROGRAM
  Enter code for type of graphics card/monitor.
  E = EGA/VGA     C = CGA     N = Other or no graphics   ? E
  Enter code for monitor type
  C = COLOR    M = MONOCHROME      ? C
```

图 4-1　程序设置界面

2) SDFIL. EXE

SDFIL. EXE 用于建立站点信息文件 SD. DAT，可用于查看/删除/增加/编辑 SD. DAT 中的数据。该文件中可含有 1 个或多个站点，如图 4-2 所示。

```
1--display or print station data
2--set up new SD. DAT file
3--edit data
4--add station
5--delete station
6--quit
----------------------------
Choose one of the above
```

图 4-2　SDFIL. EXE 编辑界面

每个在 SD. DAT 中的站点信息包括以下内容。

(1) station name，站点名称。

(2) 1-Metric，米制单位；2-English Units，英制单位。

(3) Standard Deviation of Wind Direction (Y/N)，风向标准偏差，是否要输入。

(4) Standard Deviation Averaging Time (min)，平均时间标准偏差(分钟)。

(5) Latitude (deg)，纬度(度)。

(6) Longitude (deg)，经度(度)。

(7) Surface Roughness (cm)，地表粗糙度(cm)。

(8) Height of Wind Measurement (m or ft)，测风高度(米或英尺)。

(9) Time Difference (Greenwich-local standard)，时差(格林尼治标准)。

(10) Station Elevation (m or ft)，站点高度(米或英尺)。

距离较近(小于 50 km) 的站点不必单独列出，因为经度、纬度、高程都不是高敏感参数。不过，如果它们有不同的地表粗糙度或测风高度，则应分别列入。

单位指的是气象或距离方面的参数。对于泄漏率或泄漏量，用户可选择输入米制或英制单位。

图 4-3 用于帮助输入合适的地表粗糙度。不一定要严格限于图中所列数值，但建议范围为 0.5～ 100 cm。

TERRAIN DESCRIPTION	SURFACE ROMGHNESS(cm)
SNOW, NO VEGETATION, MUD FLATS, NO OBSTACLES	0.5
RUNWAY, OPEN FLAT TERRAIN, GRASS, FEW ISOLATED OBSTACLES	3
LOW CROPS, OCCASIONAL LARGE OBSTACLES	10
HIGH CROPS, SCATTERED OBSTACLES	25
PARKLAND, BUSHES, NUMEROUS OBSTACLES	50
REGULAR LARGE OBSTACLE COVERAGE (SUBURB, FOREST)	100

图 4-3　土地利用类型及地表粗糙度对照

3) CHFIL. EXE

CHFIL. EXE 用于查看、修改、删除化学物参数文件 CH. DAT。当前的 CH. DAT文件包括 130 个化学物，以字母顺序排序。

CHFIL. EXE 编辑界面如图 4-4 所示。

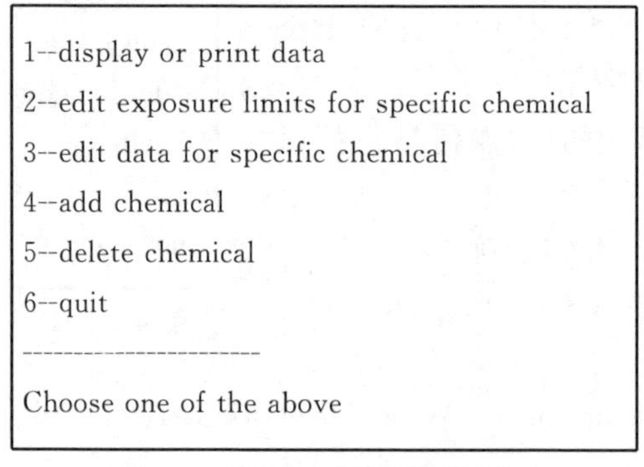

图 4-4　CHFIL. EXE 编辑界面

查看化学物参数，可选择如下选项。

(1) 屏幕显示或打印。

(2) 只显示编号和名字，还是全部化学参数都要显示。

(3) 显示某个还是全部化学物的属性。

暴露限值仅作为用户参考值。用户运行 AFTOX 模型时可以自定义暴露限值，也可采用缺省值，缺省值摘自美国《职业安全与卫生条例(OSHA)》STEL 条例中。给定的值大部分为《美国政府工业卫生学家会议》(ACGIH)1990—91 限值。

当使用图 4-4 所示的选项 3 来编辑化学参数时，用户即使只想改变一个参数，也需要重新输入该化学物的全部参数。旧参数都将显示出来以便更容易输入。注意，这些化学物(hydrazine、monomethylhydrazine(MMH)、dimethylhydrazine(UDMH)和 nitrogen tetroxide)的名字必须输入准确，因模型是认名字而非编号的，以便使之能用 Vossler 蒸发模型。

每个化学物的参数包括以下内容。

(1) chemical number,化学物编号。

(2) chemical name,化学物名称。

(3) time weighed average(TWA)exposure limits(PPM and mg/m^3),时间加权平均(TWA)暴露极限(PPM and mg/m^3)。

(4) short term exposure limits(STEL)(PPM and mg/m^3),短期接触极限。

(5) molecular weight,分子量。

(6) boiling temperature (K),沸点(K)。

(7) critical temperature (K),临界温度(K)。

(8) critical pressure (atm),临界压力(atm)。

(9) critical volume(cm^3/g-mole),临界体积(cm^3/g-mole)。

(10) vapor pressure constants (3),蒸气压常数(3)。

(11) liquid density constants (2),液体密度常数(2)。

(12) molecular diffusivity constants (2),分子扩散常数(2)。

如果化学物在可能遇到的环境温度下均为气态,则只需输入沸点以上的参数。

若化学物为液体,则必须有蒸气压参数,但以下 5 个物质例外:hydrazine(酰肼),monomethylhydrazine(MMH)(一甲基肼)、dimethylhydrazine(UDMH)(二甲基肼)、aerozine-50(混肼 50)和 nitrogen tetroxide(四氧化二氮)。它们用 Vossler evaporation model (Vossler 蒸发模型)(1989 年)。使用 Vossler 蒸发模型的物质,包括其蒸气压参数,已包含在 EVAP. DAT 文件中。而其他全部物质,都使用 Shell 蒸发模型(Fleischer 费舍尔,1980 年)或者 Clewell 模型(1983 年)。

蒸气压参数可用以下三种方法定义。

(1) 安托万方程(Antoine equation),要求输入 3 个常数。

(2) 蒸气压方程(Frost-Kalkwarf equation),要求输入 2 个常数。

(3) 直接输入蒸气压,单位为 atm。模型用文件中常数的个数来判断用哪种方法。如果使用 Frost-Kalkwarf equation,则临界温度和临界压力参数必须已知。

液体密度对所有液态物质都是必需的,包括那些使用 Vossler 蒸发模型的物质。此参数可用以下两种方法定义。

(1) 使用古根海姆方程(Guggenheim equation),必须有 2 个常数。

(2) 直接输入,单位为 g/cm^3。与蒸气压参数一样,模型用常数的个数来判断输入的方法。古根海姆方程要求已知临界温度(critical temperature)和临界体积(critical volume)。如果未输入液体密度,则模型采用 1 g/cm^3。

分子扩散常数包括分子有效直径 (A)和分子相互作用能(J)。此扩散用于 Shell 蒸发模型。如果这两个参数有无效的,则采用 Clewell evaporation model。

2. 数据文件

数据文件共有 6 个,前面已讨论过其中 3 个。剩下 3 个为 EVAP. DAT、

CONCXY. DAT 和 AFT. DAT。下面讨论前两个。

1) EVAP. DAT

EVAP. DAT 是用于 Vossler evaporation model 的化学参数文件，其中的物质包括 hydrazine、monomethylhydrazine（MMH）、dimethylhydrazine（UDMH）和 nitrogen tetroxide。化学参数包括 molecular weight（分子量）、boiling temperature（沸点）、freezing temperature（凝固温度）、molecular diffusion volume（分子扩散体积）。与适用的温度范围相关的参数有以下几个。

(1) vapor viscosity（气相黏度）。

(2) vapor heat capacity（蒸气的热容量）。

(3) vapor thermal conductivity（气相热导率）。

(4) heat of vaporization（蒸发热）。

(5) saturation vapor pressure（饱和蒸气压）。

(6) liquid thermal conductivity（液体的导热系数）。

可用编辑程序修改数据，不过当增加新的物质到这个文件后，DSP2. BAS 中的代码也必须修改，以便认识这个物质。

2) CONCXY. DAT

CONCXY. DAT 为输出文件，包括 x、y 坐标和至多 3 个要求的浓度。其他数据包括浓度（单位为 mg/m^3 或 ppm）、时间、不同下风距离的廓线半宽。半宽分辨率为 20 m。实际的半宽在 20 m 内，但总是小于计算值。

4.1.2 AFTOX 程序结构

1. DSP1

DSP1 用于确定化学物属性和气象条件。DSP1 流程图如图 4-5 所示。

DSP1 中的主要计算内容如下。

(1) 太阳高度角：用日期、时间和经/纬度算出。

(2) 热通量：采用白天或夜间算法计算。

① 白天：云量、气温、地面湿度和太阳辐射（用太阳角、云量、云型算出）。

② 夜间：只用到云量。

(3) 湍流参数：摩擦速度、10 m 高处风速、莫奥长度是相互关联的，采用迭代法求出。迭代的初始估值基于风速、热通量、地表气压和地表粗糙度得出。

(4) 稳定度参数：采用以下两种方法之一得出。

① Method 1：采用(3)中的湍流参数。

② Method 2：用风速和风向标准差算出。

(5) 空气属性：密度和黏度，用温度和气压算出。

(6) 化学属性：对于文件 CH. DAT 中的液体化学物，用其化学参数、空气温

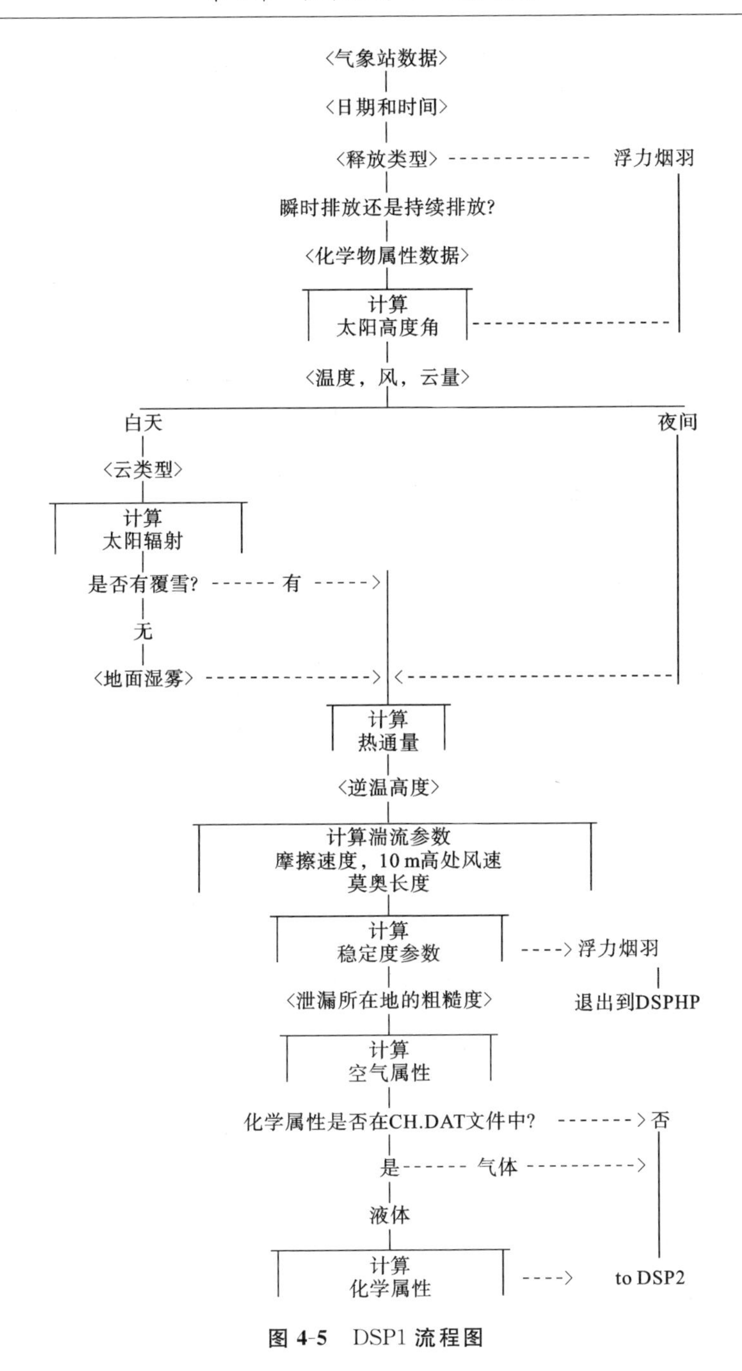

图 4-5　DSP1 **流程图**

度、压力算出其蒸气压、液体密度、蒸气密度。

2. DSP2

DSP2 子程序用于决定源的条件(排放率、泄漏持续时间、泄漏面积和源强)。

处理过程依释放类型不同而不同。如果泄漏的物质没有蒸气压(不管是气体还是液体),比较空气温度与物质沸点以决定是气体还是液体的泄漏,从而确定源强。DSP2 流程图如图 4-6 所示。

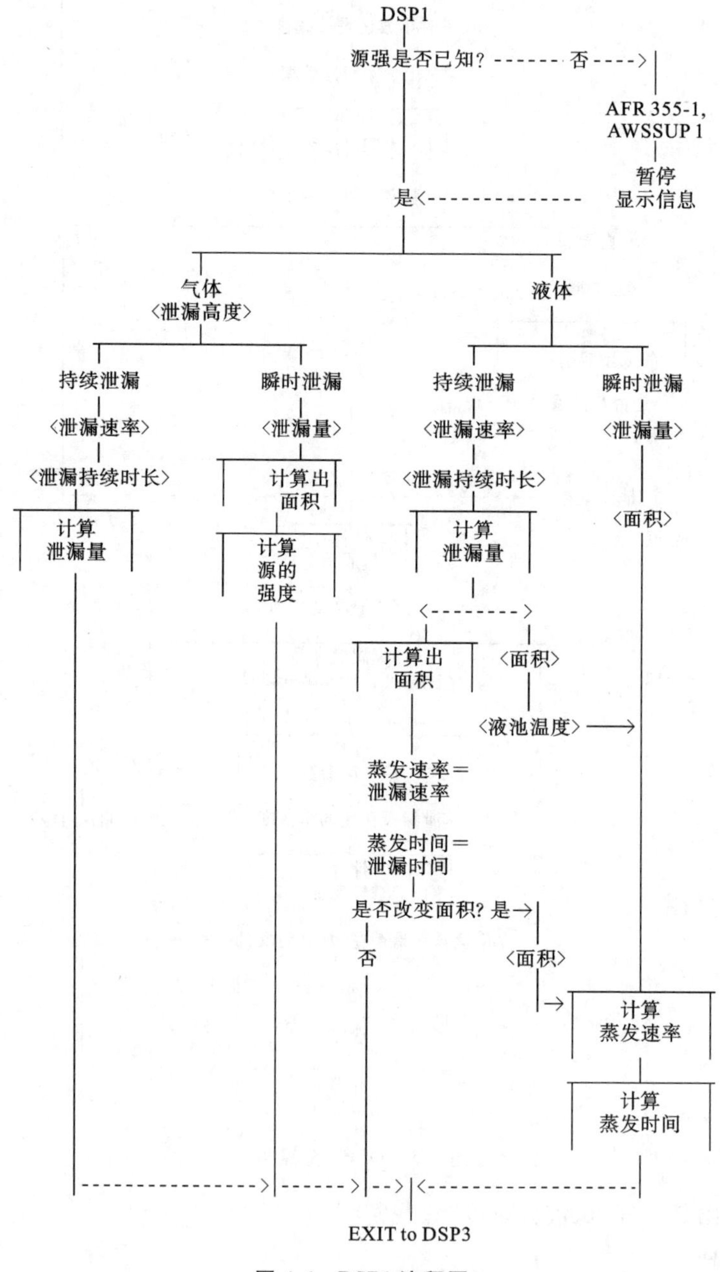

图 4-6 DSP2 流程图

对于 DSP2，说明以下几点。

（1）持续气体释放：用排放率和总泄漏时长计算出总泄漏量。源强为蒸发速率。

（2）瞬时气体释放：用泄漏量和空气密度确定泄漏物的初始体积。

（3）持续液体释放：蒸发进入空气的速率为源强。如果液池的面积已知，则用于计算蒸发速率。否则，假定液池深度为 1/4 英寸，以计算液池面积。例如，一立方英尺（1 英寸＝$0.08\dot{3}$ 英尺，1 英寸＝2.54 厘米）液体可形成面积为 48 平方英尺、深为 1/4 英寸的液池。然后，排放率（泄漏出的速率）重置成用这个面积计算出的蒸发速率。如果按此计算出的面积比观察到的实际面积明显偏大，则用户可输入一新的较小面积，重新计算一个新的蒸发速率。如果没有全部化学属性信息，可采用一个替代算法：蒸发速率可用液池面积、液池温度、物质分子量和蒸气压力计算。如果参数都未知，则模型假定最坏情景：蒸发速率＝排放率。

（4）瞬时液体释放：用泄漏量、覆盖面积、化学属性和空气属性计算蒸发速率，源强设为蒸发速率。用泄漏量和蒸发速率确定总的蒸发时间。如果没有化学属性参数，则采用（3）中的替代方法。

3. DSP3

DSP3 用于计算毒物走廊污染轨迹（由浓度决定），以及给定位置和时间下的浓度、最大浓度、位置，并输出这些结果。输出的类型决定了通过文件的处理过程。DSP3 流程图如图 4-7 所示。

（1）化学物浓度的计算模块对于各种输出选项来说都是相同的。扩散系数用稳定度和地表粗糙度计算，然后用扩散系数、离泄漏开始时长、风速、源强、源高和逆温层底高（混合层顶高）计算出浓度。坐标采用下风相对坐标系，原点为源，X 轴为下风方向。

（2）Option 1：绘出用户设定的轮廓浓度（最多 3 个），并对其中的最小浓度画出浓度图。模型沿着 X 轴的每个距离处计算出浓度，检查其是否超过用户设定的浓度。如果是，保持 X 不变，沿 Y 方向增加 Y 值，再计算浓度，直到达到用户设定的浓度，此位置的 Y 则画出。然后，程序增加 X 值，重复同样的工作。当绘图结束时，设定浓度的最大距离会显示出来。然后，再对下一个设定的浓度重复以上整个过程。

（3）Option 2：输出用户给定的位置（H，X，Y 坐标）的输出浓度。

（4）Option 3：输出用户给定高度上的输出浓度和距离。模型假定最大浓度会在轴线上，因此采用沿 X 轴增加坐标计算浓度的方法，直到找到最大浓度。

（5）在每一个选项结束后，用户可选择改变以下输入参数。

① Option 1：输出、气象条件、源参数、缩放比例 SCALE、浓度平均时间、泄漏时长、轮廓浓度阈值、高度和时间。

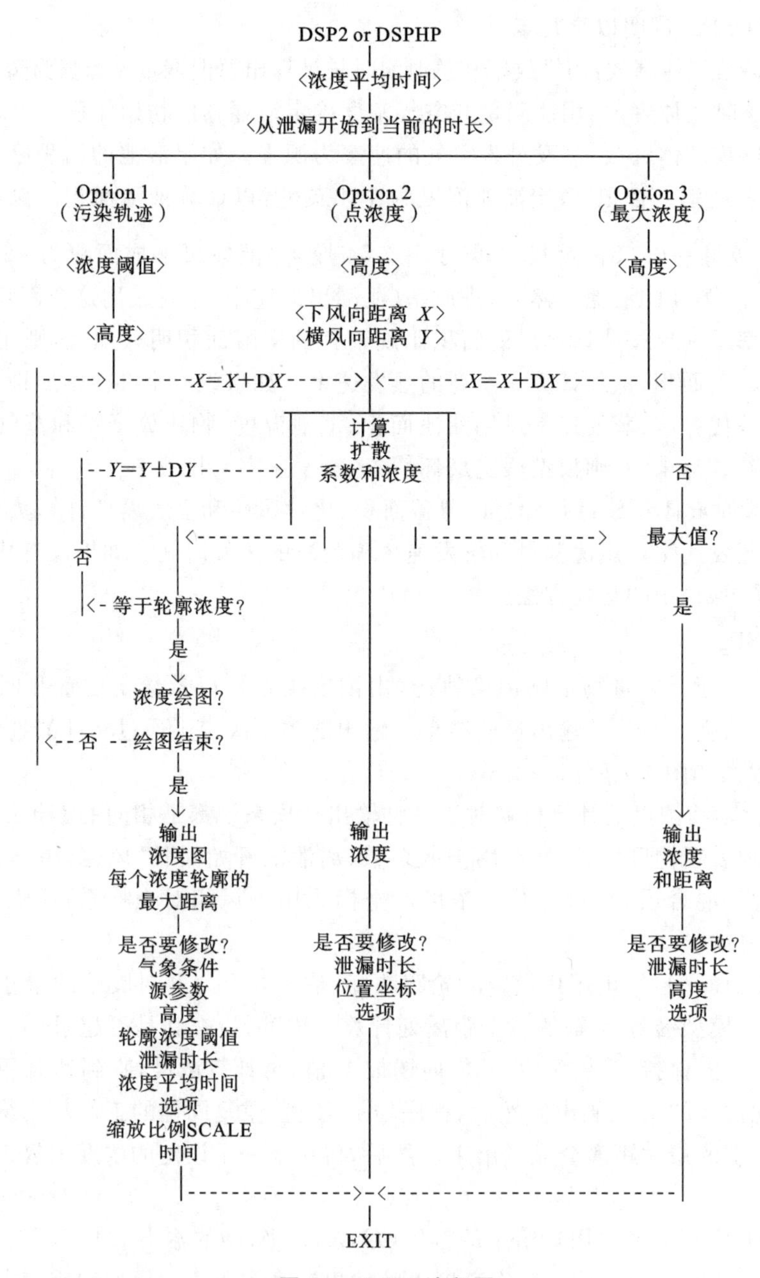

图 4-7 DSP3 **流程图**

② Option 2：泄漏时长、位置坐标(X,Y,H)和选项。

③ Option 3：泄漏时长、高度和选项。

如果 Option 1 中 SCALE 有改变，则烟羽会重画。

对于其他所有的输入参数的改变，AFTOX 重回此改变参数的输入点，而保持其他数据不变，然后重新计算所有使用了该参数的相关过程。

4. DSPHP

DSPHP 用于决定一个烟囱浮力烟羽的源条件（释放率、泄漏时长、释放高度）。源强设为等于释放率。空气条件决定处理方法。DSPHP 流程图如图 4-8 所示。

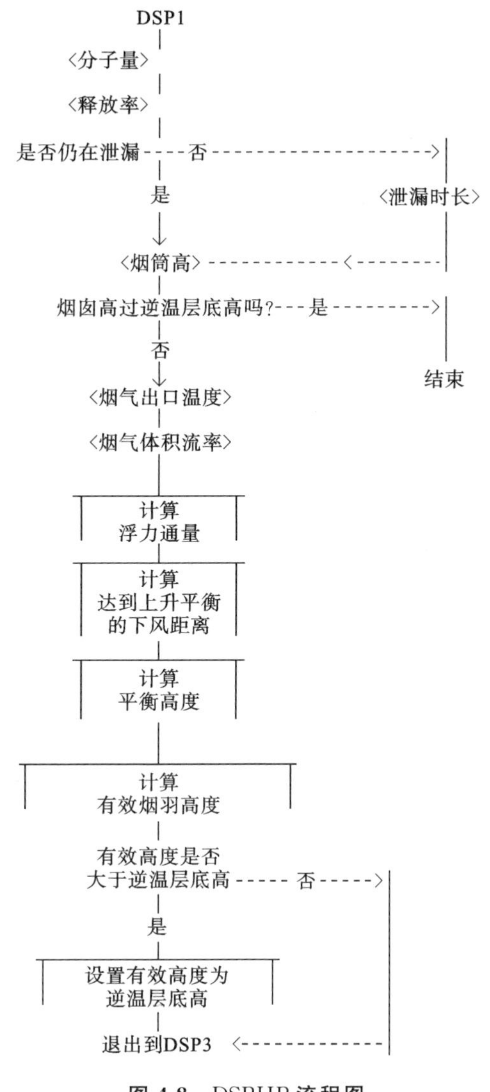

图 4-8　DSPHP **流程图**

（1）如果烟囱高于逆温层底高，则程序中止计算，因为地表输入气象条件基本不能应用于逆温层之上。

(2) 浮力通量:用空气温度、烟气温度、烟气流量和重力加速度来计算。

(3) 不稳定或中性条件:浮力通量用于计算抬升达到平衡时的下风距离。此距离与浮力通量和风速决定了平衡高度(即抬升高度)。

(4) 稳定条件:浮力通量、风速、位温梯度(基于稳定程度)用于计算平衡高度,不需要用达到平衡时的下风距离。

(5) 有效烟羽高度:等于烟囱高度加上平衡高度(即抬升高度)。在扩散模型计算中,假设气体在有效高度处释放。如果有效高度大于逆温层底高,则重置为逆温层底高,这对于计算地面浓度来说是保守的(会使浓度偏高)。

4.2 SLAB 重气体模型

4.2.1 模型简介

SLAB 模型用于重气体扩散。

适用污染源:地面蒸发池、离地水平喷射、烟囱或离地垂直喷射、瞬时体源。其中,地面蒸发池为纯气体源,其他可以是纯气体或气体和液滴的混合物。

通过求解质量、动量、能量和物质守恒方程,进行扩散计算。为简化方程求解,结果按空间的平均值求解。根据排放时间不同,将烟云按稳定烟羽、瞬时烟团或者两者联合的方式处理。持续排放按稳定烟羽模型处理。对于短时排放,一开始按稳定烟羽模型,并持续到排放结束,但一旦排放结束,接下来的扩散就按瞬时烟团模型。对于瞬时排放,整个扩散均按瞬时烟团模型。

这些方程内含重气体的扩散原理(重力扩散,减弱的湍流混合),以及普通气体输送和湍流混合机理。液滴形成和蒸发的热力学按局部(热动)平衡处理。

气液混合体的输送按纯液体,并忽略液滴的重力沉降和地面沉积。当云团比地表更冷时,受地表加热的热力学影响也考虑在内。

SLAB 中预测的时间平均浓度不仅与描述多种物理现象的方程有关,还与规定的浓度平均时间有关。农村环境($z_0=0.02$ m)的示踪剂试验表明(这里忽略了全部重气体效应),SLAB 按 15 min 平均的浓度和半宽度的计算结果,与标准高斯模型(农村条件下)的计算结果相当。

模型虽用于重气体,但也可用于中性浮力气体,并考虑到气体变成轻气体时的抬升作用。SLAB 模型概念图如图 4-9 所示。

SLAB 模型是用于重气体的扩散模型,其基本概念源于 ZEMAN1982 提出的重气团的空气裹挟和重力扩散。最初版本(1983 年)只处理蒸发池源,计算下风向 X 处的横风向 t 时刻平均浓度,因与时间有关,计算速度慢。为提高速度,1985 年改为稳态版,计算下风距离 X 处浓度,计算速度提高了 100 倍。

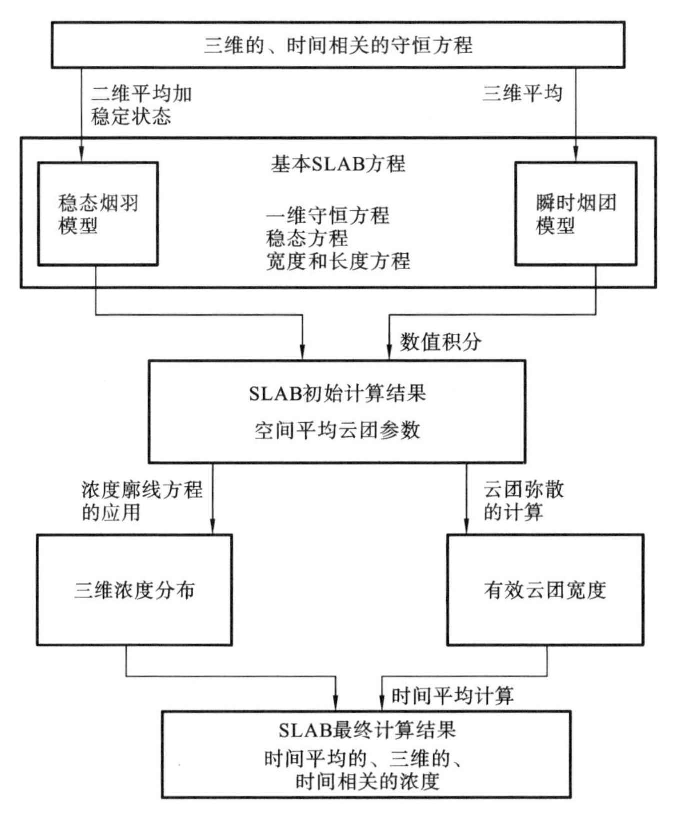

图 4-9　SLAB 模型概念图

4.2.2　使用说明

模型程序由 FORTRAN77 编写，由 MS FORTRAN4.0 编译。

模型程序为 SLAB.EXE，所需输入文件为 INPUT 文件，输出文件为 PREDICT 文件。运行前，应将原有的 PREDICT 文件改名。

1. INPUT 文件

输入参数可达 30 个，包括源类型、源属性、泄漏参数、场地参数、气象参数等。只有莫奥长度的倒数(ALA)这个参数是可选的。这些参数定义了模拟扩散的唯一性。

表 4-2 按在 INPUT 中出现的顺序列出了参数，以及它们的单位。首两位参数(IDSPL 和 NCALC)用 I5 整数格式，其他参数用浮点格式(含小数点共 10 位数)，因此，最小正数输入为“.000000001”(8 个 0)，最大正数为“999999999.”(9 个 9)。

表 4-2　INPUT 的参数

<table>
<tr><th>分类</th><th>参数</th><th>参数说明</th></tr>
<tr><td rowspan="2">源类型和计算参数</td><td>IDSPL</td><td>泄漏源类型：① 蒸发池；② 水平喷射；③ 垂直喷射或烟囱；④ 瞬时或短时蒸发池。
① 为地面上的，面源排放，排放持续时间为 TSD。源中心坐标(x,y,z)=(0,0,0)。x 为下风向距离，y 为横风向距离，z 为高度。当 TSD 足够短时，下风向任何位置处都不会形成稳定的烟羽，在这种情况下，程序会重新定义源类型为④，这一改动会在输出文件二次列出输入参数时标出(源类型标为④)。
② 为面源，释放面垂直于风向，面源喷出的指向为下风向方位。喷射的中心坐标为(1,0,HS)。初始物质浓度(质量比例)设为 1，而其中液态物质比例采用 CEMDO 参数定义，气态物质占比为 1－CEMDO。
③ 为面源，释放面平行于地面，喷出指向上方。中心坐标为(0,0,HS)。初始物质浓度(质量比例)设为 1，而其中液态物质比例采用 CEMDO 参数定义，气态物质占比为 1－CEMDO。
④ 为瞬时源(用 QTIS 定义泄漏总质量)，或者短持续的地面上的面源(持续时间和排放率用 TSD 和 QS 定义)。当模拟瞬时源时，TSD 和 QS 均设为 0。在 SLAB 模型中，烟团内部压力总是设为 PA＝101325 Pa＝1 atm。因此，当模拟膨胀源(如爆炸)时，SLAB 只有从膨胀减压到与空气压力相同时才开始计算。建议短时蒸发池仍采用类型①(程序会自动判断出，如果时间足够短则自动采用类型④)。简单地说，对于蒸发池，瞬时的直接按类型④，其他的都按类型①输入</td></tr>
<tr><td>NCALC</td><td>数值迭代参数。缺省设为 1，如果遇到数值稳定性问题，则可增加为 2、3 等。如果这个数值增大，则计算子步数增加，但积分步数减少。计算时间随这个值增大而增长</td></tr>
<tr><td rowspan="4">源属性</td><td>WMS</td><td>泄漏物质分子量(kg)</td></tr>
<tr><td>CPS</td><td>蒸气定压比热容(J/kg·K)</td></tr>
<tr><td>TBP</td><td>沸点温度(K)</td></tr>
<tr><td>CMEDO</td><td>初始液态质量比。假设排放物质为纯物质，以液滴存在的液态物质占比为 CMEDO，则气态物质占比为 1－CMEDO。蒸发池认为是纯气相(CMEDO＝0)，而喷射和瞬时源可包含液体。当物质以高于沸点温度 TBP 的温度 TST 以液态方式保存于压力容器中，由于容器破裂突然释放出来时可产生气液混合污染物，可用以下方程计算：
CMEDO＝1.0－CPSL(TST－TBP)/DHE
如果 TST≤TBP，则释放出的物质为纯液体，并假定形成一个地面液池。这时，源类型建议改为类型①，液态物质的占比设置为 0(CMEDO＝0)，输入液体蒸发池面积 AS，程序会计算出液体的有效蒸发速率 WS(m/s)：
WS＝QS/(RHOS×AS)</td></tr>
</table>

续表

分类	参数	参数说明
源属性	CMEDO	这里QS为用户输入的源物质排放率，AS为用户输入的液池面积，RHOS为程序内部计算的沸点TBP下的气体的密度
	DHE	沸点温度时的汽化热(J/kg)
	CPSL	液体比热容(J/kg·K)
	RHOSL	泄漏物质的液体密度(kg/m^3)
	SPB	饱和压力常数(缺省值为－1.0)
	SPC	饱和压力常数(缺省值为0.0)：在SLAB中，饱和压力常数用于在以下公式中计算饱和压力： $$PSAT=PA\times EXP[SPA-SPB/(T+SPC)]$$ 式中：PA为环境气压，在SLAB中总是采用1 atm；SPA由程序内部计算；T为当地云温度(K)。当饱和压力常数未知时，可采用缺省值，即输入SPB=－1.0，SPC=0.0，然后程序内部可用Clapeyron方程求解出SPB。 当排放物质为纯气态，且云温度不低于沸点时，这一缺省选项总是合适的，因为此时SLAB中不会用到饱和压力常数和任何液体属性。但是不管它们是否用到，都要在INPUT文件中给这些属性赋一个值。 物性参数可从一系列书中找到，包括Reid、Prausnitz、Sherwood(1977年)、Braker和Mossman(1980年)，应注意在SLAB中使用时的单位。表4-3列出了几个物质的属性参数，其单位适合在SLAB中运行
泄漏参数	TS	泄漏物质温度(K)：依释放类型而不同。若为蒸发池时(类型①或④)，则为沸点温度TBP。若为瞬间释放(类型④)，则可能为释放瞬间物质的温度，或者当爆炸时，为物质充分膨胀并减压到环境1大气压后的温度。 对于压力容器泄漏(类型②或③)，因源属性为充分膨胀后的物质，情况与类型①或④相似。若压力容器中源物质为气体，则直接泄漏气体(CMEDO=0.0)，其膨胀过程建议用绝热对待，TS用下式计算： $$TS=(1/\gamma)[1+(\gamma-1)(Pa/PST)]TST$$ 式中：γ为比热容比，是定压比热cp与定容比热cv之比；Pa为环境空气压力；PST和TST为容器内的压力和温度。对于气体泄漏，如果计算出TS低于沸点TBP，则应取TBP。类似地，如果压力容器内为液态物质，泄漏物质为气液两相混合物，则TS取TBP。 TS必须大于等于TBP，因源或者全部为气态(TS≥TBP)，或者为气液混合物(TS=TBP)。程序会检查输入的源温度TS，确保符合以上条件。如发现TS<TBP，则会重置为TS=TBP。如果泄漏是两相物(CMEDO>0)，则自动将TS设为TBP。当程序进行了这样的改动时，可在输出文件中查看“PROBLEM INPUT”中的原输入值，改动后的“RELEASE GAS PROPERTIES”

续表

分类	参数	参 数 说 明
泄漏参数	QS	泄漏速率(kg/s)为持续源的释放率,即用于蒸发池(类型①)、喷射(类型②和③)、短时蒸发池(类型④)。对于瞬时释放源(类型④),此值应设为 0(QS=0)
	AS	源面积(m^2):对于不同类型的释放,此参数有不同的定义。 对于蒸发池(源类型①和④),AS 为池面积。若 AS 未知,则其可用有效蒸发速率(回归速率)WS 计算出: AS=QS/(RHOS×WS) 式中:QS 为用户输入的源排放率,RHOS 为物质在沸点 TBP 下的气体密度,WS 为已知的蒸发速率,表述为速度(m/s)。RHOS(kg/m^3)用理想气体方程求解: RHOS=(WMS×Pa)/(Rc×TBP) WMS 为用户已输入的物质分子量(kg/mol),Pa 为环境空气压(Pa),Rc=8.31431 J/(mol·K)为气体常数,TBP 为沸点。 当源为压力容器喷射源时(源类型②或③),AS 为物质充分膨胀到压力减至环境压力后的面积。如果物质以气态形式储存和释放(CMEDO=0),建议膨胀按绝热对待,AS 用下式计算: AS=(PST/Pa)×(TS/TST)×Ar 式中:PST 为容器内压力,Pa 为环境气压,TS 为输入的物质温度,TST 为容器内物质温度,Ar 为实际裂口面积。 如果压力容器中的物质以液态形式储存,以两相物质喷射(CMEDO>0),AS 为闪蒸并形成液滴和气体混合物后的面积,AS 用下式计算: $AS=RHOSL\times Ar/\rho_m$ 式中:RHOSL 为用户输入的液体密度,Ar 为实际裂口面积,ρ_m 为两相混合物的密度(闪蒸后,沸点为 TBP,液体质量比为 CMEDO),ρ_m 可用下式计算: $\rho_m=1/[(1-CMEDO)/RHOS+CMEDO/RHOSL]$ 对于瞬时源(类型④),AS 为以(0,0,0)为中心的地面上的体源的面积,AS 为 $AS=V_s/HS=QTIS/(\rho_{si}\times HS)$ 式中:V_s 为瞬时释放的纯物质体积;HS 为其高度;QTIS 为用户输入的物质泄漏量;ρ_{si} 为释放出的物质的初始密度。对于纯气体释放,ρ_{si} 为温度 TS 下的纯物质蒸气密度,可用下式计算: $\rho_{si}=(WMS\times Pa)/(Rc\times TS)$ 如果为两相释放,则 ρ_{si} 为两相混合物密度 ρ_m(同上)
	TSD	排放持续时间(s):用于定义蒸发持续时间(类型①和④)或泄漏持续时间(类型②和③)。当为瞬时释放源时,TSD 应置为 0

续表

分类	参数	参 数 说 明
泄漏参数	QTIS	瞬时源的泄漏总质量(kg):当为非瞬时源应置为 0
	HS	源高度(m):对于不同类型的源其有不同的含义。对于蒸发池(类型①和④),HS=0,假定池在地面上。对于水平喷射(类型②),取喷口中点高度。对于垂直喷射(类型③),取喷口或烟囱实际高度。对于瞬时源(类型④),取物质的实际高度,要求 HS×AS 为物质的泄漏量
场地参数	TAV	浓度平均时间(s):为相关安全标准的合适平均时间。例如,如果一个污染物的安全标准是 1 小时暴露时间的最大平均浓度为 100 ppm,则 TAV=3600 s。 对于单个有毒物质来说,通常有多个级别的相关安全标准,每个标准对应不同的暴露时间。因此,可能会有 8 小时、1 小时、15 分钟、小于 1 分钟的暴露级别。这种情况下,SLAB 将运行多次,每次 TAV 对应相应的暴露时间。 当 TAV 大于云团持续时间 TCD 时,要特别小心。当 TAV≫TCD 时,平均浓度会有所减小,因为烟团相对较短,观测点只有 TAV 中的一部分时间暴露在污染物中。在这种情况下,更适于用小于等于 TCD 的浓度平均时间。程序内部自动算出 TCD,并列在输出文件中。TCD 定义为烟团长度与平均移动速度之比: $$TCD=2\times BBX/U$$ 对于连续的、有限长时间的释放,TCD 可以在一开始时就由源排放持续时间 TSD 来估算出。但当源是瞬时排放或极短排放时,则很难估算云团长度和 TCD,因此只有当 SLAB 运行结束后才能得到 TCD,再来与 TAV 比较
	XFFM	最大下风距离(m):用户需要计算云团浓度的下风向离源最远的距离。对于稳定烟羽模型,可控制计算到等于 XFFM 的距离处。然而,对于烟团模型,时间更是一个独立变量,而不是距离。因此,烟团模型中会计算到比 XFFM 大一点的距离处。 在有些应用中,XFFM 是未知的,是设定了需要计算的最小浓度的。这时,在 SLAB 的初次运行中,会用一个预估的 XFFM 算出一个能覆盖需要计算的浓度范围的 XFFM
	ZP(I)	浓度计算的高度(m),$I=1,4$。最多可有 4 个高度。这些值要在 INPUT 中定义。但如果 ZP(N)($2\leqslant N\leqslant 4$)设置为 0,则程序会计算 0 前各个高度,即 ZP(I),$1\leqslant I\leqslant N-1$,共 $N-1$ 个高度,而不是 I 从 1 到 4。但不管要计算几个高度,INPUT 都必须定义 4 个值,即使都是 0

续表

分类	参数	参数说明
气象参数	Z_0	地表粗糙度(m)。 有两种估算方法。一种常用的可靠方法是,在中性稳定条件下测量环境风速廓线($U_a(Z_I)$,$I=1,N$),采用[$U_a(Z)=(U_*/k)\times\ln(Z/Z_0)$,$k$ 为范卡门常数,取 0.41]外推到 $U_a(Z)=0$ 处的 Z 值即为 Z_0。可用最小二乘法求得拟合的 U_* 和 Z_0,或直接用半对数坐标画图外推至 $U_a(Z)=0$ 处求得 Z_0。另一种方法是,参照各类地表类型下实验测得的 Z_0 值,如表 4-4 中 Slade(1983 年)提供的数据。估算像汽车和建筑物这样大型的地面物体形成的 Z_0 是可行的。但要注意,Z_0 的影响因素包括地面物体形状、单位面积内的个数还有物体高度。一般来说,影响因素的高度会是 Z_0 的 3～20 倍,因此取 10 倍比较合适。 当源的释放高度等于粗糙度影响因素对应的高度或更低时,模型会选用 Z_0 来进行计算。在这种情况下解读 SLAB 的结果时要注意,在这种条件下,云团扩散的大多过程将在粗糙度影响因子的高度下进行。环境风廓线的"$\ln(Z/Z_0)$"的有效性,只有当 Z 显著大于 Z_0 时才能有保证。在 SLAB 中,假定从 $Z=0$ 到 $Z=2.72\times Z_0$ 的速度廓线基本上为直线,与从 $Z=2.72\times Z_0$ 到"$\ln(Z/Z_0)$"的廓线保持连续性。但因粗糙度影响因素的数量、类型和排列的不同,实际情况可能与假设有很大的不同。当扩散高度超过粗糙度影响因素所对应高度时,使用输入的环境风速 UA 时要小心,此时必须使得测风高度 Z_A 远大于 Z_0,才能符合精确度要求
	ZA	环境测量高度(m)
	UA	环境风速(m/s)
	TA	环境温度(K)
	RH	相对湿度(%)
	STAB	稳定度等级,A～F 对应 1.0～6.0。也可以输入 STAB=0,采用 ALA 值作为稳定度判定条件
	ALA	莫奥长度的倒数(1/m)。只有当 STAB 设为 0 时,才需要在 INPUT 中包含 ALA,否则会出错。在程序内部,STAB 稳定度等级会转化成相应的 ALA 值,程序只用 ALA 参与计算

适用于 SLAB 运行的一些物质属性如表 4-3 所示。

表 4-3　适用于 SLAB 运行的一些物质属性

名称	分子式	WMS /(kg)	CPS (J/kg・K)	TBP /K	DHE /(J/kg)	CPSL/ (J/kg・K)	RHOSL/ (kg/m³)	SPB	SPC/K	γ
甲烷	CH_4	0.016043	2240.0	111.66	509880	3349	424.1	597.84	−7.16	1.305
乙烷	C_2H_6	0.030070	1774.0	184.52	489360	—	546.5	1511.42	−17.16	1.192

续表

名称	分子式	WMS /(kg)	CPS (J/kg·K)	TBP /K	DHE /(J/kg)	CPSL/ (J/kg·K)	RHOSL/ (kg/m³)	SPB	SPC/K	γ
氯乙烯	C_2H_3Cl	0.062499	857.7	259.35	357290	1255	972.0	1803.85	−43.15	—
环氧乙烷	C_2H_4O	0.044054	1121.0	283.66	579450	1954	872.0	2507.61	−29.01	—
丙烯	C_3H_6	0.042081	1482.0	225.45	437680	2176	513.9	1807.55	−26.15	1.154
丙烷	C_3H_8	0.044097	1678.0	231.09	425740	2520	500.5	1872.46	−25.16	1.142
光气	$COCl_2$	0.098916	583.3	280.71	246680	1017	1371.4	2167.33	−43.15	—
氯气	Cl_2	0.070906	498.1	239.10	287840	926.3	1574.0	1978.34	−27.01	1.308
氰化氢	HCN	0.027026	1444.0	298.85	933000	2608	679.7	2585.80	−37.15	1.310
氢氟酸	HF	0.020006	1450.0	292.67	373200	2528	957.0	3404.51	15.06	—
硫化氢	H_2S	0.034076	1004.0	212.81	547980	2010	960.0	1768.71	−26.06	1.330
氨	NH_3	0.017031	2170.0	239.72	1370840	4294	682.8	2132.52	−32.98	1.307
四氧化二氮	N_2O_4	0.092011	796.5	294.30	414250	1540	1446.9	4141.29	3.65	—
二氧化硫	SO_2	0.064063	622.6	263.13	386500	1331	1462.0	2302.35	−35.97	1.290

单原子气体的比热容比为 1.66 左右，双原子气体的为 1.40 左右，三原子气体的为 1.33 左右（如 CO_2 的为 1.30）。在空气动力学中，空气的 γ 常取为 1.40，喷气发动机中的燃后气体的 γ 常取为 1.33，火箭发动机中的燃后气体的 γ 常取为 1.25。

地表粗糙度典型值如表 4-4 所示。

表 4-4　地表粗糙度典型值

地表类型	粗糙率 Z_0/cm
平整淤泥地；冰面	0.001
平整雪地	0.005
平静海面	0.02
平整沙漠	0.03
雪地；1 cm 高草地	0.1
5 cm 高草地	1～2
60 cm 高草地	4～9
成熟的根茎庄稼地	14

INPUT 文件的结束标志：当 SLAB 读入了全部数据，并运行完后，又会返回到 INPUT 文件读下一个 Z_0 值。如果该值不为 0，则程序继续读入其他气象参数[ZA，UA，TA，RH，STAB 和 ALA（当 STAB 为 0 时）]，然后进行下一次运算。采

用这种方法，可保持其他参数不变，但用不同的气象参数来进行多次运行。

若程序停止运行，则 INPUT 末尾的这个 Z_0 值应小于 0，一般用 −1.0。

2. 运算流程

SLAB 行动可看作三个顺序阶段：初始化、扩散计算和时间平均浓度计算。SLAB 内部计算流程从源类型识别开始，至时间平均浓度结束，如图 4-10 所示。

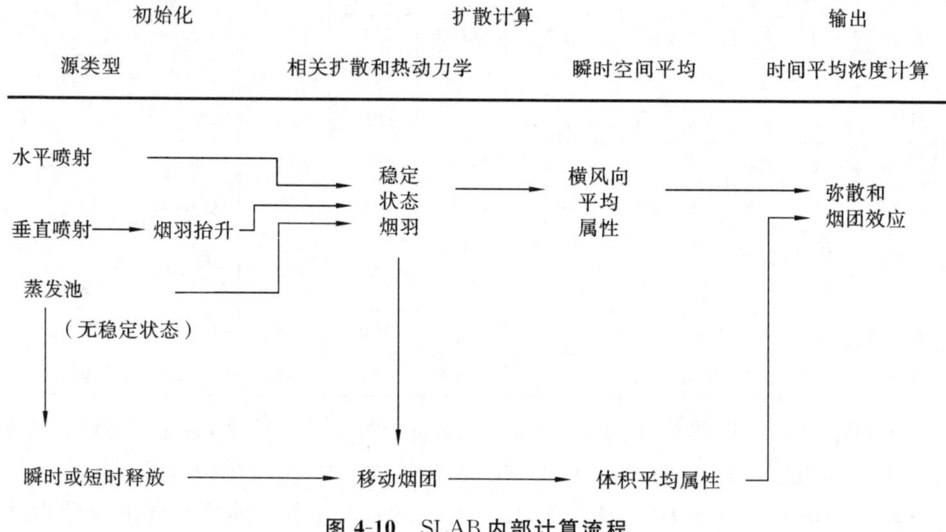

图 4-10　SLAB 内部计算流程

1）初始化

初始化阶段以源类型识别开始。虽然在 INPUT 文件中输入源的类型，但在一种情况下，程序可能会自动更改类型，即当源类型为①时，如果程序发现释放时间太短，不能形成稳定烟羽，转换为类型④并重新开始计算。在源类型④中，模型虽然仍把源类型当作蒸发池，但用移动烟团方程而不是稳态烟羽方程来计算云团的扩散。

2）扩散计算

此阶段为程序主体。在这里，解出耦合守恒方程和热动力方程，生成下风向距离为变量的瞬时（无弥散）的空间平均属性。如图 4-11 所示，扩散模型有两种：稳态烟羽模型和移动烟团模型。稳态烟羽模型用于有限时长的持续释放，直至释放停止，停止之后，后续的计算将采用移动烟团模型。移动烟团模型用于瞬时释放或短时释放（时间很短，未能形成稳态烟羽）。

从数据和计算的角度来看，这两种模型代表守恒方程的两种形式。在守恒方程中，守恒方程是在横风向截面上空间平均的（见图 4-11）。因此，方程求解出的烟羽属性，也是在横风向截面上空间平均的。以浓度为例，点 (x,y,z) 处的浓度 $C(x,y,z)$ 和该处的横截面平均浓度 $\overline{C}(x)$ 的函数为

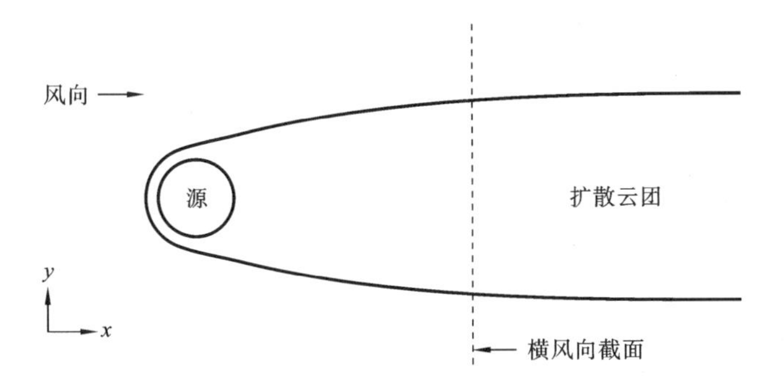

（a）稳态烟羽模型

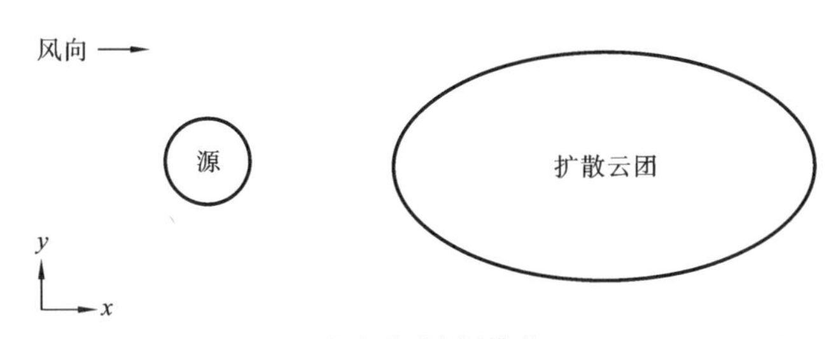

（b）移动烟团模型

图 4-11　扩散模型

$$\bar{C}(x) = \frac{1}{2Bh}\int_0^{\infty} \mathrm{d}z \int_{-\infty}^{\infty} \mathrm{d}y C(x,y,z) \tag{4-1}$$

式中：B 和 h 为烟羽的半宽和高度。$\bar{C}(x)$ 没有表述为 t 的函数，因为排放持续期间，烟羽为稳定状态。

在移动烟团模型中，守恒方程是按整个烟团体积平均，因此求解方程产生体积平均的烟团参数。以浓度参数为例，点 (x,y,z) 处的 t 时刻下的浓度 $C(x,y,z,t)$ 和该时刻的体积平均浓度 $\bar{C}(t)$ 的函数关系为

$$\bar{C}(t) = \frac{1}{4BB_x h}\int_0^{\infty} \mathrm{d}z \int_{-\infty}^{\infty} \mathrm{d}y \int_{-\infty}^{\infty} \mathrm{d}x C(x,y,z,t) \tag{4-2}$$

式中：$B=B(t)$、$Bx=By(t)$、$h=h(t)$，分别为烟团的半宽、半长和半高。这些参数和云团的质量中心的下风向距离 $X_c(t)$ 由方程计算出。借助 $X_c(t)$，体积平均浓度 $\bar{C}$ 可表述为下风向距离和时间的函数 $\bar{C}=\bar{C}(X_c(t),t)$。

开始时，由源的类型决定模型选择。类型①、②、③都先取稳定烟羽模型。在排放持续时间 TSD 内，它们一起保持为稳态模型。释放结束后，即 $t>$TSD 后，扩散采用移动烟团模型。因此，模型的转变发生在时间 $t=$TSD 时，云团质量中心的下风向距离 $x=X_c$(TSD)处。对于源类型④，没有稳态烟羽产生，因此，整个扩散采用移动烟团模型（见图 4-10）。

在 SLAB 中,解决稳态和动态模型方程的方法是相似的。主程序建立扩散方程的积分式,再用 5 个子程序解出(见表 4-5)。SLOPE(或 SLOPEPF)计算守恒方程的转换率,SOLVE(或 SOLVEPF)再进行积分。利用基本守恒方程的结果,THERMO 计算热动力学参数(m、ρ、T 等),然后 EVAL(或 EVALPF)计算移动输送参数(U、U_A(上横)、h、B、B_x 等)。最后,STORE 不断保存这些结果,结果放在输出文件中,供后续计算使用。

表 4-5 SLAB 的扩散计算子模块

稳 态	计 算 方 法	动 态
SLOPE	转换率方程	SLOPEPF
SOLVE	积分扩散方程	SOLVEPF
THERMO	热动力计算	THERMO
EVAL	移动传输计算	EVALPF
STORE	存储瞬时空间平均属性	STORE

3) 时间平均浓度计算

在计算出各下风向距离处的全部空间平均云参数后,程序开始计算时间平均浓度,对大多数人来说,这个结果是很重要的。在 SLAB 中,时间平均浓度用体积比表示(从 0 到 1),并将体积比乘以一百万转换成 PPM。

时间平均体积比例 $C_{tav}(x,y,z,t)$ 是用空间平均体积比例 $\bar{C}(X_c,t)$ 和云团的高、宽、长计算得出的,为此,必须假定质量中心 X_c 的周边浓度分布情况 。SLAB 中的廓线分布函数用于计算云团半宽 $B(X_c,t)$、半长 $Bx(X_c,t)$ 和高 $h(X_c,t)$, 并且与空间平均体积比例 $\bar{C}(X_c,t)$ 保持一致。

因此,三维空间和时间的体积比例 $C(x-X_c,y,z,t)$ 由计算出的空间平均体积比例和假定的廓线分布函数来定义。由体积比例 $C(x-X_c,y,z,t)$ 计算出时间平均体积比例 $C_{tav}(x,y,z,t)$ 包括两个步骤。

第一步,从“瞬时”云团半宽 B(忽略云团弥散)到包括有效云团半宽 B_c(已考虑云团弥散效应)进行计算。

第二步,使用有效体积比例 $C_m(x-X_c,y,z,t)$ 直接计算时间平均体积比例,这里,“瞬时”云团半宽 B 替换为包括了弥散的有效半宽 B_c。

以上就是云团的弥散效应,以及 SLAB 中计算此效应的方法。弥散增加了云团的有效宽度,因此减少了云团中心线区域观察到的平均浓度。一般来说,云团宽度的增加依赖于浓度平均时间的长度 TAV。TAV 越长,则产生更多弥散,有效宽度增加得更多。但在下风向关心位置处,如果 TAV 大于云团持续时间 TCD,则这个规律不再适用。在下风向 x 处的云团弥散的有效时间 TMDR 不可以大于该位置处的云团暴露持续时间 TCD。$TCD=2B_x/U$，这里，B_x 为云团半长度，U 为云团在下风向方向的平均移动速度。因此，计算弥散的时间假定等于浓度平均时间，即 TMDR＝TAV，但最大为云团暴露持续时间 TCD，即 $(TMDR)_{max}=TCD$。结果就是，云团有效宽度随浓度平均时间 TAV 的增大而增大，直到达到最大值为止，这个最大值由云团的长度决定。

计算出有效云团半宽后，就可得出时间平均体积比例。SLAB 使用计算出的空间平均质量比例 $\bar{C}(X_c, t)$ 与浓度分布函数的时间平均格式，计算出下风向位置 (x, y, z) 处的时间平均体积比例。

计算出时间平均体积比例后，SLAB 运行就结束。此时程序查看是否还有同样释放参数下的其他气象条件，若有，再重复以上过程，直至全部气象都运行完。

3. 输出文件

输出文件可分为三类：问题描述；瞬时空间平均云团参数；时间平均体积比例。

这个分类对应于 SLAB 程序的三个运行顺序阶段（初始化、扩散计算和时间平均浓度计算），如图 4-10 所示。

1）问题描述

问题描述列出程序要使用的各类输入参数，定义了要解决的问题。第一组参数为问题输入，即将用户输入的值给参数赋值。例如，有一些输入参数（IDSPL、SPB、SPC、TS、STAB）可能被程序改动，为了保持与 SLAB 模型假设的一致性，这些改动（如有）会反映在如下标题的参数列表中：组属性（Group Properties）、泄漏特征（Spill Characteristics）、现场参数（Field Parameters）、环境气象属性（Ambient Meteorological Properties）、其他参数（Additional Parameters）。这些列表给出了这些参数在模拟中实际使用的值。列出的参数包括输入的参数和描述泄漏场景的其他参数。

2）瞬时空间平均云团参数

瞬时空间平均云团参数给出了模拟的扩散计算阶段的结果。这些结果为中间结果，为空间平均的（烟羽或烟团）守恒方程、（理想气体）稳态方程，为长度、宽度方程的解。这些结果不包含弥散或时间平均的效应。表 4-6 列出了各瞬时空间平均云团参数的定义，在输出文件中这些参数是以下风向距离 x 的函数的方式列出的。

表 4-6　瞬时空间平均云团参数的定义

参　数	定　义
X	下风向距离（单位为 m）
ZC	廓线中心高度（单位为 m）
H	云团高（单位为 m）

续表

参　数	定　义
BB	云团半宽(单位为 m)
B	半宽参数(单位为 m)
BBX	云团半长(单位为 m)
BX	半长参数(单位为 m)
CV	释放的体积比例
RHO	密度(单位为 kg/m^3)
T	温度(单位为 k)
U	云团下风移动速度(单位为 m/s)
UA	按高度平均的环境风速(单位为 m/s)
CM	释放的质量比例
CM_V	释放蒸气的质量比例
CMDA	干空气的质量比例
CMW	水的质量比例
CMWV	水蒸气的质量比例
WC	重力流速度,Z 方向(单位为 m/s)
VG	重力流速度,Y 方向(单位为 m/s)
MG	重力流速度,X 方向(单位为 m/s)
W	垂直夹带速度(单位为 m/s)
V	横风截面的水平夹带速度(单位为 m/s)
VX	顺风截面的水平夹带速度(单位为 m/s)

注意:在稳态模型中,空间平均是按云团的横风向截面的;在烟团扩散模型中,空间平均是按整个云团的体积来平均的。

此处列出的云团参数描述为“瞬时”和“空间”平均的属性,在 SLAB 中的全部结果均为整体的平均,即为相同条件下的有限次试验的平均。此外,这些总体平均值还可按时间或空间平均。“瞬时”指的是时间平均,并指出所用的平均时间持续很小,基本为 0。因此,在“瞬时”平均中可以不考虑云团的弥散效应。

SLAB 中的“空间”平均有两种类型:横风截面平均和体积平均。选择哪种类型,依赖于采用的扩散模型(稳态烟羽还是移动烟团)。在一个持续有限时长的释放($t<$TSD)中,扩散通常采用稳态烟羽计算,云团属性按烟羽的横风截面平均。

当释放停止($t>$TSD)后,或本身是瞬时释放、短时释放,程序采用移动烟团模式,云团属性按整个烟团的体积平均。

当模拟一个持续有限时长的释放时,在释放结束时刻($t=$TSD),程序会将模式从稳态转到烟团。因为现实中,这个时刻的云团不会有不连续的变化,程序计算要保持连续性。为此,SLAB 要在扩散计算中定义此时刻的云半长。

在 $t=$TSD 时刻,横风截面平均(烟羽)质量比例 CM_C 为

$$CM_C=\frac{QS}{2\cdot RHO_C\cdot U_C\cdot BB\cdot H} \tag{4-3}$$

式中:QS 为源释放率(g/s),RHO_C为横风截面平均云团密度,U_C 为横风截面平均的顺风向速度(m/s),BB 为云团半宽,H 为云团高。类似地,体积平均(烟团)质量比例 CM_V 为

$$CM_V=\frac{QS\cdot TSD}{4\cdot RHO_V\cdot BBX\cdot BB\cdot H} \tag{4-4}$$

式中:RHO_V 为体积平均云团密度;BBX 为烟团半长。因在转换时刻 $t=$TSD 要求 CM_V、RHO_V 和 U_C 均连续,可得出 $BBX=0.5U_C\cdot TSD$。这就是程序中用于 TSD 时刻的 BBX 值。这样,当模式由烟羽转到烟团后,可保持所有云团属性参数的光滑和连续性。

3) 时间平均体积比例

项目中所需的多数结果为时间平均浓度。在 SLAB 输出中,时间平均浓度表述为时间平均的体积比例(范围为 0.0～1.0)。体积比例容易转换成 PPM,只需乘以 100 万。

时间平均体积浓度输出分成以下内容表述。

(1) 浓度分布参数。

(2) 在 $Z=ZP(I)$平面的浓度。

(3) 最大中心线浓度。

以上内容都是按测点位置(下风距离 X,横风距离 Y,离地高 Z)来表述的。测点处的最大云团浓度发生时刻为 TPK,暴露持续时间 TCD 的一半发生于 TPK 之前,一半在之后。在要计算的平均时间长度 TAV(这个时间也是以 TPK 为中心点的)内,SLAB 计算出测点处的平均暴露浓度为 C_{TAV}。类似地,对于另一个下风距离为 x'的测点,最大浓度抵达时刻为 T'_{PK},暴露持续时间为 T'_{CD},在要计算的平均时间长度 TAV 内的平均浓度为 C'_{TAV}。

浓度分布参数输出列出一系列参数,用这些参数可计算项目范围内各下风位置(X,Y,Z)在时间 T 的时间平均体积浓度。为了方便计算时间平均体积浓度式,在输出中做了小改变,得到式(4-5)和式(4-6)。

当源为类型①、②、③时,初始选择稳态烟羽模型计算,下风向距离为一个独立

变量。如果模拟时长超过释放时长，则释放停止后的计算转用烟团模型，此时时间是一个独立变量。对于这些源，时间平均体积浓度表述为

$$C(X,Y,Z,T)=\mathrm{CC}(X)\cdot[\mathrm{erf}(\mathrm{XA})-\mathrm{erf}(\mathrm{XB})]\cdot[\mathrm{erf}(\mathrm{YA})-\mathrm{erf}(\mathrm{YB})]\cdot[\exp(-\mathrm{ZA}^2)+\exp(-\mathrm{ZB}^2)] \quad (4\text{-}5)$$

$$\mathrm{XA}=(X-\mathrm{XC}+\mathrm{BX})/(\sqrt{2}\cdot\mathrm{BETAX})$$

$$\mathrm{XB}=(X-\mathrm{XC}-\mathrm{BX})/(\sqrt{2}\cdot\mathrm{BETAX})$$

$$\mathrm{YA}=(Y+B)/(\sqrt{2}\cdot\mathrm{BETAC})$$

$$\mathrm{YB}=(Y-B)/(\sqrt{2}\cdot\mathrm{BETAC})$$

$$\mathrm{ZA}=(Z-\mathrm{ZC})/(\sqrt{2}\cdot\mathrm{SIG})$$

$$\mathrm{ZB}=(Z+\mathrm{ZC})/(\sqrt{2}\cdot\mathrm{SIG})$$

式中：erf()为误差函数；exp()为指数函数；五个参数 CC(X)、B、BETAC、ZC 和 SIG 都是下风距离 X 的函数，均在输出中列出。XC、BX、BETAX 三个参数均为时间 t 的函数，也在输出中列出。

当源为瞬时或短时蒸发池时，整个模拟均采用烟团模型，时间为独立变量。对于这种源，时间平均体积浓度表述为

$$\mathrm{C}(X,Y,Z,T)=\mathrm{CC}(T)\cdot[\mathrm{erf}(\mathrm{XA})-\mathrm{erf}(\mathrm{XB})]\cdot[\mathrm{erf}(\mathrm{YA})-\mathrm{erf}(\mathrm{YB})]\cdot[\exp(-\mathrm{ZA}^2)+\exp(-\mathrm{ZB}^2)] \quad (4\text{-}6)$$

$$\mathrm{XA}=(X-\mathrm{XC}+\mathrm{BX})/(\sqrt{2}\cdot\mathrm{BETAX})$$

$$\mathrm{XB}=(X-\mathrm{XC}-\mathrm{XB})/(\sqrt{2}\cdot\mathrm{BETAX})$$

$$\mathrm{YA}=(Y+B)/(\sqrt{2}\cdot\mathrm{BETAC})$$

$$\mathrm{YB}=(Y-B)/(\sqrt{2}\cdot\mathrm{BETAC})$$

$$\mathrm{ZA}=(Z-\mathrm{ZC})/(\sqrt{2}\cdot\mathrm{SIG})$$

$$\mathrm{ZB}=(Z+\mathrm{ZC})/(\sqrt{2}\cdot\mathrm{SIG})$$

$$\mathrm{sr2}=\mathrm{sqrt}(2.0)$$

式中：erf()为误差函数；exp()为指数函数。八个参数 CC(T)、B、BETAC、ZC、SIG、XC、BX 和 BETAX 均为时间 t 的函数，也在输出中列出。根据式(4-5)和式(4-6)，以及浓度分布参数中列出的参数，用户可在计算范围内计算出下风向任一位置(x，y，z)在 t 时刻的时间平均体积浓度。

第(2)类输出为 Z=ZP(I)平面的浓度输出，输出离地高度为 ZP(I)的水平面的时间平均体积浓度。在输入文件中最大可定义 4 个高度平面。在输出中，浓度以下风向距离 X 的函数方式列出。对于每个下风向距离，会给出该处的最大浓度时刻、云团持续时长、有效云团半宽。接着为 6 个横风向位置的时间平均体积浓度，Y 坐标为

$$Y = N \cdot \mathrm{BBC}$$

式中：N=0.5，1.0，1.5，2.0，2.5；BBC 为有效云团半宽。

首先列出 ZP(1)平面的结果，然后列出 ZP(2)平面的，最后列出 ZP(N)平面的。最后输出结果为最大中心线浓度。这里沿云团中心线的最大时间平均体积浓度以下风向距离 X 和最大浓度发生的离地高度 Z_{pk} 的函数方式列出。一般情况下 $Z_{pk}=0$，除非源为高架源，或云团有正浮力。在每个计算的下风距离处的输出内容中，列出最大浓度发生的高度、最大时间平均体积浓度（用一个体积比例（范围为 0.0～1.0）表示）、最大浓度产生的时刻和云团的持续时长。

4. 结论

当使用 SLAB 预测出时间平均浓度时，要注意将预测值与有害物安全标准比较；将预测值与野外实地测量值比较。

有害物安全标准通常以特定暴露时间的最大平均浓度值的方式给出，通常会给出不止一套的最大浓度级别及相应时间，因此有必要进行几个浓度平均时间的比较。在 SLAB 中，时间平均浓度是以用户输入的浓度平均时间 TAV 来计算的。要特别注意，如果 TAV 显著大于云团持续时间 TCD，则 TAV 中的大部分时间里测点并没有暴露在云团中，预测结果的时间平均浓度将大幅偏小。因此，采用与云团持续时长 TCD 相仿的时间平均浓度与标准相比，会更有意义。

当比较模型结果与实测结果时，要注意模型结果是总体平均值。因此模型预测值相当于同样条件下的多次实测结果的平均值。即使模型 100%精确，单个实测值仍可能在预测值左右偏差；但预测值有望等于同一位置的所有实测结果的平均值。因此，SLAB 模型以及所有大气模型的预测结果是总体平均值，适宜与多种泄漏和气象条件下的大量实测结果比较。

附录 A　EIAProA2018 安装文件资料说明

随 EIAProA 软件提供的资料(放在安装盘中的“相关资料”目录下)(见表A-1)(凡原为英文的中文资料,均由六五工作室完成翻译和整理工作)均为 PDF 格式。

表 A-1　资料清单

序号	文　件	说　明
1	AERMAP-XYZ 文件指南(英文)	有关 AERMAP 的技术说明
2	AERMAP-用户手册(英文)	有关 AERMAP 的使用说明
3	AERMET-应用 ASOS 数据备忘录 20130308	使用自动观察气象数据的备忘录
4	AERMET-用户指南(英文)	有关 AERMET 的使用和技术说明
5	AERMOD-NO_2 改进相关技术文档(英文)	NO_2 最新改进相关的公式
6	AERMOD-沉降算法技术文件(英文)	AERMOD 沉降算法的原理、公式介绍
7	AERMOD-技术文档及验证案例(英文)	有关 AERMOD 的模型理论,以及验证案例
8	AERMOD-技术文件(英文)	有关 AERMOD 的模型原理、公式
9	AERMOD-技术文件(中文)	
10	AERMOD-技术文件-NO_2 算法补充(英文)	有关 NO_2 相关算法公式
11	AERMOD-理论基础及应用指南	有关 AERMOD 的模型原理、公式和使用说明
12	AERMOD-命令速查表	快速查找 AERMOD 有关命令
13	AERMOD-系统内核历次升级公告	从 Ver06341 到 Ver18081 的升级公告
14	AERMOD-应用选项指南(英文)	对 AERMOD 应用过程中的参数取值、模型选项等提供建议
15	AERMOD-用户指南(英文)	AERMOD 使用说明书
16	AERSCREEN-用户指南(英文)	AERSCREEN 使用说明书
17	AERSCREEN-用户指南(中文)	
18	AERSURFACE-用户指南(英文)	AERSURFACE 使用说明书
19	BLP 模型(浮力线源相关)用户指南(英)	对 BLP 模型的原理、使用进行详细说明,浮力线源来自这个模型
20	BLP 模型(浮力线源相关)用户指南补充(英)	

续表

序号	文　　件	说　　明
21	BPIP-用户手册(英文)	建筑物下洗参数计算程序 BPIP 的概念介绍及用法说明
22	BPIP-用户手册补充(英文)	
23	Drawer2.10 用户手册	关于绘图程序的使用详细介绍
24	EIAProA11 历次更新公告	EIAProA Ver1.1 从 2008 年到 2017 年的全部升级内容
25	EIAProA 改动说明 11-26	EIAProA 从 Ver1.1 到 Ver2.6 的升级内容说明,除“AERSCREEN 模型”和“风险模型”这两章之外的其他方面的升级内容。原 EIAProA Ver1.1 用户想快速了解 EIAProA 新版本可阅读此书
26	EIAProA 使用说明(其他模型)	SCREEN3 模型、93 导则模型和旧版风险模型,这三部分组成的其他模型的相关说明
27	SCREEN3-用户手册(英文)	SCREEN3 程序使用说明、编程说明
28	沉降参数参考值表(英文)	提供一些物质的气体沉降参数参考值
29	沉降参数参考值表(中文)	
30	技术说明-AERMOD 模型	AERMOD 模型在 EIAProA 软件中应用时额外需要注意的细节的简要说明
31	技术说明-AFTOX 模型	AFTOX 技术说明
32	技术说明-SLAB 模型(英文)	SLAB 模型的原理、公式及使用说明
33	技术说明-SLAB 模型	
34	技术说明-其他模型	包括 93 导则、旧版风险模型等的技术说明
35	总量控制 TCA 用户手册	关于总量控制与环境容量分析的详细原理、算法与操作方法、实例

附录 B　AERMOD 常用关键词及参数说明

CONTROL 路径参数汇总如图 B-1 所示。

SUMMARY OF CONTROL PATHWAY KEYWORDS AND PARAMETERS

Keyword	Parameters
TITLEONE	Title1
TITLETWO	Title2
MODELOPT	DFAULT ALPHA BETA CONC AREADPLT FLAT NOSTD NOCHKD NOWARN SCREEN SCIM PVMRM DEPOS and/or or or OLM DDEP ELEV WARNCHKD or ARM2 and/or WDEP FASTALL DRYDPLT WETDPLT NOURBTRAN VECTORWS PSDCREDIT or or or FASTAREA NODRYDPLT NOWETDPLT
AVERTIME	Time1 Time2 . . . TimeN MONTH PERIOD or ANNUAL

图 B-1　CONTROL **路径参数汇总**

AERMAP 中命令很少，而 AERMET 命令中有关档案文件提取及质量评估、现场 OS 站数据处理等一半以上的命令在国内一般不会用到，且均在本书应用指南中做过详细说明，这里不再列出，仅对 AERMOD 常用命令做简单介绍，如表 B-1 所示。

表 B-1　AERMOD **常用命令**

命令字	模块	类型	说　明
AREAVERT	SO	M - R	定义 AREAPOLY 类型面源顶点的坐标
AVERTIME	CO	M - N	定义预测的气象平均时间，包括短期时间小时数、PERIOD、ANNUAL
BUILDHGT	SO	O - R	定义建筑下洗时每一风向的建筑高度
BUILDWID	SO	O - R	定义建筑下洗时每一风向的建筑宽度
DAYRANGE	ME	O - R	定义需要计算的气象的时间(具体天数或范围)，缺省为全部气象时间
DAYTABLE	OU	O - N	选项：输出每一天的各平均时间的汇总结果

续表

命令字	模块	类型	说　明
DCAYCOEF	CO	O-N	定义指数衰减的衰减因子
DEBMGOPT	CO	O-N	选项:生成详细的结果和气象文件,用于调试
DISCCART	RE	O-R	定义直角坐标系的离散点坐标
DISCPOLR	RE	O-R	定义极坐标系的离散点坐标
ELEVUNIT	SO	O-N	定义 SO 段中源高程输入单位,或 RE 段中预测点高程输入单位
	RE	O-N	
EMISFACT	SO	O-R	变源强的变化因子
EMISUNIT	SO	O-N	源强单位和计算结果浓度单位之间的转换因子
ERRORFIL	CO	O-N	定义详细错误罗列文件(若 CO RUNORNOT NOT 设置,则此命令为必选)
EVALCART	RE	O-R	定义直角坐标系的离散点坐标,用于 EVALFILE 文件输出的按弧线分组的一系列点
EVALFILE	OU	O-R	选项:输出弧线分组最大值文件,用于模型评估研究
EVENTFIL	CO	O-N	定义为 EVENT 模块生成一个输入文件
EVENTLOC	EV	M-R	定义一个 EVENT 事件的测点坐标
EVENTOUT	OU	M-N	定义 EVENT 模块输出信息的等级
EVENTPER	EV	M-R	定义一个 EVENT 事件的日期和平均时间
FINISHED	ALL	M-N	标识一个功能模块的结束
FLAGPOLE	CO	O-N	是否要输入离地高及缺省值
GRIDCART	RE	O-R	定义一个直角网格
GRIDPOLR	RE	O-R	定义一个极坐标网格
HALFLIFE	CO	O-N	指数衰减污染物的半衰期
HOUREMIS	SO	O-R	选项:在一个独立文件中定义逐时的排放源强
INCLUDED	SO,RE	O-R	选项:在输入流文件中,在 SO 或 RE 块中导入独立文件中的数据
INITFILE	CO	O-N	选项:从保存在 SAVEFILE 的中间结果文件中,初始化模型
LOCATION	SO	M-R	定义一个源的位置坐标
MAXIFILE	OU	O-R	选项:将超出某个给定阈值的 EVENT 列入文件(若已采用 CO EVENTFIL 命令,则这些 EVENTS 将包含在 EVENT 模型生成的输入流文件中)

续表

命令字	模块	类型	说　明
MAXTABLE	OU	O - R	选项:输出总体最大值
MODELOPT	CO	M - N	模型功能控制和命令选项
MULTYEAR	CO	O - N	定义运行为多年运行的一部分,如 PM10 中的 5 年气象的第 6 高值 H6H
PLOTFILE	OU	O - R	选项:输出结果到特定格式的文件中,用于绘图程序
POLLUTID	CO	M - N	污染物标识
POSTFILE	OU	O - R	选项:输出逐步计算结果到一个大的文件,以供后续处理
PROFBASE	ME	M - N	定义气象站基底的海平面高程
PROFFILE	ME	M - N	定义廓线气象文件
RANKFILE	OU	O - R	选项:输出排序后的结果,用于绘制 Q-Q 图
RECTABLE	OU	O - R	输出各测点的高值
RUNORNOT	CO	M - N	是运行程序,还是仅检查运行流文件
SAVEFILE	CO	O - N	选项:储存中间结果的数据于文件中,便于程序非正常中断后作为热启动初始化文件
SCIMBYHR	ME	O - N	定义 SCIM 命令的取样参数
SITEDATA	ME	O - N	定义现场观测站的信息
SRCGROUP	SO	M - R	定义源组
SRCPARAM	SO	M - R	定义源参数
STARTEND	ME	O - N	定义气象文件中需要处理的起止时间(缺省为整个气象文件)
STARTING	ALL	M - N	标识一个功能段的开始
SURFDATA	ME	M - N	地面气象站信息
SURFFILE	ME	M - N	地面气象数据文件
TITLEONE	CO	M - N	第一行标题
TITLETWO	CO	O - N	可选的第二行标题
TOXXFILE	OU	O - R	生成可用于 TOXST 中的 TOXX 模型识别的格式的结果文件
UAIRDATA	ME	M - N	高空气象站信息
WDROTATE	ME	O - N	风向旋转调整角度
WINDCATS	ME	O - N	风速分段值

类型说明:M 为必选,O 为可选;N 为不可重复,R 为可重复。

目前 AERMOD 中最常见的气象数据主要采用常规地面气象数据及常规探空气象数据，各类型数据最常见文件格式及说明如图 B-2、表 B-2、图 B-3、表 B-3 所示。

```
93070100    -9 10175 10037    20 01010 09999 00300 00300 00300 00300
     00300 09999 00000 00099 00999 99999   211   167   139    64    5   26
93070101    -9 10174 10034    20 01009 09999 00300 00300 00300 00300
     00300 09999 00000 00099 00999 99999   206   161   139    66    5   26
93070102    -9 10170 10030    20 00808 09999 00300 00300 00300 00300
     00300 09999 00000 00099 00999 99999   206   161   133    63    6   26
93070103    -9 10174 10034   300 00505 09999 00300 00300 00300 00300
     00300 09999 00000 00099 00999 99999   200   161   139    68    3   21
93070104    -9 10180 10041   300 00505 09999 00300 00300 00300 00300
     00300 09999 00000 00099 00999 99999   189   161   144    76   35   21
93070105    -9 10182 10044    21 00606 09999 00300 00300 00300 00300
     00300 09999 00000 00099 00999 99999   189   161   150    78    9   26
93070106    -9 10185 10044   300 00505 09999 00300 00300 00300 00300
     00300 09999 00000 00099 00999 99999   194   161   144    73    4   31
```

图 B-2　常规地面气象数据格式(以 1993 年 7 月 1 日 00 时到 06 时的地面观测数据为例)

表 B-2　常规地面气象数据参数说明

列	变量名	说　　明	单　　位	检测符	丢失标志	下限	上限
1	PRCP	降水量	mm×1000	<=	−9	0	25400
2	SLVP	海平面气压	毫巴(millibar)×10	<	99999	9000	10999
3	PRES	站点处气压	毫巴(millibar)×10	<	99999	9000	10999
4	CLHT	云层高(ceiling height)	km×10	<=	999	0	300
5	TSKC	总云//低云	tenths//tenths	<=	09999	0	1010
6	ALC1a	第 1 层云状	code//hundredths ft	<=	09999	0	300
7	ALC2a	第 2 层云状	code//hundredths ft	<=	09999	0	300
8	ALC3a	第 3 层云状	code//hundredths ft	<=	09999	0	300
9	ALC4b	第 4 层云状	code//hundredths ft	<=	09999	0	850

续表

列	变量名	说　明	单　位	检测符	丢失标志	下限	上限
10	ALC5b	第 5 层云状	code//hundredths ft	<=	09999	0	850
11	ALC6b	第 6 层云状	code//hundredths ft	<=	09999	0	850
12	PWVC	天气代(邻近)	—	<=	09999	9292	98300
13	PWTH	天气代码	—	<=	00000	9292	98300
14	ASKYc	ASOS 云状	tenths	<=	00099	0	10
15	ACHTd	ASOS 高度	km×10	<=	00999	0	888
16	HZVS	水平可见度	km×10	<=	99999	0	1640
17	TMPD*	干球温度	℃×10	<	999	−300	350
18	TMPW	湿球温度	℃×10	<	999	−650	350
19	DPTP	露点温度	℃×10	<	999	−650	350
20	RHUM	相对湿度	%	<=	999	0	100
21	WDIR*	风向	10 度	<=	999	0	36
22	WSPD*	风速	m/s×10	<=	−9999	0	500

参数说明如下。

(1) 1 毫巴＝100 Pa，1 个大气压＝101325 Pa＝1013.25 毫巴。

(2) 风向：09＝E，18＝S，27＝W，36＝N，00＝Calm。

(3) 降水量：指任何形式的降水，如雨、雪、冰雹等，以水计。

(4) 重要程度：“*”指任何情况下都必须提供的必要参数，其他为可选参数。下同。

(5) 起始时间：0～23 时。

(6) 云量只需低云量，若无低云可用总云。

(7) 露点温度可用干球温度和相对湿度算出。

图 B-3 所示为一个典型的探空观测输入气象数据示例，表示 1993 年 7 月 1 日 7 时共 28 层的探空气象观测数据。其中，第一行共有两列，第 1 列为观测时间(93070107，yymmddhh)，第 2 列为该观测时间的探空观测层数(这里为 28 层)。第 2 行到第 29 行中各列就是各层的观测数据。每个观测时间重复此格式。

```
93070107      28
   10110       0     160     140       0       0
   10080      25     163     115       3      10
   10000      93     158     120      11      20
    9850     221     158     114      25      50
    9730     326     172     103      37      50
    9530     505     168      88      57      50
    9500     531     168      88      57      50
    9250     757     154      74      61      50
    9000     989     134      58      58      60
    8660    1315     106      36      50      50
    8500    1468     101       4      38      40
    8140    1828      69       6      19      30
    8000    1969      55      11     360      30
    7910    2066      47      16     347      30
    7810    2160      43     -18     336      30
    7770    2210      48     -76     330      40
    7650    2335      49     -88     318      40
    7500    2494      43    -117     315      40
    7310    2702      35    -156     313      50
    7000    3053      15    -173     315      60
    6790    3296       0    -181     323      60
    6530    3610     -18    -211     340      60
    6500    3645     -18    -211     340      60
    6160    4070     -22    -220     327      70
    6000    4282     -31    -228     319      70
    5900    4416     -37    -233     318      70
    5500    4961     -69    -260     318      90
    5000    5703    -111    -295     320     100
  …(下一个小时)
```

图 B-3　探空观测输入气象数据

表 B-3　探空数据行各参数说明

列	变量名	说　明	单　位	检测符	丢失标志	下限	上限
1	UAPR	气压	毫巴(millibar)×10	<	99999	5000	10999
2	UAHT	离地高度	m	<=	−99999	0	5000
3	UATT	干球温度	℃×10	<	−9990	−350	+350
4	UATD	露点温度	℃×10	<	−9990	−350	+350

续表

列	变量名	说　明	单　位	检测符	丢失标志	下限	上限
5	UAWD	风向	度	＜＝	999	0	360
6	UAWS	风速	m/s×10	＜	9990	0	500
7	UASS	风速切变	(m/s)/(100 m)	＜＝	−9999	0	5
8	UADS	风向切变	degrees/(100 m)	＜＝	−9999	0	90
9	UALR	温度梯度	℃/(100 m)	＜＝	−9999	−2	5
10	UADD	露点梯度	℃/(100 m)	＜＝	−9999	0	2

参数说明如下。

(1) 露点偏差(dew point deviation)宜称为露点温度梯度(dew point temperature gradient)。

(2) 要求离地高分层数至少为 5 层,最高层要求到达 5000 m 以外。如果没达到 5000 m,则 AERMET 的第三步将其外延到 5000 m。

(3) 每天至少需要进行一次探测,且这次探测应在晨间(美国用相对于 1200GMT 的数据,我国可用北京时间 8 时的数据)。

(4) 全球列入网上交流的有 929 个站。全球探空站一般是每日监测两次(00GMT 和 12GMT,即 00Z 和 12Z)。我国探空站一般也是每日监测两次,即北京时间 8 时和 20 时。我国现有 120 个高空气象探测站,是全球探空站网密度最高的国家之一。

附录C　内置化学品库

序号	名　　称	CAS	分　子　式	分子量	常压下的沸点/K	临界温度/K	临界压力/atm	危险物质临界量/t	毒性终点浓度1/(mg/m^3)	毒性终点浓度2/(mg/m^3)
1	(二)乙醚	60-29-7	$C_4H_{10}O$	74.12	307.65	466.65	35.85	10	58000	9700
2	1,1,1-三氯乙烷	71-55-6	$C_2H_3Cl_3$	133.42	347	0	0	—	—	—
3	1,1,2-三氯乙烷	79-00-5	$C_2H_3Cl_3$	133.41	386.6	602	41	—	—	—
4	1,1-二甲基肼	57-14-7	$C_2H_8N_2$	60.10	335.97	0	0	7.5	27	7.4
5	1,1-二氯乙烯	75-35-4	$C_2H_2Cl_2$	96.94	304.8	544.2	51.60	5	4000	2000
6	1,2,2-三氟-1,1,2-三氯乙烷	76-13-1	$C_2Cl_3F_3$	187.38	320.7	0	33.7	—	—	—
7	1,2-二氯丙烷	78-87-5	$C_3H_6Cl_2$	112.99	369.55	577	44	7.5	9200	1000
8	1,2-二氯乙烷	107-06-2	$C_2H_4Cl_2$	98.96	356.62	561	53	7.5	1200	810
9	1,2-亚乙基二醇	107-21-1	$C_2H_6O_2$	62.07	470.55	645.41	74.3	—	—	—
10	1,3,5-三甲基苯	108-67-8	C_9H_{12}	120.20	442.6	649	31.9	—	—	—
11	1,3-丁二烯	106-99-0	C_4H_6	54.09	268.74	424.989	42.73	10	49000	12000
12	1,4-二噁烷	123-91-1	$C_4H_8O_2$	88.10	374.35	587	51.4	—	—	—
13	1,4-二氯苯	106-46-7	$C_6H_4Cl_2$	147.01	447.25	685	39	10	6000	1000
14	1-丁醇	71-36-3	$C_4H_{10}O$	74.12	390.878	562.978	43.55	10	24000	2400
15	1-氯乙烷	75-00-3	C_2H_5Cl	64.52	285.45	460.35	52	5	53000	14000
16	1-辛醇	111-87-5	$C_8H_{18}O$	130.28	467.65	658.15	27.21	10	800	110
17	2-丁醇	78-92-2	$C_4H_{10}O$	74.12	372.65	535.95	41.39	—	—	—
18	2-甲基-2-丁烯	513-35-9	C_5H_{10}	71.14	311.717	470.544	34.023	—	—	—

续表

序号	名　称	CAS	分子式	分子量	常压下的沸点/K	临界温度/K	临界压力/atm	危险物质临界量/t	毒性终点浓度1/(mg/m^3)	毒性终点浓度2/(mg/m^3)
19	2-氯丙烷	75-29-6	$CH_3CHClCH_3$	78.54	307.95	481.02	41.87	5	5300	880
20	2-氯丙烯	557-98-2	C_3H_5Cl	76.53	295.8	481.19	44.09	5	9300	7300
21	3-溴-1,2-环氧丙烷	3132-64-7	C_3H_5BrO	136.99	408.15	573.19	56.97	2.5	65	11
22	4-甲基苯酚	106-44-5	C_7H_8O	108.14	475.05	704.55	50.8	—	—	—
23	N,N-二甲基苯胺	121-69-7	$C_8H_{11}N$	121.18	467.4	687	35.8	—	—	—
24	N-甲基苯胺	100-61-8	C_7H_9N	107.16	469.35	701.15	51.29	—	440	73
25	氨(无水的)	7664-41-7	NH_3	17.03	239.8	405.55	111.29	5	770	110
26	氨水	7664-41-7	$NH_3 \cdot H_2O$	35.05	316	574	186.00	10	770	110
27	巴豆醛	4170-30-3	C_4H_6O	70.09	377.15	568.15	42.86	10	40	13
28	巴豆醛	123-73-9	C_4H_6O	70.09	375.35	526.38	45.29	10	40	13
29	苯	71-43-2	C_6H_6	78.12	353.25	562.09	48.34	10	13000	2600
30	苯胺	62-53-3	C_6H_7N	93.13	457.28	698.75	52.3	5	76	46
31	苯酚	108-95-2	C_6H_6O	94.11	454.95	694.25	60.5	5	770	88
32	苯乙腈	140-29-4	C_8H_7N	117.16	506.65	742.87	34.96	1	15	4.3
33	苯乙烯	100-42-5	C_8H_8	104.15	418.35	636.839	36.3	10	4700	550
34	吡啶	110-86-1	C_6H_5N	79.10	388	620	55.6	—	—	—
35	苄基氯	100-44-7	C_7H_7Cl	126.58	452	0	0	—	—	—
36	表氯醇	106-89-8	C_3H_5ClO	92.53	389.26	593.3	55.3	10	270	91

续表

序号	名　称	CAS	分子式	分子量	常压下的沸点/K	临界温度/K	临界压力/atm	危险物质临界量/t	毒性终点浓度1/(mg/m³)	毒性终点浓度2/(mg/m³)
37	丙二烯(稳定的)	463-49-0	C_3H_4	40.06	238.65	394	51.80	10	25000	4100
38	丙腈	107-12-0	C_3H_5N	55.09	370.25	563.95	41.30	5	20	6.8
39	丙醛	123-38-6	C_3H_6O	58.08	322	496	47	—	—	—
40	丙酮	67-64-1	C_3H_6O	58.08	329.34	509.55	46.8	10	14000	7600
41	丙烷	74-98-6	C_3H_8	44.10	231.078	369.95	41.944	10	59000	31000
42	丙烯	115-07-1	C_3H_6	42.08	225.45	0	0	10	29000	4800
43	丙烯腈	107-13-1	C_3H_3N	53.06	350.45	536.15	44.90	10	61	3.7
44	丙烯醛	107-02-8	C_3H_4O	56.07	325.85	510.15	51.58	2.5	3.2	0.23
45	丙烯酸	79-10-7	$C_3H_4O_2$	72.06	414	615	56	—	—	—
46	丙烯酸丁酯	141-32-2	$C_7H_{12}O_2$	128.17	418.15	600.15	28.98	10	2500	680
47	丙烯酸乙酯	140-88-5	$C_5H_8O_2$	100.12	372.6	552	37	—	—	—
48	丙烯酰氯	814-68-6	C_3H_3ClO	90.51	348.65	548.68	47.71	1	3.2	0.9
49	丁醛	123-72-8	C_4H_8O	72.11	351.55	524	40	—	—	—
50	丁烷	106-97-8	C_4H_{10}	58.12	272.65	425.156	37.493	10	130000	40000
51	对二甲苯	106-42-3	C_8H_{10}	106.17	411.55	616.2	34.65	10	—	—
52	二氟化氧	7783-41-7	OF_2	54.00	128.4	0	0	0.25	0.55	0.18
53	二甲胺	124-40-3	C_2H_7N	45.08	280.03	437.75	52.38	5	460	120
54	二甲基一氯硅烷	1066-35-9	C_2H_7ClSi	129.06	343.45	518.3401	33.3	—	—	—

续表

序号	名称	CAS	分子式	分子量	常压下的沸点/K	临界温度/K	临界压力/atm	危险物质临界量/t	毒性终点浓度1/(mg/m³)	毒性终点浓度2/(mg/m³)
55	二甲醚	115-10-6	C_2H_6O	46.08	248.35	400.05	53.06	10	14000	7200
56	二硫化碳	75-15-0	CS_2	76.14	319	0	0	10	1500	500
57	二氯苯混合物	25321-22-6	$C_6H_4Cl_2$	147.01	446.25	684	38	—	—	—
58	二氯二氟甲烷	75-71-8	CCl_2F_2	120.91	243.35	0	0	—	—	—
59	二氯甲烷	75-09-2	CH_2Cl_2	84.93	313	0	60	10	24000	1900
60	二溴乙烷	106-93-4	$C_2H_2Br_2$	187.87	404.51	618.52	57.66	—	—	—
61	二氧化氮	10102-44-0	NO_2	46.01	294.3	431.4	100	1	38	23
62	二氧化硫	7446-09-5	SO_2	64.06	263	0	0	2.5	79	2
63	二异丙基醚	108-20-3	$(CH_3)_2CHOCH(CH_3)_2$	102.18	341.45	500.05	28.4	—	—	—
64	反-1,2-二氯乙烯	156-60-5	$C_2H_2Cl_2$	96.95	320.85	516.45	54.4	—	—	—
65	呋喃	110-00-9	C_4H_4O	68.07	304.65	486.95	52.52	2.5	53	19
66	氟	7782-41-4	F_2	38.00	84.45	0	0	0.5	20	7.8
67	氟化氢	7664-39-3	HF	20.01	292.7	461.15	64.8	1	36	20
68	氢氟酸(浓度≥50%)	7664-39-3	HF	20.01	292.67	0	0	—	36	20
69	氟乙酸甲酯	453-18-9	$C_3H_5FO_2$	92.08	377.65	513.1	43.55	0.25	1.4	0.23
70	汞	7439-97-6	Hg	200.59	629.85	1735.15	1585.03	0.5	8.9	1.7
71	光气	75-44-5	CCl_2O	98.92	280.71	455.15	56	0.25	3	1.2
72	过氯酰氟	7616-94-6	$ClFO_3$	102.45	226.48	0	0	2.5	50	17

续表

序号	名称	CAS	分子式	分子量	常压下的沸点/K	临界温度/K	临界压力/atm	危险物质临界量/t	毒性终点浓度1/(mg/m³)	毒性终点浓度2/(mg/m³)
73	过氧化氢枯烯	80-15-9	$C_9H_{12}O_2$	120.20	425.55	631.05	31.67	—	—	—
74	环丙烷	75-19-4	C_3H_6	42.09	239.65	397.85	54.29	10	9600	1600
75	环己胺	108-91-8	$C_6H_{13}N$	99.17	407.15	615.15	—	10	120	35
76	环己酮	108-94-1	$C_6H_{10}O$	98.14	428.58	629.15	38.10	10	20000	3300
77	环己烷	110-82-7	C_6H_{12}	84.16	353.85	553.45	40.2	10	34000	5700
78	环氧丙烷	75-56-9	C_3H_6O	58.08	311	482.3	48.6	10	2100	690
79	环氧乙烷	75-21-8	C_2H_4O	44.05	283.77	468.81	70.66001	7.5	360	81
80	己二腈	111-69-3	$C_6H_8N_2$	108.16	568.15	748.95	29.02	2.5	36	17
81	甲胺	74-89-5	CH_5N	31.06	266.83	430.05	40.14	5	440	81
82	甲苯	108-88-3	C_7H_8	92.14	383.772	591.711	40.549	10	14000	2100
83	甲醇	67-56-1	CH_4O	32.04	338.11	513.1501	78.5	10	9400	2700
84	甲基丙烯酸甲酯	80-62-6	$C_5H_8O_2$	100.10	374	0	0	10	2300	490
85	甲基碘	74-88-4	CH_3I	141.94	315.6	528	72.7	10	730	290
86	甲基氯甲酸酯	79-22-1	$C_2H_3ClO_2$	94.50	343.65	548.48	50.25	2.5	26	8.5
87	甲基叔丁醚	1634-04-4	$C_5H_{12}O$	88.15	328.15	496.4	33.51	10	19000	2100
88	甲基溴	74-83-9	CH_3Br	94.94	276.71	467	51.5	7.5	2900	810
89	甲基乙基(甲)酮	78-93-3	C_4H_8O	72.11	352.75	535.55	41	10	12000	8000
90	甲基乙酸酯	79-20-9	$C_3H_6O_2$	74.09	330.95	506.85	45.31	10	30000	5000

续表

序号	名　称	CAS	分 子 式	分子量	常压下的沸点/K	临界温度/K	临界压力/atm	危险物质临界量/t	毒性终点浓度1/(mg/m³)	毒性终点浓度2/(mg/m³)
91	甲基异丁基酮	108-10-1	$C_6H_{12}O$	100.16	389.15	571.45	32.3	—	—	—
92	甲基异氰酸酯	624-83-9	C_2H_3NO	57.05	311.45	491.15	54.97	1	0.47	0.16
93	甲肼	60-34-4	CH_6N_2	46.07	360.8	565.15	79.3	7.5	5.1	1.7
94	甲硫醇	74-93-1	CH_4S	48.11	279.05	469.95	71.43	5	130	45
95	甲硫醚	75-18-3	C_2H_6S	62.13	310.48	502.15	56.19	10	13000	2500
96	甲醛	50-00-0	CH_2O	30.03	253.95	761.47	105.9	0.5	69	17
97	甲酸甲酯	107-31-3	$C_2H_4O_2$	60.06	304.65	487.15	59.18	10	12000	2000
98	甲烷	74-82-8	CH_4	16.04	111.66	190.55	45.3	10	260000	150000
99	间二甲苯	108-38-3	C_8H_{10}	106.17	412.255	617.049	34.95	10	11000	4000
100	间甲酚	108-39-4	C_7H_8O	108.14	475.85	705.75	45	—	—	—
101	联苯胺	92-87-5	$C_{12}H_{12}N_2$	184.24	674.15	932.95	32.59	0.5	61	10
102	邻苯二甲酸二丁酯	84-74-2	$C_{16}H_{22}O_4$	278.34	613.15	1409.21	23.63	10	9300	1600
103	邻苯二甲酸二甲酯	131-11-3	$C_{10}H_{10}O_4$	194.19	557	0	0	—	—	—
104	邻二甲苯	95-47-6	C_8H_{10}	106.17	417.55	630.2	36.84	10	—	—
105	邻二氯苯	95-50-1	$C_6H_4Cl_2$	147.01	453.61	697.25	40.5	10	6000	1000
106	邻甲苯胺	95-53-4	C_7H_9N	107.16	473.6	694	37	7.5	440	36
107	邻甲酚	95-48-7	C_7H_8O	108.15	464.1	697.55	49.4	—	—	—
108	硫化氢	7783-06-4	H_2S	34.08	213.5	373.15	88.923	2.5	70	38

续表

序号	名　称	CAS	分　子　式	分子量	常压下的沸点/K	临界温度/K	临界压力/atm	危险物质临界量/t	毒性终点浓度1/(mg/m³)	毒性终点浓度2/(mg/m³)
109	硫氰酸甲酯	556-64-9	C_2H_3NS	73.12	—	638.81	49.06	10	420	85
110	六氯苯	118-74-1	C_6Cl_6	284.78	598.15	825.15	28.10	1	91	14
111	氯	7782-50-5	Cl_2	70.91	239.1	0	0	1	58	5.8
112	氯苯	108-90-7	C_6H_5Cl	112.56	404.85	632.35	44.6	5	1800	690
113	氯仿	67-66-3	$CHCl_3$	119.39	334.85	536.55	54	10	16000	310
114	氯化氢	7647-01-0	HCl	36.46	189.1	0	0	2.5	150	33
115	氯甲烷	74-87-3	CH_3Cl	50.49	248.93	0	0	10	6200	1900
116	氯硝胺	99-30-9	$C_6H_4Cl_2N_2O_2$	207.02	273.15	948.3	43.10	5	480	79
117	氯乙烯	75-01-4	C_2H_3Cl	62.50	259.78	429.65	55.3	5	12000	3100
118	萘	91-20-3	$C_{10}H_8$	128.17	491.05	748.35	40.00	5	2600	430
119	氰化氢(液化的)	74-90-8	HCN	27.06	298.85	456.6	53.2	1	17	7.8
120	三氟化氯	7790-91-2	ClF_3	92.45	190	0	0	—	—	—
121	三氟氯乙烯	79-38-9	C_2ClF_3	116.47	245.35	379.35	40.27	5	2000	410
122	三甲胺	75-50-3	C_3H_9N	59.11	276.02	433.25	40.20	2.5	920	290
123	三氯化磷	7719-12-2	PCl_3	137.32	349.15	559.15	—	7.5	31	11
124	三氯化硼	10294-34-5	BCl_3	117.16	285.65	451.15	38.50	2.5	340	10
125	三氯乙烯	79-01-6	C_2HCl_3	131.34	360.4	0	49.5	10	20000	2400
126	砷	7440-38-2	As	74.92	—	1076.15	342.00	0.25	100	17

续表

序号	名称	CAS	分子式	分子量	常压下的沸点/K	临界温度/K	临界压力/atm	危险物质临界量/t	毒性终点浓度1/(mg/m^3)	毒性终点浓度2/(mg/m^3)
127	叔丁醇	75-65-0	$C_4H_{10}O$	74.12	355.57	506.15	39.2	—	—	—
128	顺式-1,2-二氯乙烯	156-59-2	$C_2H_2Cl_2$	96.94	333.85	516.45	54.4	—	—	—
129	四氯硅烷	10026-04-7	$SiCl_4$	169.89	330.72	506.75	36.87	5	170	38
130	四氯化钛	7550-45-0	$TiCl_4$	189.73	409.5	0	0	1	44	7.8
131	四氯化碳	56-23-5	CCl_4	153.82	349.85	556.3	44.97	7.5	2100	82
132	四氯乙烯	127-18-4	C_2Cl_4	165.83	394.2	613	44.2	10	8100	1600
133	四氧化二氮	10544-72-6	N_2O_4	92.02	294.3	431.4	100	—	—	—
134	羰基硫	463-58-1	COS	60.08	223.15	378.8	62.64	2.5	370	140
135	五氟化氯	13637-63-3	ClF_5	130.45	259.25	0	0	—	—	—
136	五氟化溴	7789-30-2	BrF_5	174.90	314	0	0	2.5	240	1.2
137	戊硼烷	19624-22-7	B_5H_9	63.13	331	0	0	0.25	1.3	0.36
138	烯丙胺	107-11-9	C_3H_7N	97.16	384.15	557.15	32.8	5	42	7.7
139	烯丙醇	107-18-6	C_3H_6O	58.08	370.23	545.15	56.41	7.5	31	4
140	烯丙基氯	107-05-1	C_3H_5Cl	76.53	318.75	513.5	46.5	5	440	170
141	硝基苯	98-95-3	$C_6H_5NO_2$	123.11	484	0	0	10	1000	100
142	硝酸	7697-37-2	HNO_3	57.20	337.34	546.48	95.35	—	240	62
143	溴仿	75-25-2	$CHBr_3$	252.77	423	0	0	—	—	—
144	溴化氢	10035-10-6	HBr	80.92	206.65	362.95	84.01	2.5	400	130

续表

序号	名称	CAS	分子式	分子量	常压下的沸点/K	临界温度/K	临界压力/atm	危险物质临界量/t	毒性终点浓度1/(mg/m^3)	毒性终点浓度2/(mg/m^3)
145	一氧化氮	10102-43-9	NO	30.01	121.41	726.15	63.95	0.5	25	15
146	一氧化碳	630-08-0	CO	28.00	82	0	0	7.5	380	95
147	乙胺	75-04-7	C_2H_7N	45.10	289.75	456.15	56.26	10	500	90
148	乙苯	100-41-4	C_8H_{10}	106.17	409.4	617.1	35.62	10	7800	4800
149	乙醇(无水)	64-17-5	C_2H_6O	46.07	351.45	516.25	63	—	—	—
150	乙醇胺	141-43-5	C_2H_7NO	105.14	541	0	0	—	—	—
151	乙二胺	107-15-3	$C_2H_8N_2$	60.12	390.35	593.15	64.01	10	49	24
152	乙腈	75-05-8	C_2H_3N	41.05	354.75	0	47.7	10	250	84
153	乙硫醇	75-08-1	C_2H_6S	62.13	308.15	499.15	54.29	10	910	300
154	乙醛	75-07-0	C_2H_4O	44.05	293.55	461.15	54.7	10	1500	490
155	乙炔	74-86-2	C_2H_2	26.04	—	308.35	60.59	10	430000	240000
156	乙酸乙酯	141-78-6	$C_4H_8O_2$	88.11	350.26	523.15	37.96	10	36000	6000
157	乙烷	74-84-0	C_2H_6	30.07	184.52	305.35	48.06	10	490000	280000
158	乙烯	74-85-1	C_2H_4	28.05	169.44	0	0	10	46000	7600
159	乙烯基乙酸酯	108-05-4	$C_4H_6O_2$	86.09	345.6	525	43	7.5	630	130
160	乙烯酮	463-51-4	C_2H_2O	42.04	223.35	379.79	69.79	0.25	0.33	0.11

续表

序号	名称	CAS	分子式	分子量	常压下的沸点/K	临界温度/K	临界压力/atm	危险物质临界量/t	毒性终点浓度1/(mg/m^3)	毒性终点浓度2/(mg/m^3)
161	异丙醇	67-63-0	C_3H_8O	60.10	355.41	508.31	47.02	10	29000	4800
162	异丙基胺	75-31-0	$(CH_3)_2CHNH_2$	59.13	—	475.15	50.34	5	9700	1600
163	异丙基氯甲酸酯	108-23-6	$C_4H_7ClO_2$	122.56	378.15	596.19	39.27	7.5	50	17
164	异丁基醛	78-84-2	C_4H_8O	72.11	337	513	41	10	1400	230
165	异丁烷	75-28-5	C_4H_{10}	58.12	261.42	408.13	36	10	130000	40000
166	异丁烯	115-11-7	C_4H_8	56.12	266.25	128.45	39.46	10	24000	5800
167	异戊二烯	78-79-5	$H_2C=C(CH_3)CH=CH_2$	68.12	307.217	483.322	36.881	10	11000	2800
168	异亚丙基丙酮	141-79-7	$C_6H_{10}O$	98.15	402.65	594.65	32.2	—	—	—
169	正丁烯	106-98-9	C_4H_8	56.11	266.85	419.544	39.698	10	40000	6700
170	正己烷	110-54-3	C_6H_{14}	86.18	341.88	507.35	29.70	10	30000	10000

参 考 文 献

[1] 国家环境保护局,中国环境科学研究院.城市大气污染总量控制方法手册[M].北京:中国环境科学出版社,1991.

[2] 国家环境保护总局监督管理司.中国环境影响评价培训教材[M].北京:化学工业出版社,2000.

[3] 胡二邦.环境风险评价实用技术和方法[M].北京:中国环境科学出版社,2000.

[4] 中国气象科学研究院.HJ/T 2.2—1993 环境影响评价技术导则 大气环境[S].北京:原环境保护总局,1993.

[5] 环境保护部环境工程评估中心,中国环境科学研究院,中国环境监测总站.HJ2.2—2018 环境影响评价技术导则 大气环境[S].北京:生态环境部,2018.

[6] 谷清,赵燕华,王耀庭,等.面源模式计算方法研究[C].大气环境科学技术研究进展(第九届全国大气环境学术会议论文集).北京:中国环境科学学会大气环境分会,2002.

[7] 吴文军.熏烟型扩散的计算方法和程序设计[C].城市空气污染预报及污染防治研究进展.北京:中国环境科学学会大气环境分会,2001.

[8] 吴文军,何云芳.大气总量控制中排污削减的实用算法[C].大气环境科学技术研究进展(第九届全国大气环境学术会议论文集).北京:中国环境科学学会大气环境分会,2002.

[9] 吴文军,丁峰.面源模式的通用算法探讨[J].环境科学研究,2007(2):118-122.

[10] 李云生,谷清,冯银厂.城市区域大气环境容量总量控制技术指南[M].北京:中国环境科学出版社,2005.

[11] Anon. Revised draft, user's Guide for the AERMOD Terrain Preprocessor (AERMET) [M]. Research Triangle Park, North Carolina. U. S. ENVIRONMENTAL PROTECTION AGENCY. November, 1998.

[12] Anon. User's Guide for the AERMOD Meteorological Preprocessor(AERMET)[M]. Research Triangle Park, North Carolina. US Environmental Protection Agency. December, 2016.

[13] Anon. AERMAP Implementation Guide[M]. Research Triangle Park, NC. US Environmental Protection Agency. August, 2019.

[14] Alan J Cimorelli,Steven G Perry,Akula Venkatram, et al. AERMOD: DESCRIPTION OF MODEL FORMULATION[M]. Research Triangle Park, North Carolina. US Environmental Protection Agency. September,2004.

[15] Anon. AERMOD IMPLEMENTATION GUIDE [M]. Research Triangle Park, North Carolina. US Environmental Protection Agency. August 3, 2015 .

[16] Anon. User's Guide for the AMS/EPA Regulatory Model (AERMOD) [M]. Air Quality Modeling Group. Research Triangle Park, North Carolina. US Environmental Protection Agency. December, 2016.

[17] Anon. AERSCREEN User's Guide[M] . Research Triangle Park, North Carolina. US Environmental Protection Agency. July,2015.

[18] Anon. Detailed Documentation for usaf toxic chemical dispersion model aftox wersion 4. 1[M]. [s. n]. Capt Clifton E. Dungey, HQ AWS/XTX. Jan 5, 1993.

[19] Donald L Ermak. USER'S MANUAL FOR SLAB: AN ATMOSPHERIC DISPERSION MODEL FOR DENSER-THAN-AIR RELEASES[M]. Lawrence livermore national laboratory. [S. l.]. June,1990.